를 알면 가 보인다

바다를 알면 미래가 보인다

(4차 산업혁명으로 돈이 되는 해양 생물자원)

Knowing the Sea Guides, Shows the Future:

(The Marine Living Resources that Make Money Through the 4th Industrial Revolution)

김세권 지음

바다를 알면 미래가 보인다

인 쇄 | 2018년 11월 10일
발 행 | 2018년 11월 20일

저 자 | 김 세 권
발 행 인 | 박 선 진
발 행 처 | (주)도서출판 월드사이언스
주 소 | 서울특별시 서초구 도구로 115 월드빌딩 1층
등록일자 | 1988년 2월 12일
등록번호 | 제 16-1601호

대표전화 | (02) 581-5811~3
팩 스 | (02) 521-6418
E-mail | worldscience@hanmail.net
U R L | http://www.worldscience.co.kr

정 가 | 20,000원
I S B N | 978-89-5881-277-7

이 도서의 국립중앙도서관 출판시도서목록(CIP)은 서지정보유통지원시스템 홈페이지(http://seoji.nl.go.kr)와 국가자료공동목록시스템(http://www.nl.go.kr/kolisnet)에서 이용하실 수 있습니다.
(CIP제어번호 : CIP2018033529)

머리말

바다는 생명의 탄생 장소로 30억 년의 생물 진화 과정 중에서 생명체가 바다를 떠나 육지로 상륙하게 된 것은 겨우 수억 년 전의 일이며, 게다가 바다에서 육지로 상륙한 생물은 해양생물 중 극히 일부분에 지나지 않는다. 그러므로 바다에는 육지로 상륙하지 않고 바다 속에서 독자적으로 진화하고 있는 생물들이 무수히 많이 존재하며 해양 생물에는 육상 생물이 생산하지 못하거나 볼 수 없는 새로운 기능을 갖는 물질들이 존재하고 있다.

해양 생물에서 볼 수 있는 다양성은 생물의 진화 과정도 하나의 요인이 되겠지만 무엇보다도 중요한 것은 바다 환경의 다양성으로 인한 것이라 생각된다. 바다는 평균 압력이 380기압인 고압력의 세계이며, 이곳에 서식하는 생물은 독특한 고압에 견딜 수 있는 메카니즘을 가지고 있다. 또한 해수의 평균 온도는 1~4℃로서 호냉 생물이 살아갈 수 있는 최적의 장소이다. 이에 비해 300℃ 이상의 고온수를 분출하는 열수분출공 주변에도 미생물뿐만 아니라 생물들이 발견되고 있다.

지각운동이 활발하게 일어나고 있는 심해의 세계는 우리에게 많은 흥밋거리를 가져다 준다. 심해에서는 광합성에 의하지 않고도 서식이 가능한 생물체의 존재가 확인되었다. 이것은 암흑의 세계와 같은 해저에 광합성과 무관한 먹이 사슬계가 존재한다는 사실이다.

해양 생물은 그 종류도 풍부하며 지구상 전체 생물 중 80%(30문 50만 종)가 바다에 서식하고 있다. 바다에서 서식하고 있는 3만 여 종 이상의 물고기를 포함한 해양 생물자원은 인류의 단백질 공급원 및 공업 원료로서 인간과 직접적으로 밀접한 관계를 가지고 있다. 그러나 아직까지 해양 생물자원은 90% 이상이 미이용 자원이다. 해양 생물에는 놀랄 만한 새로운 기능성 물질들이 수없이 발견되고 있으나 아직까지 이들을 활용한 상품 개발을 통한 산업화에 성공하기 위해선 어려운 점이 많다.

해양 생물자원을 이용한 산업화를 위해선 무엇보다도 연중 생산에 필요한 원료가 확보되어야 한다. 그런데 모든 해양 생물자원이 대량으로 생산되지 않는다는 것이 가장 큰 문제이다. 이를 해결하기 위해서는 대규모 양식 기술 개발이 필요하다. 그러나 바다의 극한 환경(물, 염도, 파도, 압력 등)으로 인해 일부 어류 및 해조류만이 양식되고 있을 뿐 공장에서 활용될 수 있는 대규모 양식 생산은 이루어지지 않고 있다.

그러나 앞으로 4차 산업혁명 발전으로 수중 로봇, 드론, 무인 잠수정, 무인 원료 채취선 및 운반선 등이 개발됨으로써 바다 양식 산업이 활발히 이루어져 해양 바이오산업이 국가 동력산업으로 성장될 것으로 기대된다.

더구나 육상 생물자원을 대상으로 우수한 생물 소재나 의약 소재가 다수 개발되어 이제 점차 그 대상이 줄어들어 한계에 도달됨에 따라 최근 선진국을 비롯하여 바다와 인접한 해양 국가들은 생물 소재 대상을 육상 생물자원에서 해양 생물자원으로 이전하는 추세에 있다.

필자는 40여 년간 해양 생물자원으로부터 새로운 기능성 물질의 탐색 및 활용에 관한 연구를 수행하였다. 지금까지 해양 생물자원에서 놀랄 만한 새로운 기능성 물질들을 발견했으나 아직까지 원료 부족으로 상품 개발을 하지 못해 안타까운 마음이었다.

이제 4차 산업혁명 도래로 해양 생물자원을 활용한 고부가가치 상품화가 가능하다는 확신을 가져 독자들에게 해양 생물자원이 우리 인간에게 얼마나 중요한지를 알리려고 이 책을 출간하게 되었다.

제1장「해양의 신비」에서는 인간보다 정신세계가 미천하다고 치부되는 해양 생물이 보여주는 경이로운 초능력을 소개하고 손발이 없는 패류가 단순한 무기 재료를 이용하여 자기 몸을 보호하는데 필요한 집(패각)을 짓는 원리, 이물질이 삽입될 때 자기 몸을 보호하기 위해 분비하는 진주 물질(보석), 영하 50℃ 이하에서도 살아가는 어류 등 신비로운 내용을 다루었다.

제2장「해양 생물의 미래 자원」에서는 해조류, 미세조류, 어류 및 해양 미생물의 미래의 활용에 대한 내용으로 맛과 크기를 조절할 수 있는 유전자 변형 생선, 실험동물 대신 쉽게 활용될 수 있는 제브라피시, 미래의 생물자원인 미세조류, 해양 생물을 이용한 환경문제 해결법, 해양 미생물로부터 항균, 항곰팡이 및 항바이러스 물질, 항종양 물질, 항염증 물질 및 효소 저해제 등 생리활성 물질 개발 등 해양 생물의 미래의 가치에 대해 다루었다.

제3장「해양 기능성 소재」에서는 해조류로 만들 수 있는 기능성 종이, 어유를 이용한 첨단 해양 신소재 천연 액정, 해조류를 이용한 꿈의 신소재 고온 초전도체, 성인병을 예방 할 수 있는 생선 지방, 약이 되는 생선 껍질, 입 냄새 제거에 탁월한 해조 성분, 해양 생물로부터 기능성 화장품 소재 개발 등 해양 생물을 활용한 기능성 소재 개발에 대해 언급했다.

제4장「신재생 해양 에너지 생산」에서는 해양 바이오매스(biomass), 해조류로부터 에탄올 및 메탄 생산, 미세조류로부터 바이오 디젤 생산, 해양 광합성 세균을 활용한 수소 생산 등 해조류, 미세조류, 해양미생물을 이용하여 해양 바이오에너지의 생산 및 천연 해양 에너지에 대하여 살펴보았다.

본서는 고교생, 대학생 및 일반인들에게 해양 생물의 가치를 인식시키고 이 분야에 관심을 유도함으로서 관련 분야의 발전에 이바지 할 수 있도록 도움을 주고자 한다.

끝으로 이 책이 저술되기까지 저술 업무를 지원해 준 한국생물공학회 및 월드 사이언스 박서진 사장과 편집부 여러분께 깊이 감사드린다.

지은이 김세권

저자 소개

김세권

- 한국해양대학교 석좌교수
- 한국과학기술한림원 종신회원
- 국제해양생물공학회(IMBC) 이사

저자는 부경대학교(구 부산수산대학교) 식품공학과를 졸업한 후 동 대학원에서 해양생명공학을 전공하여 석·박사 학위를 받았다. 1982년 부경대학교 응용화학과에 부임하여 해양생화학 연구실을 만들었고 2006년부터 화학과 교수, 미국 일리노이대학교 및 캐나다 메모리얼대학교 객원 교수를 지냈으며, 해양수산부 지정 해양생명공학사업 해양바이오프로세스연구단 단장직을 2004년부터 10년간 수행하였다.

2013년 3월부터 부경대학교 과학기술융합전문대학원, 해양바이오융합과학과 연구특임교수로 지냈으며 2017년 3월부터 한국해양대학교 석좌교수로 활동하고 있다.

저자는 해양생물을 이용한 생리활성 물실의 탐색 및 개발에 대한 연구를 수행하며 관련 논문 680여 편(SCI 530여 편 포함), 특허 125건을 출원 및 등록, 저서 60여 편(국외: 32편)을 출판하였으며, 8건의 연구결과를 기업에 기술이전하였다. 또한 세계적인 학술정보 서비스 기업인 클래리베이트 애널리틱스(Clarivate Analytics)에서 '세계에서 가장 영향력 있는 1% 과학자(Highly Cited Researchers)'로 5년 연속 선정되었다. 이 뿐만 아니라 해양바이오분야 연구 업적 및 산업화 공로를 인정받아 정부로부터 과학기술 포장, 미국유화학회로부터 최우수논문상, 한국수산학회 학술상, 산학협동상 대상(산학협동재단), 제40회 부산시 문화상(자연과학분야), 목운생명과학상(한국과학기술한림원), 대한민국학술원 학술상 등을 수상하였고, 한국키틴키토산학회와 한국해양바이오학회를 창립하여 초대회장을 역임하였다. 해양 생물을 이용한 생리활성 물질의 개발에 대한 독보적인 연구능력을 인정받아 국제저널(Marine Biotechnology, Journal of Functional Foods)의 편집위원 및 국제학회(International Marine Biotechnology Association, International Society for Nutraceuticals and Functional Foods)의 이사로 선정되어 활발한 활동을 하고 있다.

차례

제 1 부 해양의 신비

제 2 부 해양 생물의 미래 자원

제 3 부 해양 기능성 소재

제 4 부 신재생 해양 에너지 생산

제 1 부

해양의 신비

| 주요 내용 |

1. 생명체는 바다에서 탄생되었는가 |
2. 진주는 어떻게 만들어질까 |
3. 산호는 왜 바다의 보석이라고 하는가 |
4. 해양생물이 가지고 있는 초능력 |
5. 담수와 해수에서 번갈아사는 어류의 비밀 |
6. 육상에서 살던 고래는 어떻게 바다에서 살게 되었나 |
7. 중국에서 약으로 팔리는 해마 |
8. 패류는 어떻게 패각을 만들 수 있을까 |
9. 냉동인간과 생선 부동성 단백질 |
10. 바다의 무법자 상어 이야기 |
11. 해양 미생물 세계 |
12. 게 껍데기의 신비 |
13. 노벨 의학상을 받게 한 군소 |

[01] 생명체는 바다에서 탄생되었는가

바다의 크기

지구의 표면적 중 육지와 바다가 차지하는 면적의 비율이 어느 쪽이 큰가라는 질문을 받게 되면 누구나 바다라고 대답할 것이다. 실제로 바다의 총면적은 3억 6,100만 평방 킬로미터이고, 육지의 총면적은 1억 4,900만 평방 킬로미터로 바다가 지구 표면의 70.8%를 차지하고 있다. 평균 깊이는 3,800m이지만 그 깊이는 위치에 따라 크게 차이가 있고 가장 깊은 태평양의 마리아나 해구의 깊이는 11,034km나 된다. 전체 용적은 13억 7,000만 입방 킬로미터이며, 여기에 해수의 평균 밀도(1.032g/cm^2)를 곱하면 지구상의 해수의 총량은 1,413×10^{21}g이 된다.

표 1-1을 보면, 지구상의 99%의 물이 해수라는 것을 알 수 있다. 이것은 지구상의 물을 이야기할 경우, 바다 이외에 존재하는 물의 양은 거의 문제가 되지 않는다는 것을 의미한다. 물은 고정된 물질이 아니다. 항상 물과 수증기 상태로 변화하면서 지구를 순환하고 있다. 수증기의 물은 10일에 1회의 빈도로 증발과 강수의 과정을 반복하며, 해수는 4,000년에 1회의 빈도로 증발과 강수, 유동(flowing)의 과정을 반복하고 있는 것이다. 해수의 총량은 40억 년 동안 변하지 않았기 때문에 단순히 계산하면 지금까지 이 과정을 100만회 반복해 온 것이 된다.

표 1-1. 지구상에 있는 물의 분포.

물의 형태	지표 (cm^3/kg)	총량 (g)	%
해 수	278.11	1,419×10^{21}	98.96
담 수	0.1	0.51×10^{21}	0.04
대 륙 수	4.5	22.83×10^{21}	1.59
수 증 기	0.003	0.015×10^{21}	0.00
생 물 수	0.0007	0.004×10^{21}	0.00

바다의 생성 과정

그렇다면 이 광대한 바다는 어떻게 해서 만들어졌을까? 이것을 알기 위해서는 지구 창세기로 거슬러 올라가야 한다. 지구의 탄생은 지금부터 46억 년 전으로 추정하고 있다. 지구가 생겼을 뿐 아직 핵과 지각 같은 내부 구조가 없었던 시대의 원시대기는 수소와 헬륨만이 존재하였다. 이때 바다는 존재하지 않았다. 그 후 5억 년 사이에 지구의 내부 구조가 생겼으며 원시대기는 사라졌고 지구 내부에서 분출된 기체에 의해 초기의 대기가 형성되었던 것이다. 이 초기 대기는 93%가 수증기로 되어 있었다. 그리고 그 후는 주로 이산화탄소, 염화수소, 질소 등이었으며 다른 원소와 결합하지 않은 유리 산소는 거의 존재하지 않았다. 얼마 지나지 않아 대기 중의 수증기는 물이 응축되어 원시 해양을 이루게 된다. 이것이 바로 바다의 탄생이다. 그러나 이 원시 해양의 조성은 현재의 해수와는 놀랄 정도로 달랐는데, 이때 물속에서는 지구 내부에서 분출되었던 염화수소가 녹아 pH가 0.5인 염산 용액으로 되어 있었다. 이 염산 해수는 현무암에 접촉되어 칼슘, 마그네슘, 나트륨, 칼륨, 철, 알루미늄 등의 금속을 녹아 내리게 하였다. 그 결과 용액은 중화되고 중금속은 수산화물「hydroxide, 수산기(OH)를 가진 화합물」로 다시 침전되어 현무암에서 점토가 형성되었다. 점토 광물과 해수 사이에는 나트륨, 칼륨, 프로톤(수소이온)에 대해 교환반응이 일어나 칼륨을 흡착하는 성질이 있기 때문에 해수 중의 나트륨 농도는 칼륨 농도보다 더 높아졌다. 또 약알칼리성을 띈 해수는 대기 중에 존재하던 이산화탄소를 융해시켜 탄산칼슘 침전이 생성되었다. 따라서 해수 중에서 다량의 칼슘이 제거되었던 것이다. 다만 이때 바다에는 환원철(reduced iron, 다공성이 높이 해면 모양을 한 철광석을 수소, 일산화탄소, 메탄 등으로 환원하여 얻어진 철)이 많이 존재하고 있었다. 이후 광합성(photosynthesis, 녹색 식물이 빛에너지를 이용하여 흡수된 이산화탄소와 물로부터 탄수화물을 합성하는 능력)을 하는 생물이 출현하게 되면서 바다는 서서히 환원적 환경에서 산화적 상태로 변화하였다.

이와 같은 과정을 거치면서 약 20억 년 전에 현재의 조성과 같은 해수가 만들어졌다. 그리고 대기 중의 기체가 바다로 녹아 들어갔기 때문에 대기조성도 크게 변하기 시작하여 질소를 주성분으로 하며 이산화탄소를 소량 함유한 대기가 조성되었으나 이때까지 아직 산소는 존재하지 않았다.

생명의 탄생

약 40억 년 전에 생명은 바다에서 탄생한 것으로 알려져 있다. 최근의 화석은 32억 년 전에도 생물이 존재하고 있는 것으로 나타났다. 이 생물들은 갑자기 출현한 것이 아니다. 지구가 서서히 어떤 생명체를 만들어 낼 준비를 하고 있었던 것이다. 그 당시 어떤 것이 지구상에 나타났는가를 추정하는 유명한 실험이 실시되었다. 1953년 시카고 대학의 대학원생이었던 밀러(Miller)는 그림 1-1과 같이 위와 아래 2개의 플라스크를 연결시킨 조립 장치를 통해 실험을 하였는데, 위쪽 플라스크에는 원시대기에 해당되는 환원력(reducing power)이 있는 메탄, 암모니아, 수소로 이루어진 혼합기체를, 아래쪽 플라스크에는 해수에 해당되는 물을 넣었다. 위쪽 플라스크에는 한 쌍의 텅스텐 전극을 설치하여 초기의 지구에서 빈번히 일어났다고 생각되는 공중방전(번개)을 일으키기 위해 높은

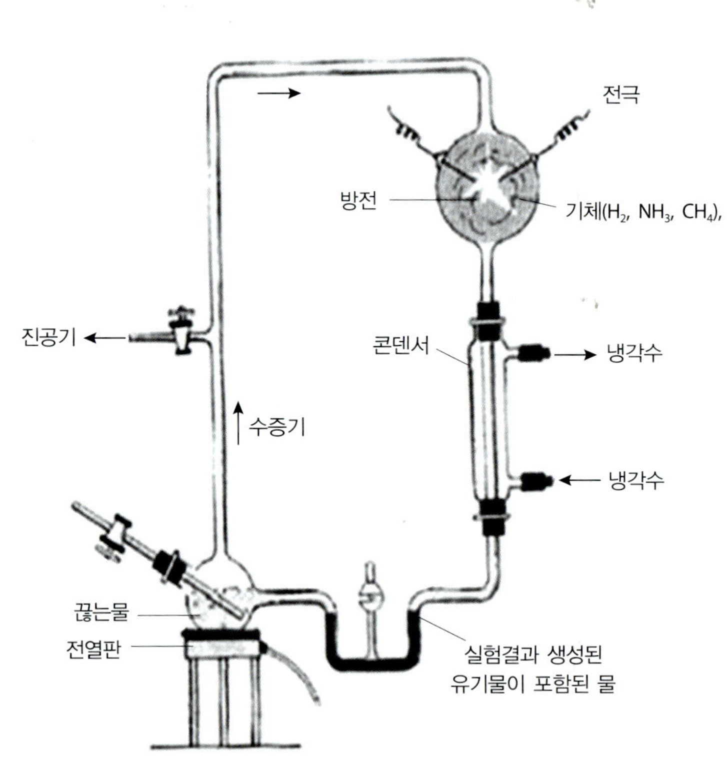

그림 1-1. 밀러(Miller)의 실험 장치.

(위의 플라스크는 원시대기에 해당하는 혼합기체이며, 전극을 걸어 고전압을 걸어 준다. 아래 플라스크는 해수이다.)

전압을 걸어 주었다. 이때, 아래쪽 플라스크를 가열하면 수증기가 생겨 위쪽 플라스크로 들어가 그 속에서 생성된 반응 산물을 용해시켰다. 이것이 비같이 되어 아래쪽 플라스크로 주입되었다.

바다에 해당되는 아래쪽 플라스크의 물속에 무엇이 존재하는가를 조사해 본 결과, 글리신(glycine)이나 알라닌(alanine)과 같은 아미노산과 포름산(formic acid), 글리콜산(glycolic acid)과 같은 유기산이 생성되는 것을 밝혀냈다.

그 후 이 실험은 혼합기체의 조성을 변화시켜 시행되면서 단백질을 구성하는 아미노산들과 생명의 유전정보 전달에 필요한 핵산 구성 성분인 염기(base)와 리보오스(ribose) 등이 생성된다는 사실을 확인시켰다. 바다 속에서 생명체를 낳게 하는 데 토양이 된 아미노산과 초산과 같은 유기화합물은 이 같은 원리로 생겨났는지도 모른다.

밀러(Miller)의 실험은 "탄산가스와 규산(silicic acid) 칼슘이 반응하여 탄산칼슘과 무수 규산이 생성됨으로써 탄산가스 분압이 원시대기 중에 낮은 레벨로 유지된다."는 유레이(Urey)설에 기초하여 환원적인 원시대기 조성을 재현하여 실시하였으나, 최근에는 당시의 대기는 유레이(Urey)가 생각했던 만큼 환원성이 높지 않았다는 설도 있다. 환원성이 있는 기체는 태양에서 내리 쬐는 강렬한 자외선에 의해 분해되어 버리기 때문에 원시대기는 현재의 화산에서 분출되는 기체와 같은 물과 이산화탄소, 일산화탄소 등이 아닌가 추정되고 있다.

그런데, 원시대기가 환원적이지 않았다면 밀러의 실험은 성립되지 않기 때문에 생명 탄생의 진실은 밀러의 실험과는 다른 것에 있을 가능성도 높다. 하지만 밀러의 실험은 생물이 관여하지 않은 화학반응에 의해 단순한 화합물로부터 생명체에 필요한 화합물이 된다는 사실을 우리에게 인식시켜 주었기 때문에, 이 실험은 생물학사에 오랫동안 남을 만한 것이라 할 수 있다.

표 1-2. 동물의 혈액과 해수의 이온 조성의 비교. (염소량을 100으로 한 비교값)

이 온	해 수	동 물			
		사람	소	여우	전갈
염 소	100	100	100	100	100
나트륨	56	89	93	100	57
칼 륨	2	4	6	5	1
칼 슘	2	3	3	5	3
마그네슘	7	2	–	1	3

생명이 바다에서 탄생하여 오늘날까지 여러 가지 진화 과정을 거쳐 현재의 상태에 이르렀다는 또다른 증거를 보여주는 간단한 실험도 있다.

표 1-2에서와 같이 해수와 동물 혈액의 이온 조성에는 약간의 차이는 있지만 해수의 조성과 상당히 유사하다. 나트륨이 많은 양을 차지하고 있으며 마그네슘, 칼슘, 칼륨도 소량 존재하고 있다. 이 사실은 육상 동물은 바다에서 이행되었기 때문에 해수로부터 혈액이 만들어진 것이 아닌가 생각한다. 또 해수 중에 함유되어 있는 금속과 생체 내에 함유되어 있는 금속의 분포를 비교해 보면, 해수 중에 비교적 많이 존재하는 철, 몰리브덴(molybdenum), 아민(amine) 등은 어떤 생물에도 필요한 원소이다. 그렇지만 해수 중에 미량으로 존재하는 수은이나 텅스텐은 생물에게는 필요없는 원소이다. 바다에서 생명이 탄생되지 않았다면 주위에 많은 원소를 이용하는 작용기구가 발달된 것은 자연적인 과정이라고만 볼 수 있을까?

광합성 생물의 출현

지구상에 최초로 출현한 생명은 산소를 필요로 하지 않는 종속영양형(heterotrophs)의 박테리아이다. 종속영양이라는 것은 살아가는 데 필요한 유기물을 스스로 만들 수 없고 외부에서 섭취해야 살아갈 수 있는 방식이다. 이와 같은 생활 방식을 하는 박테리아들이 초기 바다에 함유되어 있던 고분자 유기물을 서서히 먹어 없애 버리면 먹이로 되는 영양이 점차 고갈되어 결국 박테리아는 멸망해 버렸을 것이다. 그러나 여기에 주위의 환경에 맞추어 살아갈 수 있는 능력을 획득한 생물이 출현하게 되었다. 유기물을 필요로 하지 않지만 이산화탄소를 잘 이용하여 살아갈 수 있는 광합성 생물이 바로 그것이다.

오늘날 광합성을 하는 생물이라면 누구나 식물을 떠올릴 것이다. 식물이라면 우리들 주위에 있는 나무와 화초를 연상하겠지만, 가장 최초의 광합성 생물은 바다에서 사는 광합성 세균이었다. 이때의 육지는 도저히 생물이 살 수 있는 환경이 아니었다. 그에 비해 바다의 얕은 물은 해수가 자외선을 차단하면서도 광합성에 필요한 파장의 광은 투과시켜 광합성 생물이 살아가는 데는 알맞은 장소였던 것이다. 그러므로 바다에서 광합성을 하는 생물이 증식하기 시작하였다. 광합성 세균은 이산화탄소와 황화수소와 같은 환원성 화합물을 사용하여 광에너지를 받아 세균 중에서 세포가 크고 광합성 자체의 메커니즘이 화합하여 남조류(cyanobacterium)로 진화하였다. 소위 식물의 탄생이었던 것이다. 남조류와 광합성 세균과의 큰 차이점은 광합성 세균은 황화수소와 같은 한정된 물질을 환원력으로 이용하는 데 비해 남조류는 물을 분해하여 얻은 환원력을 이용한다는 점이다. 이때의 생명체는 모두 바다에 존재하고 있었기 때문에 엄청난 물에 둘러싸여 생활하고 있었다. 따라서 빛이 닿는 바다 속에는 어디에나 남조류가 서식할 수 있었다. 이렇게 하여 광합성을 하는 조류가 늘어 생명의 죽음이라는 두려움에서 벗어날 수 있게 되었다.

광합성이란 간단히 말하면, 이산화탄소와 물로부터 광에너지를 이용하여 유기물과 산소를 만들어 내는 반응이다. 광합성 생물에 의해 지금까지 존재하지 않았던 유리 산소, 즉 산소 기체가 대기 중에 방출되면서 생태계의 물질 순환을 크게 변화시켰다. 대기 중에 산소는 지구의 성층권(stratosphere, 대기권의 상층으로 지상으로부터 20~80km에 이르는 범위)에 오존층을 형성하게 하였는데, 오존은 유리 산소와 단파장(150nm)의 광조사를 받음으로써 발생되었다.

우리들의 눈에 보이는 빛 중에서 제일 단파장의 광은 자색을 띄고 있다. 자색의 광보다도 짧은 파장의 광을 자외선이라 부른다. 생물의 유전자 본체인 DNA는 260nm 부근 파장의 자외선을 흡수하는 성질을 갖고 있는데, 흡수된 자외선의 에너지를 사용하여 DNA가 물분자와 결합하게 되면 유전자가 갖고 있는 정보를 정확히 전달할 수 없게 된다. 서로 다른 유전 정보는 생물을 분리된 상태로 접근시켜 혼란에 빠지게 하고 결국에는 죽음을 초래한다.

오존은 유해한 자외선을 흡수할 수 있다. 왜냐하면 오존과 DNA가 흡수하는 자외선의 파장은 모두 260nm 부근이기 때문이다. 지구 주위에 오존층이 형성되면 260nm 부근의 자외선을 흡수하기 때문에 지표에 닿는 자외선은 그 부분의 파장의 빛이 차단되게 된다. 자외선을 흡수한 오존은 다시 산소로 되돌아간다. 오존층에서 지구상으로 쏟아지는 유해한 자외선량이 감소하게 됨으로써 육상에 생물이 살 수 있게 되었던 것이다.

성층권에는 오존층이 형성되었고, 한편 산소는 바다 속의 환원철(Fe^{2+})을 산화시켜 물에 녹지 않는 산화철(Fe^{3+})로 변화시켜 해저로 침전시켰다. 이로 인해 환원성을 띠던 바다는 산화성을 나타내는 바다로 변하게 되었다. 이렇게 되어 현재와 같은 바다를 이루게 된 것이다.

혐기성 생물(Anaerobe)과 호기성 생물(Aerobe)

해수 중에 생긴 산소는 해수에 용해되면 당분간은 철의 산화에 소비되어 버리나 산화되는 환원철이 없어지면 해수는 점점 산화적 환경으로 변하게 된다. 그 결과 생물은 살아남을 방책을 짜내야만 했다. 소극적인 생물은 철저히 산소가 없는 장소를 찾아 종래와 같은 생활을 하는 것을 고집했다. 그러나 이미 산소는 지구상에 넘쳐 있었다. 따라서 이와 같은 생물은 산소가 상당히 적은 심해나 화산 부근 등에서 살아가게 되었다. 이것은 지금의 혐기성 생물의 선조이며 그 생물 형태는 태고적부터 지금까지 계승되고 있다. 이에 비해 적극적으로 산소를 이용하여 살아남을 수 있는 능력을 획득한 생물도 있었다. 이들을 호기성 생물이라 부르며 현재 지구상의 생물 대부분의 선조에 해당된다. 분자 상태의 산소는 본래 생물체를 구성하고 있는 유기물을 산화하는 무서운 물질이다. 호기성 생물은 유해한 산소를 체내에서 무독화 시키는 능력을 몸에 갖게 되었을 뿐만 아니라 산소호흡이라는 복잡한 에너지를 만들어 낼 수 있는 시스템을 개발하여 한 번에 대량의 에너지를 얻는 데 성공했던 것이다.

생명을 유지하기 위한 생명 활동은 생체 내에서 일어나는 대부분의 화학 변화에 의해 영위되고 있다. 이 화학 변화를 물질이라는 관점에서 파악할 경우, 물질교환 또는 대사(metabolism)라고 하는데, 화학반응에는 반드시 에너지의 교환이 일어난다. 때문에 생물은 체내에서 화학반응을 진행시킴으로써 생명을 유지하고 활동하는 데 필요한 에너지를 만들어낸다.

에너지에는 열에너지, 광에너지, 전기에너지, 화학에너지 등 여러 종류가 있다. 이들 에너지 중 화학에너지를 중심으로 하여 생물은 생명 활동을 하고 있다. 화학에너지란 화학물질의 원자를 결합시키고 있는 결합에너지를 말한다. 재미있는 것은 거의 모든 생물에 있어서 에너지를 대사하는 화학물질은 공통이다. 박테리아, 식물, 동물에서도 약간의 예외를 제외하고는 같은 물질이 에너지의 공통 통화로서의 역할을 하고 있다. 그것이 바로 아데노신삼인산(adenosine triphosphate, ATP)이라는 물질이다(그림 1-2).

아데노신삼인산(ATP)은 아데닌(adenine)이란 염기와 리보오스라는 당이 결합된 아데노신에 3개의 인산이 결합한 구조의 물질이다. 이 3개의 인산을 결합시킨 인산 결합 중 끝에서 두 번째 결합은 고에너지 인산 결합이다. 아데노신삼인산(ATP)에서 1개의 인산이 떨어지게 되면 아데노신이인산(ADP)로 되고, 이때 8kcal라는 높은 에너지가 방출하게 된다. 이 에너지는 우리 몸에서 대사반응이나 활동에 이용된다. 반대로 아데노신이인산(ADP)은 8kcal의 에너지를 받으면 인산을 결합시켜 아데노신삼인산(ATP)으로 되돌아간다. 인산이 붙었다 떨어졌다하면서 8kcal의 에너지 교환이 일어나고 있는 것이다. 이것으로 에너지원

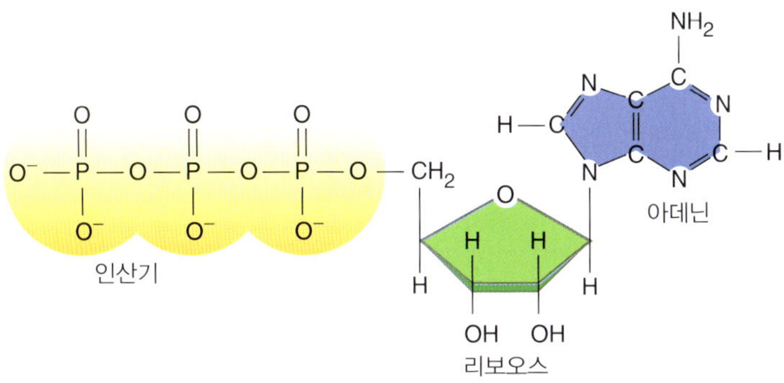

그림 1-2. 아데노신삼인산(ATP)의 구조.

으로서 아데노신삼인산(ATP)이 얼마나 중요한 것인가를 충분히 이해할 것으로 생각된다.

아데노신삼인산(ATP)을 만드는 시스템을 호흡이라 하는데, 호흡이란 유기물을 분해하여 얻어진 에너지를 아데노신삼인산(ATP)으로 축적시키는 작용을 말한다. 호흡의 시스템에는 두종류가 있다. 하나는 산소를 필요로 하지 않는 무기호흡이고, 또 다른 하나는 산소를 필요로 하는 산소호흡이다.

현재 지구상에 서식하는 생물의 대부분은 산소호흡을 통해 에너지를 얻고 있다. 산소호흡을 하고 있는 생물도 산소가 없는 상태에서 아데노신삼인산(ATP)을 만들 수는 있으나, 산소호흡의 시스템을 사용하면 한 분자의 포도당에서 38분자의 아데노신삼인산(ATP)을 만들어 낼 수 있다. 같은 재료를 사용해도 산소를 이용함으로써 19배에 해당하는 양의 에너지가 손쉽게 만들어지기 때문에 산소호흡이라는 것이 생물에 있어서 얼마나 효율적인 시스템인가는 쉽게 상상할 수 있을 것이다. 이리하여 산소호흡을 통해 다량의 에너지를 얻을 수 있게 되었고, 호기성 생물은 지구상에서 다종 다양하게 진화가 이루어진 것으로 볼 수 있다.

최근에 냉장고의 냉매와 단열용의 발포제 생산에 사용되고 있는 프레온이 사회문제로 되고 있다. 이 프레온은 탄소에 염소와 불소가 결합된 화합물인데, 대기 중에서 광분해되면 염소 원자들이 방출되어 오존을 파괴하게 된다. 남극에는 봄이 되면 오존의 양이 감소하는 「오존 구멍」이라는 현상이 벌써 나타나고 있지 않는가? 오존이 파괴되면 지구상에 도달되는 유해한 자외선이 증가하여 생물이 살아갈 수 있는 환경을 태고의 지구 상태로 되돌아가게 할지도 모를 일이다. 또한 인간의 문명 발달로 말미암아 대기 중에 이산화탄소의 함량이 갈수록 증가하고 있어 언젠가는 지구상에서 인간뿐만 아니라 생명체가 멸망할 시대가 도래할지 모른다.

[02] 진주는 어떻게 만들어질까

진주의 신비

「달의 물방울」, 「선녀의 눈물방울」이라고 불릴 정도로 인간의 사랑을 받아온 진주는 옛날부터 동양의 보석으로 그 가치가 높게 평가되었으며 장신구로 널리 사용되었던 것 같다.

중국의 「서경(書經)」에는 「2,500년 전부터 진주가 존재하였다」는 기록이 있고, 희랍에서는 기원전 9세기부터 진주가 등장한 것으로 전해져 오고 있다. 또 구약성서의 잠언에는 「누가 현숙한 여자를 찾아 얻겠느냐? 그 값은 진주보다 더하니라」라는 구절이, 신약성서의 마태복음에는 「천국은 마치 좋은 진주를 구하는 장사와 같으니 극히 값진 진주 하나를 만나매 가서 자기의 소유를 다 팔아 그 진주를 샀느니라」라는 표현이 있어 예로부터 진주가 지상의 지극히 중요한 보배로서 존재하였던 것을 말해 주고 있다.

알렉산더 대왕의 페르시아, 인도 원정이나 줄리어스 시저의 이집트 침략 등은 진주를 구하기 위한 싸움이었다. 로마의 융성은 진주가 있는 나라를 침략한 것이 원인이었다고 전해지고 있다. 그것과 관련하여 유명한 이야기로 「클레오파트라와 진주」를 들 수 있다. 원래 클레오파트라 여왕은 진주 목걸이 애호가였으며, 안토니오와의 내기에 실패하자 자기의 양쪽 귀에 걸고 다니던 진주를 가루로 빻아 식초에 녹여서 이것을 술에 타서 로마와 이집트와의 영원한 우호를 다짐하면서 모두 마셔 버렸다고 한다. 당시의 기록에 의하면 이 진주는 38만 달러의 가치가 있었다고 전해지고 있다.

또 중국 「명나라의 십삼륙자료관(十三陸資料館)」에는 송나라 시대에 진주패를 채취하는 모습의 그림이 보존되어 있다. 이것으로 보아 중국에서도 진주가 귀중한 장식품으로서 사랑을 받았다는 사실을 알 수 있다.

그런데 그 만큼의 가치가 있었던 자연의 신비한 진주의 출현을 본 고대의 사람들은 그것을 어떻게 이해하고 있었을까?

투리나우스 박물지에는 「진주는 해저의 패가 해면으로 부상하여 하늘에서 내린 이슬을 흡수하여 자란 것」이라고 기술되어 있고, 또 「진주는 굴 등에서 나온 것이기 때문에 굴이 패각을 벌렸을 때 그 속으로 떨어진 빗방울이 진주로 변한 것」이라는 전설이 전해져

오고 있다. 어쨌든「진주의 탄생」이리는 신비한 사건은 고대인이 가장 갖고 싶어 했던 꿈이었으며, 가슴을 설레게 하는 데는 충분한 것이었을 것으로 본다.

진주는 최고의 장신구였기 때문에 언제나 미(beauty)의 상징으로서 존재하였으며, 이것을 감상하는 사람의 마음은 어느 시대나 또 어떤 민족에 있어서도 공통이었음은 틀림없었을 것이다. 진주는 다른 보석들과는 달리 오직 해저에서 홀로 살아 숨 쉬고 있는 조개류에서만 얻을 수 있는 보석이기 때문에 땅에서 얻어지는 다른 보석과는 그 가치를 비교할 수 없을 것이다. 현재 존재하는 세계 최고의 진주는 이란 서부에 있는 페르시아와의 별궁 유적에서 발굴된 진주 목걸이로서 기원전 4세기경의 것으로 추정되고 있다. 페르시아만, 세이론섬 등은 예부터 천연 진주의 산지로서 유명하여 이란의 보배로운 재물이나 성경의 표지에 박혀 있는 수많은 진주는 오늘날에도 우리로 하여금 감탄을 자아내게 하고 있다. 엘리자베스 여왕의 왕관도 다이아몬드와 더불어 진주로 장식되어 왕관의 아름다움이 극치를 이루고 있으며, 모든 젊은 여성들이 한 번 써 보고 싶은 미스 인터내셔널 왕관에는 788개의 진주가 아로새겨져 있다. 또, 일본의 미스 벚꽃 여왕 왕관에는 976개의 진주가 800g의 14금 재상의 자리에 우아하고 신비롭게 아로 새겨져 있어 보는 뭇 여성들의 가슴을 설레게 하고 있다(그림 2-1).

그림 2-1. 일본의 미스 벚꽃 여왕의 왕관. 976개의 진주가 800g의 14금 재상의 자리에 우아하고 신비롭게 아로 새겨져 있다.

진주는 어떻게 만들어질까

진주는 조개류의 체내로 기생충이나 모래알 등의 이물질이 삽입되면 조개는 이물질의 자극을 줄이기 위하여 조개 자체에서 진주 물질을 분비시켜 이물질을 둘러싸게 되어 생겨난다고 한다. 이러한 형상은 이물질을 인공적으로 조개 체내에 넣었을 경우도 마찬가지로 진주를 생성하게 된다. 또한 신기한 것은 조개껍질의 내면에 특정한 모양의 이물질을 부착시키면 조개의 세포는 압박감으로 인해 이물질로 간주하여 그 부분에 진주 물질을 집중적으로 분비시켜 원하는 모양의 여러 형상의 진주를 생성시킬 수 있다.

이미 13세기경에 중국 관동 지방에서 담수산 조개를 이용하여 조개껍질의 내면에 불상형(Buddhist image)의 물질을 접착시켜 불상형 진주를 만든 것도 진주 형성의 원리를 경험적으로 터득하였기 때문이라 볼 수 있다.

진주는 핵을 중심으로 하여 각피층, 능주층 그리고 진주층으로 구성되어 있으며, 진주층에는 탄산칼슘과 아름다운 망목상의 불용성 단백질인 콘키올린(conchiolin)이 함유되어 있어 진주의 오묘한 광택을 갖게 한다. 또 진주층의 단백질에는 포르피린(porphyrin)이라는 유기 색소가 존재하는 경우가 있는데 이 색소는 산으로 용해시키면 적자색을 띠고 자외선을 조사하면 아름다운 혈적색의 형광을 나타내는 물질로 진주의 신비로운 색깔에 관여한다. 이와 같이 진주는 어떤 색소가 존재하느냐에 따라 흰색, 은색, 노란색, 분홍색, 회색, 파란색, 흑색 등 아주 다종다양한 색조를 띠게 된다.

진주의 가치는 크기와 모양 그리고 상처의 유무가 관계하겠지만, 무엇보다도 아름다운 색상과 멋진 광택이야말로 진주의 생명이라 할 수 있다. 이 신비의 빛깔은 빛의 반사에 의해 일어나지만 일반 금속이나 도자기의 그것과는 달리 진주층이 반투명체이기 때문에 표면, 표층(표면 부근에 얇은 층), 밑면에서 빛의 반사가 서로 겹쳐져서 신비한 광택 효과를 나타내며, 여기에 탄산칼슘의 결정판 두께에 따라 광택이 크게 영향을 받는다.

지난 수세기에 걸쳐 인류는 인공적으로 진주를 얻기 위하여 많은 노력을 기울여 왔으나 본격적인 진주 양식은 일본에서 1838년에 시작되어 1907년에는 구형(globular shape) 진주의 양식에 성공하였다. 2차 대전 후 전세계 천연 진주 생산량의 90%를 차지하던 페르시아만 일대의 진주 어장이 석유 자원 개발로 황폐화된 반면, 세계의 경제가 활성화됨에 따라 진주 수요가 증가하자 일본은 진주 양식을 연안 어민의 소득 증대 사업으로 적극 육성시켜 전 세계 진주 시장을 독점하고 있다. 이미 일본에서는 수십 년 전에 국립진주연구소가 설립되어 진주에 관한 종합적인 연구가 체계적으로 수행된 결과 연간 60억 달러 이상의 외화를 벌어들이는 데 크게 공헌하였다.

우리나라에서는 1970년대 초에 일본인 기술자의 지도 아래 수차례 진주 양식이 시도되었으나 일본의 진주 양식 기술의 해외 유출 금지 조항에 따라 기술 이전 효과를 얻지 못하였고 또한 자체적인 기술 개발을 하지 못해 큰 성과를 나타내지 못하고 있는 실정이다.

앞으로 이 신비한 진주 형성의 원리를 응용하여 마치 진주와 같은 아름다운 광택을 가진 다양한 색상의 소재들이 개발되고 우리 생활에 활용될 수 있다면 우리의 삶도 좀 더 아름다워 보이지 않을까?

[03] 산호는 왜 바다의 보석이라고 하는가

산호의 정체

「산호」는 보석의 대명사이지만 이 산호의 정체를 말할 수 있는 사람은 매우 적다고 생각된다. 이 세상에서 산호만큼 풍부한 색채와 다양한 형태를 보여주는 것도 없을 것이다. 산호의 종류는 수백 종에 달하며 더구나 변이종이 상당히 많기 때문에 그 분류는 매우 어렵다. 산호는 분류학상 자포 동물(입 주위에 나열된 촉수를 갖고 있어 외부로부터의 화학적 자극이나 물리적 자극에 의해 방출되며, 먹이 생물이 촉수에 닿으면 자세포가 자극되어 자포가 재빨리 늘어나 먹이 생물을 찌르는 동물)에 속한다. 이 그룹의 대표적인 것으로는 산호 외에 「말미잘」과 「해파리」를 들 수 있다. 산호와 말미잘은 겉모양은 완전히 다르지만 이들 모두 자포를 갖고 있다는 점에서 공통적이다. 산호가 석회질로 된 골격을 갖는 것은 잘 알려져 있지만 각질의 골격을 만들어 석회질의 아주 작은 뼈 조각을 갖는 산호도 있다. 이들을 연질 산호라 부르고 있고 소위 「산호」인 경질 산호와는 구별되고 있다.

경질 산호는 보석으로 되는 아름다운 가지가 뻗어 나온 유형과 암석처럼 땅으로 뻗어 있는 유형으로 나눌 수 있다. 이 암석 산호에는 성장 속도가 빨라 산호초를 형성하는 조초산호와 성장이 늦어서 산호초를 형성하지 않는 것이 있다.

[산호]

조초산호의 생활

산호에는 완전히 단일종의 산호들만이 넓은 초원을 이루어 생활하는 것이 있는가 하면 무리지어 생활하는 것도 있다. 대부분의 조초산호는 군체성이다. 군체성이란 많은 산호충이 진기하게 모여 집단으로 생활하고 있는 것을 말한다. 산호 한 개체마다 입과 촉수를 갖고 있기 때문에 확대하면 말미잘처럼 보인다. 이들 개체가 모여 산호초를 형성하고 있는 것이다. 산호가 물속에 살아 있을 때는 촉수를 뻗어서 먹이를 잡는데, 이 촉수들의 다양한 색깔이 마치 꽃처럼 하늘거려 아름다움을 자아낸다.

산호를 이야기할 때 또 하나 잊어서는 안 되는 것이 있다. 그것은 산호 내부에 공생하고 있는 미세조류(microalgae)의 존재이다. 산호에는 1cm^{3}당 100~200만 개 정도의 미세조류가 공생하는 데 이들은 산호 속에서 질소, 탄산칼슘, 인산, 이산화탄소를 흡수하여 광합성을 하며 대신 산호한테 필요한 60%의 탄수화물과 산소를 공급해 준다. 다시 말해 동물인 산호가 광합성 재료를 모두 제공하고 식물인 공생 미세조류들은 산호에서 받은 재료로 광합성을 해서 필요한 만큼 물질 대사에 쓰고 일부는 산호한테 주면서 공생을 한다는 것이다. 일반적으로 산호 중에는 와편모조가 많이 살고 있다. 이 와편모조는 갈색으로 직경 10μm정도의 단세포 생물로서 여러 가지 종류가 있는데, 다른 동물의 체내에 공생하는 것과 혼자서 부유 생활을 하는 것이 있다. 또 부유 생활을 하는 것 중에는 적조(algal bloom, 여름부터 가을에 이르러 해수플랑크톤의 수가 급격히 증가하여 바닷물의 색이 붉게 변색되는 현상)의 원인이 되는 것도 있다.

와편모조는 두 가닥의 편모를 갖고 있지만 동물과 더불어 살아가는 경우는 편모가 떨어져 운동성을 잃게 된다. 구형으로 그 주위가 두꺼운 막(periplast)으로 덮여 있는 와편모조가 햇빛을 필요로 하므로 산호 속에서 햇빛을 받아 광합성을 하기 위해서는 태양광이 투과할 수 있는 투명도가 높은 환경을 필요로 한다. 그래서 산호는 깨끗하고 얕은 바다에서만 산호초를 만드는 것이다. 조초산호와 비조초산호와의 차이는 분류학적인 것이 아니라 산호 중에 와편모조가 있느냐 없느냐의 생태학적인 것이다. 와편모조가 있으면 석회질의 골격이 상당히 빨리 발달하기 때문에 그 결과 산호초를 형성하게 되는 것이다(그림 3-1).

(a) 산호류의 폴립

(b) 꽃 모양과 흡사한 폴립

그림 3-1. 조초산호의 유생인 폴라눌라(planula)가 정착하여 폴립(polyp)을 형성한다.

산호의 산란

언젠가 텔레비전에 방영된 보름달 저녁에 조초산호들이 동시에 산란하는 신비로운 모습의 영상은 대자연의 불가사의로서 많은 사람들을 감동시켰을 것으로 생각된다. 조초산호는 연 1회 늦은 봄부터 여름에 걸쳐 보름달 또는 초승달의 해지기 전후에 산란을 한다. 왜 이 시기에 산란을 하는지는 아직 확실히 밝혀지지 않았지만 어떤 학자는 수온의 영향 혹은 명암 주기의 인식에 의해 복잡하게 얽힌 현상이라고 주장하고 있다.

[산호의 산란]

조초산호의 유성생식에는 보육형(brooder)이라 부르는 체내수정을 하는 유생인 풀라눌라(planula)를 방출하는 유형과 방란방정현(spawner)이라 부르는 알과 정자를 방출하여 체외수정을 하는 유형이 존재한다. 쉽게 말하면 산호에는 암수가 한 몸에 존재하는 것과 암수가 다른 몸에 존재하는 것이 있어 합계 4종류의 생식 방식이 존재하고 있다. 1980년대까지는 조초산호는 주로 보육형의 생식을 하는 것으로 알려졌었다. 그러나 오늘날에는 방란방정형이 압도적으로 많은 것으로 밝혀졌다.

조초산호의 대표인 돌산호에서는 성숙한 생식세포가 위강(gastral cavity, 해면의 몸 중앙에 있는 내장) 내로 옮겨져 알과 정자가 일시에 입에서 체외로 방출시킨다. 이 같은 다수의 정자와 부력을 갖고 있는 알이 하나로 통합되는 것을 알-정자 다발(egg-sperm bundle)이라 부른다. 어떤 형태로든 알과 정자를 체외로 방출시키기 때문에 수정이 이루어질 확률이 높게 된다. 이와 더불어 부력을 갖고 있는 수정란은 조류를 타고 바다로 확산되기 때문에 살아갈 수 있는 영역을 확대할 수 있다. 단, 수정란이 어버이 산호로 되기까지는 부유 유생인 풀라눌라(pulanula)를 거쳐 무성생식에 의해 폴립(polyp)을 형성해야 한다. 대다수의 수정란 또는 풀라눌라 유생은 해수에 떠돌아다니고 있는 사이에 어류 등에 포식되기도 한다. 산란기의 산호는 한꺼번에 대단히 많은 양의 알을 방출하여 생태계에서 다른 동물의 영양원으로서도 중요한 위치를 차지하고 있다. 또 산호알은 패류가 부패한 것 같은 특유의 냄새를 낸다. 이 냄새의 원인은 휘발성 성분 때문이지만, 왜 이러한 냄새를 발생시키는지는 아직 밝혀지지 않고 있다.

산호초를 둘러싼 환경

산호초는 구성되어 있는 그 자체가 생물로서 재미있을 뿐만 아니라 생태계로서 옛부터 상당히 흥미를 끌었다. 산호초의 생물 생산량은 보통의 생태계에 비해 상당히 많은 것으로 알려져 있다. 그 이유는 광합성을 하는 생산자인 식물이 많기 때문이라고 보고 있다. 그리고 먹이의 재료가 되는 유기물이 풍부하기 때문에 그것을 구하기 위해 소비자인 동물들이 많이 모여들게 된다. 생산자인 미세조류와 해초를 먹는 동물 플랑크톤과 작은 저생생물(바다의 바닥에서 사는 생물) 그리고 이들을 먹는 물 밑바닥에서 사는 큰 생물과 물고기들이 산호초 속에 뭉쳐서 생태계를 형성하여 동물 순환을 하고 있다.

조초산호는 산호 표면의 청소, 간조시 건조로부터의 보호, 온도와 염분 농도 변화에 대한 방어를 위해 항상 점액상 물질을 체표로 분비시킨다. 이것은 산호에 기생하는 게나 어류, 그리고 새우와 같은 동물성 플랑크톤의 좋은 미끼가 되고 있다.

이처럼 맑은 물에 강하게 투과되는 빛을 받아 일어나는 광합성 덕택으로 골격을 키우고 그 위에 새 집을 지으면 조류들이 들어와서 서로 도우면서 행복하게 살아왔던 산호와 조류들이 근래에 와서는 바다 자체의 환경 변화가 산호에 치명적인 영향을 주고 있다.

근년에 와서 열대 해역 수온은 3℃ 이상 상승하였고 게다가 오존층의 파괴로 자외선 양이 증가하였다. 오염으로 인한 빛의 부족과 침전물의 증가 등으로 산호에 공생하는 미세조류가 죽고 이로 인해 산호도 영양 섭취를 제대로 할 수 없어 끝내 하얀 골격만 남긴 채 애처롭게 사라져 가고 있다. 이렇게 산호가 죽어 간다면 언젠가는 지구의 70%인 바다도 죽어 갈 것인데, 이로 인한 결과는 어떠할까?

산호의 이용

유럽에 있는 신석기 시대의 동굴에서 산호로 만든 장신구의 파편이 출토된 것으로 보아 산호는 아주 오래 전부터 보석 및 장식용으로 쓰인 것으로 추정된다. 또한 예로부터 산호의 붉은 보석은 피를 연상시키는 점에서 상처를 방지한다고 믿어 왔고, 출산기 여성의 부적으로도 이용되었다. 약물로서의 효과도 믿어져서 중국의 고대 약학서인 「본초강목(本草綱目)」에는 지혈의 효능이 있다고 기록되어 있다. 산호는 유기질의 보석으로 진주, 호박(송진 따위의 수지가 오랫동안 땅속에 묻히어서 변화된 것으로 누른빛을 띠는데 장식품으로 쓰임) 등과 함께 일반적인 광물질의 보석과는 구별되며 목걸이, 단추, 넥타이핀 등에 이용되고 있다. 우리나라에서는 비녀, 단추, 노리개, 관자 등에 많이 이용되었고 특히 붉은 산호는 비녀의 재료로 인기가 높았다.

일본에는 산호초의 석회암으로 이루어진 섬이 뇌졸중에 의한 사망률이 가장 낮은 장수촌으로 알려져 있다. 이곳의 식용수에는 칼슘 및 마그네슘의 양과 알칼리도가 일본에서 가장 높은 것으로 밝혀졌다. 이곳 주민은 물과 농작물을 통해 칼슘과 마그네슘의 섭취가 높아 장수하는 것으로 알고 있다. 최근에는 산호초를 파우더로 만들어 건강 소재로 활용할 뿐만 아니라 물의 정제에 이용하여 미네랄 워터(mineral water)를 만들기도 한다.

4 해양 생물이 가지고 있는 초능력

초능력은 선천적인 특수한 능력

세상에는 인간이 이해하기 힘든 불가사의한 것들이 참으로 많은 것 같다. 언젠가 이스라엘의 유명한 초능력자인 유리겔라라는 사람이 내한하여 전국을 떠들썩하게 한 적이 있는데, 그는 손안에서 순간적으로 씨앗을 싹틔우는가 하면 고장난 시계를 손도 대지 않고 고치는 등의 초능력으로 전국에 커다란 센세이션을 일으켰었다. 원래 인간은 누구나 미개발, 미사용의 많은 능력을 간직하고 있는 것으로 알려져 있으며, 이러한 능력은 일반적인 상식을 초월하는 힘을 갖고 있는지도 모른다. 그러나 초능력이란 훈련을 통해서 보다는 태어나면서부터 선천적으로 갖는 특수한 능력이 아닌가 생각된다.

그런데 이러한 초능력이 만물의 영장이라고 자부하는 인간보다 정신세계가 미천하다고 치부하는 동물 세계에서 더 많이 나타난다면 과연 믿을 수 있을까? 믿어지지 않겠지만 해양 생물의 세계가 보여주는 경이적인 초능력은 우리 인간이 상상할 수도 없는 불가사의한 것으로 그저 감탄하지 않을 수 없다.

어떤 해양 생물은 우리 수위에서 무슨 일이 일어나고 있는지에 대해시 우리 인간보다 먼저 알아차리는 것으로 알려져 있다. 이들은 일기예보에 있어서도 기상학자들보다도 오히려 뛰어난 능력을 발휘하여, 다가오는 지진, 태풍, 밀물을 비롯한 여러 가지 자연 재앙들을 미리 알려줌으로써 사람들의 목숨을 구하는 데 중요한 역할을 수행하여 왔다. 일례로 미국의 어떤 학자는 허리케인이 다가오기에 앞서서 집게발 게 수천 마리가 해안으로부터 육지로 행군해 오는 것을 보고 이를 주의 깊게 관찰한 결과, 행군은 폭풍이 일어나기 24시간 전부터 시작되었다. 허리케인으로 인해 해안지대는 크게 범람하였으나 게들은 육지로 얼마나 이동을 해야 해일의 위험으로부터 벗어날 수 있는지를 정확히 예측하고 움직여 폭풍에 의한 피해를 거의 입지 않았다(그림 4-1).

또한, 조립식 가옥에 거주하는 일본사람들은 집집마다 금붕어를 많이 기르면서, 이들 금붕어가 갑자기 미친 듯이 헤엄을 치기 시작하면 곧 지진이 일어날 징조로 보고 서둘러 대피하기도 했다.

또 꽃발게는 조수의 리듬에 대하여 독특한 반응 양식을 가지고 있다. 게는 처음 썰물에

그림 4-1. 해안으로부터 육지를 향해 행군해 오는 집게발 게의 모습. 이들의 행군은 아직 까지도 수수께끼로 남아 있다.

노출될 때는 검은색을 띠다가 밀물 때에는 밝은 색을 띠게 되는데, 이것은 피부 속에 있는 색소세포들의 확장과 수축의 결과인 것으로 알려져 있다. 그런데 이 게에서 색소세포를 함유하고 있는 조직을 따로 떼어서 두면 조직이 살아있는 동안 해안의 조석 시간에 맞춰 똑같이 변색을 반복한다.

연어와 뱀장어의 회귀 본능

해양 생물에게는 많은 초능력이 있지만 그 중에서도 가장 뛰어난 능력은 연어 및 뱀장어 등의 물고기에서 찾아볼 수 있는 능력으로, 자신이 한 번도 가보지 않았던 강이나 바다로 찾아가는 어류의 회귀능력이다.

뱀장어는 바다 속에서 태어나고 내륙의 못, 늪 또는 강물에서 성장한다. 유럽산이나 북미산 뱀장어의 산란장은 대서양 버뮤다섬 부근의 심해라고 밝혀져 있으나, 아시아산 뱀장어의 산란장은 최근까지 그 위치를 밝혀내지 못하다가 1992년에 필리핀 동쪽 마리아나 군도 부근의 심해라고 일본의 연구팀들이 밝혀냈다.

계곡이나 하천에서 자란 뱀장어들은 성체가 되면 바다에 있는 산란장으로 찾아가 4월에서 6월 전후의 그믐날 밤에 심해의 깊은 물속에서 암놈 한마리가 1,200여 개의 알을 낳는다. 알에서 갓 깨어난 새끼들은 어미가 살던 고향으로 향하는데 대략 3년 가까이 지나면 제 어미가 살던 강 하구에 이르게 된다. 그곳에서 숫놈은 강물과 바닷물이 섞이는 기수(바닷물과 민물이 혼합되어 염분이 낮은 물)에 머물고 암놈새끼는 곧장 강 위로 내달아 어미가 살던 곳에서 5~8년 동안 살다가 가임기가 되면 강하구에서 기다리던 수놈과 짝지어 자기들이 태어났던 그곳 바다로 되돌아간다,

뱀장어는 민물에서 살 때에는 신장이 발달해 있어 몸속으로 침투해 들어오는 물을 빼낼 수 있지만 알을 낳을 때가 되면 신장의 기능은 약해지고 소금기를 제거하는 염류세포(chloride cell, 경골어류의 2차 아가미의 상피조직에서 볼 수 있는 대형의 호산성 분비세포)의 수가 늘어나 바다로 갈 수 밖에 없게 된다. 또한 배 안이 커진 생식소로 꽉 차기 때문에 수천 km나 떨어진 바다의 산란장까지 헤엄쳐 가면서 아무 것도 먹질 못한다. 그리하여 대부분의 뱀장어는 산란 후 그 자리에서 삶을 마감한다고 한다.

이처럼 평생에 걸쳐 이루어지는 뱀장어의 대이동에서 나타나는 초능력에 대해서는 여러 가지 가설이 알려져 있는데, 지구의 자기장을 감지한다고 하는 설과, 수온이나 수압을 이용한다는 설, 또 예민한 후각을 이용한다고 보는 설 등이 있다. 지금까지 알려진 바에 의하면 가장 유력한 설은 뱀장어가 간조 때와 만조 때를 구별할 수 있는 뛰어난 후각을 이용하여 부모가 살았던 고향의 하천이나 계곡으로 돌아간다는 것이다. 그러나 이것도 아직까지 정확하게 밝혀진 사실은 아니다.

뱀장어와 반대로 연어와 송어는 하천에서 부화하여 어느 정도 서식한 후, 3~4㎝ 크기가 되면 바다로 내려가 캄차카, 알래스카 등 북태평양에서 성장한 뒤 3~4년이 지나면 다시 자기가 부화한 하천으로 되돌아와서 알을 낳고 생을 마감한다. 이처럼 수천 킬로미터나 떨어진 먼 바다에서 자기가 태어난 곳으로 어떻게 되돌아오는 지는 아직도 풀리지 않는 수수께끼로 남아 있다. 지금까지 연구된 결과로는 철새들이 태양의 위치나 별자리를 보고 이동하듯이 연어도 그러한 방법을 쓰는 것이 아닌가 생각되며, 어떤 학자들은 연어가 몸속에 생물시계(biological clock, 모든 생물의 체내에서 특정 기간의 거의 같은 시각에 발생하는 현상의 규칙적 반복)를 가지고 있거나 프로그램화된 해도(hydrographical chart)를 가지고 있을 것으로 추정하고 있다. 이러한 여러 가지 이론 중에서도 가장 유력한 설은 후각에 의해 태어난 곳을 찾아낸다는 것이다.

약 100년쯤 전에 어떤 학자가 연어의 치어 500마리를 둘로 나누어 한 무리는 그대로 방류하고 나머지 한 무리는 후각과 관련 있는 신경을 절단한 후 방류하였더니, 후각 신경

을 절단한 무리는 태어났던 강으로 돌아오는 데 실패하였다고 보고하였으며, 그 이후에 실시한 유사한 연구도 같은 결과를 보여 연어의 회귀가 후각과 밀접한 관련이 있음을 뒷받침하고 있다. 최근 이러한 사실을 증명하기 위하여 연어가 태어난 호수의 물과 근처에 있는 다른 호수의 물에 대하여 거기에 포함된 화학 성분을 분석한 결과, 연어의 후각 신경에 영향을 주는 인자는 물에 녹아서 투석될 수 있는 것인데, 강물을 25℃로 진공증류했을 때 휘발되어 나오는 것으로 보아 열에 의해 파괴되는 불안정한 물질이라는 것을 밝혀내었다. 이 유효 물질은 연어에 대해 유인성을 가지고 있는 특정한 방향물질(aroma component, 미량의 휘발성 물질로 구성되어 풍미를 형성하는 성분)이 아니라 강에 특유하게 존재하며 후각을 자극할 수 있는 다양성을 가진 물질이라고 추측된다. 또 한 가지 사실은 연어가 알을 낳기 위해 강을 거슬러 올라가기 시작하였을 때 한쪽 지류에 사람이나 가축을 씻은 물을 부으면 연어는 이 지류를 피해 다른 지류로 올라간다는 것이다. 그러므로 농약이나 생활 오수 등에 의해 강물의 심하게 오염되면 태어났던 강의 냄새가 달라져 연어가 돌아오지 않을 수 있다고 많은 생태학자들은 말하고 있다.

여기서 흥미로운 것은 연어가 태어난 강의 냄새는 알이 부화되기 전에 이미 각인된다는 것이다. 연어의 알과 정자를 섞어 수정시킨 후에 부화되지 않은 알을 떠내려 보낸 경우에도 연어는 자신이 태어났던 장소로 돌아온다고 알려져 있는데, 이것으로 보아 연어가 회유하는 원인으로 호르몬이나 유전적인 것에도 관련되어 있지 않을까 추측된다.

최근 뱀장어나 연어처럼 회유하는 물고기 중의 일부는 회유하지 않고 바다나 하천에 그대로 정착해서 눌러앉아 사는 종들도 있는 것으로 밝혀졌는데, 그 중 대표적인 것이 우리가 『산천어(山川魚)』라고 부르는 송어의 일종이다. 산천어가 왜 회유하지 않는지는 아직까지 제대로 밝혀지지 않았지만 아마도 유전적인 결함에 그 원인이 있지 않을까 짐작된다.

이처럼 수천 킬로미터나 떨어진 먼 바다나 강에서 자기 어미가 살던 곳으로 와서 어떻게 자기가 태어난 곳으로 되돌아가는지는 철새들의 이동 비밀과 함께 인간의 지혜로서 아직 완전히 풀지 못한 수수께끼 중의 하나이다.

이러한 해양 동물들의 초능력은 우리가 살고 있는 환경 속에서 인간이 느끼지 못할 정도의 미약한 에너지 양이나 진동에 의한 어떠한 변화의 조짐을 이들이 알아차리고 인식하여서 나타나는 게 아닌가 생각된다.

그동안 인간은 스스로가 성취한 개념들만을 유일한 지표라고 여겨 왔기 때문에 하등동물들의 능력을 과소평가해 왔는지도 모른다. 현대는 자원전쟁이다. 새로 체결된 한일 어업협정이 이를 잘 말해 주고 있다. 이제라도 이러한 『해양 생물의 초능력』에 관심을 갖고 연구해 나간다면 다가오는 미래의 해양 신시대는 우리가 주도해 나갈 수 있을 것이다.

5 담수와 해수에서 번갈아 사는 어류의 비밀

어류는 체내 이온 농도 및 삼투압을 어떻게 유지할까

동·식물의 생존 환경은 매우 제한되어 있어 환경이 갑자기 변할 경우 생체내의 생리적인 대사 작용에 큰 변화가 생겨 평소에 없던 질병이 발병하거나, 심한 경우 죽음에 직면하는 등 생명의 위협을 받게 된다. 예를 들면 담수에 사는 물고기는 거의 대부분이 해수에 살지 못하며, 해수에 사는 물고기 또한 대부분이 담수에 살 수 없는데, 이것은 담수와 해수에 녹아 있는 물질의 성분의 차이에서 기인한다. 그러나 우리가 잘 알고 있는 연어와 뱀장어는 담수와 해수를 오가며 두 환경의 차이를 극복하며 살아가고 있어 우리에게 많은 의문점을 가지게 한다.

물고기가 생활하는 장소인 수권(hydrosphere organism)은 환경 변화가 매우 많은 곳으로서 물에 녹아 있는 이온의 조성과 농도에 따라 담수와 해수, 연수와 경수, 또는 산성수와 알칼리수 등으로 분류된다. 이러한 다양한 환경 속에서 어류는 어떻게 적응하여 살아가고 있을까?

모든 생물은 그 생명 활동을 유지하기 위해 체내의 환경을 일정한 생리적 범위 내로 제한하며 항상성을 유지하는 것이 매우 중요하다. 개체를 형성하는 대부분의 세포는 외부 환경과 직접 접촉되어 있지 않고 내부 환경은 체액으로 채워져 있다. 이러한 내부 환경에 영향을 주는 것으로는 여러 가지 물리·화학적인 인자가 있지만 그 중에서도 이온 농도와 삼투압(막을 통하여 용액 쪽으로 침투하는 물의 이동을 멈추기 위하여 용액 쪽에 가해진 압력)이 중요한 인자로서 작용한다. 그러면 수권의 다양한 이온 환경에 적응하기 위해서 어류는 어떻게 체내의 이온 농도 및 삼투압을 유지하는 것일까?

해수는 평균 3.5%의 염분을 함유하고 있으며, 그 주요 성분은 염화나트륨으로 전체 염분의 약 80% 정도 된다. 따라서 해양 생물들은 온도뿐만 아니라 염분 변화에도 잘 적응하여야만 살아갈 수 있다. 특히 연어나 뱀장어처럼 바다와 강을 오가며 회유 생활을 하는 물고기의 경우는 염분의 농도 차이로 인한 체내의 삼투압 조절이 필수적이다.

어류의 체액은 해수와 이온 농도가 유사하므로 바다에서 살 때는 삼투압 조절이 문제가 되지 않지만 담수로 이동하면 삼투압 조절이 가장 큰 문제가 된다. 해양 무척추동물과 연골 어류의 체액은 해수의 이온 농도와 같지만, 경골어류 이상의 고등 척추동물은 해수, 담수, 육상의 어느 곳에 사는 종이든 체액의 이온 농도가 해수보다 낮다. 따라서 이들 경골어류의 경우, 체내의 물은 밖으로 빠져나가려 하고 염은 체내로 들어오려고 한다. 이것은 배추를 소금물에 절이면 배추 속의 물은 빠져나가고 소금기는 배추 속으로 들어오는 현상과 같다.

일반적으로 척추동물들의 신장은 체내의 과잉 염류와 질소화합물을 제거하는 중요한 역할을 하는 기관이다. 사람이 짠 음식을 먹으면 갈증을 느끼는데, 이것은 과잉 염류를 제거하기 위해 신장에서 많은 물을 요구하기 때문이다. 그러나 바다에 사는 경골어류는 체액중의 염 농도가 해수보다 낮아 물이 체외로 계속 빠져나가기 때문에 신장에서 과잉의 염류를 제거하는 것이 어렵다. 따라서 아가미에 존재하고 있는 염류 세포(경골어류의 아가미 상피조직에 있는 호산성 분비 세포)를 통하여 과잉의 염류를 제거하게 된다.

왕복성 회유를 하는 어류는 생활환경에 따라 삼투압 조절기능을 조절하는데, 담수에 서식하는 동안에는 체액의 이온 농도가 주위보다 높아 물이 계속 체내로 들어오므로 이렇게 들어온 물을 제거하기 위해서 신장의 사구체(신장에 있는 작은 기관으로 피 속의 찌꺼기를 걸러 오줌을 만든다)가 매우 커야 하고 그 수도 많아야 한다. 반대로 바다로 나가게 되면 해수에 적응하기 위해 신장의 역할은 줄어들게 되고 염류세포의 수는 늘어나 해양 생활에 적합하게 바뀐다.

물고기 체액의 삼투압은 민물고기, 바닷물고기에 관계없이 300mOsm/kg H_2O 정도로 유지되고 있다. 체액의 삼투압은 체액에 포함되어 있는 용질의 몰농도(용액 1리터당 함유된 용질의 양을 몰수로 나타낸 것)에 의해 결정되는데 체액의 무기 이온의 농도에는 큰 영향을 받지만 몰농도가 낮은 혈장 단백질과 호르몬에 의해서는 큰 영향을 받지 않는다. 어류 체액의 이온 조성은 나트륨 140~160mM, 염소 120~140mM, 칼륨 3~5mM, 칼슘 1.5mM 및 마그네슘 1mM으로 체액 삼투압의 90% 이상이 나트륨 이온 및 염소 이온에 의한 것이다. 따라서 삼투압 조절의 관점에서 보면 나트륨 이온과 염소 이온의 조절이 가장 중요하다. 그러나 나트륨 이온과 염소 이온 이외의 미량으로 함유되어 있는 이온도 생리학적으로는 매우 중요하여 일정 범위 내에서 유지되고 있다. 특히, 칼슘 이온은 뼈 조직의 주성분으로서 뿐만 아니라 신경의 흥분, 근육의 수축, 호르몬의 분비 등과 같이 생명활동의 다양한 측면에서 중요한 역할을 하고 있다.

따라서 체액의 칼슘 이온 농도는 모든 척추동물에서 1.0~1.5mM 정도의 적은 양의 범위로 유지되고 있다. 이처럼 물고기를 포함한 척추동물은 체액에 함유되어 있는 다양한 이온농도를 생리적 허용범위 내에서 유지하며, 그와 동시에 주된 이온 농도의 총량에 의해 삼투압이 조절되고 있다.

아가미, 신장, 창자의 삼투압 조절 기능

수중에 서식하는 물고기와 동일하게 육상에서 서식하는 척추동물도 체액의 삼투압을 300mOsm/kg H_2O 정도로 유지하지만 육지라는 서로 다른 생활환경 때문에 삼투압을 유지하는 데 큰 차이를 보인다. 물고기의 호흡기관인 아가미는 공기 교환의 효율을 높이기 위해 두께가 얇은 수 마이크로 크기의 호흡 상피로 구성되어 있어 해수와 모세혈관이 접촉하게 되면 농도기울기(concentration gradient, 어떤 용질 농도가 짧은 거리에 있는 용액 속의 두 점에서 서로 다를 때, 농도 차와 두 점 사이의 거리비)에 의하여 몸의 내부와 외부에서 이온의 이동이 일어난다. 체액보다 염 농도가 약 3배 정도 높은 해수 중에 사는 물고기는 체내에 과잉의 이온이 유입되고, 반대로 담수에서는 체내에서 이온이 유실된다. 이러한 현상은 공기 중에서 생활하는 육상 동물에는 존재하지 않는 것이다. 그렇기 때문에 물고기는 변화가 많은 이온 환경인 수권에서 살기 위해서 체액의 이온 조성 및 삼투압을 조절해야 하므로 특수한 기관이 발달되어 있다.

일반적으로 물고기의 아가미, 신장 및 창자는 삼투압 조절에 중요한 역할을 하고 있다. 해수 중에서 이온이 아가미와 같은 체표로부터 체내로 유입되고, 반대로 체내의 물은 유실되어 탈수된다. 그러므로 바닷물고기는 해수를 섭취하면 창자로부터 물만을 흡수하여 체내로 보내고, 남은 염류는 아가미의 염류 세포로부터 밖으로 배출시키며, 또한 신장에서도 염을 뇨로 배출시킨다.

한편, 민물고기는 물이 체내로 유입되고 체내의 염류가 외부로 유출되는 것을 방지하기 위하여 신장에서 다량의 묽은 뇨를 만들어 염류를 보존시키고 과잉의 물만을 배출시킨다. 또한 아가미에 있는 염류 세포는 담수에 용해되어 있는 미량의 염류를 흡수하여 체내의 부족한 염류를 보충한다.

이와 같이 물고기는 담수와 해수라는 서로 다른 환경 속에서도 아가미, 신장 및 창자라 불리는 삼투압 조절 기관의 조화로운 작용에 의해 체액의 이온 조성 및 삼투압을 유지한다. 그 중에서도 아가미의 염류세포는 이온을 배출시키거나 반대로 유입시키는 기능이 있어 다양한 이온 환경 하에서 물고기가 적응하는 데 크게 기여하고 있다.

염류세포는 아가미에 있는 세포로서 세포질에 다수의 미토콘드리아가 존재하는 대형의 호산성(acidophil) 세포이다. 이것은 체내 측의 세포막이 세포질에 복잡하게 들어간 관상구조를 형성하고 있어 세포막이 차지하는 표면적은 매우 넓다. 여기에는 각종 이온 수송 단백질이 존재하고, 세포 내측과 외측 사이에서 이온의 수송과 교환이 이루어지고 있다.

한편, 세포의 일부 세포막은 외계와 직접 접촉하여 이온 수송의 장소로 이용되며, 이온 통로, 이온교환체 등을 만드는 이온 수송 단백질이 분포되어 있다. 이와 같은 이온 수송에 관여하는 세포는 물고기뿐만 아니라 포유류의 신장, 개구리의 표피, 거북이와 개구리의 방광막 및 상어의 직장선(rectal gland) 등 척추동물에도 폭넓게 분포되어 있으며, 그 형태적인 특징으로 인해 일반적으로 미토콘드리아가 풍부한 세포(mitochondria-rich cell, MRC)라고 한다. 염류 세포도 미토콘드리아가 풍부하여 MRC라 하며, 그 기능 면에서 이온을 수송하는 세포이므로 이온 세포라 부르기도 하지만 통상적으로 염류세포라 지칭한다.

물고기의 회유는 어떻게 일어날까

가을부터 겨울에 걸쳐 하천에서 산란된 연어의 알은 수온 10~11℃의 조건하에서 약 3주가 지나면 수정란에서 눈이 생기는 발안기(eyed period, 물고기의 알의 발생 과정에서 안포에 검은색 색소가 생겨 난막을 통해 눈의 위치를 확인할 수 있는 시기)에 도달하고, 3주 후에 부화된다. 부화된 치어는 배부근에 큰 난황을 가지고 있는데, 이 난황의 흡수는 부화 후 1개월 정도 지나서 완료되고, 이와 동시에 헤엄을 칠 수 있게 된다. 치어는 산란된 다음해의 봄까지 강에서 지내다가 그 후 바다로 내려가서 오랜 회유 생활을 하게 된다.

물고기의 회유는 계절, 시각 등에 따라 일정한 방향으로 이동하는 현상으로 환경 변화나 생리적 요인에 의하여 일어나며, 회유의 종류에 따라 다음과 같이 구분된다. 먹이를 먹기 위한 회유는 다랑어류, 새치류 등과 같은 원양성 물고기가 먹이를 찾아 대규모로 이동하는 회유를 말한다. 반면, 정어리, 고등어, 전갱이, 방어 등과 같이 연안에서 이동을 하는 회유를 연안성 회유라 한다. 그리고 가자미류나 넙치류 같이 바닥의 먹이를 찾아

이동하는 수평성 회유가 있는 반면, 먹이 생물인 동물성 부유생물이 수직적으로 이동함에 따라 움직이는 수직성 회유도 있다. 대부분 물고기는 산란기에 원래의 서식 장소와 다른 장소에서 산란하고 육지와 가까운 산란 장소 부근에서 일정 기간 동안 생활하고 있다가 성장한 후에는 그곳을 떠나 원래의 서식 장소로 되돌아가는데, 이를 성육 회유라 한다. 계절 회유는 물고기가 수온의 변화에 따라 적합한 수온으로 이동하는 회유를 말하며 멸치, 가다랭이, 고등어, 방어, 대구 등은 봄과 여름에는 북쪽으로 가을과 겨울에는 남쪽으로 회유한다. 산란 회유는 산란을 하기 위해 이동하는 회유를 말하며 연어, 송어와 같이 바다에서 성장하고 강으로 거슬러 올라가서 산란을 하는 회유를 소하성(바닷물고기가 알을 낳기 위해 냇물로 거슬러 오름) 회유, 연어, 송어류와 반대로 뱀장어와 같이 강에서 성장하고 바다에 산란을 하기 위하여 이동하는 회유를 강하성(물고기가 민물로부터 바다로 향해 회유하는 현상) 회유라 한다. 연어, 송어류는 태어난 곳에 가서 산란을 하는 모천회귀 물고기로 잘 알려져 있다.

소하 회유를 하는 연어는 바다로 내려갈 때의 무게가 수 그램 정도지만 회유 생활을 통하여 수 킬로그램까지 성장한다. 충분하게 성장하여 성숙기에 도달한 연어는 자기가 태어났던 강으로 되돌아와 산란하고 그 일생을 마감하게 된다.

연어는 치어기에 우수한 해수 적응력을 가지고 있으며, 치어가 되기 전에도 해수에서 살 수 있을 정도의 해수 적응력을 가지고 있다. 해수 적응력은 치어를 바다로 이동한 후의 생존율로 확인할 수 있으며, 체액의 삼투압은 나트륨 및 염소 이온 농도 변화를 측정하여 확인이 가능하다.

발안기의 연어는 알 껍질을 붙인 채로 해수에 넣어도 죽지 않는데, 이것은 배체(embryo body, 수정 이후의 첫 난할 때부터 완전한 개체가 되기 전까지의 생명체)와 알 껍질 사이에 있는 액체의 삼투압이 담수 수준에서 해수로 이동하여 3시간 후에 해수의 삼투압 (1,000mOsm/kg H_2O)과 거의 같아진다. 따라서 알 껍질은 저분자량의 염분 등을 자유롭게 투과시킬 수 있는 것이다. 배체를 물리적으로 보호하고 있는 알 껍질은 염류의 확산에 대한 방어를 할 수는 없지만 환경수의 급격한 삼투압의 변화에 대해 생존할 수 있을 정도의 완충작용은 가지고 있다. 이와 같이 알 껍질은 투과성이 높기 때문에 해수로 이동시킨 알은 배체가 해수에 직접 접촉되고 체액의 삼투압은 이동 후 3시간까지 급격하게 상승되지만 그 이후 서서히 감소되어 회복되는데, 이것은 발안기의 연어에게도 체액의 과도한 삼투압 상승을 억제하는 작용이 있음을 나타낸다.

일반적으로 어류가 해수 중에서 체내의 과잉의 염류를 아가미의 염류세포로부터 배출하는 것은 앞에서 서술한 것이 전부이나 발안기의 연어는 호흡기관인 아가미가 충분하게 발달되어 있지 않고 염류세포도 없기 때문에 그것의 아가미는 삼투압 조절 기관으로 충분하게 작용할 수 없다. 아가미가 발달되지 않은 배기(embryo period, 수정 이후의 첫 난할 때부터 완전한 개체가 되기 전까지의 시기)는 크게 난황을 싸고 있는 난황낭 상피(yolk sac epidermis)가 체표의 대부분을 차지하고 있다. 이 시기의 난황낭 상피에서 삼투압 조절에 대한 염류세포의 존재를 확인한 결과, 다수의 염류세포가 난황낭 상피에 존재하는 것이 확인되었으며, 난황낭 상피의 염류세포는 해수에서 뚜렷하게 대형화됨과 동시에 외부 환경에 접한 통로가 확장된다는 사실이 밝혀졌다. 따라서 연어의 발안기에는 아가미 대신 난황낭 상피에 존재하는 염류세포가 중요한 염류 배출기관으로 작용한다.

한편 난황 흡수가 완료된 치어기에는 아가미가 충분하게 발달하기 때문에 염류세포의 분포는 난황낭 상피로부터 아가미로 이동하게 된다. 또한 신장과 창자도 발달되어 성숙한 어류의 삼투압 조절기구로 완성된다. 치어기에 들어서면 연어는 몸측면에 담수 적응형의 특징적인 타원형의 반점이 발견되지만 바다에 나갈 때가 되면 이 반점은 완전히 소실되어 몸은 선명한 은백색으로 된다. 이 시기의 연어는 생리학적으로 바다로 내려갈 준비가 완료되어 해수에 대해 우수한 적응력을 가지게 된다. 연어는 이 시기에 모두 바다로 내려가며, 하천에 남아 있는 연어가 없다는 것은 담수에 적응할 수 없기 때문인 것으로 생각하는 것이 타당할지도 모른다. 실제로 이 시기의 은백색으로 된 연어는 해수로 이동하여도 혈액의 삼투압은 크게 상승하지 않고 곧바로 이동전의 수준으로 회복된다.

아가미의 염류 세포가 해수에서 적응을 좌우한다

이와 같이 우수한 해수 적응력의 발달에는 아가미의 염류세포가 관여하고 있다. 염류세포의 이온 수송에는 다양한 효소가 관련되어 있지만 그 중에서도 Na^+, K^+–ATPase(아데노신삼인산 ATP를 아데노신이인산 ADP와 인산으로 가수분해하는 효소)는 염류 배출에 중심적인 역할을 담당하고 있으며, 이 효소의 활성은 해수 적응력의 발달과 밀접한 관련이 있다. 바다로 내려 갈 시기의 연어는 담수 중에서 모두 높은 Na^+, K^+–ATPase의 활성을 나타내며, 해수로 이동하면서 효소의 활성은 더욱 상승한다. 일반적으로 연어과 어류에서는 은백색화 됨에 따라 Na^+, K^+–ATPase의 활성이 크게 상승하여 해수 적응력이 발달한다.

아가미 염류 세포의 세포질에 존재하는 Na^+, K^+–ATPase의 활성은 염류 세포가 발달함에 따라 높아져 해수에서 체내로 유입되는 많은 염류의 배출에 아가미의 역할이 커진다.

염류 세포는 Na^+, K^+–ATPase의 항체를 사용하여 면역 조직학적으로 아가미 조직의 일부분을 염색하여 특이적으로 확인할 수 있다. 이러한 방법을 사용하여 해수로 이동하는 치어의 아가미를 관찰하면 아가미의 염류세포는 해수 이동에 따라 대형화됨을 알 수 있다. 따라서 Na^+, K^+–ATPase 활성이 상승하는 것은 주로 아가미의 염류세포가 발달하였기 때문이며, 해수에서 유입되는 다량의 염류는 아가미의 염류세포에 의해 배출된다. 이 아가미의 염류 세포는 해수에서 담수로 이동한 후 서서히 감소하기 시작하여 최종적으로 거의 소실되며, 이때 이것과는 다른 2차 아가미의 염류세포가 발달하는데, 이것은 담수중의 이온을 받아들이는 데 관여하고 있다.

이상에서 서술한 것과 같이 연어는 회유성 물고기로서 그 일생 가운데 특정한 시기를 담수 또는 해수에서 살아 갈 수 있지만, 언제든지 담수 또는 해수에서 적응할 수 있는 것은 아니다.

연어에 비해 다양한 염 농도에서 생활이 가능한 광염성(euryhaline, 연안성 어족처럼 심한 염분변화에 잘 견디는 성질) 물고기인 틸라피아류(Mozambique tilapia, Oreochromis mossambicus)는 성장 과정과 관계없이 담수와 해수를 오가며 살 수 있다. 틸라피아류는 담수 및 해수 중에서도 성숙 및 산란이 가능하며, 수정란은 담수 및 해수 어느 곳에서도 정상적으로 발생한다. 더욱이 수정란 및 부화된 치어는 담수에서 해수 또는 해수에서 담수로 직접 이동해도 잘 적응하며 살아 갈 수 있다. 틸라피아류도 연어의 경우와 같이 부화되기 전의 발안기와 치어기에는 다수의 염류세포가 난황낭 상피에 존재하고 있다. 즉, 성숙한 어류에서 중요한 삼투압 조절기관인 아가미가 아직 제대로 기능하지 못하는 발달

[틸라피아류]

초기의 틸라피아에서도 난황낭 상피에 있는 염류세포가 이온 및 삼투압 조절 부위로서 작용한다.

틸라피아 수정란은 수온 25℃의 조건하에서 약 5일 내에 부화되고 난황의 흡수는 부화 후 10일 이전에 완료된다. 담수에서 부화시킨 후 3일~8일된 틸라피아의 난황낭 상피에 있는 염류 세포의 크기는 200μm^2 정도이지만 해수에서 부화시킨 것은 이것의 2~3배 정도 크다. 또한 담수에서 부화된 틸라피아를 부화시킨 직후 해수로 이동시키면 염류 세포가 대형화된다. 한편 해수에서 부화시킨 틸라피아를 담수로 이동시키면 해수에서 대형화된 염류 세포가 소형의 세포로 변화한다. 이 시기의 틸라피아는 담수 및 해수에 적응하기 위해 나타나는 현상으로 난황낭 상피의 염류 세포가 중요한 역할을 하고 있는 것으로 알려져 있다.

황어는 강산성의 조건에서도 살 수 있다

어류는 일반적으로 산성 환경에 약하다고 알려져 있지만 산성 환경의 호수에 서식하는 황어는 예외적으로 pH 3.6의 강산성 환경에서도 충분히 잘 적응하고 있다. 산란기가 시작되면 황어는 호수로 유입되는 중성의 물을 찾아 거슬러 올라가 바위의 표면에 산란을 한다. 부화된 치어들은 다시 호수로 내려와 곧바로 약산성 환경의 호수 부근에서 성장하여 강산성 환경의 호수로 이동한다. 황어가 산성 환경에 적응하기 위해서는 우수한 산·염기 조절기능이 갖추어져 있어야 한다. 산성 환경에서 성장한 황어는 산성이 아닌 환경에서 자란 황어와는 달리 아가미의 염류 세포가 특수하게 분화, 발달되어 다수의 염류 세포가 존재한다.

이러한 황어의 산성 환경에 대한 내성(tolerance)을 알아보기 위해 중성 환경의 담수에서 잡은 황어를 곧바로 pH 3.6~3.7의 담수로 옮겨 혈액의 pH의 변화를 경시적으로 조사한 결과, 환경의 변화로 인해 죽는 황어는 없었으며, 옮기기 전에 pH 7.4~7.5인 혈액의 pH는 이동과 동시에 저하하여 6시간 후에는 pH 3.7로 저하되었지만 24시간 경과 후에는 pH 7.4까지 회복되었다. 이와 같이 산성 환경에 우수한 내성이 모든 황어에서 나타나는가를 확인하기 위하여 중성 환경에서 서식하는 황어를 산성 환경의 호수로 이동시킨 결과, 이동후 1일째 개체의 1/3이 죽었으며, pH도 회복되지 않았다. 따라서 황어의 산성 환경에 대한 내성은 전체 황어에 대해 공통적인 특징이 아니라 황어의 성장 환경과 밀접한 관련이 있는 것으로 밝혀졌다. 특히 황어를 산성 환경의 호수로 이동시켰을 때 아가미 염류 세포의 형태적 변화는 산성 환경의 호수로 이동된 황어의 아가미에 염류 세포가 모여 여포상(folicle)으로 배열된 특이적인 구조가 관찰되지만 이동전에는 이러한 염류세포는 전혀 볼 수 없다. 이러한 결과로 볼 때 황어의 내산성(acid resistance)은 아가미의 염류세포와 밀접한 관련이 있는 것을 알 수 있다. 황어의 내산성 조절 기구는 여포 상에 배열된 염류세포가 직간접적으로 수소이온의 배출을 촉진하여 산성 환경 하에서 체액의 산성화를 억제하고 있다.

근래에 액포형(vacuole type) 수소이온 수송성 ATPase(삼인산 아데노신 가수분해효소, V-ATPase)라 불리는 수소이온 펌프가 동물, 식물에 관계없이 생물계에 널리 분포하고 생물학적으로 중요한 기능을 가지고 있는 것이 밝혀졌다. 여포상에 발달된 염류세포의 기능으로 V-ATPase가 관여하고 있는 것이 아닌가를 면역 조직학적 실험으로 검색한 결과, 염류세포의 부분에서 강한 V-ATPase의 반응이 확인되었다. 따라서 황어의 산성에 대한 강한 내성의 본질은 여포상의 염류 세포가 산성 환경 하에서 체내로 유입되는 수소 이온(H^+)을 V-ATPase에 의해 적극적으로 배출시키는 것이다.

어체의 산성화는 환경의 산성화에 의해서만 일어나는 것이 아니라, 생리적인 생체내 반응에 의해서도 일어난다. 예를 들면, 물고기에게 심한 운동을 시키면 젖산과 같은 대사로 인해 생기는 산이 증가하여 체액의 산성화를 일으키지만 저하된 pH는 빨리 회복된다. 이러한 산염기 조절 기능에도 아가미의 염류 세포가 관여하는 것이다.

이상에서와 같이 담수 및 해수를 오가며 생활하는 발달 초기의 연어 및 틸라피아의 해수 적응력과 황어의 산성에 대한 내성의 예로서 염류 세포의 다양한 삼투압 조절 기능을 알아보았다. 종래 염류 세포의 기능은 수중에서의 나트륨 이온(Na^+) 및 염소 이온(Cl^-)의 배출로 알려져 있지만 최근 수소 이온(H^+)의 배출과 아울러 담수에서 염류의 흡수에도 관계하고 있다. 특히 염류 세포에서 칼슘 이온(Ca^{2+})의 이동은 최근 들어 주목을 받고 있다. 이와 같이 이온의 변화가 심한 수권에서 어류의 염류 세포는 각종 이온의 배출 및 흡수를 되풀이함으로써 체내의 이온 균형을 유지시켜 담수와 해수라는 서로 다른 환경 하에서도 탈 없이 살아가는 것이다.

[06] 육상에서 살던 고래는 어떻게 바다에서 살게 되었나

바다에 사는 고래는 사는 곳과 생김새를 보면 물고기를 더 닮은 듯하지만 사실 고래는 사람과 비슷한 포유류이다. 알 대신 새끼를 낳아 젖을 먹이고 아가미가 아닌 허파로 숨을 쉰다.

사실 고래의 먼 조상은 육지에 살았다. 그들이 하나 둘 바다로 나아갔고 바다 생활에 익숙해지면서 오늘날 고래로 진화한 것이다. 생물학자들은 육상 생활을 하던 포유류가 급격한 진화를 거쳐 해양 생활에 완벽히 적응한 것은 극히 드물고 놀라운 일이라고 말한다.

최근 한국 해양과학기술원 연구진은 고래가 어떻게 바다 생활에 적응했는지 알 수 있는 근거들을 찾아냈다. 고래의 조상이 어떻게 바다 속 생활에 적응하며 고래로 진화했는지 살펴본다.

[고래]

먹이 다툼 피해 바다로 뛰어 들다

지금으로부터 약 5,500만 년 전 지구는 신생대 기간 중 가장 따뜻한 시기였다. 육지에는 소, 돼지, 낙타, 하마, 사슴 같은 포유동물이 번성하고 있었는데, 이 중에는 고래의 조상인 파키케투스(Pakicetus)도 있었다. 파키케투스는 늑대를 닮았는데 네 다리에는 소처럼 발굽이 달려 있었다. 사실 고래와 소는 같은 조상에서 갈라져 진화됐다.

파키케투스는 점차 오늘날 지중해로 불리는 테디스해로 나아갔다. 육지에 포유동물이 너무 많아 먹이 다툼이 심해졌고 바다에는 다른 포유동물이 없어 먹이를 구하기 쉬웠기 때문이다. 특히, 테티스해는 수심이 얇고 물이 따뜻해 헤엄을 치며 먹이를 잡고 새끼를 낳아 기르기에 좋은 환경이었다.

바다와 육지를 오가는 생활이 익숙해지면서 파키케투스의 주둥이는 점점 길어졌고, 이빨은 더욱 날카로워져 물고기를 잡기 편하도록 진화했다. 물고기를 잡는 데 익숙해진 파키케투스는 용기를 내어 점점 더 깊은 바다로 나아가기 시작했다.

그렇게 1,000만 년 정도가 지나가 파키케투스는 바실로사우루스(Basilosaurse)와 도루돈(Dorudon)이라는 동물로 진화했다. 바실로사우루스는 몸길이가 최대 24m, 몸무게는 최대 60톤으로 동시대에 가장 덩치가 큰 흉포한 포식자였다. 같은 조상에서 갈라진 도루돈을 사냥해 잡아먹기도 했고 대형 어류는 물론 육지에 사는 짐승도 종종 사냥했던 것으로 추정된다. 도루돈은 몸길이 5m로 비교적 작은 물고기를 잡아먹으며 살았다.

두 동물은 덩치와 생김새가 달랐지만 꼬리가 지느러미 형태로 진화했고 뒷다리는 작은 크기가 퇴화했다는 공통점이 있다. 깊은 바닷속 생활에 적응하며 헤엄치기 편하게 전화한 것이다.

바닷속 생활에 적응한 고래

바실로사우루스와 도루돈도 계속해서 진화를 거듭했고, 약 500만 년 전 오늘날 고래와 돌고래가 출현하였다.

고래를 찬찬히 살펴보면 오랜 세월 진화한 흔적들이 잘 나타나 있다. 고래는 귓바퀴와 뒷다리가 없다. 몸에 털도 나지 않는다. 모두 물 속 저항을 줄이기 위한 진화의 결과다.

대신 청력은 더 발달하였다. 공기 속 보다 물속에서 소리가 더 빨리, 멀리 나가는 점을 잘 활용하기 위해서이다. 사람은 15~20Hz, 박쥐는 175Hz까지 들을 수 있는데, 고래는 무려 100~400Hz의 소리에도 반응을 한다. 겉으로 보이지 않는 뒷다리는 고래의 뼈를 살펴보면 몸속에 퇴화한 흔적이 남아 있다.

파키케투스의 앞다리는 시간이 흘러 고래의 가슴지느러미가 되었다. 가슴지느러미는 배의 키처럼 헤엄치는 방향을 조정하는 역할을 한다.

이런 변화들은 육지 대신 바다를 삶의 터전으로 택한 바다표범과 물개, 바다코끼리 등에서도 비슷하게 나타났다.

물고기의 부레 대신 골밀도 조절

어류는 고기 주머니인 "부레"라는 기관으로 물에 뜨는 힘인 부력을 얻는다. 포유류인 고래는 부레가 없기 때문에 부레 대신 골밀도(뼈의 밀도)를 낮추어 부력을 얻는 방향으로 진화하였다. 뼛속에 공간을 만들고 무게를 낮춘 것이다.

그동안은 고래의 골밀도가 낮아진 이유를 알지 못했다. 그런데 최근 한국해양과학기술원 연구팀이 밍크 고래 등을 조사해 고래의 섬유아세포 성장인자(FGF23) 유전자가 골밀도를 낮춘다는 사실을 밝혀냈다. 인간과 고래류 등 포유류에는 FGF 유전자 22종이 있다. 이 유전자들은 혈관 형성, 상처 치유, 배아발생, 세포분화, 신호전달, 대사 조절 기능 등 다양한 생리조절 작용에 관여하는 성장인자로 질병치료제로 개발되고 있다.

연구팀은 고래가 물 속 생활에 익숙해지는 과정에서 FGF23 유전자가 활성화되었고, 이 유전자가 고래의 신장이 칼슘을 몸 밖으로 많이 배출하도록 하여 골밀도를 낮추었다. 고래가 대양에 나가 오랜 시간 잠수를 하면 FGF23 유전자가 활성화되어 골밀도를 낮아지게 한다.

고래가 오래 잠수를 해도 장기 손상을 입지 않는 이유도 조금씩 밝혀졌다. 고래는 한 번 숨을 쉬면 1시간 가까이 잠수할 수 있는데, 다른 육상 동물은 이렇게 오래 잠수를 하면 저산소 상태에 빠지게 된다. 그러다 몸에 산소가 들어오면 세포조직이 파괴되어 치명적인 장기 손상을 입게 된다. 반면 고래는 저산소 상태에 있다가 다시 숨을 쉬어도 장기 손상을 입지 않는다.

연구진은 고래의 뇌와 심장에 유독 많이 분포한 FGF23 유전자에 그 비밀이 있다고 추정했다. 저산소 상태에서 FGF23 유전자의 발현이 잘되고 계속해서 새로운 혈관도 만들어 뇌와 심장에 산소를 공급해 장기 손상을 막는다는 것이다.

이런 고래의 신기한 특징과 진화의 비밀이 밝혀지면서 저산소증과 섬유아세포 성장인자와 관련된 인간 질병 연구에 기여할 뿐만 아니라, 인간 뇌 손상이나 심장 질환을 겪는 환자를 치료하고 회복시키는 데 적용하여 의학의 발전에 큰 도움이 될 것으로 본다.

[07] 중국에서 약으로 팔리는 해마

해마는 실고기과에 속하는 해마속(Hippocampus) 어류의 총칭이다. "Hippocampus"는 고대 그리스어로 "말"을 뜻하는 "Hippo"와 "바다괴물"을 뜻하는 "Kampos"에서 유래되었다. 몸길이는 15~30cm로 종에 따라 크기가 다르며, 몸빛은 갈색을 띠는 경우가 많으나 최근에서 인위적으로 아름다운 색깔을 띠는 해마들이 관상용으로 개발되고 있다.

해마는 전 세계에 54종이 있다. 몸이 골판으로 덮여있고 머리는 말머리 비슷하다. 입은 관모양으로 작은 동물을 빨아 들여 먹는다. 꼬리는 길고 유연하여 다른 물체를 감아 쥘 수 있다. 어린 해마는 흔히 서로 꼬리를 묶어 작은 무리를 짓는다. 큰 부레가 있어서 일정한 수심에 머무를 수 있으며 등지느러미와 가슴지느러미를 이용하여 느리게 헤엄친다. 가슴지느러미는 머리의 양쪽에 붙어 있어서 한 쌍의 귀처럼 보인다.

해마의 독특한 외관만큼 다른 동물과 구분되는 특이점은 수컷이 출산을 한다는 것이다. 얼마 전 전남 완도군 앞바다에서 수컷 해마가 야생에서 새끼를 낳는 장면이 국내에서 처음으로 목격되었다. 해마는 종에 따라 새끼를 한 번에 최대 2,000마리까지 낳기도 하는데, 완도군 앞바다에서 목격된 수컷 해마는 이보다 훨씬 적은 70마리 정도를 낳았다. 암컷이 출산하는 다른 동물과 달리 해마는 수컷이 출산하는 유일한 동물이다.

[해마]

수컷이 알을 품고 새끼를 기른다

수컷 해마의 출산은 알에서 깨어난 새끼 해마들을 몸 밖으로 내보내는 것이다. 새끼들이 알에서 깨어나기 전까지 임산부처럼 배에 알을 볼록하게 품고 있는 수컷 해마를 보면 깊은 부성애를 느낄 수 있다.

수컷 해마는 캥거루의 암컷처럼 배 부분에 알과 새끼를 담을 수 있는 주머니 "육아낭"을 가지고 있다. 짝짓기 시기가 되면 수컷은 육아낭 입구를 열고 그 곳에 물을 채운다. 그럼 암컷이 수컷의 육아낭으로 직접 알을 옮긴다. 이때 수컷은 정자를 몸 밖으로 배출해 알과 수정되게 한 뒤 육아낭에 담는다. 육아낭에 알을 받은 수컷은 마치 임산부처럼 배가 부풀어 오른다. 시간이 지나 새끼들이 알에서 깨어나면 수컷은 영양분과 산소를 새끼들에게 나누어준다.

다른 동물과 달리 수컷이 알을 품고 새끼를 낳는 것은 진화의 결과로 볼 수 있다. 아주 오래 전 해마는 가시고기처럼 둥지를 만들거나 해초 잎에 끈적끈적한 알을 낳는 번식을 했다. 이렇게 낳은 알은 쉽게 다른 물고기의 먹이가 되었다. 그러다 우연히 암컷이 낳은 알이 수컷 배에 붙었는데 이 알들은 다른 물고기에게 잡아먹히지 않고 안전하게 부화되었다. 이후 수컷 배에 알을 낳는 해마가 점점 늘어나면서 오늘 날에 육아낭을 갖춘 수컷 해마로 진화한 것이다.

생김새가 독특한 위장술의 달인

해마는 생김새도 참 독특하다. 마치 말의 머리에 원숭이 꼬리, 갑옷을 두른 몸통을 가진 모습을 하고 있다. 몸에 비늘과 꼬리지느러미가 없어 19세기 초에는 곤충으로 오해 받기도 했지만 해마는 아가미 호흡을 하며 척추와 지느러미를 가진 어류이다.

전 세계적으로 약 54종이 있는데, 우리나라에는 7종이 살고 있다. 해마는 추운 극지방을 제외한 세계 모든 바다에서 살고 있으며, 주로 열대와 온대의 수심이 낮고 따뜻한 연안에 서식한다.

해마는 꼬리지느러미가 없어 헤엄을 잘 치지 못해 숨어 살아야 하는 신세이다. 대신 똑

바로 선채 등지느러미와 가슴지느러미 한 쌍을 이용해 천천히 앞으로 나아간다. 물고기 중에서 가장 느린 편에 속한 해마는 강한 물살로부터 몸을 지탱하고 균형을 잡기 위해 산호나 해조류에 꼬리로 매달려 있기를 좋아한다.

해초에 매달린 해마를 보기위해 스쿠버다이빙을 해도 찾기는 쉽지 않다. 해마는 위장술의 달인이기 때문이다. 해마는 피부 속 다양한 색소세포로 카멜레온처럼 피부색을 주변색과 같게 변하게 하는 능력이 있다. 헤엄을 잘 치지 못하기 때문에 피부색을 바꾸어 포식자로부터 몸을 숨기는 것이다.

해마의 먹이는 조류를 타고 이동하는 아주 작은 새우류의 동물 플랑크톤이다. 해마는 이빨과 턱이 없지만 파이프처럼 생긴 주둥이로 마치 진공청소기처럼 플랑크톤을 흡입해 먹는다.

전시용, 약재로 불법 남획되는 해마

해마는 헤엄을 잘 치지 못하기 때문에 행동 반경이 좁아 불법적 남획의 희생양이 되기 쉽다.

국제적으로 해마는 멸종 위기종으로 분류되고 있지만 독특한 생김새 탓에 여전히 많은 사람이 해마를 불법적으로 잡아 관상용이나 보신용, 약재로 쓰고 있다. 특히 수컷이 알을 품고 있는 기간에 해마를 남획하게 되면 수컷 배속에 있는 새끼들도 죽게 되어 해마 수가 크게 줄어들 수 있다.

이러한 상황에 맞서 세계적으로 해마를 보호하기 위한 여러 사업이 진행되고 있다. 가장 대표적인 것이 캐나다와 영국을 중심으로 필리핀과 호주, 홍콩과 우리나라 등이 참여하고 있는 "해마 프로젝트(Project Seahorse)"이다. 해마의 종과 그 특징을 정확히 파악해 이 종을 보호할 방법을 찾는 사업이다.

중국에서는 해마를 마치 우리나라 인삼주처럼 술병에 해마를 넣어 해마술을 즐겨 마신다. 특히 남성에게 좋다고 하여 인기가 있는데, 왜 좋은지에 대한 연구는 찾아 볼 수 없었다. 필자는 10여 년 전에 중국의 어시장에서 양식산 해마를 구입하여 연구한 결과, 운 좋게도 해마에서 새로운 남성호르몬 유사 물질 2종류를 분리해냈다. 남성들에게 좋다는 이유로 인기가 늘 있던 해마술을 과학적으로 왜 그러한지 확인한 것이다.

그 당시 중국에서 2kg의 해마를 200달러에 구입했는데, 최근에는 1kg에 2,000달러에 달해 해마의 가치가 10년 만에 10배나 상승했음을 알 수 있다.

해마를 양식하여 산업적으로 활용하고 있는 중국에 비해 우리나라에서는 아직도 해마의 산업적 활용이 되지 않고 있어 안타까운 마음이다.

중국의 고서인 「중화 본초」에는 해마가 심장을 튼튼하게 하고 양기를 돋아 혈액순환을 시키고 타박상의 회복을 빠르게 하며 천식이 오래된 사람에게 효과가 있고, 남성호르몬을 활성화시켜 성기능 감퇴에 좋다는 설이 근거가 있는 것으로 기술되어 있다.

최근 들어 국내에서도 해마를 관상용으로만 개발되어 활용되고 있지만 아직까지 대량 양식이 이루어지지 않고 있어 앞으로 대량 생산할 수 있는 양식 기술의 개발과 산업적 활용이 활성화되길 기대해 본다.

[08] 패류는 어떻게 패각을 만들 수 있을까

바다의 건축사 패류

아마 건축술만큼 오랜 역사를 가지고 있는 것도 드물 것이다. 인류가 처음 나타난 이후 끊임없는 외부의 침입으로부터 자신을 보호하기 위하여 주거를 마련해 왔다. 따라서 건축술은 인류의 탄생과 그 기원을 같이 한다고 볼 수 있다. 게다가 인간이 도구를 사용하기 시작한 이래로 수천 년 동안 건축 기술은 축적되어 왔으며, 현재에는 수많은 재료와 공구 및 첨단 장비들이 건축에 이용되고 있다.

우리나라에서는 1970년대 새마을 운동으로 주택과 건물들의 근대화가 시작되었고, 1980년대에 들어와 건설 붐으로 인한 본격적인 현대화가 추진되었으나 그럴듯한 건물들은 모두 외국에서 설계가 이루어져 건설된 것으로 우리 고유의 독특한 얼과 멋이 반영되지 않은 채로 있다. 또한 몇 해 전에 일어났던 '성수대교' 및 '삼풍백화점' 붕괴는 기존의 건축술이 가지고 있던 문제점들을 드러내고 있어 이제는 새로운 건축술의 필요가 대두되고 있는 실정이다.

필자는 이러한 문제점들을 극복하는 좋은 방법을 해양 생물에게서 모색해 보고자 한다.

[굴]

해양 생물의 건축술은 어떠한가? 연체동물인 패류는 단순한 무기 재료를 이용하여 자신의 몸을 보호하는 데 필요한 집(패각)을 짓는다. 패각의 주성분은 탄산칼슘이지만 여기에는 미량의 단백질이 함유되어 있다. 이 단백질은 패각의 재료가 되는 칼슘을 운반하기도 하고 패각 자체의 굴곡성을 부여하거나 패류의 몸을 패각에 붙도록 하는 지지체로서의 역할도 한다.

패류의 종류에 따라 그 집의 형태도 다양하다. 굴은 포식자로부터 자신을 지키기 위해 발휘하는 교묘한 위장 기술 중의 하나로 자기 몸에 비해 10배 이상의 큰집을 짓는데 그것의 모양은 볼품이 없지만, 집 내부는 자기 몸에 상처하나 나지 않도록 잘 설계되어 있다. 또 진주담치는 원래 바위 등에 부착하여 살아가므로 거무스름한 색으로 위장한 집을 짓고 살아간다. 이들 집들은 어떤 단백질이 탄산칼슘의 결정체에 중첩되어 결정을 형성하면서 일정한 패각 구조를 조립하여 집을 짓는데, 콘키올린 구조가 규칙적이면 그 재료 상에 밀착된 탄산칼슘도 규칙적으로 배열되어 전체적으로 안정된 아름다운 형태로 만들게 된다.

패각은 어떻게 하여 만들어지는가

패각은 연체동물인 패류의 몸을 보호하는 데 우수한 재료이다. 패류의 종류에 따른 차이는 다소 있겠지만 대개의 경우 95%의 탄산칼슘과 5%의 단백질로 이루어져 있는 재료이다. 이러한 탄산칼슘이 어떻게 이용되어 패류의 몸속에서 패각이 만들어지는 것일까?

패각은 패류의 몸에서 만들어지지만 그림 8-1에서와 같이 패류의 몸은 조금 다른 형태의 외투막으로 둘러싸여 있고, 외투막내에서 만들어진 단백질과 당질이 체막을 통과시켜 운반된 칼슘 이온과 중탄산이온과 함께 결합하여 점액이 되어 막표면을 덮는다. 그 점액으로부터 탄산칼슘이 침착하여 패각이 형성된다(그림 8-1).

새와 같은 조류가 만드는 알의 형성과 비교할 때 재미있는 점은 알은 점액이 공기와 접촉하였을 때 굳어지지만 패각의 경우는 그것이 물속에서 이루어진다는 것이다. 조개 중에는 담수에 있는 것도 있지만 해수 중에 서식하는 것이 압도적으로 많아 해수와의 접촉으로 이루어진 고체 침착 반응, 이를 테면 "해수 중의 식염이 어떤 역할을 하고 있는 것이 아닌가?"하는 것에 흥미를 갖지 않을 수 없다. 이때의 탄산칼슘은 아무렇게나 침착

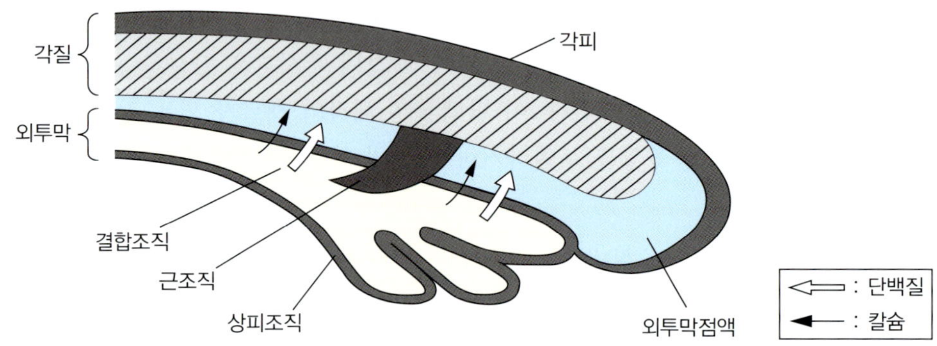

그림 8-1. 이매패류(bivalvia)에서 패각이 형성되는 모양.

되는 것이 아니라 단백질이 패류의 표면에 존재(또는 생성)하여 그것이 탄산칼슘의 결정화의 핵심이 되는 것이다. 이 단백질은 「콘키올린」이며 탄산칼슘의 결정을 중첩시킬 때 발판이 되어 결정을 이루면서 일종의 패각 구조를 형성하는 데 도움을 주는 것으로 알려져 있다. 패각 중에는 아주 미량이지만 마그네슘과 아연도 존재한다. 해수 중에 존재하는 다양한 금속 중에 왜 칼슘만을 선택적으로 많이 모으는 것일까?

콘키올린이라는 단백질은 여러 종류의 단백질의 복합체로 아스파르트산(aspartic acid), 글리신(glycine), 세린(serine) 등의 아미노산을 주체로 한 재료이다. 이 단백질의 성분으로서 함유되어 있는 아스파르트산 잔기는 물속에서 음전하(-)를 갖기 때문에 이 부분에 칼슘 이온이 결합하면 이 칼슘 이온에 탄산 이온이 결합되어 탄산칼슘의 결정이 생성되는 것으로 알려져 있다.

콘키올린 구조가 규칙적이면 그 고체상에 침착된 탄산칼슘도 규칙적으로 배열되어 전체적으로 아름다운 형태를 만들게 된다. 패각 내의 칼슘 간의 거리는 약 0.5nm 정도이며 콘키올린은 시트(sheet, 평판)상의 구조를 취하고 있는 것으로 알려져 있다(그림 8-2).

패각에는 여러 가지 아름다운 색을 갖고 있는 것이 있는데, 그 색은 패류가 죽은 후 파도에 의해 해안으로 떠밀려와 오랜 시간이 흘러도 안정한 색을 갖는 것이 많다. 이것은 대개 탄산칼슘 중에 들어 있는 미량 금속에 의해 나타나는 경우가 많다.

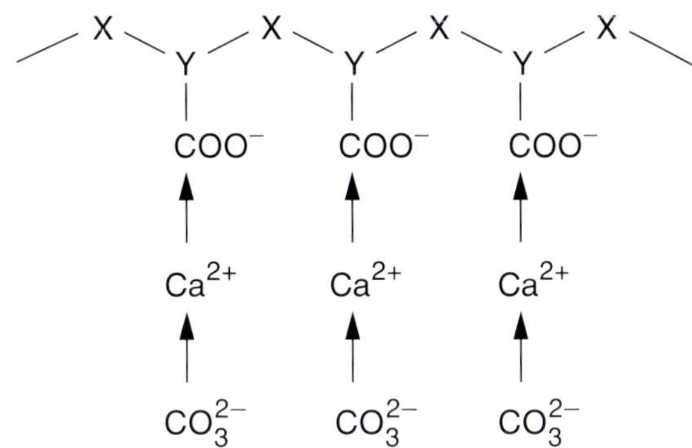

그림 8-2. 콘키올린 단백질 분자의 모델.

(X: **세린**, Y: **글리신**, $-COO^-$: **아스파르트산**)

패각을 응용한 바이오미네랄화 기술이란

앞에서도 언급했듯이 패각의 주성분인 탄산칼슘이나, 또 뼈와 치아에 들어 있는 무기질 재료와 생체가 갖고 있는 소위 바이오 미네랄화의 기술을 기술 혁신이나 신소재의 개발에 이용할 수 없는 것일까?

바이오미네랄화 기술(biomineralization)은 자연과학에서도 새로운 아이디어를 많이 제공해 줄 수 있을 것으로 생각된다. 이러한 것들 중 하나가 어떻게 하여 고분자 재료인 유기물을 아주 소량 사용하여 적층판지(laminated board) 형태의 무기 재료를 합성하는가 하는 것이다. 패류의 종류에 따라 약간 차이는 있으나 불과 5% 정도를 차지하는 단백질이 패각의 재료가 되는 칼슘을 운반하고 패각 자체에 굴곡성을 부여하거나 또한 패류의 몸을 패각에 붙이게 하는 지지체로서의 역할도 한다.

연체동물이 몸을 지지하는 데도 이러한 무기·유기 성분의 복합재료가 사용되어야 좋을지는 모르겠지만, 몸을 내측에서 떠받들어 주고 과격한 운동에도 견딜 수 있도록 설계된 뼈는 무기질이 70%이고 나머지 30%는 단백질로 구성되어 있으며, 같은 복합재료 중에서도 무기, 유기 재료를 사용하여 굴곡성이나 유연성을 나타내는 데는 방법이 매우 다르다. 이처럼 생물의 바이오미네랄화 기술을 이용하여 새로운 형태의 무기·유기 복합재료를 인간의 손으로 마음대로 만들어 낼 수 있다면 대단히 흥미로운 일들이 발생할 것이다. 더 나아가서 생물에서 행해지는 미세한 스케일의 바이오미네랄화 기술을 실험실 이상의 규모로 확장한다면 생물이 만드는 바이오 미네랄 제품에는 무기 및 유기의 계면 구성과 일종의 독특한 결정화 기술을 볼 수 있어, 우리들이 생각할 수 없는 독특한 특징이 존재하고 있다. 이 방면의 과학은 아직 우리 손길이 미치지 못하고 있는 실정이다.

우리들이 고분자(polymer)에 무기 재료를 붙인 복합재료를 만들어 이를 이용하여 내열성이나 경도, 그리고 안정성을 향상시킨다든지, 또는 무기 재료를 붙임으로써 가격을 인하시키는 경우, 90% 이상 탄산칼슘으로 이루어진 재료는 충격에 견디는 강도가 약해지거나 수지(resin, 천연 또는 합성으로 얻어지는 딱딱하고 외력 저항력이 약한 것에서 부드럽고 반 고체상 무정형의 것까지 있는 가열 융해하는 가연성 물질)의 유동성을 잃게 되는 경우가 많다. 왜 그럴까? 아주 약간의 중합체를 중심으로 하여 탄산칼슘이 90% 이상 함유되어 있으면서 무기 재료를 굳힌 저가의 복합재료를 만들 수는 없을까?

그 원인은 중합체와 무기물의 성질이 지나치게 서로 다르기 때문이며, 재료의 적합성을 알아내어 양자를 접합시키기 위해 티타늄과 실리콘계의 결합제를 혼합해도 좀처럼 원하는 물질을 만들어 낼 수가 없다.

생물의 경우는 복합재료를 만들 때의 기술처럼 무기물과 중합체를 단순히 혼합시키는 것이 아니라 미세하고 독특한 합성 기술을 가지고 있는 것이다. 그것은 무기 및 유기의 새로운 계면 과학을 고려해 넣은 고도의 합성 기술로서 그것을 어느 정도까지 이해하고 응용할 수 있는가가 문제이다.

패각은 이미 기술한 바와 같이 탄산칼슘과 단백질의 복합재료로 되어 있으며, 단백질을 골조로 하여 독특한 아름다운 결정을 겹겹이 쌓아진 구조로 되어 있다. 결국 패각은 그대로 골조로 된 단백질만을 마법을 이용하여 뽑아낸 것처럼 인간들이 인공적으로 흉내내기 어려운 기술들로 이루어져 있다.

이 같은 관점에서 신소재를 인공적으로 만들 가능성이 있다면 유기 고분자를 이용하여 먼저 골조만을 만들고 여기에 금속이나 세라믹을 복합시켜 일정한 재료로 마무리 한 후 고분자만을 분리 제거하여 완제품을 만드는 기술도 고려 할 수 있다. 이것도 하나의 신소재 합성 기법이 될 수 있을 것이다.

9 냉동 인간과 생선 부동성 단백질

사람의 뇌세포 수는 약 140억 개로 이 세포들은 태어나서부터 거의 증식하지 않고 20세 정도되면 매일 10만개씩 죽는다. 단순 계산해 보아도 1/3이 죽어 버리는 기간은 120여 년이다. 이렇게 되면 뇌는 자기 기능을 수행하기 어렵다. 이러한 근거로 사람의 자연 수명, 즉 생물학적 수명은 120~150세 안팎으로 보는 학자들이 많다.

모든 생물은 자기 내부 환경을 정상상태로 안정화시킴으로써 생존을 유지해 나간다. 만일 이 내부 환경이 파괴되면 병이 생기고 나아가서는 죽음에까지 이르게 된다. 이렇게 내부 환경을 늘 정상적으로 유지하려는 성질을 항상성이라 한다.

우리들 대부분은 생체에 바람직하지 않은 생활환경으로 인하여 몸의 항상성이 깨지면서 여러 가지 병적 현상을 겪게 된다. 이로 인해 많은 사람들이 자연 수명을 제대로 누리지 못하고 죽음에 이르는 경우가 허다하다.

그런데 미국에서는 암과 같은 불치병에 걸린 사람을 냉동해 두었다가 의술이 발달한 시기에 해동시켜 병을 고쳐 소생시켜 보자는 기묘한 방법이 등장했다. 1959년부터 이 연구가 본격적으로 시작되어 벌써 수백 명의 냉동 인간이 영하 100℃ 이하의 저온 속에서 때를 기다리며 고이 잠들어 있다고 한다.

냉동 인간이 태동하게 된 것은 미국의 하이런드 파크대학의 교수였던 에팅저가 쓴 「불사의 전망」이란 책에 냉동 인간의 부활 문제가 다루어진 것을 마크로딩이 그 책을 읽고 자기의 부인이 심장병으로 죽음을 선고받자 냉동 인간법의 실천을 요청하면서 시작되었던 것이다. 그러나 냉동 인간 계획은 시작부터 미국 법조계의 합법성 유무 시비를 일으켰고 결국 실행을 거절당하고 부인은 사망하고 말았다. 이 사실이 미국 신문에 대서특필로 공개되자 온 세계가 떠들썩해졌고 결국 미국에서는 1959년에 연명협회(Life Extension Society)가 발족되고 당사자가 원한다면 이 방법을 실행해도 좋다는 서약서를 생존시에 받아두고 본인이 원하는 시기에 실행할 수 있다는 공인을 얻게 되었다.

2017년에도 희귀 암에 걸린 영국 런던의 한 소녀가 영국 고등법원 판사에게 "난 열네 살밖에 안됐어요. 죽고 싶지 않지만 곧 죽을 거라는 것을 알아요. 수백 년이 걸리더라도 냉동 보존을 통해 다시 치료를 받고 살아날 기회를 얻고 싶습니다."라고 편지를 보냈다. 법원은 소녀의 소원대로 사망한 그의 시신을 냉동 보존하도록 허가했다. 이후 소녀의 시신은 미국의 인체 냉동 보존 기관에 안치됐다.

"JS"라는 이니셜로만 알려진 이 소녀는 지난해 투병 생활을 하던 중 인터넷 검색을 통해 냉동 보존에 대해 알게 됐다. 미래의 의료 기술로 소생할 것을 기대하고 심장이 정지된 직후 영하 196℃의 액체질소에 시신을 넣어 냉동 보존하는 것이다.

소녀는 부모에게 냉동 보존을 요구했고 어머니는 딸의 요청을 받아들였다. 그러나 이혼하고 따로 사는 아버지는 "딸이 몇백 년 후 치료법이 개발되어 살아난다 해도 아는 사람 하나 없는 세상에서 살아야 할 것"이라며 동의하지 않았다.

결국 소녀의 어머니는 법원에 소송을 냈고 소녀는 판사에게 살고 싶다는 절절한 심정을 담은 편지를 보냈다. 법원을 방문해 소녀를 만나기로 했던 피터 잭슨 판사는 "소녀의 강한 의지에 감동받았다"며 소녀의 어머니가 딸이 원하는 대로 시신을 처리할 권한을 갖도록 결정했다고 한다.

법원은 소녀가 죽기 몇일 전 판결을 내렸고 소녀는 곧 냉동 보존될 것이라는 사실을 알고 평화롭게 죽음을 맞이했다. 냉동 보존처리 과정에 드는 3만 7000파운드(약 5,400만 원)는 소녀의 외할머니가 부담했다.

JS가 냉동 인간의 길을 선택한건 언젠가 의학 기술이 발전하면 자신이 치료받을 수 있을 것으로 믿었기 때문이다. 그러나 아직까지 한 생명체 전체를 장기간 얼렸다 해동한 사례는 없어 논란을 낳고 있다.

1946년 프랑스 생물학자 장로스탕은 글리세롤을 이용해 개구리의 생식세포를 얼리는데 처음으로 성공했다. 세포를 그대로 얼리면 세포액도 얼어 부피가 늘어나고, 이때 얼음 결정이 세포막을 찔러 세포가 손상된다. 하지만 세포액을 글리세롤로 바꿔 넣어 얼리면 얼음 결정이 생기는 것을 막을 수 있다. 현재 과학자들은 사람 같은 고등동물의 세포도 손상을 입지 않게 냉동할 수 있다. 물의 결정 형성을 막는 "DMSO(dimethyl sulfoxide)"라는 용액을 넣어 세포액이 얼지 않도록 막는다. DMSO와 세포 배양액을 섞고 그 안에 세포를 넣은 뒤 온도를 1분에 1℃씩 떨어뜨려 얼린다. 천천히 얼려야 얼음 결정이 생기는 것을 최소화 할 수 있다.

세포나 조직을 넣어 장기나 개체 전체를 냉동 보관하는 일은 좀 더 복잡하다. 혈액을 모두 빼고 혈관에 DMSO를 섞어 만든 부동액을 채워야 하기 때문이다. 하지만 이런 작업을 거친 냉동 인간이 무사히 되살아날지 아직 미지수다. DMSO에는 상당한 독성이 있기 때문이다. 또 세포나 작은 조직은 모든 부분을 균등하게 얼리고 녹일 수 있지만 장기나 개체에선 부피가 커 늦게 얼고 늦게 녹는 부분이 생기는 것도 문제다. 이 과정에서 세포가 손상될 수 있다.

[냉동 인간을 보관하는 액체 질소 용기]

그럼에도 최근 몇 해 동안 JS처럼 냉동 인간이 되려는 사람의 수는 점점 늘고 있다. 2000년 당시 미국의 냉동 인간 회사「알코아 생명 재단」엔 약 40구의 냉동 인간이 보관되어 있었으나 15년 뒤 그 수가 3배 가량으로 늘었다. 2016년 9월까지 148구의 시신이 맡겨졌으며 1,101명이 사망 후 냉동 인간이 되겠다고 회원으로 가입했다.

사람을 냉동시킬 때 혈액을 빼지 않고 얼지 않도록 하는 물질을 혈액 속에 주입할 수 있는데, 이것으로 체조직 세포는 어느 정도 재생의 희망이 있지만 미세한 뇌세포나 신경세포는 현재의 기술로는 소생시키기 어려우므로 냉동 인간의 소생은 거의 불가능하다가 볼 수 있다.

그러나 최근 일본 연구진이 30년 동안 냉동되어 있던 곰벌레를 되살리고 미국 연구진도 냉동 보존한 토끼의 뇌를 완벽에 가깝게 복원해 내는 등 동물을 활용한 냉동 및 복원 기술은 발전하고 있다.

냉동장기 급속해동 기술개발

냉동한 장기를 신속하게 녹일 수 있는 기술이 개발됐다. 현재 기증받은 심장이나 폐의 60%가 환자에게 이식되지 못하고 폐기된다. 장기를 냉동했다가 온전히 녹일 수 있는 방법이 없었기 때문이다. 미국 미네소타대 존 비쇼프교수 연구진은 국제 학술지 '사이언스 중개의학' 최신호에 "나노입자를 이용해 냉동한 사람과 동물의 생체조직을 손상없이 신속하게 녹이는 데 성공했다"고 밝혔다. 기증 받은 심장과 폐가 상당부분 폐기되는 것은 저온 보관할 수 있는 최대치가 4시간에 불과하기 때문이다. 아예 냉동을 하면 장기보관이 가능하지만 이 경우 녹이는 과정에서 얼음 결정이 다시 생겨 조직을 손상한다. 이런 단점을 극복하기 위해 연구진이 도입한 것이 유리화 동결이다.

현재 정자나 난자를 냉동할 때는 유리화 동결을 한다. 정자나 난자를 글리세롤 같은 동결 억제 용액에 먼저 담근다. 이러면 세포의 물이 빠져나가고 대신 농도가 높은 동결 억제 용액이 그 자리를 채운다. 동결 억제 용액이 세포 속에 들어가면 냉동해도 물이 얼지 않고 유리 같은 비결정 상태가 된다. 하지만 지금까지는 유리화 동결을 1mL 용량밖에 하지 못한다. 신속하게 녹일 방법이 없었기 때문이다. 정자나 난자, 배아는 이 정도 용량으로 가능하지만 심장이나 폐 같은 큰 장기는 불가능하다.

연구진은 이번 실험에서 유리화 동결을 50mL까지 늘렸다. 동결 억제 용액에 산화철 나노 입자를 골고루 섞은 게 핵심이다. 그런 다음 사람 피부 세포와 돼지 혈관, 심장판막을 동결 억제 용액에 적셨다가 얼렸다. 또 녹일 때는 자기장을 가했다. 이러면 자성이 있는 산화철입자가 빠르게 돌면서 열이 난다.

실험 결과 이 방식으로 냉동된 조직은 1분 만에 섭씨 200℃까지 온도가 올라갔다. 종전 방법보다 100배나 빠른 속도이다. 그러고도 세포나 조직에는 아무런 손상이 없었다, 연구진은 조직이 녹으면서 산화철 입자도 밖으로 빠져나갔다고 밝혔다. 목표는 심장과 폐 정도 되는 1L까지 유리화 동결을 성공시키는 것이다.

물고기를 얼어 죽지 않게 하는 단백질

놀랍게도 어떤 물고기는 영하 수십 ℃ 이하에서도 생명을 유지하며 살아가고 있다. 이들 물고기는 체액이 어는 것을 방지 하는 부동성 단백질(antifreeze protein)이라는 특수한 단백질을 혈액이나 세포 속에 갖고 있기 때문이다.

물고기 부동성 단백질의 양은 수온이 낮을수록 증가하고 수온이 상승하면 오히려 감소하는데, 이 부동성 단백질의 양에 따라 혈장의 어는점도 변한다. 보통 부동성 단백질의 농도 변동은 수온이 계절에 따라 변동하는 곳에서 서식하는 물고기에서만 볼 수 있으며, 수온이 항상 −8℃ 이하인 남극에 사는 물고기는 혈액 속의 부동성 단백질 농도가 거의 일정하게 유지된다.

한편, 남극이나 북극에 서식하는 물고기는 당이 함유된 부동성 단백질을 가지고 있다. 이들 부동성 단백질은 혈관 속에 존재하는 단백질 농도에서 예상되는 빙점 강하의 200~300배 높게 나타난다.

이 부동성 단백질은 어는점을 떨어뜨릴 뿐만 아니라 빙결정의 표면에 결합하여 결정이 생기는 것을 방지해 혈액이 얼지 않게 하는 것으로 밝혀졌다.

따라서 물고기가 만드는 부동성 단백질의 유전자를 찾아 유전공학적으로 이를 대량 생산하는 것도 가능하다. 이렇게 하여 생산된 단백질을 냉동 인간을 만들 때 미리 혈액에 주입시키면 현재 냉동 인간을 살리는 데 가장 문제가 되는 뇌세포와 신경세포의 파괴를 막을 수 있어 냉동 인간을 소생시키려는 인간의 꿈도 머지않아 현실로 다가오지 않을까 생각한다.

우리나라 극지연구소 임정한 박사 연구팀은 쇄빙연구선 '아라온호'를 활용해 남극 로스해에 서식하는 해양미생물인 '슈도알테로모나스 종(*Pseudoalteromonas* sp. Strain CY01)'에서 얼음 성장 억제물질(항동결 바이오폴리머)을 발견하고, 이를 활용해 혈액 동결보존제를 개발하는 데 성공했다. 혈액이 동결되는 과정에서 생성되는 얼음은 혈액의 적혈구 세포를 파괴하기 때문에 그간 의료 현장에서 혈액의 보관과 수급에 큰 장애물로 여겨져 왔다. 그러나 이번에 개발한 동결보존제는 동결 시 세포로부터 수분을 흡수해 얼음 성장을 억제하고 세포의 생존 능력을 유지시키게 된다. 극지 연구소는 이번에 개발한 혈액 동결보존제를 활용해 6개월간 혈액의 장기 냉동보관 실험에 성공함으로써 냉장상태로 35일까지 가능했던 혈액의 보관기간을 5배 이상 늘릴 수 있게 됐다. 이에 따라 혈액 폐기율이 크게 줄어들어들면서 2014년 기준으로 80%에 불과한 국내 혈액 자급률 해소에 도움을 줄 전망이다.

[10] 바다의 무법자 상어 이야기

얼마 전에 "딥 블루 씨(deep blue sea)"라는 영화가 나와 화제가 되었던 적이 있다. 이 영화의 줄거리를 보면 식인상어의 뇌에서 인간의 뇌조직을 재생할 수 있는 치료제가 발견되어, 이를 대량으로 생산하기 위해 유전자 조작을 통해 식인상어의 뇌용량을 크게 만들었던 것이다. 그러나 이로 인해 이 식인상어들은 인간보다 지능이 더 높은 무시무시한 괴물로 변하여 마침내는 인간들을 무차별 습격하기 시작하여 공포의 대상이 된다. 물론 이러한 것들은 가상으로 꾸며진, 단지 공포심을 부각시키기 위한 설정이라 할 수 있다.

이처럼 상어들은 이전부터 사람들에게는 바다의 무법자, 바다의 살인자와 같이 불리어졌고, 아주 위험해서 조심스럽게 다루어야 하는 동물로 인식되어 왔다. 하지만 이것은 상어에 의해 피해를 입은 사람이나 극적 효과를 노린 언론에 의해 과장되어 알려진 것일 뿐 실제 상어는 우리들이 생각하는 만큼 그렇게 위험한 동물이 아니다.

상어의 기원과 생태

상어는 홍어나 가오리 등과 마찬가지로 연골어류(cartilaginous fish)에 속한다. 3억 년 전의 데본기에 나타난 클라도셀라케(Cladoselache)를 조상으로 하여 1억 5천만 년 전인 쥐라기에 현재 우리가 볼 수 있는 상어가 출현한 것으로 보고 있으며, 이 시대의 모습과 거의 변화 없이 오늘날까지 살아오고 있다. 상어는 분류학적으로는 연골어강(Class Chondrichthyes) 판새아강(Subclass Elasmobranchii)에 속하며 판새아강의 상어류에는 괭이상어목, 수염상어목, 흉상어목, 악상어목, 식락상어목, 돔발상어목, 전자리상어목, 톱상어목 등의 8개 분류군이 있다. 판새아강의 상어류는 세계적으로 약 350종이 알려져 있으나, 해마다 새로운 종들이 밝혀지고 있기 때문에 현재는 약 400여 종에 이를 것으로 추정하고 있으며, 우리나라에도 약 40여 종의 상어가 서식하고 있다.

우리나라 연안에서 발견되고 있는 상어들은 주로 봄부터 여름에 걸쳐 산란하는데, 이

때가 되면 수온이 상어가 살기 적당한 온도(11~24℃)로 상승하고, 먹이가 되는 어패류가 가장 풍부해지기 때문이다. 상어의 먹이로는 작게는 플랑크톤부터 작은 물고기, 물돼지(돌고래의 일종)에 이르기까지 아주 다양하다. 물론 백상어나 뱀상어처럼 사람을 잡아먹기도 하는 아주 위험한 종도 있으나 이것은 극히 일부에 지나지 않는다. 우리나라에 서식하는 상어 중 사람을 공격하는 상어는 9종이며, 이들을 제외한 나머지 종들은 사람이 먼저 공격하지 않으면 사람에게 크게 위협이 되지 않고, 깊은 바다에 서식하기 때문에 사람과 직접 만나기가 힘들기 때문에 실제로 그렇게 위험하다고는 볼 수 없다.

상어 중에서 가장 큰 종은 고래상어로 몸길이가 약 18m, 무게는 100톤 정도이다. 그 다음으로는 돌묵상어로 몸길이가 약 15m 정도라고 한다. 이들은 다른 상어종들과는 달리 흉측한 이빨이 없기 때문에 아가미에 달린 여과장치로 동물성 플랑크톤을 걸러서 먹으며, 사람에게 해를 가하지 않는 온순한 종이다. 반면에 난쟁이 상어는 수심 300m의 심해에 살며, 몸길이가 약 10~15cm 정도로 손바닥에 얹힐 만큼 작고 가장 큰 것도 기껏해야 25cm 정도밖에 되지 않지만, 날카로운 이빨을 가지고 있는 육식성이라고 하니, 겉모습만 보고 상어의 습성에 대해서 자세히 알 수는 없을 것 같다(그림 10-1).

상어는 경골어류(bony fishes)와는 달리 수컷이 교접기를 가지고 있으며 교미에 의한 체내수정을 하는데, 그 번식법은 종류에 따라 난생(oviparity, 부모의 체외로부터 떨어져 나와 발육하는 난막에 둘러싸인 수정란)과 태생(viviparity, 체내 수정된 배가 모체의 생식기관내에 머물며 생활을 할 수 있는 상태가 될 때까지 발육함)으로 나누어진다. 난생으로 번식하는 종으로는 괭이상어, 복상어, 두룹상어 등이 있다. 이들은 두꺼운 콜라겐질로 된 난각에 둘러싸인 수정란에서 태어나는데, 새끼상이가 난각을 뚫고 나오는 데는 약 1년이 걸린다고 한다. 그러나 대부분의 상어 부화는 어미의 체내에서 이루어진다. 이때 수정란에서 태어난 새끼는 자립할 수 있을 때까지 어미의 자궁 안에서 양육되는데, 양육법은 다음과 같은 세 가지

그림 10-1. 식인 상어로 유명한 (a) 화이트팁 샤크와 (b) 블랙팁 샤크가 헤엄치고 있는 모습.

가 있다. 첫째는 태반(placenta) 없이 태아 자신의 난황주머니만을 영양원으로 성장하는 난태생(ovoviviparity)의 방법으로 번식하는 것으로 까치상어, 돔발상어, 별상어 등이 이에 속한다. 이에 비해 귀상어, 백상어, 흉상어 등은 태아의 난황주머니와 자궁벽이 밀착하여 태반을 형성한 후 어미로부터 영양분을 공급받아 양육된다. 마지막은 매우 흥미로운 양육법으로 식란형(식용으로 쓰는 알)이라 불리우는데, 악상어, 청상아리, 환도상어 등이 이러한 방법으로 양육되고 있다. 이들 상어의 어미는 임신 중에도 배란을 계속하며, 태아는 자궁 안으로 들어오는 이들 알을 먹고 성장하게 된다. 때때로 성장이 늦은 태아를 다른 태아가 먹어버리는 일도 있는데, 이들은 어미 뱃속에 있을 때부터 냉엄한 생존경쟁을 치르고 있다. 이러한 방법을 이용하여 상어새끼는 가장 약한 치어 시절에 어미의 몸속이나 난각 속에서 지냄으로써 외부의 적으로부터 보호받으면서 성어의 가까운 형태로 태어나게 된다.

뛰어난 감각기관을 가진 상어

상어가 바다의 무법자라고 불리어지는 주된 이유는 먹이 사냥시 체내의 모든 감각기관을 이용하여 빠른 시간에 정확하게 먹이를 사냥하기 때문에 붙여진 것이 아닌가 생각된다. 그 중에서도 청각은 가장 중요한 감각으로, 상어는 저주파음에 민감하여 주변의 물고기들이 내는 불규칙한 소리는 배고픈 상어에게는 절호의 신호가 되며, 먼 바다에 서식하는 일부 종들은 1km 이상 떨어진 곳의 소리도 감지할 수 있다고 한다. 또한 후각도 사냥시 중요하게 사용되는 감각으로, 상어는 수백 미터 앞의 냄새를 분간할 수 있으며, 백만분의 일로 희석된 혈액의 냄새도 분간한다고 하니 놀라운 일이 아닐 수 없다.

이러한 감각 외에도 먹이 사냥시 이용되는 기관들 중에 상어만 가지고 있는 독특한 능력이 있는데, 바로 생체전기를 감지하는 능력이다. 상어의 머리 부분에는 로렌치니 기관(Lorenzinis ampulla)이라 불리는 수백 개의 작은 구멍이 있는데, 이 구멍에는 젤리 같은 물질이 가득차 있고, 그 구멍의 끝은 신경세포와 연결되어 있다. 이 기관은 자장(magnetic field)의 유무뿐만 아니라 자력선의 방향을 알아낼 수 있는데, 어느 보고에 따르면, 상어는 1억분의 1볼트의 전류도 감지할 수 있다고 한다. 실제로 상어는 먹이를 사냥할 때 청각이나 후각을 사용하여 먹이에 접근하고, 마지막에는 이 기관을 이용하여 살아있는 동물에서 발생하는 미약한 생체전기를 감지하여 먹이를 사냥하는 것으로 알려져 있다. 게다가 이 기관은 어두운 곳이나 모래 속에 숨어있는 먹이를 사냥하는 데도 효과적이라고 한다.

산업적 · 의학적 부가가치가 높은 상어

이처럼 상어는 독특한 생태를 가지고 있어 많은 관심을 갖게 하지만 더 흥미로운 점은 상어가 우리 인류에게 많은 부가가치를 제공한다는 것이다. 상어의 모든 신체 부위로부터 제품을 만들 수 있는데, 어떤 부위는 장식품으로, 또 다른 부위는 의학용 또는 산업용으로 이용되고 있다. 상어제품의 가치는 달러로 환산했을 때 20년 전에 비해 kg당 약 300% 이상이 증가하였다. 현재 우리가 잡은 상어는 크게 장식, 식품, 의학, 공업의 4가지의 분야에서 사용되고 있다.

옛부터 상어는 각종 장식품으로 널리 사용되어 왔는데, 그 중에서도 치아와 턱은 가장 값어치가 뛰어난 부위이다. 레저로 낚시를 즐기는 일부 낚시꾼들은 큰 상어만을 포획하여 상어의 턱뼈 부위를 장식용으로 이용하기도 한다. 미국에서 큰 상어의 턱뼈는 $200 정도, 다른 나라에서는 그 이상의 가격으로 매매될 정도로 인기가 높다. 상어의 치아는 귀걸이나 목걸이 등의 장신구 또는 아름답게 치장되어 골동품이나 보석으로 사용되기도 한다. 치아는 또한 무기로 사용되기도 하는데, 에스키모나 뉴질랜드 원주민들은 상어의 치아를 칼이나 창촉으로 이용하였다. 상어의 껍질로 만든 가죽은 아주 값이 비싼데, 이는 소가죽보다 항장력(tensile strength)이 우수하여 잡아당겨도 잘 찢어지지 않으며, 가죽 내의 어떠한 물질을 제거하면 훨씬 염색이 쉬워지고 부드러워진다.

또한 상어의 내장은 쇠붙이도 녹일 만큼 소화력이 우수한 동시에 내장의 내구성도 뛰어난 것으로 알려져 있는데, 저자는 이러한 점에 착안하여 폐기되는 상어의 내장을 이용하여 가죽을 만들고 이를 시중에 있는 신발용 소가죽과 비교해 본 적이 있었다(표 10-1).

그 결과 인장(tension, 잡아당기는 힘에 의해 늘어난 상태)시 최대하중을 나타내는 인장강도는 상어내장 가죽의 경우 3.3kg/mm^{2}으로 나타났는데, 이는 신발용 소가죽에 비해 15% 뛰어난 것이다. 가죽을 늘여 절단될 때까지의 크기를 처음과 비교시킨 신장률은 47%로 신발용 가죽에 비해 낮았지만, 그리 큰 차이가 나타나지는 않았다. 가죽을 잡아당겼을 때

표 10-1. 상어 내장으로 만든 가죽과 신발용 소가죽의 물리적 성질 비교.

시험항목	단위	상어내장 가죽	신발용 소가죽‡	
			갑피	내피
인장강도	kg/mm^2	3.3	2.8	2.7
신 장 율	%	47	64	50
인열강도	kg/mm	8.7	7.4	4.6
파열강도	kg/cm^2	11	50	40

찢어지는 하중인 인열강도는 8.7kg/mm으로 나타나 신발용 소가죽보다 뛰어났다. 그러나 가죽의 파열강도는 11kg/cm^2으로 신발용 소가죽에 비해 매우 떨어지는 것으로 나타나 보완되어야 할 사항이다. 이것은 상어 내장 가죽의 두께가 아주 얇기 때문에 나타난 현상으로 두께를 감안한다면 아주 우수한 소재임에는 틀림없다. 또한 가죽의 앞뒤가 구분이 없다는 것도 큰 장점이 될 수 있다.

상어는 식용으로도 옛날부터 전 세계 사람들에게 애용되어 왔는데, 식품으로는 스테이크와 살코기의 형태로 많이 보급되고 있다. 미국에서 상어의 살코기는 비싼 가격에 판매되고 있으며, 흔히들 '삭스핀'이라고 부르는 상어 지느러미는 그보다 훨씬 비싼 가격에 판매되고 있다. 건조된 상어지느러미는 미국에서 고가로 수입한다. 국내에서도 1년에 약 1,500톤 가량의 상어가 식용으로 사용된다. 상어 지느러미는 스프의 형태로 만들어지는데, 그 맛이 아주 뛰어나 중국에서도 비싼 가격으로 팔리고 있다. 게다가 아직 확실한 효능은 밝혀지지 않고 있지만, 동양권에서는 강장제(정력을 높이는 작용이 있다고 알려진 약물)로도 사용되고 있다.

최근 몇 년 동안 과학자들은 상어로부터 많은 의약용 재료가 만들어진다는 것을 발견하였다. 상어는 암에 대해 면역성을 가지고 있으며, 또한 이들의 뼈는 어딘가에 이용될 수 있을 것이라 믿고 있다. 상어의 연골에는 효소 및 암의 형성을 억제하거나 암의 성장을 저지시키는 화학물질이 함유되어 있는 것으로 밝혀졌다. 미국 플로리다의 모트 해양연구소에서는 강력한 발암제를 녹여 넣은 수조 안에 상어를 넣고 8년 동안 사육해 본 결과, 상어는 건강했고, 해부 소견에서도 종양이 하나도 없는 것으로 나타났다. 이는 상어가 두개골부터 늑골과 척추까지 모두 연골로 이루어져 있는 연골어류이기 때문이다. 원래 연골에는 혈관이 없으므로 연구팀은 상어의 연골 안에 신생혈관(angiogenesis, 혈관으로부터 혈관내피세포가 출아하여 조직에 새로운 혈관이 침입하는 형태) 저해물질이 있다고 보고 이러한 물질을 정제하는 연구를 하고 있다.

또한 미국의 한 제약회사에서는 돔발상어(Squalus acanthias)의 위에서 스쿼라민(squalamine)이라는 세포분열억제 물질을 발견하였다. 이 물질은 암조직이 자신의 혈액공급체계를 발달시키는 신생혈관 형성(angiogenesis)의 단계에 작용하여 암조직이 신생혈관을 만드는 것을 차단시키는 작용을 한다. 게다가 스쿼라민은 암조직에 작용하는 것이 아니라 혈관세포에 작용하므로 부작용과 항암제에 대한 내성이 없어 차세대 항암제로 각광받을 것으로 기대된다.

심해 상어의 혈액과 간유(liver oil)에는 다가불포화지방산 및 스쿠알렌이 풍부하다. 다가불포화지방산은 최근 동물실험 결과 혈액응고 시간을 지연시키고, 이러한 지방산들을 적용시킨 결과, 심장조직 내의 콜레스테롤 값을 낮추는 것으로 나타났다. 심해상어 중의 일부는 간유의 약 80%가 스쿠알렌인 것도 있다. 스쿠알렌은 1906년에 처음 학계에 보고되었고, 1935년도에 그 구조가 완전히 밝혀진 불포화 탄화수소계 화학물질로서 체내에 흡수되어 호르몬이나 담즙산을 만드는 데 이용되나, 체내에 축적되지 않아 계속 섭취해야 한다. 게다가 이것은 비타민 A의 중요한 원료인 레티날(retinal)로 분화되는 매우 중요한 물질이며, 이것이 결핍되면 야맹증으로 고생하게 된다. 우리나라에서는 스쿠알렌이 대량으로 수입되고 있으며, 건강식품 분야에서의 판매율 상위를 차지하고 있다.

또한 미국에서는 사람의 각막 대신 상어의 각막을 성공적으로 이식하였다는 보고가 있다. 특히 상어의 각막은 지금까지의 이식용 각막과 달리 높은 농도의 식염수에서도 팽윤현상이 나타나지 않는다는 장점이 있다.

상어는 미래의 해양자원

이상과 같이 상어로부터 얻을 수 있는 모든 부위, 예를 들면 피부, 오일, 살코기, 내장 등은 우리가 산업적으로 활용할 수 있으며, 특히 상어 간으로부터 얻어지는 스쿠알렌은 의약기술 분야에서도 활용되고 있다. 게다가 상어 간에서 얻어지는 오일은 현재 포획이 금지된 고래 오일의 대용품으로 사용될 수 있을 뿐만 아니라 어떤 경우에는 페인트의 원료로 사용되기도 한다. 또 상어의 가죽은 아주 가는 사포나 연마용 가죽으로 만들어져 세밀한 작업을 할 때 전문기술자들에 의해 이용되기도 한다. 또한 살코기와 내장은 양식어의 사료로 이용되고 있다.

우리가 그저 바다의 무법자라고 부르는 상어는 많은 분야에서 우리에게 많은 혜택을 제공함에도 불구하고 단지 위험하다는 인식속에서 그것들을 방치해 놓고 있다. 어느 통계에 의하면 미국에서 벼락에 의한 인명사고는 백만 명 중에 0.5명으로 0.0005%이지만, 상어의 공격에 의한 사고는 0.00000167%로 약 300분의 1밖에 되지 않는다.

이제 하나의 야생동물로서 상어(특히, 소수의 식인상어)에 대한 두려움은 차지하더라도 지나친 두려움을 피하고 바다에 존재하는 하나의 자원으로서 활용하기 위해 상어에 대해서 보다 많은 관심이 필요하지 않을까?

11 해양 미생물 세계

바다에는 우리 눈에 보이지 않는 세균이나 미세조류에서부터 고래와 같은 대형 포유류에 이르기까지 다종다양한 생물이 살아가고 있다. 바다에서 탄생된 생명이 오늘날까지 36억 년에 걸쳐서 진화해 온 것에 비해 생물이 바다를 떠나 육상에 적응하여 살게 된 것은 지금으로부터 수억 년에 불과하다. 이와 같이 바다에 많은 종류의 생물이 살고 있는 원인은 진화의 역사적인 차이가 아닌가 생각된다. 바다에서 적응하여 살아온 생물하면 제일 먼저 물의 저항을 적게 받도록 유선형 형태로 진화되어 온 물고기를 떠올릴 수 있다. 그러나 바다 속에는 육안으로 볼 수 있는 큰 생물보다 현미경으로만 볼 수 있는 작은 해양 미생물이 훨씬 많다. 대부분의 미생물은 다른 물질로부터 모든 영양을 조달하여 살아가는 세균과 광합성을 하여 자기 체내에 필요한 유기물질을 합성할 수 있는 미세조류로 나눌 수 있다.

염분과 미생물

해수는 약 3%의 염수이므로 바다에서 서식하는 세균은 염농도가 높아도 증식할 수 있는 성질을 가지고 있다. 그렇기 때문에 해양 세균은 일반적으로 염화나트륨 농도 0.3~0.8몰(mole, 화학식량에 g 단위를 붙인 물질의 양) 사이에서 잘 생육한다. 그러나 지구상에는 해수보다 염농도가 높은 중동의 사해와 북미 대륙의 대염호(grate salt lake)에 사는 세균처럼 염농도가 높아야만 살아갈 수 있는 세균도 있다(그림 11-1).

해양 세균과 육상 세균은 염농도와 증식의 관계를 조사하여 분별하지만, 단순히 해양 세균을 증류수에 넣는 것만으로도 판별이 가능하다. 이는 해양 세균의 경우는 염을 완전히 함유되지 않은 순수 중에서는 삼투압 조절이 되지 않아 세균의 세포벽이 파열되기 때문이다.

일반적으로 세포 속의 염농도가 외측보다 높으면 외측의 물이 세포 속으로 점점 침투하게 된다. 세포의 외측에 있는 세포막은 본래 세포 속에 필요한 것만을 받아들이고 불필요한 것들은 들어가지 못하도록 하는 기구(mechanism)가 갖추어져 있지만, 물과 같은 저분자 물질은 이 기구로 조절되지 않아 물리적인 확산에 의해 세포내로 물이 침투하게 된다. 그 결과 세포의 내측에서 외측으로 작용하던 압력이 높아져서 세포가 파괴된다.

그림 11-1. 중동 지역에 있는 대염호의 모습. 호수 주위에 큰 소금덩이가 형성되어 있다.

해양 세균의 생육에 염화나트륨을 필요로 하는 것은 삼투압 조절을 위한 것만은 아니다. 예를 들면, 비호염 세균은 세포막 내외의 양성자(H^+)의 이동에 의해 에너지를 얻고 있지만 해양 세균의 경우는 양성자뿐만 아니라 염화나트륨 구성 성분인 나트륨 이온의 이동을 이용하여 에너지를 얻는 기구가 발달되어 있다.

발효 식품의 하나인 생선 간장은 호염성 세균을 산업적으로 이용한 대표적인 예이다. 생선 간장은 염(소금)을 가한 생선육 원료를 생선 내장에 있는 단백질분해효소로 가수분해시켜 만드는 발효 조미료로 많은 영양분이 함유되어 있으며, 우리나라 및 동남아 여러 나라에서 전통적인 방법으로 제조되나 6~18개월이라는 긴 제조 시간 때문에 산업성이 떨어진다. 그렇지만 해수 중에서 분리된 호염성 세균을 대량 배양하여 이 배양액으로 부터 얻어진 단백질분해효소를 정어리와 같은 생선원료에 첨가하면 단백질이 쉽게 분해되어 빠른 시간에 생선 간장을 제조할 수 있어 산업적 활용이 가능해진다.

저온 세균

상하의 나라 하와이의 바다에서도 100m 이상의 깊은 곳에는 온도가 5℃ 이하가 된다. 실제로 바다 용적의 약 90%는 5℃ 이하의 저온 영역이다. 이와 같이 저온 영역에서 잘 생육하고 있는 세균을 저온성 세균이라 부르며, 특히 최적 증식 온도가 15℃ 부근 또는 그 이하로 증식, 상한 온도가 20℃, 증식 하한 온도가 0℃ 또는 그 이하인 세균을 호냉성 세균(psychrophilic bacteria)이라 정의한다. 일반적으로 해양 세균으로 분류되고 있는 세균의 대부분이 저온성 세균이며, 저온성 세균 중에서 가장 유명한 것은 비브리오(Vibrio) 속의 세균들이다. 어패류를 먹었을 때 발생되는 식중독으로 악명이 높은 장염 비브리오는 증식이 빠른 비브리오속의 세균 증식에 의해 일어나는 것이다. 저온에서 증식하기 때문에 식품의 오염에 있어 매우 경계해야 할 세균이다.

열수분출공 주변의 생물

1977년 미국의 우즈홀 (Woods Hole) 해양연구소의 심해 잠수조사선 알바인(Alvine)호에 의해 동태평양의 수심 2,000m의 심해저에서 흑연을 품어 내는 지열 활동을 하는 곳이 발견되었는데, 이것을 열수분출공(hydrothermal vent community)이라 불렀다(그림 11-2a).

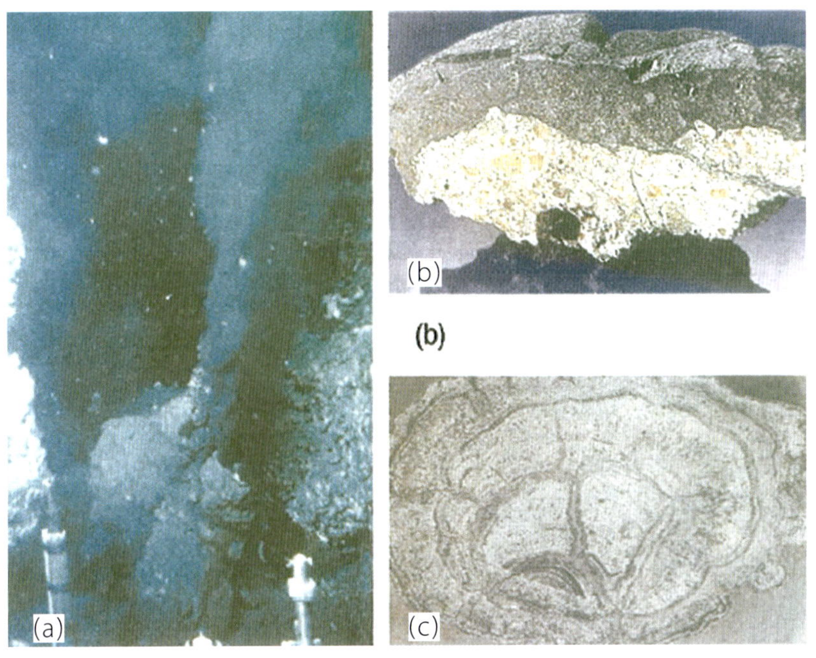

그림 11-2. (a) 열수분출공 (b) 망간각의 단면 (c) 망간단괴의 단면.

열수분출공에는 황화물이 퇴적하여 형성된 마치 굴뚝과 같은 연돌상추괴가 솟아나 있다. 이 굴뚝 모양의 맨 끝에는 약 350℃의 흑연상 열수(Black smoker)가 매초 1~5m의 속도로 분출된다. 이 열수 광천은 수심 2,000~4,000m의 해저에 분포하고 있는 것으로 밝혀졌다. 일본에서도 1991년도에 수심 약 700m의 비교적 얕은 해저에서 열수분출공이 발견되었다. 그런데 이 열수분출공의 주변에는 사람의 머리만큼이나 큰 대합조개와 튜브웜(tube worm)이라는 거대한 지렁이 같은 기이한 생물이 조밀하게 살고 있었다.

생태계는 생산자, 비생산자(소비자), 분해자(미생물) 등 세 분류의 생물이 상호작용하는 형태로 이루어져 있다. 대합조개와 튜브웜은 비생산자라 여겨지기 때문에 생태계에는 생산자와 분해자의 작용을 하는 생물이 활약하고 있다. 생산자란 무기물에서 유기물을 만드는 생물이며, 일반적인 생태계에서는 광합성을 하는 식물이 여기에 해당된다. 그러나 태양광이 미치지 않는 암흑세계에서는 광합성을 하는 생물은 살 수가 없다. 그렇다면 그곳에서 어떻게 에너지를 생산하여 살아 갈 수 있을까?

이에 관한 의문점을 해결한 것은 1983년 죤(Jones) 등 이었다. 이들은 알바인호가 채취한 심해 2,600m의 시료로부터 85℃에서 생육하는 메탄균을 분리하였다. 메탄균은 이산화탄소를 수소로 환원하여 메탄을 합성하는 화학합성 세균이다. 식물은 광 에너지를 이용하여 광합성을 하기 때문에 에너지를 만들어낼 수 있지만, 화학합성 세균은 화학물질의 산화환원 반응을 이용하여 에너지를 만들어낸다. 에너지를 얻는 방법에 있어서 차이는 있지만 화학합성 세균은 식물과 마찬가지로 바다 속의 생태계에서 생산자로서의 역

[열수분출공 주변에 살고 있는 생물]

할을 충실히 해내고 있는 것이다. 또한 황을 환원시켜 에너지를 만들어 내는 황의존성 세균도 분리되었다. 메탄균과 황의존성 세균은 모두 초호열성 및 혐기성으로서 소위 고세균(Archaebacteria, 생태학적으로 세균과 유사하지만 분자적 차이가 있으며, 원핵생물과 진핵생물과는 뚜렷이 다른 원핵성 생물)에 속한다.

원래 진화 과정에서 산소가 없는 곳에서 살아갈 수 있는 혐기성 생물이 발생되었는데, 이들 고세균은 그러한 혐기성 생물의 자손인 것이다. 대합조개와 튜브웜은 이러한 세균이 생산하는 유기물을 섭취함으로써 살아가고 있다. 대합조개의 소화관은 퇴화되어 있고, 튜브웜은 소화관을 전혀 갖고 있지 않은 대신에 체내에 공생하고 있는 황의존성 세균이 만든 에너지원을 이용하여 살아가고 있다. 튜브웜 속에 살고 있는 황의존성 세균은 호기성이 아니기 때문에 이미 서술한 굴뚝 외측의 혐기성 황의존성 세균과는 다소 차이가 있다. 튜브웜의 몸체 맨 끝 부분은 홍색을 띠고 있다.

우리는 헤모글로빈이라는 물질을 잘 알고 있다. 설사 헤모글로빈을 알고 있지 않더라도 우리들의 혈액이 붉은색인 것은 누구나 알고 있는 사실이다. 헤모글로빈은 인간을 비롯한 포유류 등의 혈액이 붉게 보이게 하는 물질이다. 헤모글로빈은 분자 중앙에 철 원자가 함유된 색소 단백질로서 체내에서 산소와 결합하여 산소헤모글로빈의 형태가 되어 생물의 신체 곳곳으로 산소를 운반시켜 주는 작용을 한다. 그렇지만 헤모글로빈은 산소밖에 결합할 수 없기 때문에 튜브웜의 홍색은 헤모글로빈에 의한 것이 아니다. 튜브웜이 공생하고 있는 황의존성 세균이 살아남기 위해서는 산소뿐만 아니라 황화수소를 운반하는 물질도 필요하다. 이 요구를 만족시켜 주는 것이 에리트로크루오린(erythrocruorin)이라는 색소단백질이며, 튜브웜의 끝 부분이 홍색을 띄게 하는 물질이다. 에리트로크루오린은 헤모글로빈과 아주 유사한 구조를 가지고 있다. 이 에리트로크루오린은 산소의 결합 부위와는 별도로 황화수소가 결합할 수 있는 부위를 가지고 있어 분자상 산소와 황화수소를 동시에 혈액과 체강(body cavity, 동물의 체벽과 여러 내장 사이의 빈 곳) 중에 운반할 수 있다. 이러한 과정을 통해 황의존성 세균은 튜브웜으로부터 에너지원을 받아 살아 갈 수 있다. 참으로 아름다운 공생 관계를 이루고 있는 것이다.

그리고 고온, 고압, 암흑 속에서 서식하는 화학합성 세균인 초호열성 세균은 생육의 최적 온도가 80℃ 이상의 세균을 총칭하는 말로서 반드시 열수분출공에 특이적으로 분포하는 것만은 아니다. 지금까지 분리해 온 초호열성 세균의 대부분은 앞에서 기술한 황의존성 세균이다.

일본 해양생물공학연구소의 연구원은 활발한 지열 활동 영역으로 알려진 일본 연안의 수심 39m의 천해저의 진흙에서 3종의 세균을 분리하였다. 이들 3종의 세균은 모두 80~90℃에서 잘 증식하는 초호열성 세균이며, 황의존성 세균인 고세균인 것이 판명되었다. 이와 같은 얕은 바다 밑의 초호열성 세균과 심해저의 초호열성 세균과의 차이에 대해서는 아직 밝혀져 있지 않다.

호압세균

한편, 높은 압력 하에 있는 심해의 열수분출공에서 물과 흙을 시료로 채취하여 그 속에 존재하는 박테리아를 배양 후 그 성질을 조사하였을 때, 압력에 대해서는 그다지 주의를 기울이지 않았다. 심해의 고압 상태의 흙을 채취하여 배에 싣고 실험실까지 운반하는 긴 시간 동안 심해저와 동일한 압력을 유지한다는 것은 현실적으로 어렵기 때문이다. 실제로 심해의 시료를 채취하여 상압 하에서 작업을 해도 상당히 변화된 세균을 볼 수 있기 때문에 연구자들은 그 성질을 조사하는 데 바빴던 것이다. 그 시점에서 불행하게도 심해잠수정 알파인호가 침몰되는 큰사고가 일어났다. 10개월 후에 1,540m의 해저에서 알파인호가 인양되어 그 배속을 조사하였더니 놀라운 사실이 발견되었다. 승선원을 위해 준비했던 샌드위치와 스프와 같은 음식물이 전혀 부패되지 않은 채로 남아 있었던 것이다. 육상이라면 냉장고에 보관해도 몇 주 안에 상해 버리는 음식물이 왜 10개월 동안이나 부패하지 않고 보존되었을까? 연구자들은 고압이라는 특수한 환경이 일반적인 세균 증식을 억제하는 것이 아닌가 추측하였다. 세균의 증식과 압력에 대한 연구는 이때 시작되었던 것이다. 1949년에 미국의 조벨(Zobell) 등은 육상의 세균을 고압하에서 배양한 실험 결과를 보고하였다. 그 결과 실험에 사용한 32종의 세균의 대부분은 300기압까지는 증식하였으나 600기압 조건에서 증식하는 세균은 한 종류도 없었다. 알파인호의 경험은 환경요인으로서의 압력의 중요성을 제고한 결과를 가져왔다.

이와 같이 세균은 압력이 높은 환경에서는 살 수 없다는 것이 정설이었지만 1980년대에 이르러 상압에서는 증식할 수 없지만 어느 시간 상압에 보존하면 사멸해 버리는 호압세균이 발견되었다. 원래 심해는 고압, 고온, 저온, 고농도의 무기물, 암흑 등 지상에서 상상할 수 없는 극한의 세계이다. 이 같은 세계로부터 생물을 찾아내어 생명, 진화, 그리고 이들의 공업적 이용 등을 연구할 수 있는 시설이 1993년에 일본에서 완성되었다. 생육에 고온과 고압 등이 필요한 미생물은 이미 발견되었지만 이 연구소가 문을 열면서 더 많은 미생물이 바다에서 계속 분리되고 있다. 또 사람에 의해 발생된 극한 조건의 하나의 예로서 원유와 같은 유독한 용매 존재 속에서 생육하면서 석유를 완전히 분해하는 미생물 조차도 심해에서 발견되었다.

심해의 세계

심해의 세계는 지상에 비해 3가지 점에서 차이가 있다.

첫째, 초고수압의 환경이라는 것이다. 예를 들면 깊이 1,000m의 해저에서는 약 100기압, 그리고 세계에서 가장 깊은 1만 m의 해구 밑에는 1,000기압이라는 상상할 수 없는 초고압이다. 지상의 압력에서 살아갈 수 없지만 고압 하에서만 살아 갈 수 있는 기묘한 생물이 살아가고 있다. 이 생물들은 고압이라는 환경에서만 살 수 있기 때문에 호압성 생물이라 한다. 이러한 심해 환경에서 적응한 호압성 미생물은 우리들이 살아갈 수 있는 1기압에서는 전혀 생육할 수 없다. 적어도 200기압 이상에서나 생육이 가능하여 400~600기압의 압력 하에서 가장 잘 생육하는 성질을 갖고 있기 때문에 가압에 의해 부가가치를 향상시킬 수 있는 효소 개발이 검토되고 있다.

둘째로 심해는 그 대부분이 저온의 세계이며, 장소에 따라서는 초고온의 세계도 있다. 심해저의 대부분은 4℃ 이하로 천연의 냉장이다. 그러한 곳에서는 진화의 속도가 느리고 지상에서는 볼 수 없는 생명 진화의 원형이 정지된 것이 존재하고 있을 가능성도 생각할 수 있다. 저온에서 잘 생육하는 세균을 분리하여 그것이 생산하는 저온성 아밀라아제(amylase) 또는 저온성 지방분해효소(lipase)의 산업적 활용이 검토되고 있다.

셋째로 심해는 높은 환경 정화 능력을 갖고 있다. 지상에서 배출된 폐수나 환경오염원은 오랜 세월을 걸쳐서 최종적으로는 심해저에 축적된다. 그 대부분은 심해저에 서식하는 미생물에 의해 서서히 분해되어 무독화된다.

[심해의 해양 미생물]

이 세 가지 심해 환경의 특징 이외에도 놀랄 만한 사실이 발견되었다. 지상에 비해 심해에는 수많은 유기용매 내열성 미생물이 존재하고 있다. 지금까지 지상에서 분리된 유기용매 내성 세균은 극히 드물지만 심해에서는 지상의 100배 확률로 분리되고 있다. 게다가 지상의 미생물은 톨루엔(toluene)에만 내성이 있지 톨루엔보다 용매 독성이 강한 벤젠에서는 죽어 버린다. 이에 대해 심해 미생물은 벤젠에서도 생육하는 것이 많다. 이같이 심해에서 분리된 많은 유기용매 내성 세균은 유기용매 존재 하에서 난수용성 물질, 예를 들면 다환방향족 화합물(polycyclic aromatic compound), 유기황화합물 및 스테로이드 등을 강력히 분해시킨다든지 또는 광학 분할(optical resolution, 거울상 이성질체인 우선성 화합물과 좌선성 화합물의 혼합물을 각각의 이성체로 분리하는 것)에 이용 가능하기 때문에 산업적 응용이 기대되고 있다.

이상 기술한 바와 같이 바다 속에는 호염성 세균, 호냉성 세균, 호열성 세균, 그리고 호압성 세균 등 다양한 세균들이 수십억 년에 걸친 진화 과정을 거쳐 혹독한 환경을 극복하여 살아가고 있다. 이들은 육상 미생물과는 전혀 다른 생리학적 특성을 갖고 있어 육상 미생물들이 만들어낼 수 없는 효소뿐만 아니라 생리 활성을 나타내는 천연 물질을 수없이 만들어 내고 있다. 이들을 잘 연구하고 개발한다면 현재 우리가 해결하지 못하는 많은 난제들이 쉽게 풀릴 것으로 확신한다.

12 게 껍데기의 신비

영덕 대게, 붉은 대게, 꽃게

우리나라 동해에서는 주로 대게와 홍게, 그리고 서해에서는 꽃게가 서식하고 있다. 대게는 수심 200~300m 대륙붕에서 서식하며 3~4월이 제철이다. 대게 중의 대개는 역시 박달 대게이다. 살이 꽉 찬 박달나무처럼 야물다고 해서 붙여진 이름이다. 대게는 수컷보다 암컷이, 다리보다 몸통이 맛있다. 그러나 암컷은 포획이 연 중 금지되어 있어 맛 볼 수 없다.

대게는 큰 게라는 뜻이 아니다. 다리가 대나무처럼 쭉 뻗었다고 해서 대게다. 대게와 혼동하기 쉬운 것이 홍게라 불리는 붉은 대게다. 주로 700~2,000m 심해층에서 서식한다. 홍게는 게딱지 좌우 양쪽에 작은 가시가 있으나 대게는 가시가 없다. 껍데기를 확인해 보면 홍게는 단단하지만 대게는 부드럽다.

대게는 껍데기가 두껍고 몸통 부분은 주황색, 배 부분은 연한 노란색이다. 대게와 홍게 사이에 태어난 청게도 있다. 등 쪽이 약한 주홍색이다. 국내산이든 수입산이든 속살이 꽉 찬 대게를 박달대게라 한다.

꽃게는 수깃이 청록색이며 암깃은 황갈색이다. 물속을 잘 헤엄쳐 다니고 떼를 지어 장거리를 이동한다. 서해 및 동중국해에 분포하는 꽃게는 서해 연안에서 5~8월에 발생한 것은 9월말까지 서해 중부 연안에서 성육하다가 10월 이후 수온이 내려가게 되면 서해 중부 해역에서 남해 해역으로 남하, 이동하기 시작하고 11~12월이 되면 제주도 서남방의 동중국해에 도달하게 된다. 따라서 우리나라 꽃게는 거의 연중 어획된다. 비교적 많

[영덕 대게]

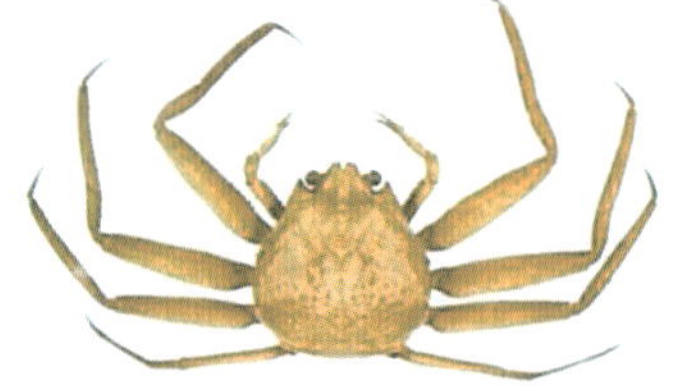
[붉은 대게]

[꽃게]

이 생산되는 시기는 5~6월과 9~11월로 이 시기에 연간 총 생산량의 79%가 생산되고 있다.

꽃게는 각종 게 요리 재료로 이용되는데 6월경 포란기에 가장 맛이 좋다. 꽃게에 다량 함유되어 있는 타우린을 섭취하면 혈압을 정상적으로 유지시키는 조절 작용을 하며 저밀도 콜레스테롤(LDL)을 줄이고 고밀도 콜레스테롤(HDL)을 증가시켜 동맥 경화를 예방하고 인슐린 분비를 촉진하여 혈당 상승을 억제하는 작용을 하여 당뇨병에도 도움이 된다고 한다.

그림 12-1. 키토산 생산 공정도

우리나라 사람들은 새우나 게를 즐겨 먹는다. 그러나 이들 대부분은 껍데기를 제거하고 가공되기 때문에 대량의 껍데기가 부산물로서 배출된다. 게 껍데기는 단백질, 지방(색소), 탄수화물(키틴) 및 무기질(탄산칼슘)로 구성되어 있다.

탄산칼슘을 석회석이라고도 하는데, 이것은 염산과 같은 강산에 의해 쉽게 제거시킬 수 있다. 이와 같이 탄산칼슘이 제거된 것을 묽은 알칼리(수산화나트륨)에 침지시키면 단백질이나 색소 등이 분해되어 제거되면 키틴만 남는다. 자연계에 존재하는 것 중에서 양적으로 섬유소 다음으로 풍부하게 존재하고 있음에도 불구하고 키틴을 제대로 이용하지 못한 가장 근본적인 이유는 쉽게 녹일 수 있는 용매가 없다는 사실과 반응성이 약하다는 것이다.

키틴으로 만든 인공피부

그런데 키틴이 유일하게 사용되는 것이 인공 피부다. 심한 열상으로 표피가 파괴되면 진피까지도 파괴되어 피부는 완전히 재생 능력을 잃게 된다. 정도에 따라 생명을 빼앗기는 경우도 있지만 무엇보다도 화상에 의한 흉측한 흉터는 영원히 없어지지 않는다. 이때 정상적으로 치유할 수 있는 가장 좋은 방법은 자신의 다른 신체 부위 피부를 떼어 이식하는 자가이식이다. 하지만 이식 가능한 피부는 한정되어 있기 때문에 인공피부로 피부 재생을 할 수 있지만 인공피부를 만드는 것은 의료 현장에서는 꿈이라고 할 수 있다. 그런데 이러한 꿈이 게 껍데기에서 추출된 키틴으로 인하여 실현되었다.

돼지의 살아있는 피부는 극히 일부 사용되고 있었지만 실용성이 부족했고, 닭의 난막이나 사람의 양막(자궁 내에서 태아를 싸고 있는 얇은 막)을 이용한 경우도 있지만 어느 것이나 쉽게 구할 수 없다,

일본의 (주)유니티카 중앙 연구소가 키틴을 이용하여 인공피부로서 이용할 수 있는 베스키틴 W라는 제품을 개발하여 여러 나라에 수출도 하고 있다. 이 제품은 치료기간 동안 전혀 부작용이 없고 안전성이 높으며, 상처에 첨부하면 표피세포가 증식하면서 분해하여 키틴에 의해 완전한 표피가 형성된다. 실제로 키틴으로 만든 인공피부를 48세 남자의 왼쪽 대퇴부의 화상 부위에 부착시킨 치료효과를 사진 12-1에 나타냈다.

베스키틴 W를 붙일 때 돼지 동결건조진피(LDPS)보다 혈액을 많이 빨아들여 밀착이 양호했으며, 3일 후 베스키틴 W의 상처표면은 겔 상태로 되어 출혈이 없었으며, 12일 후

재료를 박리한 하였을 때 베스키틴 W쪽에는 완전히 상피화되었지만 LDPS 쪽에는 완치되지 않은 부분이 일부 남아 있다.

LDPS 베스키틴 W

(a) 수술 직후

LDPS 베스키틴 W

(b) 3일 후

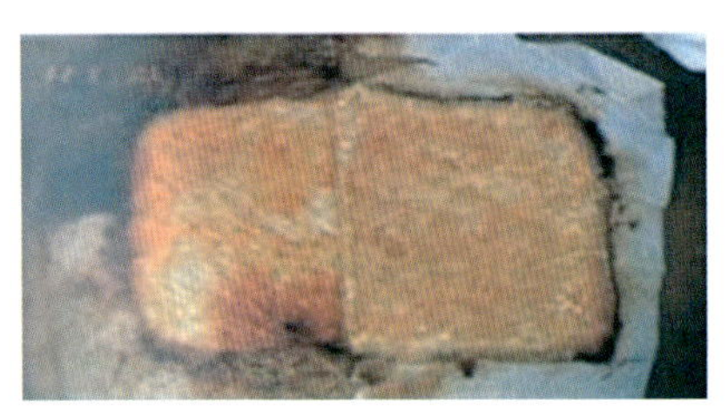

LDPS 베스키틴 W

(c) 8일 후

LDPS 베스키틴 W

(d) 12일 후

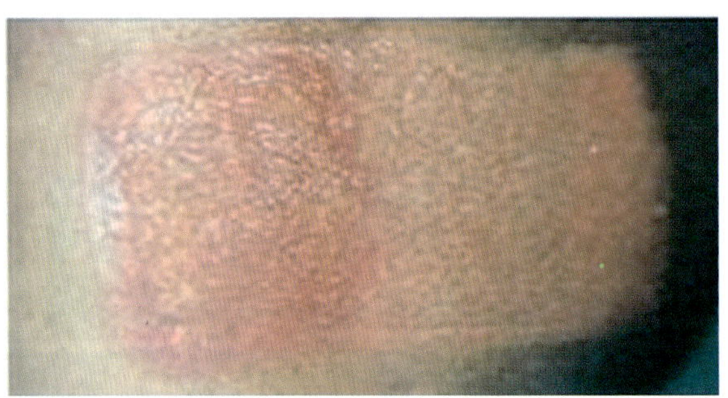

LDPS - 베스키틴 W

(e) 20일 후

사진 12-1. 키틴 인공피부를 화상 부위에 이식시켜 LDPS와 비교한 임상시험 결과.

(LDPS : **동결 건조된 돼지의 진피**)

키토산 다이어트

한편 키틴을 키토산으로 만들면 약산인 유기산에 녹고 반응성도 풍부해지면서 여러 가지 기능을 나타낸다. 키토산은 키틴의 구조 중에서 40% 수산화나트륨을 이용하여 아세틸기를 제거한 것이다. 키토산이 제조되면서 키틴에 비해 그 이용 범위가 매우 다양화되었다. 초기에는 주로 키토산의 강력한 흡착력을 이용하여 폐수처리에 이용되었고 금속 흡착제 및 고정화 효소용 담체나 크로마토그래피(chromatography, 흡착제를 써서 색소 물질을 분리하는 방법)용 수지와 같은 고분자 소재로서 널리 이용되었다.

키토산의 항균작용, 항암작용, 면역증강작용 등의 생리기능성이 밝혀짐에 따라 식품 및 의약품 소재로서 다양한 용도 개발이 이어졌다. 특히, 키토산은 지방 흡수를 막아 다이어트용 제품으로 인기가 매우 높다. 섭취된 지방은 물에 녹지 않고 모여 큰 지방 입자가 되어 그대로 소장벽을 통과하여 흡수될 수 없다. 담즙산염은 간장에서 콜레스테롤에 의해 합성되어 담낭에 저장되었다가 기름기가 있는 식사를 섭취하면 소장으로 나오게 된다. 큰 지방입자는 계면 활성 작용을 하는 담즙산에 의해 작은 기름방울로 된다. 이 작은 기름방울은 소장 내의 지방 가수분해효소에 의해 분해된 후 소장세포에 의해 흡수된다. 지방가수분해효소는 수용성이기 때문에 지방에 대한 지방분해효소의 반응은 기름방울의 계면에서 일어난다. 계면이 넓을수록 잘 진행된다.

담즙에 들어있는 담즙산과 인지질은 섭취된 지방과 혼합하여 작은 기름방울을 만드는 것으로 지방분해효소가 작용하기 쉬운 환경을 만들어준다. 담즙산은 계면활성제의 작용 외에 지방분해효소의 작용을 강하게 하는 활성인자로서의 작용도 동시에 한다.

키토산은 구조상 양전하(+)를 가진 아미노기를 갖고 있어 기름방울의 음전하(–)와 이온결합을 함으로써 지방분해효소의 작용을 방해한다.

키토산은 기름방울에 작용하여 지방분해효소의 접근을 막아 흡수할 수 없도록 환경을 만들어 준다. 즉, 키토산을 섭취하면 십이지장 안에서 기름방울 표면의 인지질의 인접 부분에 결합하게 되어 췌장의 지방분해효소의 작용을 저해한다. 이러한 작용 때문에 기름방울 중의 지방이 분해되지 않아서 소장에서 흡수가 감소되고 혈중 중성 지방을 저하하는 것이다(그림 12–2).

따라서 일본이나 미국에서는 키토산 자체를 이용한 다이어트 상품이 개발되어 엄청나게 소비되고 있다.

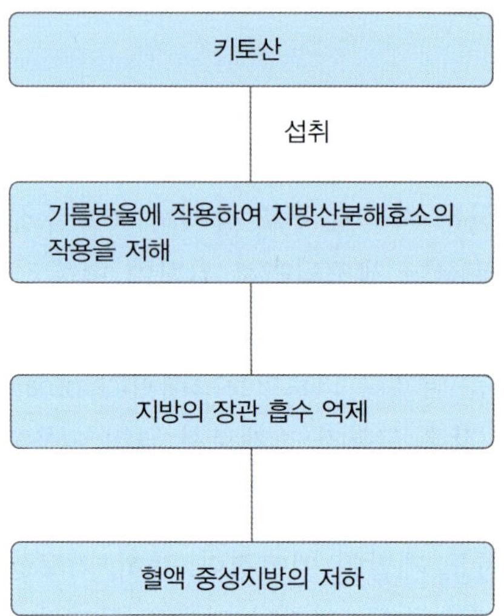

그림 12-2. 키토산의 항지혈 작용.

콜레스테롤 저하 작용

콜레스테롤은 에너지 저장과 운반 및 세포막을 형성하는 지질이다. 콜레스테롤은 필수 지질이지만 협심증, 심근 경색증, 심장 돌연사 등 심혈관 질환을 유발하는 죽상경화증(atherosclerosis)의 주요 요인의 하나이다.

담즙산은 간장에서 콜레스테롤로부터 만들어지지만 일일 생성량은 약 1g 정도이다. 한편, 담즙으로서 십이지장으로 배설되는 담즙산은 하루 30g에 달한다.

간장에서 1g 밖에 안 되는 것이 30g이나 십이지장으로 분비되기 때문에 당연히 담즙산이 부족하게 된다. 따라서 일단 십이지장으로 분비된 담즙산은 장에서 재 흡수되어 간장으로 되돌아간다. 변으로 배설되는 담즙산은 0.8g에 지나지 않는다.

한편, 식사에 들어 있는 콜레스테롤은 1일 평균 0.5g이며 담즙과 함께 분비되는 콜레스테롤이 변으로 배설되는 것은 0.4g이다. 키토산에 의해 담즙산의 배설이 증가하면 그만큼 간장에서 콜레스테롤로부터 담즙산 합성을 많이 해야 한다. 담즙산 합성이 진행되면 체내의 콜레스테롤이 재료로 사용되기 때문에 혈액 속의 콜레스테롤도 저하되는 것이다. 따라서 건강검진에서 콜레스테롤 수치가 높으면 키토산을 복용하면 좋다는 이야기이다.

키토산의 혈압 저하작용

식염이 혈압을 상승시키는 인자의 하나라는 것은 잘 알려진 사실이다. 신장에 이상이 없고 혈압만 높다고 하는 본태성 고혈압 환자에게 식염을 제한하면 60% 정도 혈압이 저하하는 경우도 있다. 식염은 생체에 흡수되면 나트륨 이온(Na^+)과 염소 이온(Cl^-)으로 분리된다. 이 두 이온 중에서 어느 이온이 혈압에 관여하는 것인지를 알아보기 위해 히로시마 여자대학의 카토우 교수는 알긴산과 키토산을 사용하여 연구하였다.

식이섬유인 알긴산은 음전하로 하전된 카르복실기(COO^-)를 가지고 있어 나트륨 양이온과 결합할 수 있으며, 키토산은 양전하를 가진 아미노기(NH_3^+)를 갖고 있어 음전하를 가진 염소이온과 결합할 수 있다(그림 12-3).

이들을 정상형인 쥐와 고혈압인 쥐에게 투여한 결과, 어느 쪽도 체중 차이는 없었으나 고혈압 쥐의 경우 알긴산 사료에서는 230mmHg의 수축기 혈압인 것이 키토산 사료에서는 180mmHg로 혈압이 저하되었으며 정상혈압 쥐에서는 140mmHg에서 키토산 섭취로 110mmHg로 저하되었다.

그러면 염소는 혈압과 어떠한 관계를 가지고 있을까? 혈압에 관여하는 효소로서 안지오텐신 전환효소(angiotensin I converting enzyme, ACE)가 생체 내에 존재하는데, 이 효소는 염소에 의해 활성이 상승하는 것으로 밝혀졌다(그림 12-4).

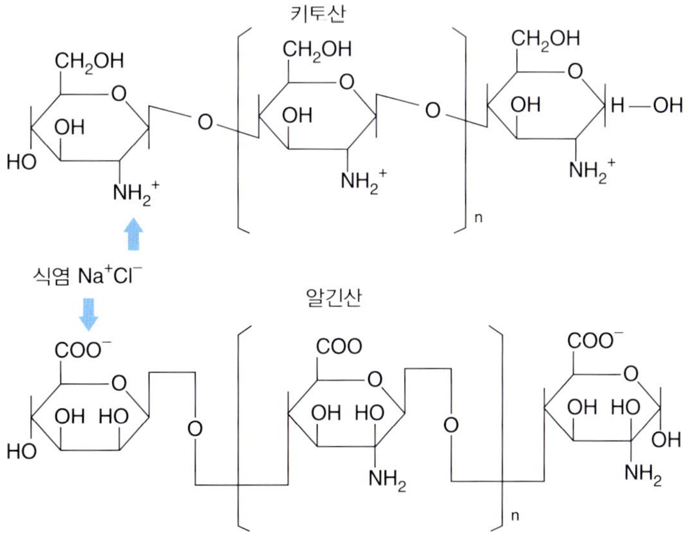

그림 12-3. 키토산과 알긴산의 식염과의 결합.

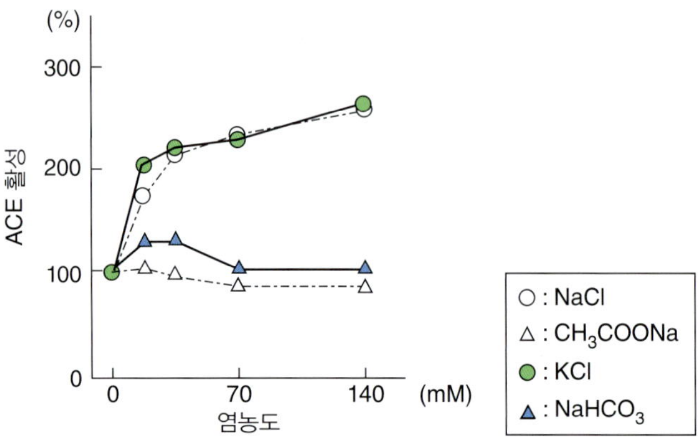

그림 12-4. 쥐 혈청 안지오텐신 전환효소(angiotensin I converting enzyme, ACE)에 대한 각종 염의 작용.

키토산은 식염중의 염소 이온과 결합하여 변으로 배설시키므로 혈압상승을 억제하는 것으로 확인되었다.

키토올리고당의 항암작용

키토산 자체는 섭취해도 거의 흡수되지 않아 생체 내에서 생리기능을 나타내지 않는다.

실제로 키토올리고당(분자량 18kDa 이하)과 수용성 키토산(분자량 18kDa 이상)의 체내 흡수율을 확인하기 위해 쥐에 경구 투여한 결과, 분자량 22kDa인 수용성 키토산은 십이지장 및 소장에서 흡수되지 않는 것을 확인할 수 있고, 분자량이 낮을수록 체내 흡수율은 증가하는 것을 관찰할 수 있다(그림 12-5).

따라서 키토산을 생체 내에서 흡수되도록 하기 위해서는 키토산을 효소로 분해시켜 적당한 크기로 분해된 올리고당 형태로 만들어 섭취할 필요가 있다(그림 12-6).

필자는 키토올리고당을 분자량 크기에 따라 올리고당 I(분자량 5,000~10,000), 올리고당 II(분자량 1,000~5,000), 올리고당 III(분자량 600~1,000)으로 만들어 이들을 자궁경부암 및 흑색종(melanoma, 멜라닌에 의해 피부세포에 생기는 검은색의 악성 종양) 종양세포가 이식된 쥐에 일정량씩 매일 30일간 계속적으로 투여한 결과, 종양세포의 성장 억제율이 올리고당 II만이 흑색종에서 67%, 자궁경부암에서 74%로 올리고당 I 및 올리고당 III에 비해 매우 높았다. 따라서 항암 효과는 올리고당의 크기가 매우 중요하다는 사실을 밝혔다(표 12-1).

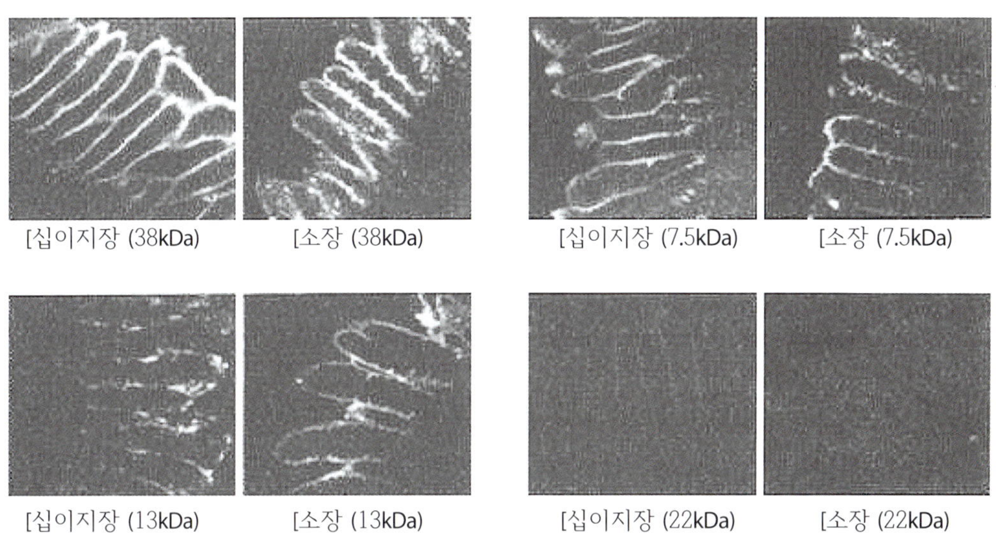

그림 12-5. 키토올리고당 및 수용성 키토산의 쥐 체내 흡수율.

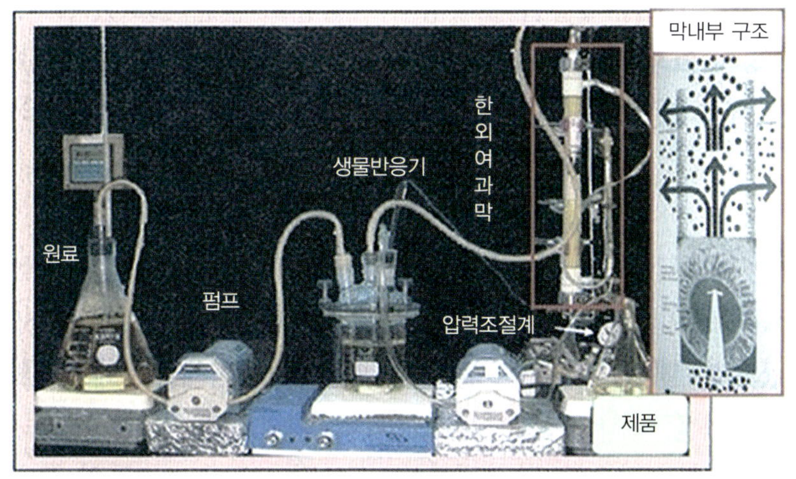

그림 12-6. 키토산 분해효소를 이용하여 키토올리고당의 연속적인 생산을 위한 자동화 막효소반응기. (필자의 연구실에서 개발한 실험용 한외여과막 효소반응기)

표 12-1. 키토올리고당의 항암 효과.

시료	투여량(mg/kg/day)	흑색종 암 억제율(%)	자궁경부암 암 억제율(%)
COS I	50		
(5~10 kDa)	20	12.7	11.9
COS I	10	22.9	15.3
COS II	50	66.6	73.6
(1~5 kDa)	20	35.5	61.4
COS II	10	28.4	26.6
COS III	50	12.4	27.1
(1kDa 이하)	20	15.3	7.8
COS III	10	5.7	3.5

COS 키토올리고당, 실험쥐: 12마리

또한 키토올리고당은 암 전이에 중요한 역할을 하는 기질 금속단백질분해효소-9(matrix metalloprotenase-9, MMP-9)의 활성을 억제하고 암세포를 파괴함으로써 암 치료나 예방에도 도움을 줄 수 있다. 그림 12-7에 나타난 바와 같이, 키토올리고당의 농도가 높을수록 그 활성이 농도 의존적으로 억제되는 것을 확인할 수 있다.

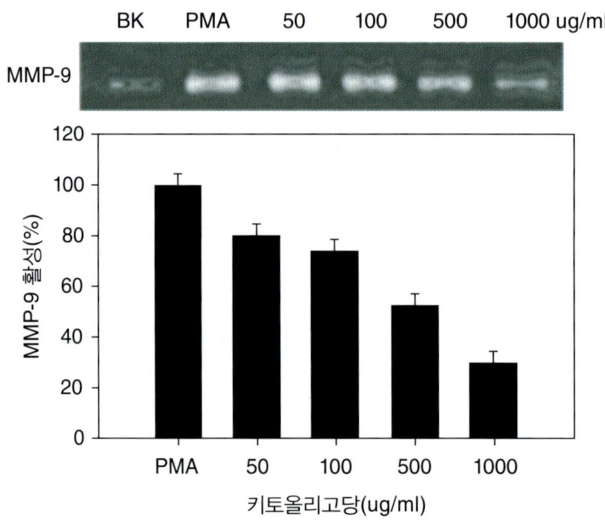

그림 12-7. 인간 피부세포에서 키토올리고당의 MMP-9 활성 저해 효과.

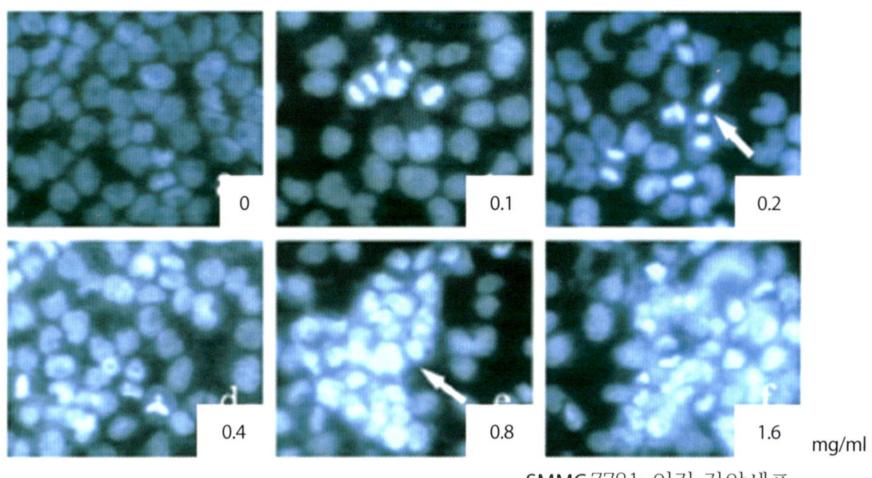

그림 12-8. 키토올리고당의 인간 간암 세포 사멸 효과.

한편 간암 세포에 키토올리고당을 72시간 처리한 결과, 키토올리고당의 농도가 증가함에 따라 세포사멸이 유도됨으로써 암세포가 사멸되는 것을 확인 할 수 있다(그림 12-8).

키토올리고당의 항노화 작용

지구상 대부분 생명체는 공기 중의 산소를 호흡하여 산화시켜 얻어지는 에너지를 이용하여 생명을 유지하는데, 이런 산소가 필요한 대사 과정에서 불가피하게 세포를 손상시키는 독성 물질들이 부산물로 만들어진다. 이것을 활성 산소(active oxygen)라고 한다. 활성 산소는 생체 조직을 공격하여 세포를 산화, 손상시키는 주범이며 유해산소라고도 한다.

한편, 병원체나 이물질을 제거하기 위한 생체방어 과정에서도 초산화물(O_2^-), 과산화수소(H_2O_2)와 같은 활성 산소가 대량 발생하며 이들의 강한 살균 작용을 통해서 병원체로부터 인체를 보호하기도 한다.

항산화는 산화의 억제를 뜻한다. 세포의 노화 과정과 그에 대한 예방을 설명할 때 주로 등장하는 개념이다. 세포의 노화는 곧 세포의 산화를 의미한다. 호흡을 통해 몸에 들어

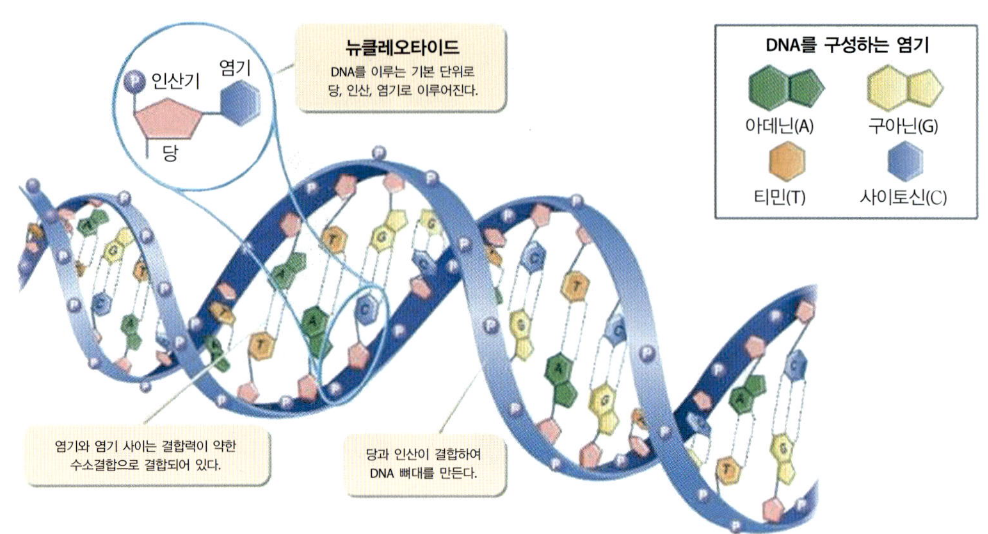

그림 12-9. 핵산의 한 종류인 DNA(디옥시리보핵산).

온 산소는 몸에 이로운 작용을 하지만 경우에 따라서는 활성 산소가 만들어진다. 활성 산소는 산소가 불안전한 상태에 있을 때를 뜻하는데, 이는 동물의 몸에 나쁜 영향을 끼친다. 즉, 활성 산소를 제거하는 것이 세포의 산화, 세포의 노화를 막는 핵심이다.

활성 산소는 세포나 세포소기관을 손상시키기도 하며 생체 내 여러 단백질의 아미노산을 산화시켜 단백질의 기능 저하를 초래하기도 한다. 이것은 그림 12-9의 유전정보가 들어있는 핵산에도 손상을 입히는데, 핵산 염기의 변형, 핵산 염기의 유리, 결합의 절단, 당의 산화분해 등을 초래하여 돌연변이나 암의 원인이 되기도 한다.

키토올리고당 역시 활성산소 같은 자유 라디칼(free radical)의 축적을 억제하는 작용을 한다. 즉, 키토산을 효소로 분해하여 만든 키토올리고당(분자량 1,000이하 및 1,000 ~3,000)을 라디칼 소거능에 대하여 실험한 결과, 키토올리고당을 첨가하지 않은 것에 비하여 히드록시 라디칼(hydroxy radical), 초과산물 라디칼 (superoxide radical) 및 알킬 라디칼(alkyl radical) 모두에서 라디칼 소거능을 보였으며, 이 중에서 1,000 이하의 분자량을 가진 키토올리고당이 높은 라디칼 소거능을 나타냈었다(그림 12-10).

이상에서 살펴본 바와 같이, 노화의 학설 중 가장 많은 지지를 받고 있는 자유 라디칼설에 의하면 끊임없이 생성되는 반응성이 강한 자유 라디칼에 의하여 세포는 점진적으로 손상을 받고 이 같은 손상의 축적으로 세포의 기능 저하가 초래된다. 하지만 그림 12-11에 나타난 것처럼 DNA는 과산화수소에 의해 손상을 입었으나 키토올리고당을 처

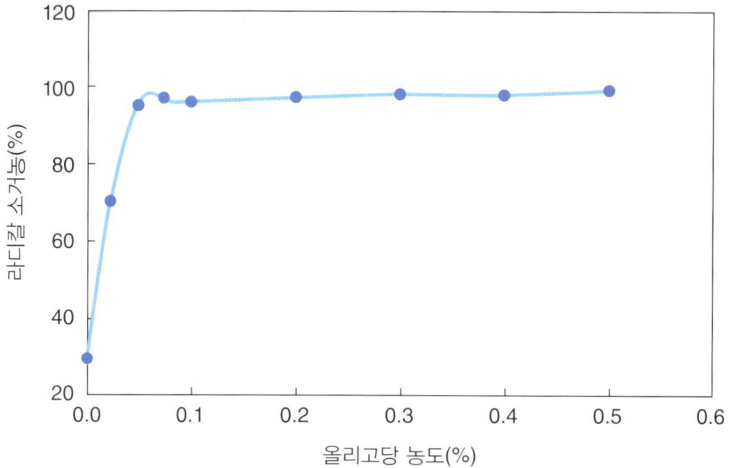

그림 12-10. 키토올리고당의 농도에 따른 라디칼 소거능.

리하면 농도 의존적으로 DNA의 손상이 저해되는 것을 볼 수 있다. 이와 같이 키토올리고당을 섭취할 경우 생체내 자유 라디칼 생성을 감소시켜 노화 및 자유 라디칼에 의해 유발될 수 있는 암, 면역력 감소, 동맥경화 등 성인병의 예방과 치료를 기대할 수 있을 것이다.

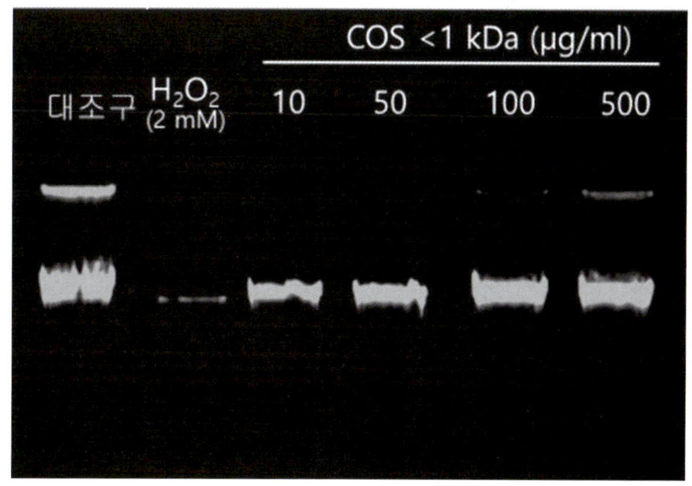

그림 12-11. 키토올리고당의 과산화수소(H_2O_2)에 의한 DNA 손상 저해 효과.

키토산의 단위 성분인 글루코사민-관절염 치료

글루코사민이 여러 개가 결합되어 있는 것이 키토산이다. 즉, 키토산을 완전히 분해시키면 글루코사민을 얻을 수 있다. 최근 글루코사민은 관절염 환자들에게 매우 인기가 높다. 관절염은 염증성 관절염과 비염증성 관절염으로 나뉜다.

염증성 관절염 중 대표적인 것이 류마티스 관절염이고, 비염증성 관절염의 대표적인 것은 골 관절염(osteoarthritis, OA)이며, 골 관절염은 관절염 중 가장 대표적인 것이다. 세균이 침범하여 발생한 것을 화농성 관절염이라 부르고 바이러스에 의한 것은 바이러스 관절염이라 부른다.

골 관절염은 나이가 들어감에 따라 자연적으로 발생하므로 흔히 퇴행성 관절염이라 한다. 퇴행성 관절염은 주로 40대 후반에서 많이 발생하며 이 중 70%가 65세 이상이며, 75세 이상에서는 거의 대부분이 이 질환을 가지고 있다. 우리 몸에는 68개의 관절이 있는데, 이 관절들은 우리 몸을 지탱하고 움직이는 데 많은 역할을 한다. 관절은 연골 주위의 뼈, 관절을 싸고 있는 막으로 구성되는데, 이중 연골은 보습작용이 크고 탄력성이 있으며 뼈와 뼈 사이의 완충 역할을 한다.

관절염 중 가장 일반적인 형태의 골 관절염은 뼈의 말단 부위에 연결된 푸르스름한 빛의 하얗고 반짝거리면서 미끄러운 물질인 관절연골에 영향을 준다.

골 관절염이 진행되면서 관절의 연골은 말라버려 뼈들 사이에서 완충작용을 할 수 없게 된다. 좀 더 병이 진행되면 뼈가 자극을 받아 비정상적으로 골경화되고(상아질화), 뼈에 액체가 가득 찬 주머니(연골과 낭포)가 생길 수 있다. 물론 연골이 닳아 없어질수록 뼈들은 직접 마찰을 일으키고 통증은 심해지며 뼈는 변형되고 결국에는 염증을 유발하게 된다.

류마티스 관절염은 원인 미상의 만성 다장기(chronic multi-organ) 질환으로 특징적인 양상은 양쪽의 원위부 관절(주로 손, 손목, 발, 발목)에 대칭적으로 만성 염증성 활막염(관절을 싸고 있는 막의 염증)이 발생하는 것이다. 이 관절염의 경과는 다양하며 대부분의 환자는 병이 악화하였다가 완화되는 과정이 반복되며 정상 생활에 어느 정도 장해를 받게 된다.

미국의 의학박사 제이슨 테오도사스키는 그의 저서 "관절염 치료법"에서 글루코사민과 황산콘드로이틴, 비타민 C, 망간 등을 통한 골 관절염 치료 방법을 소개하였다. 이는 2~3주 후면 효과가 나타나기 시작하며 4~8주 정도면 대부분 치료되며, 늦어도 6개월이면 90% 이상이 완치 단계에 이르는 것으로 임상 결과를 밝히고 있다.

글루코사민은 키토산의 구성단위이며, 뼈, 연골, 피부, 손톱, 머리카락, 그 외의 다른 신체 조직의 구조를 이루는 중요한 물질로서 음식에서 섭취하는 글루코사민이나 연골에서 발견되는 글루코사민은 똑같이 작용을 한다.

글루코사민의 작용은 첫째, 친수성을 가진 프로테오글리칸(proteoglycan)과 잘 결합하고, 둘째, 더 많은 콜라겐과 프로테오글리칸을 만들기 위해 연골 세포를 자극하고 연골 대사 과정을 정상화시켜 연골의 파괴를 막아 주는 것으로 알려져 있다.

이상과 같이 게 가공공장에서 폐기되고 있는 게 껍데기에 약 30% 정도 존재하는 키틴이 키토산, 키토올리고당, 글루코사민으로 제조되면서 각각 전혀 다른 기능을 발휘하니 정말 신비한 물질이 아닌가?

[13] 노벨 의학상을 받게 한 군소

인간의 두뇌는 수많은 신경세포(neuron)와 다양한 세포로 이루어져 있다. 특히, 신경세포는 서로 특수한 연결을 통해 신호를 주고받는다. 이런 연결을 통해 뇌가 작동하는데, 이 연결 구조를 시냅스(synapse)라 한다. 시냅스는 신경세포 사이의 접점으로 신경전달이 일어나는 장소이다. 시냅스가 중요한 이유는 시냅스에서의 신경전달이 뇌정신작용의 가장 기본적인 단위이기 때문이다. 뇌에는 시냅스 연결을 통한 다양한 신경 회로망이 복잡한 그물처럼 형성되어 있다. 이러한 다양한 신경 회로망의 패턴들에 의해 뇌의 특수한 기능이 나타난다.

하나의 신경세포는 평균 1,000~100,000개의 시냅스를 가지고 있다. 시냅스는 뇌에서 전기 회로의 소자와 같은 역할을 한다. 신경세포는 시냅스를 통해 들어오는 수많은 신호를 분석하고 이를 종합하여 다음 신경세포에 전달하는 역할을 해야 한다. 따라서 시냅스가 파괴되면 뇌에서 다양한 정보가 처리되지 않으므로 더 이상 기능을 못한다, 시냅스는 인간의 뇌에만 존재하는 것이 아니라 신경세포를 가진 모든 동물의 신경을 구성하는 기능성 소자이다.

시냅스는 기능적 측면에서 흥분성 시냅스와 억제성 시냅스로 나뉜다. 하나의 신경세포는 흥분성 시냅스와 억제성 시냅스를 모두 가지고 있는데, 이들의 균형이 신경세포의 흥분정도를 조절한다. 이 균형이 깨지면 뇌질환이 발생할 수 있다.

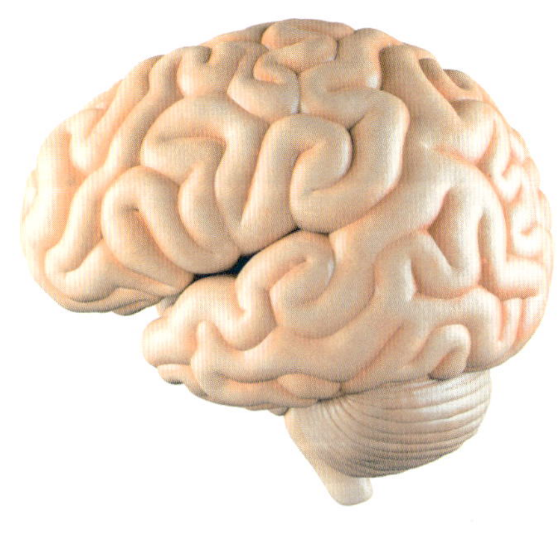

[사람의 뇌]

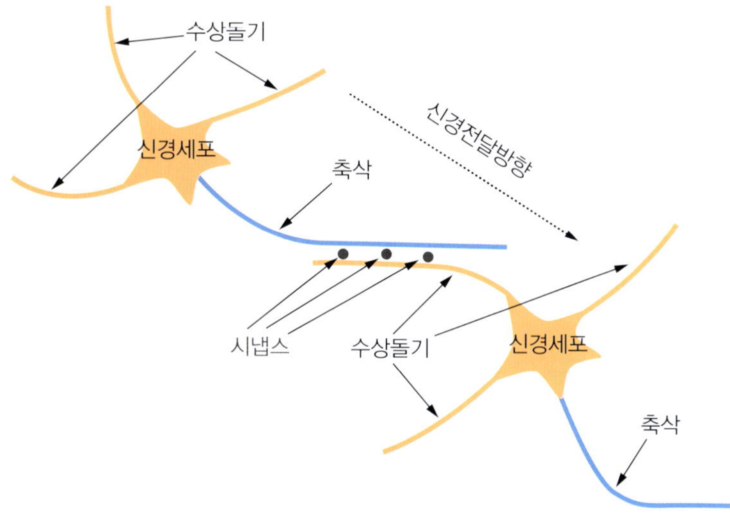

그림 13-1. 신경세포와 시냅스.

시냅스는 한 신경세포의 축삭(axon)과 다른 신경세포의 수상돌기(dendrites) 사이의 접점이다. 시냅스의 신경전달은 전시냅스 부위에서 유리된 신경전달물질이 후시냅스의 수용체를 자극함으로써 일어난다. 특이하게도 수용체는 신경전달물질을 감지하는 기능 이외에 이온 통로로서의 기능도 함께 가지고 있다. 즉, 신경전달물질이 수용체에 부착하면 수용체의 구조가 변화하여 닫혀 있던 이온 통로가 열리고 세포 밖의 이온들이 안으로 유입된다.

신경세포는 여러 개의 수상돌기와 한 개의 축삭을 가지고 있다. 한 신경세포의 축삭과 다른 신경세포의 수상돌기가 만나는 접점에 시냅스가 만들어진다.

시냅스가 형성되려면 일단 한 신경세포의 축삭이 다른 신경세포의 수상돌기와 만나야 한다. 이유는 축삭이 신경 전달 물질을 유리하고 수상돌기가 신경 전달 물질을 감지하기 때문이다.

축삭과 수상돌기는 세포의 표면에 세포 접착 단백질들을 가지고 있다. 세포 접착 단백질들은 서로 부착하는 성질이 있는 끈끈한 단백질이다. 흥미롭게도 축삭과 수상돌기는 서로 다른 종류의 세포 접착 단백질을 가지고 있다.

우리의 뇌 속에는 무수한 신경세포가 있고 신경세포 하나당 평균 1만 개의 시냅스가 존재한다. 이 많은 시냅스들이 혼선 없이 서로 특이적으로 결합하려면 상당히 많은 수의

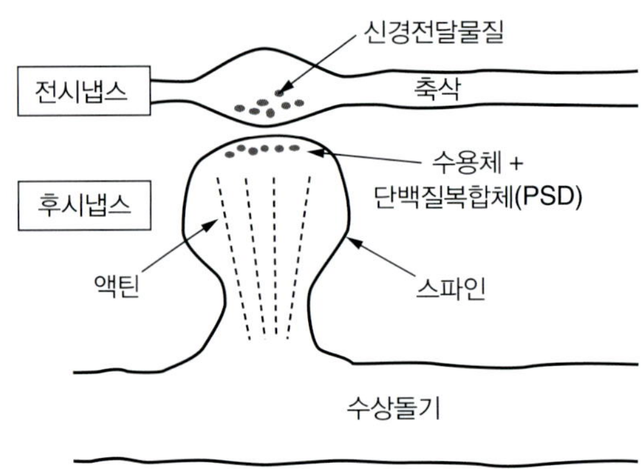

그림 13-2. 시냅스의 구조.

세포 접착 단백질의 쌍들이 필요할 것이다. 그러나 현재까지 알려진 세포 접착 단백질은 단지 몇 종류에 지나지 않는다. 세포접착단백질(일종의 세포막 단백질)의 꼬리는 세포 내부에 위치해 있다. 이 꼬리들을 향하여 여러 시냅스 단백질이 모여든다.

우리는 항상 새로운 환경을 경험한다. 이 과정에서 우리 뇌의 신경회로도 늘 변화한다.

신경회로의 기본 단위는 시냅스이므로 시냅스도 변화해야 한다. 즉, 시냅스는 정적인 존재가 아니며 끊임없이 변화하는 가소적인 존재이다. 시냅스는 구조와 기능적인 측면에서 성장과 수축을 반복한다. 예를 들어, 시냅스에 강한 자극이 전달되면 시냅스의 신경전달 효율이 더 좋아진다. 반대로 시냅스에 약한 자극이 지속적으로 전달되면 신경 전달 효율이 감소한다. 어떻게 신경 전달 효율이 좋아질까?

신경전달 수용체가 평상시에는 후시냅스의 세포막 밑에 있다가 강한 자극이 오면 세포막 표면으로 위치를 이동하는 것이다. 표면으로 올라간 수용체는 신경 전달 물질에 반응할 수밖에 없다. 이것은 기능적 가소성의 한 예이다.

시냅스는 성장과 축소를 반복하는데, 간혹 축소가 지나치면 결국 시냅스가 소멸된다. 시냅스의 소멸은 정상적인 성인의 뇌에서도 부분적이긴 하지만 끊임없이 일어난다. 노화나 치매 등에 의해 약화된 뇌신경 세포의 경우 시냅스의 소멸은 더 빨리 일어난다. 시냅스가 소멸된 신경세포는 다른 신경세포와 대화할 수 없게 되고 이 상태에서 신경세포의 건강은 더욱 악화된다. 치매 등을 포함하는 다양한 뇌질환이 실제로 시냅스 질환이라는 가설들이 점점 더 늘어나고 있는 이유이다.

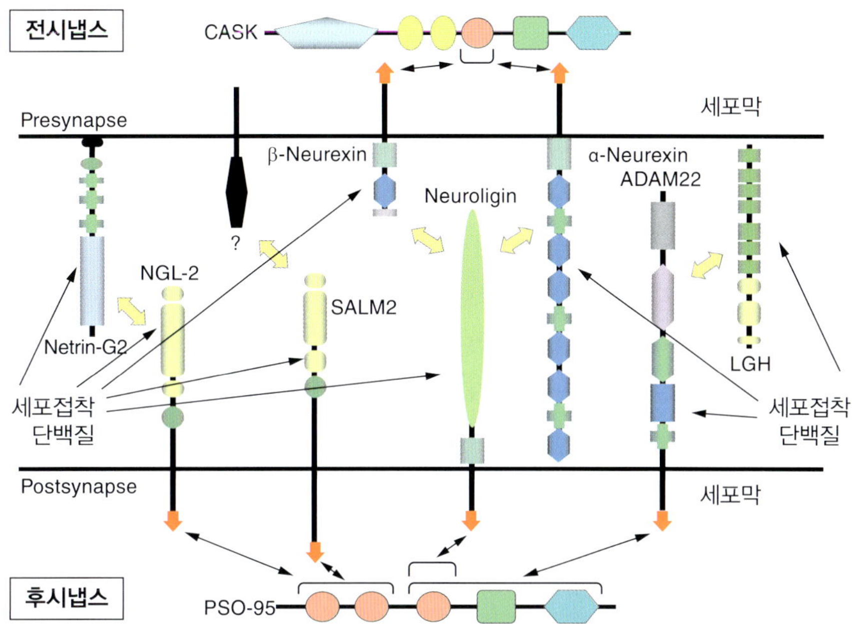

그림 13-3. 시냅스 세포접착단백질 모식도.

정보처리 시냅스 신경회로망이 기억 저장소

뇌의 놀라운 능력 중에 하나가 기억이다. 만약 우리가 기억을 못한다면 무슨 일이 일어날까? 그렇게 된다면 우리는 집을 찾아 갈수도 없을 것이며, 가족은 물론 자기 자신이 누구인지도 모를 것이다.

기억의 종류에 따라 이를 처리하는 뇌의 영역이 다르다. 내측두엽 속에 들어있는 해마는 뇌에 들어온 정보를 몇 주간 장기 기억으로 저장한다. 예를 들어, 안구를 통해 들어온 시각정보는 후두엽의 시각중추에서 처리된 후 해마에 가서 일시적으로 저장된다. 그 다음은 시각 피질로 전송되어 장기기억으로 저장된다.

해마가 처리하는 기억은 공간기억을 비롯한 서술 기억(외현정보, 말로 표현할 수 있는 정보)이며, 비서술 기억(말로 표현할 수 없는 정보)은 선조체(corpus striatum, 대뇌 내부에 있는 핵의 하나. 신경세포가 모인 것으로, 대뇌백질의 심부에 있으며 미상핵과 렌즈핵으로 이루어져 있다), 소뇌 등이 담당하는 것으로 알려지고 있다.

기억정보는 어떤 방식으로 뇌에 자취를 남길까? 학습을 하면 신경회로망을 구성하는 시냅스에 일정한 물리적, 구조적 변화가 일어난다, 따라서 기억정보가 저장되는 특별한 곳이 있는 게 아니라 정보가 처리되는 바로 그 신경회로망이 기억이 되는 장소가 된다. 기억정보 처리만이 아니라 우울증과 약물중독 같은 뇌질환도 시냅스 변화와 관련이 있다는 보고가 있다.

시냅스는 신호를 발생시키는 시냅스 전뉴런과 신호를 받아들이는 시냅스 후뉴런, 그리고 두 뉴런 사이의 좁은 간격, 50nm 정도 벌어져 있는 시냅스 틈으로 구성된다. 시냅스 전뉴런에서 전기가 발생하면 시냅스 말단에서 시냅스 틈으로 신경 전달 물질이 분비되고, 이는 시냅스 후 뉴런의 수용체를 자극해 전기를 발생시킨다. 결국 시냅스 전 뉴런에서 시냅스 후 뉴런으로 전기 신호가 전달되는 것이다. 뇌가 작동하는 이유는 시냅스로 이루어진 신경망을 통해 신호가 전달되어 정보처리가 이루어지기 때문이다. 시냅스는 수많은 정보를 끊임없이 주고받는 뇌 속의 초고속 반도체라고 할 수 있다. 단지 어떤 신경망의 어떤 시냅스들이 작용해 결과적으로 어떤 신경세포를 자극하느냐가 다를 뿐이다.

학습에 의해 시냅스에 일정한 변화가 생기는 것을 '시냅스 가소성' 이라고 한다. 그 중 시냅스 촉진과 시냅스 강화는 가장 많이 연구된 시냅스 가소성 모델이다. 시냅스 촉진은 바다 달팽이라고 하는 군소를 이용한 연구로 밝혀졌다.

군소를 이용한 신경정보처리 연구

연체동물인 군소는 양성의 생식기관을 모두 갖춘 자웅동체동물(hermaphrodite)이다. 세계 어디에도 따뜻한 해안가에 서식하며 그 종류는 30여 종이 발견되고 있다. 보통 몸의 길이는 25cm 이하, 몸무게는 수백 그램 이하지만 큰 것은 길이가 1m 정도이고, 무게는 10kg 이상인 것도 있다. 몸은 달팽이와 비슷한 형태로 부드럽고 갈색의 얼룩 무늬상을 띠고 있다.

군소의 중추신경계는 사다리 형태로 흩어져 있는 수십 개의 신경절(ganglion, 말초신경계의 구성요소로 신경세포의 집합체)로 되어 있다. 각 신경절에는 수천 개의 신경세포가 있으며, 한 개체당 신경세포의 전체수는 수만 개로 되어있다.

[군소]

뇌신경계에서 정보처리 메커니즘에 관한 연구는 가장 진화된 정보처리 기능을 갖추고 있는 사림의 뇌에서 이해하려는 것이 궁극적인 목적이지만, 100억 개의 신경세포로 이루어진 사람 뇌에서 정보처리에 대한 전반적인 것을 밝히는 것은 현재의 신경과학 수준에서는 대단히 어렵다.

그러나 단순한 정보처리 기능을 하는 하등동물에서 신경계의 기본작동 메커니즘은 고등동물과 공통적이기 때문에 지금까지 여러 하등동물의 신경계를 이용한 연구가 수행되었다.

군소가 신경과학에서 주목을 받는 가장 큰 이유는 학습이나 기억의 능력을 나타내기 때문이다. 학습과 기억 기능에 군소를 신경정보 처리의 재료로서 이용하는 데 여러 가지 이점이 있다.

첫째, 중추신경계가 단순하여 신경회로망을 구성하는 세포수가 적어 기능을 해석하기가 쉽다.

둘째, 개개의 신경세포(뉴런)가 크기 때문에 수많은 뉴런이 동정되어 기본적인 기능과 성질이 밝혀졌다.

셋째, 세포가 크기 때문에 여러 가지 생리학•분자생물학적 방법의 적용이 쉽다. 이로 인해 학습·기억의 분자메카니즘 연구에 많이 활용되었다.

그림 13-4에서 나타난 바와 같이, 군소의 몸 중앙부에 양측 발(foot) 사이에 아가미가 있

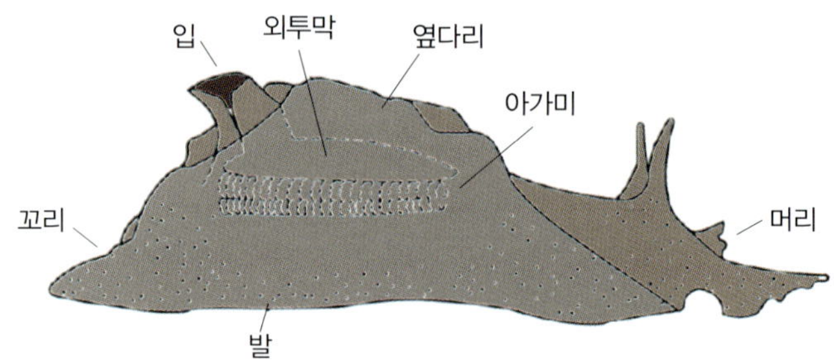

그림 13-4. 군소.

다. 아가미에 자극을 가하면 아가미가 수축하여 외투막 밑으로 들어가는 방어반사행동을 한다. 이것이 아가미의 움츠림 반사행동이며 몸 중앙부에 있는 복부신경절에서 제어된다. 이 아가미의 움츠림 반사행동에는 습관이나 감작(sensitization, 외부로부터의 특정 자극에 대한 감각경험 후 그 자극에 대한 반응경향성이 높아지는 현상)이 학습·기억 능력과 관련이 있다.

군소의 신경계를 이용한 학습과 기억 연구는 컬럼비아 대학의 켄달(Kandel) 교수를 주축으로 꾸준히 진행되었으며, 그는 이 업적으로 2000년 노벨 의학상을 수상하였다.

군소의 피부에 있는 호흡관을 자극하면 아가미가 수축한다. 이 반응은 피부에 연결된 감각 뉴런의 정보가 아가미 수축을 담당하는 운동 뉴런으로 전달되어 일어나는 것이다. 그런데 군소의 꼬리나 머리 피부에 이 보다 센 자극을 가하면 아가미가 더 많이 수축한다. 센 자극을 주면 감각 뉴런에 영향을 주는 새로운 촉진 뉴런이 활성화되기 때문이다. 촉진 뉴런은 세로토닌(serotonin)이라는 물질을 분비해 기존 신경망의 시냅스를 자극한다. 그 결과 감각 뉴런에서 신경 전달 물질이 더 많이 분비되어 운동 뉴런으로 신경 전달 물질이 효과적으로 일어나 최종적으로 아가미 근육이 더 활발히 수축하는 것이다. 하지만 이렇게 일어난 수축반응은 길어야 수 시간을 지탱하지 못한다. 즉, 촉진뉴런에 의한 현상은 단기기억만 설명할 수 있는 것이다.

학습내용을 기억하는 기간이 긴지 짧은지는 학습 강도에 달려 있다. 군소에 동일한 자극을 반복적, 습관적으로 가하면 이 자극은 장기기억화된다. 군소의 피부에 자극을 5회 이상 반복하면 이 정보는 일시적으로 촉진 뉴런을 활성화시키는 단계를 넘어 감각 뉴런의 핵 속으로 까지 전달된다. 이렇게 전달된 신호는 뉴런의 핵 속에 있는 다양한 기억 관련 유전자를 발현시킨다. 그러면 장기기억에 관여하는 단백질과 신경 전달 물질이 만들어지고 이들이 감각 뉴런의 시냅스를 강화시켜 자극 정보를 오래 기억하게 한다.

시냅스 촉진이나 강화현상이 일어나면 기존에 있던 시냅스에서 신경 전달 물질이더 많이 분비되거나 신경 전달 물질과 결합하는 수용체 수가 많아진다. 그러면 정보를 더 오래 기억할 수 있게 된다. 또한 오랫동안 반복적인 학습을 하면 시냅스 수가 많아지는 것으로 알려져 있다. 시냅스가 많아지면 전체 뉴런의 부피가 증가한다. 따라서 일부분이 확장되는 것과 같이 뇌 구조가 변하게 된다.

실제로 원숭이에게 특정한 학습을 반복적으로 시켰더니 뇌의 일부가 미세한 정도로 확장됐다. 인간의 뇌에서도 이와 비슷한 연구결과가 발표된 바 있다. 새로운 사실을 배울 때 마다 뇌의 미세한 구조가 조금씩 변하고 이런 과정이 오랜 시간에 걸쳐 축적되면서 자아개발이 이루어진다. 즉, 인간은 일생동안 신장이나 체중 같은 외형적 변화뿐 아니라 경험과 학습을 통한 뇌의 변화도 겪는 것이다.

뇌 관리에 의한 치매 예방

우리나라는 현재(2018)에 65세 이상 차지하는 노인인구의 비율이 전체 인구의 15%를 넘어 고령화 사회로 진입하였으며, 2026년에는 전체 인구 중 65세 이상의 노인 인구가 차지하는 비율이 20%에 도달하는 초고령화 사회에 도달할 것으로 예상되고 있는 시점에서, 치매가 노인 질환 중 가장 문제가 되는 질환이라 할 수 있다.

보건복지부가 발표한 "2012년 전국 치매 역학 조사"에 의하면 우리나라 치매 환자는 갈수록 늘고 있는 추세이다. 2010년에 47만 명이었던 치매 환자는 2012년에 54만 명으로 2년 만에 7만 명 정도 증가했으며, 이러한 증가 추세를 통해 2030년에는 127만 명, 2050년에는 271만 명의 치매 환자가 발생할 것으로 추정했다.

치매는 단순히 환자 본인만의 문제가 아니다. 시간이 지날수록 어린아이와 같이 변해가는 치매 환자를 돌보기 위해 가족 구성원들 역시 정상적인 사회적, 경제적 활동을 포기해야 한다.

그러므로 노인이 되기 전부터 치매 예방을 위해 규칙적인 운동은 물론 뇌 관리를 철저하게 해야 할 것이다. 뇌 관리를 위해서는 언어를 많이 사용하고, 글을 많이 쓰고, 활발하게 토의하고, 남 앞에서 발표할 기회를 많이 갖게 되면 뇌에서 판단 기능을 맡고 있는 전두엽이 활성화될 수 있다고 한다. 또한 외국어 공부도 치매를 예방하는 데 좋은 방법이 될 수 있을 것이다.

제2부

해양 생물의 미래 자원

| 주요 내용 |

14 미세조류는 미래의 생물자원

바다의 생산자 미세조류(microalgae), 미래의 생물자원이다

흔히 "푸른 바다"라는 말을 자주 사용하고 있지만, 원래 바다의 푸른색은 물의 깊이와 여러 가지 물리적 요인에 의해 나타난다. 아름다운 바다는 짙은 남빛을 띠지만, 모든 바다가 남빛을 하고 있지는 않다. 녹색에서 갈색에 이르기까지 다양한 색의 바다를 볼 수 있는데, 그것은 바다 속에 존재하는 미세조류나 식물 플랑크톤 때문이다.

보통 뿌리, 줄기, 잎이 체계적으로 분화되지 않은 하등식믈 중에서 엽록소로 광합성을 하는 식물을 조류라고 하며, 조류는 다시 단단한 구조물에 부착하여 서식하는 미역, 다시마와 같은 해조류와 육안이 아닌 현미경을 통해서만 볼 수 있으며 물속에서 자유로이 부유하며 살아가는 식물성 플랑크톤 혹은 미세조류로 나뉜다.

미세조류는 크기가 50마이크로미터 이하의 단세포 조류로서 2마이크로미터 이하의 작은 것을 피코 플랑크톤이라 한다. 여기에는 간혹 군체성(군체를 형성하는 현상)으로 세포가 모인 형태도 존재한다. 또한 간혹 해파리도 플랑크톤의 정의에 포함되기도 하지만 보통의 동물 플랑크톤은 100마이크로미터에서 1mm 사이의 크기에 속하는 것을 말한다. 따라서 작은 미세조류는 큰 동물 플랑크톤의 먹이가 되며 작은 물고기는 큰 물고기의 먹이가 되기도 한다.

이처럼 자연계에서는 먹고 먹히는 먹이사슬의 관계가 형성되어 있다. 물론 먹이사슬 관계는 매우 복잡하다. 바다에는 미세조류, 동물 플랑크톤, 물고기 이외에도 수많은 종류의 생물이 존재하며, 큰 물고기가 미세조류를 직접 먹는 경우도 있어 먹이사슬의 관계는 단순하지 않다. 그렇지만 먹이사슬의 관계가 존재함으로써 자연계에서는 생명 유지에 중요한 탄소가 순환되고 있는 것이다.

먹이사슬의 출발점은 미세조류라고 볼 수 있다. 미세조류는 식물이기 때문에 광합성을 하여 스스로 살아갈 수 있다. 즉, 광에너지와 이산화탄소(CO_2)로부터 자기 자신에 필요한 유기물을 만들어 낼 수 있다. 크기는 작지만 상당히 독립된 생활방식으로 살아가는 생물이다.

예전부터 전체 바다에서 미세조류가 만들어 낼 수 있는 유기물의 양을 연구하는 생태학적 연구가 시행되었는데, 1975년에 보고된 바에 따르면 지구상의 순 1차 유기물 생산량은 연간 건조량으로 계산하였을 때 육지는 115×10^9톤이며, 해양은 55×10^9톤으로 약 1/3이 바다에서 생산되고 있음이 밝혀졌다. 여기에서 순 1차 생산량이라는 것은 외관상 생산량에서 호흡으로 소비된 양을 뺀 값이다.

물론 바다의 생산량에 대하여 보고된 수치는 연구자에 따라 상당한 차이가 있다. 이러한 연구들이 오래전부터 행하여졌음에도 불구하고 아직까지 해양 전체의 1차 생산량의 실제 값을 정확하게 측정하기 힘들다. 그중 가장 큰 이유는 바다의 생산자인 미세조류가 모든 해수에 균일하게 함유되어 있지 않기 때문이다.

해양 총생산량의 25%는 해양 총면적의 10% 이하의 부분에서 나오며, 또한 생산량의 50%는 총면적의 30% 부분에서 만들어진다. 결국 생산성이 높은 바다와 그렇지 않은 바다가 존재한다는 것이다. 그렇다면 가능한 많은 지점에서 측정을 하는 것이 필요하겠으나, 배를 계속 외양으로 보내 생산량을 조사하는 데는 한계가 있다. 이 문제를 해결하기 위해 인공위성을 띄워 수시로 관찰하는 기술이 개발되었다. 실제로 1970년

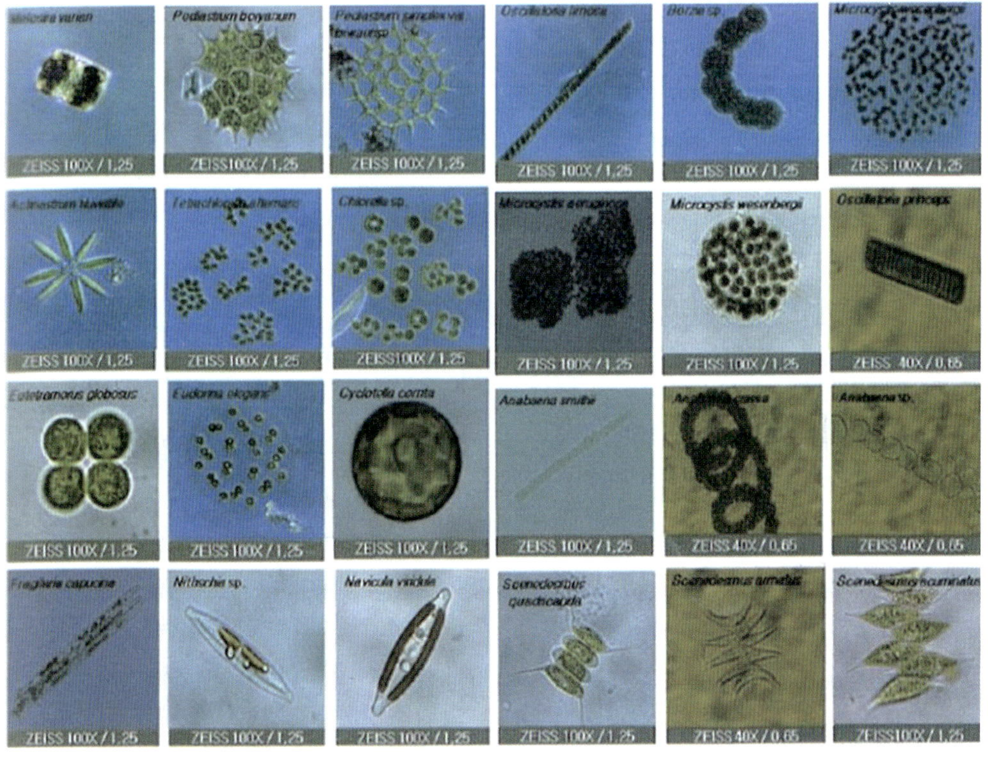

[미세 조류]

대 미국에서 인공위성을 발사하여 바다 표면에 있는 엽록소 양을 측정하였다. 엽록소는 광합성에 필요한 광에너지를 흡수하는 녹색의 색소이며 바다에 존재하는 미세조류의 농도를 반영한 것이다. 충분한 조도(luminous intensity, 빛의 밝기를 나타내는 정도) 하에서 미세조류의 생산속도와 엽록소 양 사이에는 상관관계가 있음을 볼 수 있고, 또한 조도와 광합성 속도 사이에도 상관관계가 있음을 볼 수 있다. 따라서 엽록소 양과 조도를 측정함으로써 광합성 양을 계산해 낼 수 있다. 유감스럽게도 당시에는 엽록소 양을 연속적으로 측정하는 기술이 확립되어 있지 않아 정확한 양을 계산하기 어려웠지만, 이 방식으로 해양표층의 엽록소 양을 측정하는 것이 상당히 유의성이 있는 것으로 확인되었기 때문에 1995년 이후 미국을 비롯해 일본, 유럽에서 인공위성 발사를 통해 바다표층의 엽록소 양을 시간적, 공간적 그리고 연속적으로 측정할 수 있게 되었다.

미세조류의 세계

바다는 해양의 생산자로서 중요한 역할을 하는 개성 있는 미세조류를 길러 왔다. 미세조류는 광합성에 의해 이산화탄소를 고정하여 산소를 발생하고 유기물을 만들어낸다는 점에서 공통점을 갖고 있지만 종류에 따라서 많은 차이를 보인다.

편모(flagella, 원생동물, 균류 유주자, 세균 등에 보이는 운동성을 가진 가늘고 긴 섬유상 물질인 원시적인 이동소기관)를 갖지 않고 부유하여 살아가는 것, 몇 가닥의 편모를 가지고 활발히 유영하는 것, 세포 주위에 생선 비늘 같은 것이 난 것, 석회의 껍질이나 투구 같은 껍질로 피복되어 있는 것, 광합성을 하는 데도 불구하고 털이 돋아나고 빗자루 같은 손으로 박테리아나 유기물을 먹는 조류 등 수를 열거할 수 없을 정도로 세포의 형태와 성질이 매우 다양하다. 또한 남색, 녹색, 황색, 갈색, 적색 등 매우 다양한 세포 외견 색으로 존재한다.

이처럼 해양의 미세조류는 육상식물보다 광합성 색소, 세포 형태, 운동성 등 거의 대부분 모든 면에서 비교되지 않을 정도로 다양하다. 그렇다면 우리는 이렇게 다양하고 방대한 양의 미세조류를 어떻게 활용할 수 있을까?

미세조류의 이용

현재 미세조류의 대부분을 식품, 에너지 생산, 생물 비료, 생리 활성 물질, 사료 제조 및 폐수처리 분야에 응용하기 위한 연구가 이루어지고 있다(그림 14-1).

이는 미세조류가 다른 식물들에 비해 증식속도가 매우 빠르고, 또 1개의 세포 안에 단백질과 탄수화물이 다량 함유되어 있으며, 이외에도 비타민, 무기질, 식이섬유 등의 영양소가 고루 포함되어 있어 영양 균형이 뛰어난 식품으로 100% 이용하는 것이 가능하기 때문이다(표 14-1). 그 중에서도 1960년대부터 일본과 대만에서 이미 건강보조식품으로 사용되기 시작한 클로렐라(Chlorella)는 체내에서 카드뮴 및 다이옥신과 같은 유해물질의 체외 배설과 장내 유산균의 생장을 촉진시키고, 동맥경화를 예방하는 효과가 뛰어

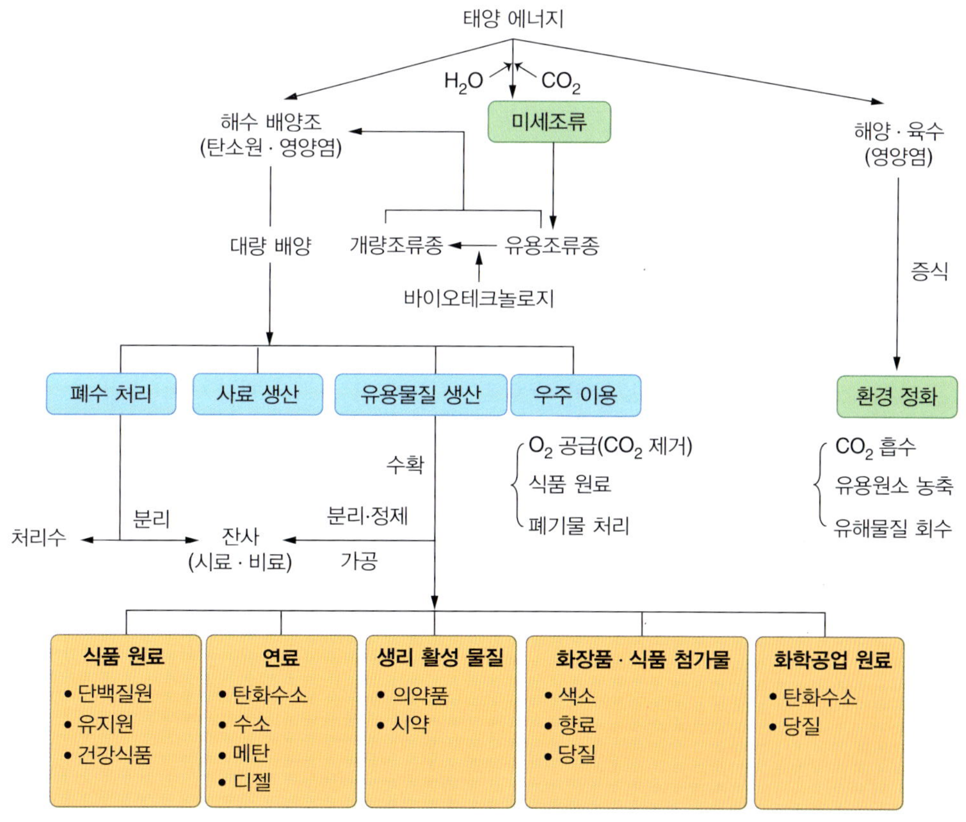

그림 14-1. 미세조류의 대규모 배양 및 이용 방안.

표 14-1. 미세조류와 일반식품의 성분 비교. (%, 건조중량)

식물과 미세조류	단백질	탄수화물	지방	회분
쌀	8	77	2	1
계란	47	4	41	1
우유	26	38	28	0.7
클로렐라	48.4	19.8	11.8	15.6
두날리엘라	57.0	31.6	6.4	7.6
스피룰리나	58.5	13,5	6.5	9.0

나다. 또한 흰쥐를 이용하여 복강내 대식세포(macrophage, 생체 내에서 이물질이나 세균을 탐식하는 세포)의 탐식기능을 시험해 본 결과, 클로렐라 투여군에서 대식세포의 미생물 탐식기능이 약 220%나 증가되었다는 보고도 있다.

최근에 각광을 받기 시작한 스피룰리나(Spirulina)는 오래 전부터 아프리카 원주민들이 식량으로 섭취해 왔으며, 멕시코 원주민들도 식품으로 배양하였다는 기록이 있다. 스피룰리나는 클로렐라에 비해 크기가 약 100배 정도 크고 배양이 용이하며 생산원가도 저렴할 뿐만 아니라 소화율도 약 80%로 높다. 멕시코에서는 1973년부터 식품으로서의 이용을 허용하였다.

이외에 두날리엘라(Dunaliella)는 세포벽이 없는 녹조류로 베타-카로틴(β-carotene)이 전체 중량의 10~15%를 차지하고 있어 앞으로 새로운 기능성 소재로서의 개발이 기대되며, 포피리디움(Porphyridium)으로부터 세포외 다당류의 생산이 이루어지고 있다. 또한 고도 불포화지방산인 EPA, DHA, 감마 리놀레산(γ-linoleic acid) 등을 다량 포함한 해양 미세조류에 대한 개발도 진행 중에 있다.

미래의 에너지 자원

1973년과 1979년 2차례의 석유 파동을 겪으면서 석유, 석탄, 천연가스 등의 화석 에너지를 대체할 대체 에너지를 찾으려는 노력이 미국의 태양 에너지 연구기관인 태양 에너지 연구소(Solar Energy Research Institute)를 중심으로 1977년부터 활발히 시작되었다. 이에 원자력에너지, 태양 에너지 등이 개발되었으며, 최근에는 해양에서 이러한 대체 에너지를 찾는 데 관심이 집중되고 있다.

지금까지 인류는 매장되어 있는 전체 석유의 절반 가량을 소비하였으며, 현재 전 세계에서 채취가 가능한 것으로 추정되는 석유 1조 배럴은 현소비 추세로 볼 때 2060년 이후에는 모두 고갈될 가능성이 불가피한 실정이다. 물론 원자력 에너지가 개발되어 사용되고 있지만 그것이 가지고 있는 위험성으로 인해 석유 이상의 에너지로 사용되는 것에는 한계가 있다. 게다가 인구 증가에 따른 환경오염 및 화석연료의 사용으로 인한 지구의 온난화 또한 무시할 수 없는 문제이다. 그리하여 해양에 풍부하게 존재하는 생물자원의 이용이 검토되고 있는 것이다.

해양에는 연간 건조중량으로 약 1백억 톤가량의 미세조류가 생산되는데, 이것을 전부 에너지로 전환하면 전 인류가 소비할 수 있는 에너지가 된다. 1972년 미국 캘리포니아 연안에 자생하는 해조류는 성장속도가 매우 빨라 대량 증식이 가능했는데, 이것을 발효시켰을 때 생성되는 거대한 양의 메탄가스를 에너지로 이용하는 방안이 제안되기도 하였으며, 현재 미국 내 대기업이 이것에 대한 실용화를 추진하고 있다.

미세조류는 질소결핍 상태와 같이 생육환경이 달라지면 세포내 지질 함량에 큰 변동이 생기는데, 미국의 태양 에너지 연구소는 미세조류로부터 고도로 농축된 지질을 만들어 이를 에너지원으로 이용하기 위한 활용 방안을 검토하고 있다.

미세조류는 환경오염 문제 해결에도 이용된다. 1951년 미국은 폐수처리를 하기 위해 100m^{2}의 파일럿 플랜트로 미세조류를 배양한 것을 시작으로 환경문제와 관련된 많은 연구를 발표하였다. 우리 주변에 있는 하천들은 생활하수로 인해 오염이 심화된 상태이며, 생활하수에는 사람들의 음식물이나 가축의 배설물로 인한 영양염류가 상당수 녹아 있다. 미세조류 중에는 이러한 생활하수에 다량 함유되어 있는 질소와 인을 체내로 고정시키는 것들이 있어 오염된 하천을 정화시키는 것이 가능하다. 또한 미세조류 중에는 폐수 중의 중금속 처리에 이용되는 것들도 있는데, 이들은 중금속을 체내에 선택적으로 축적하거나 생물전환(biotransformation, 생체 내에서 효소 작용으로 일어나는 일련의 화학적 변화)의 두 가지 과정에 의해 제거할 수 있다.

미세조류의 산업적 응용

오늘날 생명공학기술의 급속한 발전으로 미세조류의 산업적 이용가치가 매우 높아지고 있다. 미세조류는 각자 고유한 유전적 형질을 가지고 있어, 인간에게 유용한 식량 자원뿐만 아니라 다양한 기능성 생리활성 물질(**항산화제, 항암제, 면역 조절제, 항피부노화제 등**), 기능성 식품 및 향장소재, 친환경 소재, 바이오 에너지 원료 등으로 제공되고 있다.

미세조류의 생명공학적 연구는 대체 에너지원, 건강 기능성 식품, 건강 보조식품, 피부 화장료, 피부 외용제, 보습제, 방향성 식물 활성제, 수산 양식용 사료, 의약품 개발을 위한 천연화합물 분석, 그 외 고부가가치를 지니는 특정 색소, 탄수화물, 아미노산, 불포화지방 생성과 오폐수 처리, 비료, 에너지를 생산하기 위한 미세조류의 대량생산을 위한 광 생물반응기(light bioreactor)와 발효조 배양법에 의한 연구개발을 위한 생물 공학적 연구가 광범위하게 진행되고 있다. 특히, 미세조류의 세포밀도가 다른 미생물에 비해 상대적으로 낮아 배양 공정의 경제적 효율성 확보를 위해 환경산업과 연계되어 폐자원(**축산폐수, 산업폐기물 등**)을 이용하여 대량 배양에 소요되는 경비 절감을 유도하여 생산성을 높이는 연구개발도 이루어지고 있다.

이러한 미세조류는 산업화가 용이하고, 기능성 생리활성 물질이 체내에 상대적으로 풍부하게 존재하며, 부가가치가 높은 광합성 미생물이다. 또한 유전자 재조합 기술이 없이도 배양조건에 따라 부가가치 산물을 최적화하여 대량 생산을 유도할 수 있는 특징을 가지고 있다.

특히, 클로렐라를 비롯한 스피룰리나, 두나리엘라, 헤마토코크스와 같은 미세조류를 이용한 건강식품과 미세조류에서 유래되는 항산화제인 루테인(lutein, **황색색소**), 아스타크산틴(astaxanthin, **카로티노이드계 색소**), 칸타크산틴(canthaxanthin, **카로티노이드의 일종**) 등은 이미 선진 외국에서 개발 연구되어 항산화 효과가 기존의 비타민 E나 베타-카로틴(β-carotene)보다 월등하다는 임상보고가 발표되었다.

최근에는 미세조류에 다양한 생리활성 물질들이 존재하고 있다는 연구보고들이 발표되면서 주목을 받기 시작하였으며, 여기에는 항균물질, 효소 저해제, 세포 독성물질, 항염증 물질, 초산화물 불균등화효소(superoxide dismutase, **초과산화물 이온 라디칼 O_2^-을 안정한 O_2로 촉매하는 효소** : $2O_2^{-\cdot} + 2H^+ \rightarrow O_2 + H_2O_2$) 활성화 물질, 항암, 항 HIV 활성 등 다양한 생리활성 물질들이 알려져 있다.

그중 미세조류 (*Navicula incerta*)의 효소가수분해물로부터 분리된 펩타이드는 간섬유화 작용을 억제시키는 효과도 있는 것으로 확인되었으며, 실제로 간 독성물질인 사염화탄

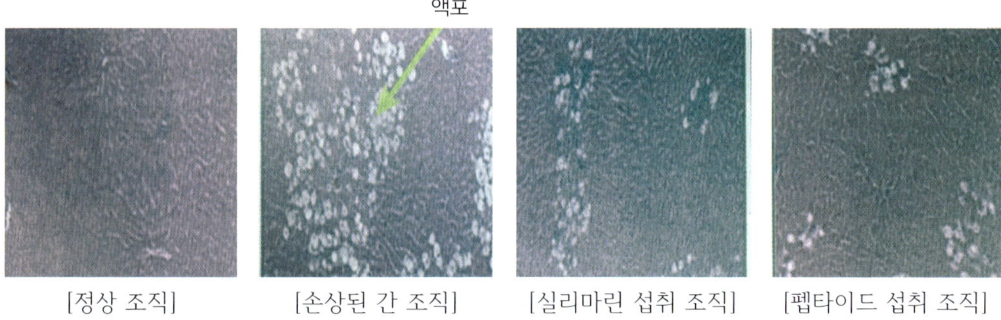

그림 14-2. 사염화탄소에 의해 간 손상을 유발시킨 쥐의 간에서 미세조류 유래 펩타이드의 간 섬유질 조직 완화 효과.

소로 간 손상을 유발시킨 동물 모델에 미세조류에서 얻은 펩타이드가 함유된 시료를 섭취시킨 후 간세포 조직을 확인해 본 결과 간세포 내에 간 독성물질로 인하여 형성된 다량의 액포(vacuole, 세포의 원형질 내에 형성된 작은 소포) 등이 현저하게 감소하여 간질환 치료제로 사용되는 실리마린(silymarin)과도 비교될 만큼의 효과를 보였다

날로 심각한 지구환경오염 문제와 생물자원의 확보가 절실히 요구되는 현실에 비추어 볼 때, 해양에 널리 존재하는 미세조류를 대량으로 배양하는 것은 수질오염과 지구온난화 문제를 일부 해결할 수 있으며, 또한 배양된 미세조류로부터 에너지 및 식량자원으로서 활용도 기대할 수 있는 일석이조의 효과를 거둘 수가 있다. 특히, 최근 많은 의약품들이 해양자원으로부터 얻어지고 있는 시점에서 해양 미세조류의 이용은 새로운 생리활성 물질의 탐색 및 이를 활용한 유용 의약품의 생산 등과도 직결되어 미래 자원으로서 우리 인간에 지속적으로 기여할 것으로 판단된다. 하지만 현재 해양 환경오염으로 인하여 광합성의 효율이 떨어져 미세조류의 자생적 증식에 어려움을 겪고 있어, 앞으로 미세조류의 활용적인 측면을 고려해 볼 때 반드시 해양 환경오염의 문제가 우선적으로 해결되어야 할 것으로 보이며, 이를 위해 우리가 바다를 향한 끊임없는 관심과 노력을 기울이지 않으면 안 될 것이다.

15 미래가 보이는 해양생명공학

1999년 3월 타임지는 "21세기에는 정보통신과 융합된 생명공학이 인류의 생존을 결정지을 것"이라고 예견했다. 미국의 실리콘밸리 인근에 자리 잡은 바이오테크 베이, 바이오비치 등에 위치한 1,000여 생명공학 벤처기업이 이러한 꿈을 키우고 있다.

미국은 21세기 주요과학 기술로 정보통신기술, 생명공학, 마이크로테크놀로지 등 3개 분야를 선정하여 집중 투자하고 있다. 그 중에서도 생명공학, 특히 해양 바이오테크놀로지를 활용한 해양 천연물 유래의 미래형 의약품 개발에 미국 암 연구소(NCI)와 스크립스(Scripps) 해양연구소를 비롯한 세계 유수의 연구소들이 활발한 연구를 진행하고 있다. 이 중 암연구소는 세계 여러 연구기관에 위탁하여 많은 해양생물을 채취하고 탐색한 후 여기서 활성물질을 분리하여 그 구조를 결정하고, 결정된 구조와 활성과의 상관관계를 검토하고 있을 뿐만 아니라 활성평가, 전임상시험, 임상시험 등 항암제 개발을 향한 일련의 연구를 자체적으로 동시에 외부의 연구기관과도 공동으로 추진하고 있으며, 여기에 막대한 연구비를 투자하고 있다.

일본에서는 1988년에 정부와 산·학·연의 협력체제하에 해양 바이오테크놀로지 연구회를 설립하였으며, 1989년에는 제1회 해양 바이오테크놀로지 국제회의(IMBC)를 동경에서 개최한 바 있다. 또 1992년에는 일본 국내에서 제1회 해양 바이오테크놀로지 연구발표회를 시작으로 학술발표회지(Marine Biotechnology)도 발행하여 이 방면에서의 연구논문을 발표할 수 있는 계기를 마련하였을 뿐만 아니라 현재 해양생명과학 분야에서는 세계를 이끌어가고 있다.

일본이 해양 바이오테크놀로지 분야에 불을 지피고 있는 원인 중 하나는 일본의 지리적 특수성에 있다. 일본은 섬나라로 육지 면적은 세계의 0.25%에 불과하며, 그것도 대부분이 경작할 수 없는 산악지대이다. 그러나 일본은 긴 해안선을 갖고 있고 200해리 경제해역을 채용함으로써 그 범위는 거의 미국의 절반 정도에 해당된다. 따라서 일본은 여느 선진국보다도 해양을 최대한으로 이용하려고 노력을 기울이고 있다.

이에 비해 우리나라의 상황은 어떠한가? 우리나라는 일본보다 더 산악지대가 많고 부존자원이 없는 나라이지만, 삼면이 바다로 둘러싸여 있어 풍부한 해양생물자원을 가지고 있다. 또한 유일하게 해양수산부라는 큰 정부기관이 있다. 그러나 이에 걸맞지 않게 해양생명과학 분야에 대한 인식이 부족하고, 관련연구를 할 수 있는 인력자원이 제대로 확보되어 있지 않으며, 과감한 투자가 이루어지지 않고 있어 가장 낙후되어 있는 분야라고 볼 수 있다.

세계 각국들이 해양 바이오테크놀러지에 왜 그렇게 각별한 관심을 기울이는지 살펴보고 우리나라가 나아가야 할 방향을 생각해보자.

해양생물의 무한한 가능성

무한한 가능성을 가진 해양을 조사할 때에는 우리가 일반적으로 생각하듯이 바다와 해양생물을 조사하는 것에 한정지어서는 안 되며, 가능하면 쉽게 부가가치가 높은 쪽으로 해양생물을 활용하려는 연구가 무엇보다도 중요하다. 또한 자연과학으로서 해양생물학은 우리들의 생활에 응용할 수 있는 실마리를 많이 제공해준다. 먼저 해양생물들이 가지고 있는 기본적인 메커니즘과 생리적인 특징을 파악 및 적용하여 많은 정보를 얻은 다음, 이를 종합적으로 파악하여 해양 바이오테크놀로지라는 영역에 도달시켜야 할 것이다. 다시 말해 해양 바이오테크놀로지는 단순히 해양생물을 음식으로 섭취하는 것을 넘어 보다 가치 있게 이용하려는 연구 분야라 할 수 있다. 예를 들어, 생선을 한 가지 방법으로만 잡을 수 있는 특정한 장소에서 사육하는 경우, 생선을 보다 빨리 성장시키며 생선의 크기를 확대하는 방법을 연구하는 것, 생선의 습성을 이용하여 보다 쉽게 잡을 수 있는 포획 장치의 개발, 그리고 이들 연구 결과가 바다의 환경을 파괴하지 않도록 하는 연구 등등이 여기에 해당된다. 즉, 이러한 발상으로 생겨난 수많은 기술개발들을 해양 바이오테크놀로지 영역으로 보는 것이 더 타당할 것이다.

해양 바이오테크놀로지를 대상으로 한 연구는 육상생물을 대상으로 한 연구에 비해 전반적으로 그 역사가 짧기 때문에 우리들이 생각할 수 없는 것들이 발견될 가능성이 무궁무진하다고 예상된다. 우리는 혼돈의 바다 속에서 미지의 가능성을 찾아내기 위해서 무작정 삽으로 파헤치기보다는 지금까지 얻어진 정보를 최대한 자유롭게 활용하여 현명하게 찾아내야 할 것이다.

흥미로운 생물을 찾아내어 그 생물의 생리적 특성을 파악하고 그 생물에 함유되어 있는 생리활성 물질을 탐색하고 유전자를 조사해 내는 일은 대단히 많은 시간이 소요되며 지루한 작업일지도 모른다. 단편적으로 기존의 실험방법을 통한 맹목적인 조사방법은 실질적인 응용에 이르기까지에는 많은 시간이 소요되므로 중도에 포기하게 되는 경우가 허다하다. 그러므로 탐구한 생물이 갖는 가능성에 대해서는 재빨리 착안한 후 현명한 방법을 찾아내려는 적극적인 연구자세가 중요하다.

또 해양 바이오테크놀로지를 능률적으로 수행하기 위해서는 그것과 관련된 특유한 기술뿐만 아니라 타 분야의 기술도 도입해야 한다. 해양 바이오테크놀로지란 본질적으로 해양생물을 대상으로 하는 기술이지만 생물학뿐만 아니라 화학, 물리학, 또한 공학적 수법도 필요하다. 해양 바이오테크놀로지에는 현실적으로 생물학이 기초가 되기 때문에 생물학적 측면에서 파고 들어가는 예를 많이 볼 수 있지만, 그러한 이면에는 지원기술로서 공학적 견지에서의 기술개발이 필수적이다.

예를 들어, 해양의 생산량을 조사하기 위해 인공위성을 쏘아 올린다고 가정할 때 생물학자들의 능력으로 불가능하므로 공학기술자의 협력이 필요하다. 또한 우리가 「7대양」이라고 부르듯이 바다는 지구 전체에 펼쳐져 있으므로 해양 바이오테크놀로지는 결코 단일한 기술이나 학문 형태가 아니라, 여러 분야의 연구개발을 초석으로 한 포괄적인 새로운 연구 분야라 할 수 있다.

생물 부착 방지에 이용

바다에는 주로 부유생활을 하는 생물이 많지만 수중에서 어떤 물질에 부착하여 살아가는 생물도 있다. 해안에 가보면 큰 바위에 패류, 따개비류, 해조류 등 많은 생물이 붙어 살아가는 풍경을 쉽게 볼 수 있다. 양식되고 있는 굴이나 진주조개(홍합)도 부착생활을 하는 생물로서 우리가 인공적으로 부착하기 쉬운 환경을 만들어 번식시키기도 한다.

이들 부착생물이 해안의 바위나 콘크리트 호안용 블록(tertrapod)에 부착한 경우는 문제가 되지 않는다. 그러나 배 밑이나 어망에 부착한다면 여러 가지 피해를 유발하게 된다.

예를 들어, 배 밑에 작은 패류가 한두 개 붙어 있다면 대부분 대수롭지 않게 여길 것이다. 그러나 천개 또는 만개 이상이 붙어 성장하게 되면 배 밑은 완전히 패류로 둘러싸여 물의 저항을 크게 받아 속도의 감속으로 인한 연료비의 상승을 초래할 것이다. 또한 배에 칠한 도료가 벗겨지는 문제도 발생하게 된다. 정치망이나 양식어류를 가두어 두기 위해 설치한 어망에 부착생물이 붙게 되면 물의 흐름을 막고, 부착생물 자체가 배출하는 노폐물이나 이산화탄소 등에 의해 수질이 크게 악화될 것이다. 부착생물이 부착하는 데는 곤란한 장소와 그렇지 않은 장소가 있다. 바다에서 활동하는 사람들이 곤란해 하는 장소에 부착된 부착생물이 있다면 이를 제거할 대책을 강구해야 될 것이다. 예를 들어, 배 밑에 생물이 부착하지 못하도록 하는 데는 어떤 방법이 있을까? 아예 배 밑을 생물이 부착할 수 없도록 만들면 되지 않을까? 아니면 배 밑에다 부착생물이 싫어하는 것을 발라 놓으면 되지 않을까? 등등의 생각으로 지금까지는 배 밑에 유기주석화합물(organotin compound, 주석을 포함하는 유기금속화합물)이 혼합되어 있는 도료를 발라 생물이 부착하는 것을 방지할 수 있었다.

부착생물은 한 종류가 아니라 해조류와 패류, 따개비류 등 상당히 다채로운 종류가 있다. 이들 여러 종류의 생물의 부착을 막기 위한 유기주석화합물이 처음 실용화되었을 때에는 비용을 줄이고 약물의 효과를 높이기 위해 많은 약품을 이용하여 부착생물을 제거할 수 있었지만, 여기에는 우리가 몰랐던 큰 함정이 있었다. 배의 밑 부분에 유기주석화합물은 도포하면 부착생물은 확실히 제거할 수 있었지만 도포된 유기주석화합물이 해수에 용해되어 심각한 해양오염을 일으켰던 것이다. 생체 내에서 잔류성이 높은 주석과 어류나 해조류의 체내에서도 고농도의 주석이 검출되었던 것이다. 이것은 결국 인간에게도 영향을 미쳤다. 유기주석화합물은 인간을 포함한 모든 생물에 대해 독성을 갖고 있다. 이 같은 독성화합물을 사용하여 우리들의 중요한 자원인 바다를 오염시켜서야 되겠는가? 유기주석화합물에 대한 문제가 제기되자 이 물질을 대신할 새로운 부착기피 물질을 찾아내는 것이 급선무였다. 인류는 값이 싸고 효력이 우수하면서도 생물에 악영향을 미치지 않는 새로운 물질을 찾아내어야 했던 것이다.

부착기피 물질 탐색연구가 다방면으로 검토되고 있지만 그 중의 하나는 생물 유래의 천연물로부터 부착기피 물질을 탐색하는 것이다. 해양생물은 체내에서 매우 다양한 물질을 합성하기 때문에 이들이 만들어내는 천연물에서 부착기피 물질을 찾아내려는 연구가 활발히 이루어졌다. 이러한 연구에서 실제 부착생물을 이용하여 그 유효성을 확인하는 데 가장 널리 사용된 부착생물은 홍합(진주담치)이다.

홍합은 우리나라 연안에서 자주 볼 수 있는 대표적인 부착생물로, 이들을 이용하여 부착기피 물질을 조사하기 위해서는 먼저 물에 강한 두께 1mm 정도의 종이 위에 직경 4cm의 원을 그리고, 그 주위에 크기 20~25mm의 홍합을 고정시키는데 고정법은 다음과 같다. 패각에 5mm 정도의 고무조각을 접착제로 붙인 다음 그 고무조각을 종이에 접착시킨다. 이리하면 홍합은 이동할 수 없지만 신체 내부에는 어떠한 영향도 받지 않게 된다. 이어서 조사하고 싶은 부착기피 물질을 물이나 에탄올에 용해시켜 4cm 원 안에 도포한 후 건조시킨다. 그리고 종이를 해수에 담가 어두운 곳에 두면 홍합은 각속에서 족(foot)을 연장시켜 원 가운데를 더듬어 부착할 위치를 찾다가 부착 장소로 적합하면 족사(byssus, 홍합에서 분비하여 다른 물체에 부착할 때 쓰는 가는 실처럼 생긴 구조)라는 단백질로 된 가는 실을 몇 가닥 내어 자기몸인 패각을 고정시킨다. 그러나 이때 홍합이 원 가운데 도포된 물질을싫어하면 족사를 내지 않는다. 홍합의 족사를 신장하지 못하게 하는 물질이 바로 부착기피 물질이다. 이러한 방법을 이용하여 부착기피 물질을 탐색한 결과 상당히 다양한 구조의 화합물들이 부착기피 물질로 밝혀졌다.

부착 생물 중에서도 더욱 큰 피해를 주는 따개비류에 대해 효과적인 부착기피 물질을 찾아내기 위해서 따개비도 피검 물질로 사용되었다. 홍합은 바다에서 채집하여 실험에 사용하고 있지만 따개비는 홍합과는 달리 유생(larva, 동물의 개체 발생에 있어서 배와 성체와의 중간시기)의 단계에서 부착하여 일생을 같은 장소에서 지내기 때문에 따개비의 유생을 실험에 사용해야 한다. 따개비류는 패류와 같은 형을 하고 있지만 새우나 게의 무리인 갑각류에 속한다. 부화된 후 나우플리우스(Nauplius, 절지동물 갑각강에서 공통적으로 나타나는 유생기 중 처음 단계) 유생, 사이프리스(Cypris) 유생을 거쳐 성체로 된다.

따개비류는 사이프리스 유생시에 부착을 시작한다. 따개비류를 실험실에서 부화시켜 성체로까지 사육하는 일은 매우 까다로워 거의 실패로 끝났지만, 일본 해양 바이오테크놀로지 연구소에서 따개비류의 사육방법을 개발하여 실험에 사용할 수 있는 유생을 공급하는 데 성공하였다. 이들은 해양생물에 함유되어 있는 부착기피 물질이 유생에 미치는 효과를 검토한 결과 절구류(Zoobotryon pellucidium)에 함유되어 있는 2,5,6-트리브로모-1-메틸굴라민(2,5,6,-tribromo-1-methylgulamine)이라는 화합물에 강한 활성이 있는 것으로 밝혀졌다.

절구류는 메밀국수 정도의 굵기의 촉수를 가진 동물이다. 주로 암벽에 부착하여 생활하고 우리나라 바다에도 서식하고 있다. 2,5,6-트리브로모-1-메틸굴라민은 어느 곳이든 생존하고 있는 절구류에 함유되어 있는 것이 밝혀졌다. 또한 유사한 관련 화합물에 대하여 활성을 조사한 결과, 많은 화합물에 활성이 나타나 현재 이 결과를 바탕으로 일본에서는 실용화 단계에 들어갔다.

유출된 석유의 미생물 분해 기술

현재 지구상에서 사용되고 있는 에너지의 대부분은 화석연료로부터 만들어진 에너지이며 거의 대부분이 석유연료이다. 정제되기 전의 석유를 원유라 부르며, 이 원유를 생산하는 산유국은 상당히 한정되어 있다. 또한 산유국으로부터 비산유국으로의 원유 수송은 유조선을 이용하고 있는데, 이 수송 과정에서 때때로 유조선이 좌초되거나 충돌사고가 발생하여 다량의 원유가 유출되는 사태가 발생된다. 또 석유 종합단지(konbinat)나 유전에서도 해상 유출사고가 발생된다.

실제로 우리나라의 경우 환경부에 따르면 최근 6년간 국내에서 모두 2,530건의 해양오염사고가 발생한 것으로 집계되었다. 또 이 기간에 유출된 기름의 양은 38,300ℓ, 피해액은 2,600억 원으로 각각 파악되었다.

지난 2010년에는 모두 329건의 해양오염사고가 일어나 601kℓ의 기름이 유출되었고, 2011년에는 287건(369kℓ), 2012년 253건(419kℓ), 2013년 252건(635kℓ), 2014년 215건(2,001kℓ), 2015년 250건(464kℓ)이 각각 발생하여 2010년 이후 발생건수가 감소하는 추세에 있다. 선박별 유출량을 보면, 전체 유출량의 38.1%(1,710kℓ)를 차지한 화물선에 의한 것이 가장 많으며, 다음은 어선(270kℓ), 유조선(202kℓ), 기타(2307kℓ) 등의 순이다.

[2007년 충남 태안 앞바다 원유 유출 사고]

이들 사고의 대부분이 유류의 물동량이 많은 울산, 여수, 부산, 인천 해역에서 발생하고 이들 해역 주변의 양식장과 연안어장의 생태계 파괴에 따른 피해가 막대하였다. 이렇게 해상에서 유출사고가 발생하였을 때 오일펜스(oil fence) 등으로 기름 확산을 막는 물리적 회수방법이 취해지고 있지만 해상에 유출된 석유 전부를 이러한 방법으로 회수하는 것은 불가능하다. 평균적으로 계산하면 유출된 석유의 3분의 1은 회수가 가능하고, 3분의 1은 휘발하며, 남아 있는 3분의 1은 표착물(drifting ashore materials)로 되어 해양오염의 원흉이 된다. 바다에 남아 있는 석유의 일부는 오일-볼(oil ball)이라는 형태로 물결 사이를 표류하다가 어느 정도로 무게가 무거워지면 가라앉아 해저에 부착한다.

언젠가 기름투성이가 된 바다새의 비참한 영상은 이러한 석유 유출에 의한 자연 파괴 현상을 인식시켜 주는 데 충분했다고 본다.

[1989년 알래스카에서의 석유 유출 사고]

1989년 3월 알래스카의 프린스 윌리엄(Prince William)의 강 입구에서 엑손사(Exxon Co.)의 유조선이 좌초되는 사고가 발생했다. 이때 약 4천만 리터의 기름이 유출되어 8,800km^{2}의 해안을 뒤덮는 바람에 수많은 바다새와 해양생물이 죽음을 당했으며, 해안은 새까맣게 변해버렸다. 이때 따뜻한 해수를 고압으로 세차게 내뿜는 물리적 세척(physical washing) 방법으로 해안에 단단히 달라붙은 기름을 벗겨 낼 수는 있었지만 모든 기름을 제거할 수 없어 검게 오염된 해안으로 남아 있었다. 물리적으로 세정되지 않은 해안의 기름 처리는 바다 속에 있는 석유 성분을 분해할 수 있는 미생물의 힘을 빌려야만 했던 것이다.

흥미롭게도 석유 성분을 분해할 수 있는 미생물을 해양에 상당히 많이 존재하는 것으로 알려져 있다. 그중에는 어떤 특수한 환경 하에서는 석유 분해능을 나타내지 않으나 잠재적으로 분해능을 가진 미생물도 많이 있는 것으로 밝혀져 연구대상이 되었다.

알래스카 해안에도 석유 분해 미생물은 존재했으며, 우리가 인지할 수 없는 미미한 속도로 석유 성분을 분해시키고 있었다. 하지만 이와 같이 자연의 자정정화작용에만 맡긴다면 해안의 기름을 제거하는 데 오랜 세월이 걸릴 것이다. 따라서 사고 발생시에는 미생물의 증식을 촉진하는 비료를 해안에 살포하는 방식이 도입되었다. 이 비료에는 미생물이 필요한 질소와 인과 같은 영양소가 함유되어 있을 뿐만 아니라 바다의 표면에 떠 있는 기름을 해수에 용해시킬 수 있는 작용을 하는 계면활성제도 들어 있었다.

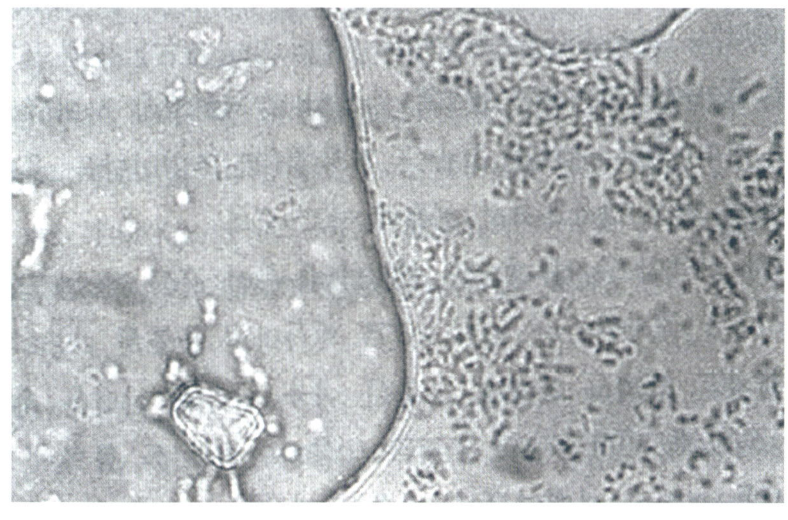

그림 15-1. 기름을 분해하는 미생물의 현미경 사진. 기름 막의 표면에 작은 점(박테리아)들이 깨알 같이 붙어있다.

1990년 미국의 환경보호국(Environmental Protection Agency)과 엑손사가 행한 현장시험에서는 비료를 살포한 해구에서는 살포하지 않은 해구에 비해 3~5배 빠른 속도로 석유 성분이 분해되었다고 보고하였다. 이 수치는 차지하더라도 시각적으로도 비료를 살포한 해안은 거의 원래의 색으로 복원되어 미생물의 위력을 이용한 생물 치유(bio-remediation) 기술의 유용성이 재인식되었다.

미국의 알래스카 석유 유출 사건 당시 마침 사고현장에 있는 석유 분해 미생물을 잘 활용한 예이지만 인위적으로 석유 분해 미생물을 바다에 직접 뿌려 오염된 석유를 분해시켜 제거하는 방법도 검토되고 있다. 이를 위해서는 석유를 높은 효율로 분해시킬 수 있는 미생물을 찾아낼 필요가 있다.

오염의 원인이 되는 원유의 조성은 일만 가지 정도의 성분으로 이루어진 복잡한 혼합물이다. 석유 성분 중에 있는 사슬 형태의 탄소화합물인 파라핀계 화합물, 벤젠 고리를 기본골격으로 하는 방향족 화합물, 또한 복잡한 구조의 레진(resin)이나, 아스팔텐 등은 특히 탄소수가 많은 화합물이기 때문에 상당히 분해가 어려운 성분들로 알려져 있다. 실제로 원유중 휘발유, 등유, 경유 등 비점이 낮은 성분은 해양에 유출되어도 휘발되기 때문에 거의 문제가 되지 않지만 중질유(heavy oil, 원유 증류후 남은 진한 유분)라는 휘발되기 어려운 성분이며, 이 성분을 분해할 수 있는 분해 능력이 아주 우수한 미생물이 필요했다. 그러나 복잡한 석유 성분을 완전히 분해할 수 있는 만능의 미생물은 발견되지 않았기에 혼합물인 석유를 분해시키기 위해서는 몇 종류의 미생물을 혼합하는 방법이 대두되었다.

천연에서 혼합 균총(mixed colony)을 얻기 위한 방법은 다음과 같다. 해수와 바다모래에 원유를 뿌린 후 일개월 정도 지나면 해수중의 미생물에 의해 약 20% 정도의 원유가 분해된다. 이 미생물과 석유와의 혼합물의 일부를 채취해 멸균된 해수(미생물이 존재하지 않음)와 원유에 넣는다. 이와 같은 과정을 반복함으로써 원유 분해에 탁원한 미생물을 선택해 낼 수 있다.

일본에서는 이 방법에 의해 바다모래에서 SM8이라는 천연 균총을 분리해냈다. SM8은 원유성분 중 파라핀 화합물의 30%, 방향족 화합물의 20%를 분해할 수 있었다. 한 종의 미생물로는 기껏해야 파라핀 화합물의 15%, 방향족 화합물의 5% 정도 밖에 분해할 수 없었던 것에 비하면 SM8은 상당히 우수한 균총임을 알 수 있다.

또 천연균총에 없는 미생물을 몇 종류 혼합하여 인공적인 균총을 만들어낸 경우도 있다. 예를 들면, 4종류의 미생물을 혼합한 M4라는 인공 균총은 파라핀 화합물의 50%, 방향족 화합물의 30%를 분해시킬 수 있다. 천연 균총에는 4종류 이상의 미생물이 함유되어 있을 것이다. 그러나 단지 4종류의 미생물로 천연 균총에 버금갈 정도의 효율로 원유를 분해할 수 있다는 결과는 앞으로 석유 분해 기술의 확립을 위해 상당히 중요한 지식이 될 것이다.

한편, 석유 분해 미생물의 유전자 연구도 병행되었는데, 일반적으로 석유 분해에 관여하는 효소의 유전자를 조사하여 보다 효과적으로 분해시킬 수 있도록 유전자를 개량하려는 시도가 함께 진행되었다.

또 실제로 환경수복에 적응할 수 있는 기술개발은 시험관 수준의 결과만으로는 예측할 수 없는 사태에 직면하는 경우도 있을 수 있다. 미생물을 사용한 환경수복 실험은 한 가지 실험을 하는 데 오랜 시간이 걸리기 때문에 모든 것을 실증하는 것은 대단히 어렵다. 때문에 유출된 기름의 바다에서의 거동을 예측할 수 있는 숫자 모델계로 부터 전체를 고려할 수 있는 기술개발도 이루어져야 할 것으로 본다.

우리는 그동안 기름 유출사고 발생시 너무 안이한 방식으로 대처해 왔다. 단지 오일펜스를 쳐서 기름 확산을 막거나 계면활성제를 뿌리는 것이 고작이었으며, 더군다나 계면활성제의 품질이 좋지 않아 제대로 기능을 발휘하지 못해 오히려 계면활성제에 기름이 흡착된 후 해저에 부착됨으로써 해저생태계를 파괴하는 경우가 많았다. 이제 21세기에 맞는 환경보존에 기여할 수 있는 새로운 유류 오염 방지기술도 시급히 개발되어야 할 것이다.

16 유전자 변형(GM) 연어

유전자 변형기술의 안전성에 대한 논란이 지난 20여 년간 세계를 뜨겁게 달구었다. 확신과 기대에 가득 찬 과학자들의 연구 노력에도 불구하고 일부 환경 운동가들과 시민단체들이 유전자 변형 기술에 대해 끈질기게 문제를 제기하고 공포심을 확산해 왔다.

그러나 1996년 유전자 변형 콩과 옥수수가 상용화된지 20년이 지난 지금 세계 콩 재배 면적의 79%, 옥수수 경작지의 32%에서 유전자 변형종자를 심고 있으며, 세계 28개국 1억 8,150만 헥타르에서 유전자 변형작물이 재배되고 있다. 세계 최대 곡물 수출국인 미국에서 생산되는 옥수수와 콩의 90% 이상이 유전자 변형 품종이다. 미국의 3억 인구가 지난 20년 동안 이들 유전자 변형 곡물을 아무런 표시 없이 먹고 있으나 이로 인한 부작용이나 이상을 보인 사례는 한건도 없었다. 미국의 식품의약청(FDA)도 유전자 변형 곡물을 일반적인 곡물과 다름이 없으므로 안전하다고 발표했기 때문에 국민은 별다른 의심 없이 먹고 있다.

유전자 변형기술을 이용한 의약품과 산업용 소재는 광범위하게 생산 이용되고 있다. 유전자 변형 미생물을 이용하여 당뇨병 치료제인 인슐린을 생산하고 치즈 생산을 위해 동물 조직에서 뽑아내던 응유효소(milk-clotting enzyme, 우유를 응고하는 작용이 있는 단백질

[일반 연어(앞), 유전자 변형(GM) 연어(뒤)]

가수분해효소)를 유전자 변형 미생물에서 대량 생산하는 것에 대해서는 이무도 기부감을 갖지 않는다. 가축 사료는 거의 유전자 변형 곡물로 만들어지지만 여기에 대해 문제를 제기하는 사람은 없다. 그러나 유전자 변형 농산물 및 유전자 변형 동물에 대해 반대하는 사람들이 있다. 유전자 변형 작물이 개방되어 실질적으로 상업화 시점은 1996년으로 보고되고 있다. 당시 상업용으로 재배되기 시작한 최초의 유전자 변형 작물은 현재에도 가장 많이 재배되고 있는 제초제 내성 작물과 해충 저항성 작물이다. 유전자 변형 작물의 재배를 통해 농민들은 농약 사용과 노동력을 줄일 수 있게 되었고, 생산비가 절감되고 수확량이 늘어 농가 소득이 증대되었다. 이로 인해 농민들은 유전자 변형 작물 재배 면적을 점점 더 확대하기 시작했다. 이렇듯 1세대 유전자 변형작물은 소비자보다 주로 생산자에게 혜택을 주었다.

이후 영양성분 개선 등 농산물의 품질을 높이거나 저항성을 높인 유전자 변형 작물이 생산되면서 소비자와 가공 유통업자들에게도 혜택을 주는 2세대 유전자 변형 작물 개발로 발전되었다. 최근에는 고가의 의약품이나 보다 환경 친화적 산업소재를 식물로부터 생산하는 식물공장 개념의 3, 4대의 유전자 변형 작물이 활발히 개발되고 있다.

유전자 변형 작물의 역사

유전자 변형 작물의 역사는 1973년 아그로박테리움(Agrobacterium)을 이용한 유전자 재조합 기술의 발견으로부터 시작되었다. 이 기술을 통하여 외래 유용유전자를 식물체에 도입시켜 우리에게 유용한 형질을 가진 새로운 세포를 만들 수 있게 되었다. 또 하나의 중요한 기술은 식물체의 조직배양기술이다. 식물은 완전체 배양 능력(totipotency)을 가지고 있어서 일부 세포가 완전한 식물체로 성장하는 능력을 보유하고 있다. 즉, 유전자 재조합 기술을 통해 하나의 세포내에 있는 염색체에 원하는 유전자를 삽입한 후 적절한 배양액에서 키우면 유전자가 전이된 세포가 다시 완전한 식물체로 재분화되는 것이다. 이렇게 재분화한 식물체의 모든 세포는 각각의 염색체에 동일한 외래 유전자를 포함하게 됨으로써 안정적인 형질전환 식물체가 되는 것이다.

식물에 외래유전자를 도입한 유전자 식물체가 처음으로 개발된 것은 1983년 항생제 카나마이신 저항성 담배이다. 하지만 이것은 상업용이 아닌 연구용으로 개발된 것이다. 본격적인 상업용 유전자 변형 작물 개발은 1996년부터 시작되었다. 이때부터 저장성이 향상된 유전자 변형 토마토, 생산성을 높이는 제초제 내성 유전자 변형 콩, 해충 저항성 유전자 변형 옥수수, 해충 저항성 유전자 변형 면화가 개발되기 시작하였다. 이 중 과숙 억제 토마토가 최초로 상업화되어 FLAVRSAVR®란 상품으로 시판되었으나 소비자들의 외면으로 시장에서 사라지고 말았다. 그러나 생산량 증대에 초점을 맞춰 개발된 제초제 내성 콩, 해충 저항성 옥수수, 해충 저항성 면화가 1995년 종자 시판을 시작으로 1996년 농가에서 대규모로 재배됨으로써 본격적인 유전자 변형 작물의 산업화가 시작되었다. 이 후 바이러스 저항성 파파야, 전분 함량이 증가된 감자, 지방산 조성이 변화된 유채 등 다양한 유전자 변형 작물이 개발되어 상업화되었다.

유전공학을 이용한 물고기의 개량

1996년에 "돌리"라는 복제 양 등 인위적으로 복제된 개체의 생산이 성공했다. 이후 원숭이(97년), 젖소(98년)가 복제되었으며, 국내에서도 1999년 초 한우 복제에 성공하였다. 유전자 재조합 기술로 대표되는 유전공학은 크게 보면 "생물의 기능을 이용하는 기술"로, 유전자 조작기술을 포함하여 세포융합기술, 세포대량 배양기술, 생물반응기 기술 등이 생명공학의 핵심기술이다.

미생물을 중심으로 발전해 온 유전공학 관련 기술이 발전됨에 따라 그 적용범위가 동식물과 인류의 미개척 분야인 해양으로 까지 확대되어 "해양생명공학(marine biotechnology)"이라는 새로운 분야를 만들어냈다. 해양생명공학은 해양생물과 생태계를 대상으로 다른 첨단 기술을 접목시킨 종합 생물공학기술이며, 이는 간단하게 말해 해양생물을 대상으로 한 세포조직배양, 세포조작, 유전자 재조합 및 생물공학 등에 관한 연구이다.

해양생물을 이용한 유전공학 분야의 연구는 최근에 매우 각광받고 있는 분야로, 특히 어류의 염색체를 조작하는 방법 및 유전자 조작을 통한 형질전환 어류(transgenic fish, 물고기의 염색체에 다른 물고기의 유전자를 이식시켜 새로운 기능을 갖게 한 물고기)의 제작이 가장 활발히 진행되고 있다. 현재는 자외선 처리된 정자로 수정시킨 수정란에 가압처리를 하여 암컷만을 만들어내는 기술도 가능하게 되었는데, 이와 같은 암컷 생산기술의 개발은 연어 알이나 청어 알의 대량생산과 같이 양식 산업에서의 부가가치를 높이는 데 큰 도움

[일반 미꾸라지(위), 유전자 조작 미꾸라지(아래)]

을 주고 있다. 또한 3배체(triploid, 기본 염색체수의 3배인 염색체수를 갖는 생물의 개체)의 슈퍼 미꾸라지와 같이 물고기의 대형화에 한 몫을 하고 있는 3배체 및 4배체(tetraploid) 어류의 제작 기술 또한 양식 산업에 있어 유망한 것으로 활발히 연구가 진행되었다. 그러나 새로운 대형 어류의 탄생이 자연의 순리를 파괴할 수도 있고, 섭취 시 인체에 해를 줄지도 모른다는 우려 때문에 연구가 중단된 상태이다.

염색체 조작기술을 이용한 물고기 품종의 개량

암컷과 수컷으로 성이 분화된 생물의 생식방법인 유성생식을 하는 생물은 2배체(2n), 즉 동일한 한 쌍의 염색체를 가지고 있으며, 사람의 경우에는 46개(2n=46), 다시 말해 23쌍의 염색체를 가지고 있다. 이 중 1개는 난자를 통하여 모계로부터, 다른 1개는 정자를 통하여 부계로부터 가지고 온 것이다. 그러나 염색체의 개수를 변화시키면 기존의 개체에서 볼 수 없었던 새로운 개체들이 만들어지는데, 이처럼 염색체를 조작하여 새로운 개체를 만드는 것을 염색체 개수 조작(chromosome set manipulation)이라 한다.

보통 염색체 조작기술에 의한 품종개량에는 배수체들이 사용된다. 앞서 언급하였듯이, 생물의 염색체는 부모로부터 1개(n)씩의 유전자를 받아서 2개인 2배체(2n)의 형태로 된다. 그런데 생물 중에는 염색체수가 2배 및 3배로 증가한 4배체(4n) 및 6배체(6n)가 존재하는 반면 염색체 수가 절반 밖에 되지 않는 반수체(n)도 있다. 이와 같이 염색체의 수가 배수가 되어 있는 것을 배수체(polyploidy)라 하고, 2n+1, 2n-1과 같이 염색체 중의 일부가 결손된 경우를 이수체(aneuploidy)라고 한다.

그렇다면 어떻게 이들이 육종에 이용될까? 배수체는 2배체보다 염색체 및 유전자 수가 많으므로 생존 수단으로 영양번식(asexual propagation, 식물 영양체의 일부를 사용하여 증식하는 방법)이 발달한다. 이러한 것들의 대표적인 예로 3배체인 씨 없는 수박이 있다. 보통의 수박은 2배체인데, 감수분열시(난자와 정자, 즉 생식세포를 만드는 특이적인 세포분열)방추사(미세소관)의 형성을 억제시키는 콜히친(cholchicin)으로 처리하면 염색체가 반감되지 않은 2n의 생식세포를 형성한다. 이어서 배수체의 생식세포(2n)와 2배체의 생식세포(n)를 가루받이(pollination)시키면 3배체(3n)가 만들어진다. 홀수 배수체는 감수분열을 하는 동안에 염색체가 짝을 지을 수 없어 정상적인 세포를 형성하지 못하기 때문에 불임이 되어 씨가 없는 수박이 만들어지게 된다. 4배체를 응용하여 열매가 큰 호박, 뿌리가 큰 무, 섬유가 긴 목화, 수량이 많은 잎담배, 비타민 함량이 높은 토마토 등을 만들 수 있다.

농업 분야에서 배수체를 이용한 육종이 활발하게 진행된 것과는 달리 해양생물에 대한 염색체 조작기술의 도입은 매우 늦어져서 본격적으로 적용되기 시작한 것은 1980년대 이후였다. 해양식물에서 염색체 조작기술 연구개발은 다시마류의 배양 세포를 이용하여 무포자생식(apospory, 식물에서 볼 수 있는 넓은 의미의 단위생식의 하나) 및 무배생식(apogamy, 관다발 식물에서 배우체의 난세포 이외의 세포가 단독으로 분열, 발달하여 포자를 만들어 생식함)에 의한 염색체 수 조작이 시도되었다. 해양 동물에서는 연어 및 광어류, 굴, 전복, 진주조개(담치) 등 패류에 대해 염색체 조작기술이 확립되었으며, 현재 암컷 물고기만을 생산한다든지 3배체 패류와 같은 성장이 우수한 종의 생산이 이루어지고 있다.

유전자 변형 연어

염색체 조작법을 이용하여 만든 물고기 예로는 3배체 은어가 있다. 일반적으로 생선의 맛은 성장시기와 연관이 있으며, 물고기는 완전히 성장 후 생식시기가 되면 맛이 떨어진다. 하지만 인공 수정시킨 은어의 수정란을 0℃로 유지시켜 주체(난세포가 성숙 분열할 때 배출되는 작은 세포)가 방출되지 않게 하면 3배체의 암컷 은어만을 만들 수 있다. 이렇게 탄생한 은어는 일반 은어와는 달리 가을이 되어도 생식행동을 하지 않아 다음해까지 성장이 지속되어 좋은 육질을 갖게 되어 크고 맛있는 은어를 먹을 수 있게 된다.

염색체 조작기술의 이용은 간편하면서도 효과적이어서 성별의 제어, 불임화, 악성 열성 유전자의 배제, 신품종 개발, 새로운 잡종개발 등 여러 가지 방면으로 응용이 가능한데 현재 가장 널리 사용되는 분야는 성의 제어이다.

수산양식 분야에서 물고기의 성을 제어하는 것은 매우 중요한 기술로서 연어나 철갑상어와 같이 맛이 좋은 알을 생산하는 어종과 함께 상품가치가 높은 암컷만을 생산하는 데 이용할 수 있다. 게다가 연어의 경우 성숙하기 전까지는 암컷과 수컷의 식별이 곤란하여 함께 사육하고 있는데, 선별적인 생산이 가능하다면 종래의 생산시설로 2배 이상의 생산이 가능하게 된다.

미국의 매사추세츠에 있는 아쿠 아드밴티지(Aqu Advantage)회사는 1995년부터 등가시치과 물고기인 "오션파우트"의 유전자와 알래스카산 큰 연어(Chinook salmon)의 성장호르몬을 대서양산 연어에 접목시키는 실험을 계속 해왔다. 새로 탄생한 연어는 오션파우트의 부동화 단백질 덕분에 연어의 성장이 멈추는 한 겨울에도 계속 자란다. 일반 연어는 시장에 내다 팔릴 수 있는 최소 기준 크기까지 자라는 데 3년이 걸리는 반면, 유전자 변형 연어는 18개월이면 충분하다. 성장과 번식이 빠른 만큼 더 빨리 팔수 있어 양식업자들에게 큰 수익을 안겨준다.

그러나 소비자, 환경단체들은 유전자 변형 연어의 개발과정이 불분명해 어떤 부작용이 나타날지 모른다며 식품유통에 계속 반대 입장을 밝혔다. 그런데 2017에 미국 식품의약청(FDA)은 양식 중인 같은 종류의 다른 연어와 비교했을 때 생물학적 차이가 없는 것으로 판정했다. 즉, 유전자 변형연어 판매를 공식적으로 승인한 것이다. 미국에서 유전자 변형식물이 아닌 유전자 변형동물을 식품으로 인정한 것은 이번이 처음이다. 유전자 변형연어가 시장에 유통되기 시작하면 머지 않아 여러 가지 유전자 변형 물고기 등이 우리 식탁에 오를 것이다.

17 21세기 환경문제의 답을 해양생물에서 찾다

지구온난화 현상

미국의 시사주간지 타임지(99년 12월 13일)는 세계동물 보호기금(WWF) 등 7개의 국제적 권위를 가진 환경단체들의 말을 인용하여「지구의 온실효과에 의한 환경피해 조기경고의 조짐」이라는 환경지도를 발표하였는데, 여기에서 1998년 여름(7~8월)에 한국에서 발생한 홍수를 기후온난화로 인한 피해 사례로 소개하였다. 비록 최대 강우량이 600mm를 넘은 사실이 간과되어 있고, 또 한국이 간접피해국으로 분류된 15개 지역 중 하나에 속하였지만 우리나라가 국제환경단체들에 의해 기후변화라는 환경피해의 대상국으로 소개된 것은 이번이 처음이다.

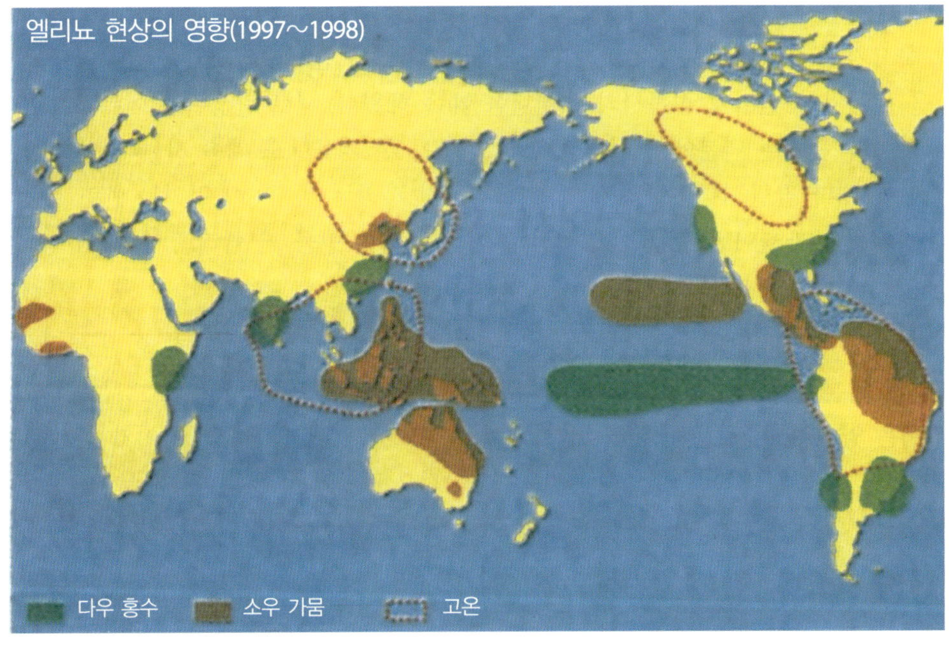

그림 17-1. 지구의 온난화가 원인이라고 생각되는 엘니뇨 현상.

한국 이외에도 1998년 2월 사상최대인 552㎜의 강우량을 기록한 미국 캘리포니아의 산타바바라, 말라리아의 발병기록이 전혀 없었던 지역에서 말라리아의 발병이 확인된 케냐, 200만 에이커가 산불로 전소된 인도네시아, 65종의 조류(birds) 중 35%가 1971년에 비해 8.8일 먼저 부화되었던 영국 등도 간접 피해지역으로 함께 소개되었다.

또한 타임지는 35℃ 이상의 날씨가 11일간 지속된 뉴욕, 90년 동안 매년 15㎝씩 해안선이 후퇴되고 있는 피지, 지난 100년간에 걸쳐 코카서스산맥의 만년설이 사라진 러시아, 1978~1995년 사이에 빙해의 얼음 6%가 사라진 북극지역 등 12곳을 지구온난화에 의한 「직접피해」 지역으로 꼽았다.

이처럼 지구온난화 문제가 공론화되면서 1997년 채택한 교토 의정서 내용에는 우리나라도 2018년부터 자발적으로 줄이게 되어 있는 온실가스 주범인 이산화탄소(CO_2)를 배출하는 디젤, 벙커C유 및 석탄과 같은 화석연료의 사용량을 감축하도록 되어 있다. 만일 한국이 온실가스 감축을 거부할 경우, 미국은 온실가스 방출량이 많은 제품에 대한 수입규제 등 환경과 무역을 연결시킬 가능성도 배제할 수 없다고 한다.

한편, 1999년 10월 독일의 본에서 열렸던 제5차 기후변화 협약총회에서는 교토의정서 이행방안을 둘러싼 선진국과 개도국 사이에 공방전이 치열했으나 결국 선진국의 입김이 크게 작용할 수밖에 없었다. 이처럼 국가 간의 공방전이 치열했던 이유는 이 협약이 지구환경을 살리자는 명분 찾기에 머무는 것이 아니라 경제, 사회 전반의 심장부를 강타할 수 있는 실질적인 경제 협약이며, 21세기의 국제질서 개편에서 주요 변수로 작용할 수 있는 「태풍의 눈」이었기 때문이다.

그렇다면, 이러한 새로운 물결의 흐름 속에서 우리는 과연 어떤 상태인가?

대부분의 에너지를 수입에 의존하는 우리나라의 에너지 소비는 해마다 9% 가까이 늘고 있고, 온실가스 배출량은 세계 11위를 차지하고 있다. 게다가 에너지 효율이 선진국의 절반에도 못 미칠 뿐 아니라 환경기술도 낙후되어 있는 실정이다. 에너지를 과도하게 소비하는 산업구조와 환경기술의 낙후 등 극복해야 할 장벽이 너무 많다. 그러나 선진국의 동태를 관망하면서 실리를 챙기자는 전략도 자칫 실기(missing a chance)로 이어질 가능성이 크다. 또한 우리나라도 이제 지구환경의 보존을 위한 국제적 노력을 외면할 수 없기에 적극적으로 해결방안을 모색해야 한다. 따라서 에너지 효율 증진, 청정기술개발의 진흥, 환경기술의 발전 등으로 국제적인 경쟁력 강화를 위해 지구환경 보존에 적극적으로 대책을 강구해야 할 시점이다.

지구온난화로 세계에서 가장 피해가 심한 나라는 어느 나라일까

세계에서 가장 먼저 새해를 맞이하는 나라는 키리바시(Kiribati) 공화국이다. 총면적(약 811km²)이 우리나라 인천시보다도 작은 섬나라이다.

키리바시 공화국은 크게 길버트 제도, 피닉스 제도, 라인 제도로 구성되어 있다. 인구는 약 10만 명인데, 대부분 수도 타라와가 있는 길버트 제도에 살고 있다. 약 4,000년 전 동남아시아 원주민들이 길버트 제도에 이주했고, 16세기 스페인 탐험가들이 키리바시를 발견했다고 전해지고 있다. 1892년도에는 영국의 식민지로 있었고, 1979년도에 독립을 했다.

키리바시 섬들은 평균 해발 고도가 2m에 불과할 정도로 지면이 아주 낮다. 최근 지구온난화로 해수면(바닷물 표면) 높이가 조금씩 상승하면서 큰 위기를 맞고 있다. 과학자들은 최악의 경우 약 35년 후에는 키리바시에 사람이 사는 게 불가능할 것으로 보고 있다. 지구 온난화로 사라질 첫 번째 나라로 키리바시를 지목하고 있는 것이다. 지금 키리바시는 바닷물이 육지 깊숙이 들어오면서 염분이 밭으로 스며들어 농작물 생산에 차질을 빚고 있다. 무엇보다도 먹을 물이 부족한 것이 가장 큰 문제이다. 산호초 섬은 땅에 비를 잘 저장하지 못하는데, 바닷물이 계속 육지로 들어오면서 마실 수 있는 물까지 오염시키고 있다. 키리바시 정부는 해수면 상승에 대비해 많은 노력을 하고 있다. 해안가에 맹그로브 나무를 심고 있는 것이 대표적이다.

맹그로브 나무는 물 아래 뿌리를 길게 내려 자연 방파제 역할을 하기 때문에 파도나 해일 피해를 잠재우는 데 도움이 된다. 또 정부는 주민들 상당수가 다른 나라로 이주해야 한다는 현실을 받아들이고 "존엄한 이주" 프로젝트를 진행하고 있다. 자국민이 "기후 난민"으로 전락하지 않고 다른 공동체에 기여하는 이주민으로 정착할 수 있도록 하는 직업훈련 프로그램이다. 기후변화의 첫 번째 희생양이 될지 모르는 키라바시 현실에 세계인의 관심이 필요하다.

이산화탄소 방출을 줄이는 데도 해양생물이 이용된다

해양생물은 21세기에 큰 고민거리인 이산화탄소의 감축을 위한 방안도 검토되고 있다.

지구가 탄생된 45억 년 전의 원시대기에는 산소는 존재하지 않았으며, 이산화탄소가 97%를 차지하고 있었다. 그 당시는 오존층이 형성되어 있지 않아 육상과 해상은 내리쬐는 자외선 때문에 생물이 생존할 수 있는 환경이 아니었다. 그러다 약 27억 년 전 미세조류인 남조류(blue-green algae)가 출현하여 산소 발생형 광합성이 시작되면서 지구상에 산소가 축적되기 시작했고, 이후 오존층이 형성되면서 대략 4억 년 전에 처음으로 육상 생물이 등장하기 시작하였다. 생물은 차츰 지구환경의 변화와 밀접하게 관련되어 진화해 왔으며, 현재에도 극지나 심해를 포함한 여러 환경에 걸쳐 다양한 생물이 존재하고 있다. 그러나 오늘날 지구환경은 화석연료에 의해 배출되는 이산화탄소로 인하여 지구 대기의 온난화, 도시에서 배출되는 생활오수 및 먼지, 할로겐 화합물에 의한 지하수와 토양의 오염, 오존층의 파괴, 유출원유에 의한 해양오염 등으로 인해 점점 심각하게 병들어 가고 있는 실정이다.

이러한 지구환경문제에 대하여 다양한 해결책이 강구되었으나, 물리·화학적인 방법 외에 에너지적인 측면이나 새로운 유해물질을 발생시키는 문제점에 대해서는 아직까지 해결의 실마리를 찾지 못하고 있다. 그러나 최근 이처럼 다양한 기능성을 갖는 생물들이 가진 새로운 환경 친화적 능력에 착안한 새로운 기술들이 각광을 받고 있다.

지구의 대기는 78%의 질소와 20%의 산소로 구성되어 있다. 이산화탄소는 겨우 0.04%을 차지하는 네 불과하다. 그러나 이산화탄소는 특정 파장의 적외선을 잘 흡수하는 성질을 갖고 있어 적외선을 열로 변화시키기에 대기 중의 이산화탄소에 의해 지구가 따뜻해지는데 이러한 현상을 온실효과라 한다. 지난 백 년간 대기 중의 이산화탄소량은 약 30% 정도 증가하였으며, 산업발전이 가속화되었던 최근 50년 동안 가장 크게 증가된 것으로 나타났다.

과학자들은 온실효과로 인해 2100년까지 지구평균온도가 현재보다 약 3.5℃까지 상승할 것으로 예측하고 있다. 한국처럼 사계절이 뚜렷한 나라에서 살아가는 우리는 20℃ 이상이 되는 여름과 추운 겨울의 기온차를 알기에 지구의 온도가 3~4℃ 정도 상승한다고 큰 공포감을 느끼지는 못할 것이다. 그러나 지구상의 온도가 전체적으로 올라가면 북극과 남극의 빙하가 녹아 바다의 수면이 상승하기 때문에 지금까지 육지였던 것이 수몰되어 버린다고 생각하면 지구온난화의 심각성을 느낄 수 있다.

만일 해수면이 50cm 상승한다면, 지구의 상당 지역이 수몰되며, 또한 온도상승으로 인해 지금까지 농지로 사용한 땅에서도 식물을 재배할 수 없는 곳으로 변할 것이다. 이와 같이 온실효과는 지구환경을 변화시켜 우리들의 생활을 위협하는 심각한 요인이 될 수 있다.

이미 환경감시기구인 월드 워치 연구소(World Watch Institute)가「2000년 지구 상태」라는 연례보고서에서 기온상승, 인구폭발, 기상이변, 해빙 등이 지구건강을 파괴하는 최대의 적으로 부상할 것이라고 경고했으며, 환경파괴에 의한「생명고갈」로 인해 현재 조류의 11%, 어류의 34% 및 포유류의 25%가 멸종위기에 처했다고 지적하였다.

기온상승의 주범인 이산화탄소는 석유나 석탄 등의 화석연료의 소비에 의해 대기 중으로 방출된다. 그동안 개발이라는 미명 아래 행해진 대규모 산림의 벌채도 이산화탄소 증가에 큰 역할을 해 왔다고 볼 수 있다. 물론 화석연료는 무한히 매장되어 있는 것이 아니므로 고갈되기 전에 새로운 에너지원이 개발되어 실용화되어야 한다. 어떤 새로운 에너지원이 개발되느냐에 따라 지구상의 이산화탄소의 동향은 달라질 것이다. 그러나 앞으로 수십 년간의 에너지원은 지금과 거의 같은 상태로 지속될 것으로 생각된다. 그렇다면 이산화탄소를 소비하는 반응으로서 식물의 광합성을 고려하지 않을 수 없다.

바다와 이산화탄소

이산화탄소 문제가 표면화되면서 지구의 70% 이상을 차지하고 있는 바다가 이산화탄소 문제를 해결할 수 있는 가능성에 높은 관심이 집중되었다. 대기와 접하고 있는 바다의 표층해수는 대기 중의 이산화탄소를 물리적으로 용해시킨다. 따라서 표층수는 바다의 깊은 부분의 해수와 혼합되어 이산화탄소의 농도가 낮아지며 표층수는 다시 공기 중의 이산화탄소를 흡수할 수 있게 된다. 물리적인 이산화탄소의 흡수 외에 미세조류도 광합성을 통해 이산화탄소를 흡수한다. 미세조류 중에는 석회질의 껍질을 갖는 원석조류(coccolithophorid)도 있다. 석회질은 바다에 있는 탄산가스와 칼슘이 결합하여 생긴 탄산칼슘으로 이루어져 있고, 이 석회조류(calcareous algae)는 바다 밑으로 침전되어 쌓인다. 현재 바닷속에 있는 석회암은 이렇게 형성된 것이다.

해저의 탄산칼슘은 오랜 세월을 거쳐 조금씩 해수에 용해되어 바다표면까지 운반되어 그곳에서 이산화탄소가 되어 대기 중으로 되돌아가기도 한다. 만일 바다에 광합성을 하는 미세조류가 없다면 해수 중의 이산화탄소는 더 이상 바닷속에 고정되지 않으며, 또한 해수와 이산화탄소의 관계는 물리적인 인자에 의해서 좌우되기 때문에 지금보다 더 많은 이산화탄소가 대기 중에 존재하게 될 것이다. 따라서 바다오염으로 인해 미세조류가 광합성을 하지 못해 살아갈 수 없다면 대기 중의 이산화탄소의 양은 점차 증가할 것이다.

점점 악화되고 있는 지구환경을 복구하기 위해 이산화탄소 문제를 해결하고자 다방면으로 기술 개발이 행해지고 있다. 이에 관한 기본적인 방향은 이산화탄소의 방출량을 억제시키는 기술개발과 방출된 이산화탄소를 별도의 형태로 회수하려는 기술개발로 나눌 수 있다. 전자는 새로운 환경 친화적인 에너지원의 개발이고 후자는 해양 바이오테크놀로지에 의한 기술 개발이 주목받고 있다.

이산화탄소를 청소해 주는 미세조류

해양 바이오테크놀로지에 의해 이산화탄소를 회수하려는 기술개발의 키워드는 바로 「미세조류」와 「광합성」이며, 이것은 바다의 미세조류를 이용하여 높은 효율로 가능한 한 많은 양의 이산화탄소를 고정시키려는 것이다.

원석조에 의해 이산화탄소로부터 만든 탄산칼슘을 해저에 침전시키는 기술도 연구되었다. 바다의 원석조를 인공위성으로 관측한 결과, 봄부터 여름에 걸쳐 상당히 넓은 지역 범위로 조밀하게 발생하는 것으로 밝혀졌다.

탄산칼슘의 형성과정을 좀 더 구체적으로 살펴보면, 아래와 같이 정리된다.

$$CO_2\,(\text{대기}) \rightleftarrows CO_2 \qquad (1)$$

$$CO_2\,(\text{바다}) + H_2O \rightleftarrows H_2CO_3 \qquad (2)$$

$$H_2CO_3 \rightleftarrows HCO_3^- + H^+ \qquad (3)$$

$$HCO_3^- \rightleftarrows CO_3^{2-} + H^+ \qquad (4)$$

$$Ca^{2+} + CO_3^{2-} \rightleftarrows CaCO_3 \qquad (5)$$

$$(CO_2)_n(\text{바다}) + (H_2O)_n \rightleftarrows (CH_2O)_n\,(\text{유기물}) + O_2 \qquad (6)$$

$$HCO_3^-\,(\text{바다}) \rightleftarrows CO_2\,(\text{바다}) + OH^- \qquad (7)$$

대기 중의 이산화탄소는 해수에 녹아 탄산수소이온(HCO_3^-)이 되고, 이 탄산수소이온은 다시 탄산이온(CO_3^{2-})이 되어 해수 중의 칼슘과 결합하여 탄산칼슘이 된다. 탄산칼슘이 위의 반응 (3)에서와 같이 형성되면 반응 (4)가 오른쪽으로 반응이 진행되어 양성자 (H^+)가 만들어진다. 이 양성자의 양이 증가하면 이것을 제거하기 위해 양성자는 반응 (5)의 왼쪽 방향으로 반응이 이루어져 소비된다. 그렇게 되면 반응 (1)과 (2)도 왼쪽 반응으로 반응이 진행되기 때문에 바다에서 대기 중으로 이산화탄소의 방출이 일어날 것으로 생각할 수 있으나 현실적으로는 미세조류의 세포 속에서는 탄산칼슘의 형성과 더불어 광합성이 이루어지고 있다. 일반적으로 광합성 속도는 탄산칼슘의 형성 속도에 비해 상당히 빠르게 진행되며, (6)의 반응식으로 나타낼 수 있다. 광합성에 필요한 바닷속의 이산화탄소가 탄산수소이온이 될 때 (7)과 같이 수산기(OH^-)가 다량으로 생성되어 결국 해수에서 만들어진 양성자와 결합하기 때문에 이산화탄소를 대기 중으로 방출되지 않게 된다.

이산화탄소로부터 탄산칼슘이 만들어지는 원리는 다른 해양생물에서도 찾아볼 수 있다. 탄산칼슘을 만들어 내는 것은 원석조가 유일한 것은 아니며, 산호초에 사는 공생 미세조류도 활발히 광합성을 하여 소위 산호초를 만드는 탄산칼슘 형성에 기여한다. 원석조나 산호초를 상세히 조사하여 이들 생물을 이용하여 이산화탄소를 탄산칼슘으로 변환하는 것을 자유자재로 할 수 있다면 이산화탄소의 감소에 상당히 공헌할 수 있다고 생각된다. 또한 우리나라 남해안에서는 굴양식이 대량으로 이루어지고 있는데, 이러한 굴양식도 이산화탄소를 줄이는 데 일조하고 있다.

탄산칼슘은 유기물을 갖고 있지 않기 때문에 그 자체가 환경오염의 원인이 되는 경우는 거의 없다. 또 보통의 광합성 반응에 의해 이산화탄소를 유기물로 변환시켜 이산화탄소 문제를 해결하려는 정면 돌파 방법도 있다. 바다의 미세조류는 일부 종속영양형 종류를 제외하고는 모두 광합성을 하기 때문에 광합성에 의해 이산화탄소를 감소시키기 위해서는 가능한 한 높은 효율로 광합성을 하는 미세조류를 선택할 필요가 있다.

대기 중에 방출되는 이산화탄소의 대규모 발생원은 대부분의 경우 화력발전소, 제철소, 시멘트 공장이다. 이들로부터 배출된 기체 중 이산화탄소 농도는 대기 중의 0.04%보다 훨씬 높다. 이 배출가스를 미세조류에 흡수시킬 수 있다면 산업 활동의 부산물로 대기 중에 발생되는 이산화탄소량을 줄일 수 있을 것이다.

해수에 이산화탄소를 통기(通氣)하면 pH가 저하되기 때문에 해수(pH 8)보다 산성의 환경에서도 살아갈 수 있다면 산성 물질이 함유된 산업 배기가스를 통기하여 배양시킬 때 중요한 포인트가 될 수 있다. 일본 해양 바이오테크놀로지 연구소에서는 신종의 녹조류(*Chlorococcum littorale*)를 발견하였는데, 이 녹조류는 최고 70%라는 고농도의 이산화탄소 조건에서도 생육이 가능하지만, pH 7~9의 알칼리 환경하에서도 생육을 한다고 발표하였다.

이 녹조류를 이산화탄소가 20% 함유한 배양액에서 배양하면 최적조건에서 하루 1ℓ의 배양액 당 4g의 이산화탄소를 고정시킬 수 있다고 한다. 고밀도 배양도 가능한데, 1ℓ 배양액 당 건조 중량으로 14.4g의 조체를 얻을 수 있다. 현재 원형의 컬럼 속에 이 녹조류를 채워 빛을 쪼이면서 이산화탄소 농도가 높은 가스를 흘려 광합성을 할 수 있는 반응기(reactor)의 개발이 진행 중에 있다.

이 녹조류 외에도 산성영역에서 증식할 수 있는 미세조류가 여러 종이 발견되었는데, 이중에서 단세포성의 홍조류(*Galdieria partita*)는 pH가 0~5의 강한 산성영역에서도 배양이 가능하다. 또 100%의 이산화탄소와 온도 50℃라는 조건, 그리고 50ppm의 아황산가스 (SO_2)의 조건에서도 광합성을 하며 증식하는 것으로 밝혀졌다. 보통, 식물의 경우는 아황산가스가 50ppm의 농도 하에서는 광합성을 제대로 할 수 없어 결국 고사해 버린다. 그러나 이 홍조류는 50ppm의 아황산가스 속에서도 변함없이 광합성에 의한 증식이 가능해 10시간을 배양하면 2배로 증가한다고 한다. 이 홍조류는 고온에서 고농도의 이산화탄소와 아황산가스가 함유되어 있는 화력 발전소의 배기가스 속에 포함되어 있는 이산화탄소를 직접 제거하는 데 이용될 수 있다.

이상과 같이 해양에 서식하고 있는 미세조류는 이미 대기 중에 방출되어 있는 이산화탄소 뿐만 아니라 대기 중으로 방출되는 이산화탄소의 양을 줄이는 데도 활용할 수 있다. 더 나아가서 이산화탄소를 발생시키지 않는 새로운 형태의 연료가 개발된다면 이산화탄소의 문제는 쉽게 해결될 수 있다.

이러한 관점에서 새로운 에너지원으로써 수소가 크게 주목을 받고 있다. 수소는 연소하여도 물밖에 생기지 않을 뿐만 아니라, 무게당 발열량이 높기 때문에 고효율의 좋은 에너지원이 될 수 있다. 현재 우주 왕복선(space shuttle)의 로켓 발사 연료로 수소가 사용되고 있으며, 이처럼 뛰어난 무공해 에너지원인 수소를 해양의 미세조류를 이용하여 만드는 연구도 활발히 이루어지고 있다. 이제 우리에게 남은 과제는 이러한 능력을 극대화시켜 수소를 대량 생산하는 것이다.

결국 우리가 풀어야 할 문제는 근래에 지구환경에 심각한 문제로 대두되고 있는 지구온난화의 주범인 이산화탄소 제거와 무공해의 미래형 에너지원 개발이다. 이의 해결을 위해서는 해양에 무진장 존재하는 해양생물을 활용하는 것을 적극 검토해 보는 것은 어떨까?

18 해수의 담수화로 물 부족 사태 해결

우리말에 「돈을 물 쓰듯 한다」는 말이 있다. 우리 주위의 강과 하천에는 늘 맑은 물이 흘러내려 언제나 물을 마음대로 사용할 수 있었으니 그런 말이 생겨난 것은 당연하다고 볼 수 있다. 필자가 50여 년 전 입대하였을 때만 해도 하천수를 그냥 마셔도 아무런 문제가 없을 정도로 전혀 오염이 되지 않았을 뿐만 아니라 산의 계곡이나 하천에도 맑은 물이 흐르고 있어 요즘처럼 물을 사서 마신다는 것은 상상해 보지도 못했다. 그러나 최근에는 계곡이나 하천에도 거의 물이 흐르지 않고 있는 곳이 많을 뿐만 아니라, 설사 흐른다 해도 그대로 음용할 수 없을 정도의 수질을 갖고 있어 음용수를 사서 마셔야 하는 세상이 되고 말았다. 더군다나 수돗물을 그대로 음용하지 않는 인구가 점점 늘어나고 있어 먹는 물 시장은 기하급수적으로 증가되고 있으니 「물 쓰듯 한다」는 의미는 이제 낭비가 아니라 절약의 의미로 바꾸어야 할 때가 아닌가 생각된다.

물 부족 사태는 세계적인 문제

「OECD 환경전망 2050」 보고서는 2050년 지구 환경 전망과 정책적 조언을 제시하고 있으며, 베이스라인(baseline) 시나리오에 기초하여 과학적 데이터를 근거로 분석한 내용을 담고 있다.

베이스라인 시나리오란 현존 정책만 유지하고 새로운 환경보호정책들이 생기지 않는다고 가정했을 때의 결과를 제시하는 모델이다. 이 시나리오에 따르면 오는 2050년까지 세계경제는 4배 성장할 것이며 인구는 20억 명이 증가할 것으로 예측되었으며, 모든 사람들이 경제활동을 하기 위해서는 물이 반드시 필요하다.

물 환경 분야 전망에 있어서는 수량, 수질, 물 공급과 위생, 물 관련 재해 등 4가지가 주요 이슈가 되었다.

20억 명의 인구가 증가함에 따라 2050년의 물 수요는 55%나 상승할 것으로 예측되었으며, 생산부분의 물 수요는 400%나 증가할 것으로 전망되며, 발전부분의 물 수요가

140%, 가정용 물 수요가 130% 증가할 것으로 예측되었다. 이에 비해 관개용으로 사용할 수 있는 수자원은 줄어들어 2050년이면 수자원에 대한 경쟁이 심화되고, 농업종사자들이 작물재배에 필요한 농업용수를 확보하는 데 어려움이 따를 것으로 보아 물 스트레스는 전 세계적으로 심각한 문제로 대두되어 2050년에는 23억 명인 전 세계 인구의 40% 이상이 심각한 물 스트레스를 경험하게 될 것으로 전망되었다.

2050년에 2억4천만 명 이상의 사람들은 안전한 수자원의 혜택을 받지 못하고, 14억 명의 인구는 기본적인 위생환경조차 충족되지 못한 생활을 할 것으로 예상되며, 도심의 하수로 인한 수자원오염, 농업분야의 영양염류의 오염 등이 해안지역의 부영양화에 영향을 미쳐 환경문제를 초래할 것이다.

수치상 물 사정은 넉넉한데도 「목 타는 인류」를 우려할 수밖에 없는 이유는 삶의 질과 환경에 있다. 서구 선진국 수준의 삶의 질 향상은 물 소비를 수반하기 때문이다. 인류의 물 소비는 과거 40년간에 이미 4배 이상 늘었다. 이러한 증가 추세가 지속된다면 21세기는 물 부족이 심각한 문제가 될 것이라 예측된다. 유네스코와 세계기상기구에 의하면 현재 지구촌에서 물 부족이 가장 심각한 지역은 아프리카와 중동지역, 중국 북서부와 인도 서남부, 파키스탄과 멕시코, 미국과 남미의 서해안 지역이다. 이중 아프리카의 경우 가장 큰 수원(水源)인 나일강의 유량감소와 연간 3%가 넘는 인구증가율이 가장 큰 원인이며 중동지역의 경우는 사막의 개발에 따른 관개면적의 급속한 증가 때문이다.

우리가 필요로 하는 대다수의 음용수 및 산업용수는 강(하천수)으로부터 얻어지는데 세계 주요 214개의 강을 두 나라 또는 그 이상의 여러 나라가 서로 공유하고 있으며, 세계 인구의 40%가 인접국의 물에 의존하고 있어 유량통제를 둘러싸고 상·하류 국가 간의 분규와 인접국가 사이의 물을 둘러싼 갈등이 점점 증가하고 있다. 대표적인 현재 물을 둘러싼 국가 간 분쟁지역으로는 이스라엘, 시리아, 팔레스타인 세 나라의 공통 수원인 요르단강, 이집트, 수단, 우간다를 흐르는 나일강, 터키, 이라크, 시리아가 공유하고 있는 티그리스강과 유프라테스강, 헝가리, 슬로바키아 등 12개국 이상의 영토를 관통하는 다뉴브강, 인도와 방글라데시 접경의 갠지스강 등을 들 수 있다.

우리나라도 한때 북한에서 물을 전략적으로 사용하기 위해 댐을 건설한다고 하여 이에 대응하기 위한 「평화의 댐」 건설을 한다고 온 국민에게 헌금을 받아 댐공사를 벌였던 해프닝이 있지 않았는가? 지금도 위천공단 건설을 둘러싼 대구·경북지역과 낙동강 수질오염을 원천적으로 봉쇄하겠다는 부산·경남지역 사이에 분쟁이 계속되고 있고, 전주권의 용수 공급을 위한 영월 용강댐 건설 계획을 발표하자 충청남도에서 수원고갈을 우려하여 이에 반발하는 등 여전히 분쟁이 발생하고 있는 실정이다.

앞으로 물 부족으로 인한 국가 간의 분쟁도 21세기에는 더욱 발생될 가능성이 높을 뿐

표 18-1. 담수화 설비 현황 최근 데이터 (2015년 기준)

지역	플랜트 수	총용량 (1,000㎥/일)	비율 (%)
중동	1,831	10,842	56.77
미국	1,175	2,749	14.39
유럽	1,056	1,056	5.53
아시아	1,000	1,389	7.27
아프리카	757	1,640	8.59
구소련	57	449	2.36
한국(산업용수포함)	23	17	0.09
기타	286	956	5.00
합계	6,185	19,098	100

만 아니라 세계적으로 생수시장이 기하급수적으로 증가할 것에 대비해 해수의 담수화 기술개발이 시급하게 이루어져야 할 것이다. 이미 물 부족이 심각했던 사우디아라비아, 아랍에미레이트(UAE)와 같은 중동지역에서 해수의 담수화로 이를 어느 정도 해결하고 있으며 미국이나 유럽 같은 선진국에서도 해수의 담수와의 실용화에 많은 투자를 하고 있다(표 18-1).

우리나라도 '물 부족 국가'로 분류

우리나라의 경우는 몇몇 해안지역이나 도서지역을 제외하고는 상대적으로 수량(水量)이 풍부한 것으로 인식되고 있는 탓인지 아직까지 해수의 담수화를 위한 생산시스템 개발이 적극적으로 검토되지 않고 있다. 그러나 우리나라도 고도의 산업화로 용수 수요가 급증하고 있어 수자원 확보가 국가의 중요한 문제로 대두되고 있고, 최근 들어 국지적으로 극심한 가뭄으로 인해 고갈된 생활용수 및 공업용수의 대체 수자원 확보가 절실하다.

표 18-2. 개인 물 사용량의 국가별 분류 최근 데이터 (2015년 기준)

분류	분류기준	국가명	기타
물 기근 국가군	1인당 사용가능한 물의 양이 매년 1,000m^3 미만	지부티, 쿠웨이트, 몰타, 카타르, 바레인, 바베이도스, 싱가포르, 사우디아라비아, 아랍에미리트, 요르단, 예멘, 이스라엘, 튀니지, 카보베르데, 케냐, 브룬디, 알제리, 르완다, 말라위, 소말리아	만성적 물 부족 경제발전 및 국민 복지·보건이 저해
물 부족 국가군	매년 1,700m^3 미만	리비아, 모로코, 이집트, 오만, 키프로스, 남아프리카, 한국, 폴란드	주기적으로 물 압박을 받음
물 풍요 국가군	매년 1,700m^3 이상	벨기에 외 120개국	지역적 또는 특수한 물 문제만을 경험

UN의 산하기구인 국제인구행동연구소(PAI)의 발표에 따르면 한국의 활용 가능한 수자원량은 630억 m^3으로 이를 국민 1인당 활용 가능량으로 환산할 경우, 1955년 2,950m^3에서 1990년에는 1,452m^3으로 줄어 물 부족국가로 분류되고 있다(표 18-2).

게다가 환경부의 발표에 의하면, 작년 말 현재 한국의 1일 급수량은 395ℓ로 스위스(362ℓ), 일본(357ℓ), 영국(323ℓ), 프랑스(281ℓ), 네덜란드(232ℓ)보다도 많았으며, 특히 독일(132ℓ)에 비해서는 거의 2배 이상 많았다. 반면 한국보다 급수량이 많은 나라는 미국(585ℓ), 캐나다(497ℓ), 호주(480ℓ) 등 3개국에 불과하였다. 또 한국 국민의 1인당 물 사용량은 1일 409ℓ로 국민소득을 감안하면 프랑스의 2배이며 거의 세계 최고 수준인 것으로 나타났다.

지금까지는 물 부족 현상을 극복하기 위해 댐이나 저수지와 같은 관개용 시설물을 건설하여 왔으나 이러한 시설물도 강수량과 관계가 있으므로 미래의 물 부족 사태를 대비하기 위한 보다 근본적인 대책이 요구되고 있는 실정이다. 지하수의 개발도 해결책으로 제시되었으나 미래의 물 수요량을 충족시키는 데는 한계가 있다. 따라서 미래에는 무궁무진한 바닷물을 담수화하는 기술만이 물 부족 사태를 해결할 수 있는 유일한 방법이 될 것이다.

바닷물을 음용수로 바꾸는 막분리 기술

지구는 태양계에 있는 행성들 중 유일하게 물을 가지고 있으며, 지구 표면의 약 70% 이상은 물로 이루어진 수권이 차지하고 있어 지구가 물의 행성이라는 말이 실감날 만큼 지구는 물이 풍부하다고 할 수 있다. 그러나 지구상에는 총 1.38 × 10^{18}톤 정도의 물이 존재하고 있지만, 염분이 포함되어 있는 해수가 전체의 97%를 차지하고 있어 인간을 포함한 육상 생물이 이용할 수 있는 물은 겨우 0.77%에 불과하다. 그나마 담수의 대부분은 극지방의 얼음 형태로 존재하고 있어 우리 인간이 손쉽게 사용할 수 있는 하천수는 0.001%에 불과할 만큼 적은 양이다.

그렇다면 왜 바닷물을 지금껏 음용수나 생활용수 또는 공업용수로 사용하지 못했을까? 그것은 바닷물에 녹아 있는 여러 이온 성분 때문이다. 이러한 이온성 염분을 제거하여 마시는 물로 이용하려는 인간의 노력은 오래전부터 시도되어 왔다. 가장 간편한 방법은 바닷물을 끓여 수증기만을 응축시켜 담수를 얻는 방법으로 1593년 호킨스(R. Hawkins)가 신대륙으로 향하는 장기간의 선박여행에서 증발기를 사용하여 해수를 음용화한 것이 해수담수화의 시초였다.

그 후 증발법은 산업혁명의 도래 이후 다중효용 증발법(Multiple Effect Distillation)과 다단계 플래시 증발법(Multi-Stage Flash Distillation, MSF)이 이용되기 시작하면서 발전되었다. 그러나 증발법을 이용한 본격적인 담수화 플랜트는 1960년 중동의 쿠웨이트에 1일 4,000m^3의 생산용량을 갖는 해수담수화 플랜트가 최초였다. 1970년대에는 MSF 플랜트가 주류를 이루었고, 1980년대에는 전체 담수화 플랜트의 3/4을 증발법 담수화 플랜트가 차지할 정도에 이르렀다.

해수의 담수화 장점은 계절이나 기후에 관계없이 막대한 양으로 존재하는 해수로부터 먹는 물의 생산이 가능하며, 담수화 시설의 건설은 저수지 건설보다 공사기간이 짧고, 또 건설면적이 적으며, 거주지와 가까운 곳에 설치할 수 있어 송수관의 길이를 줄일 수 있고, 정수장 물에 비해 수질이 좋다는 장점이 있다.

현재 주로 사용되는 증발법은 연료, 동력, 태양열 등을 이용하여 해수를 가열하고 발생한 증기를 응축시켜 순수한 물을 얻는 방식으로 다중효용 증발법, 증기 압축 증발법, 태양열 이용 증발법 등이 있으나 현재에는 다중 효용 및 플래시 증발법이 주로 이용되고 있다.

증발법은 전 처리가 필요 없고, 유지관리가 용이하다는 장점이 있는 반면, 관이 부식될 위험이 있으며, 넓은 부지가 있어야 하고, 해수를 가열하는 데 많은 에너지(1m^3당

7.4kWh)를 필요로 해 에너지 가격이 안정되고 값싼 중동지역에 편중되어 사용되고 있다.

최근 원자력을 이용하여 바닷물을 담수로 만드는 기술이 많은 관심을 끌고 있는데, 해수의 담수화를 위한 중소형 원자로는 대단위 공업지역이나 도시지역 등에 전력공급과 함께 용수공급, 냉난방 및 식수문제를 동시에 해결할 수 있는 효율적인 방안으로 선진국에서 한창 연구가 진행 중에 있다. 그러나 해수의 담수화에 사용될 중소형 원자로(SMART)의 제작 및 방사능 문제 등 해결해야 할 현안들이 많아 크게 진척되지 못하고 있다.

현재 새로이 주목받고 있는 미래의 해수 담수화 기술로 활용할 수 있는 것은 막분리 시스템이다. 최근 고분자의 합성기술이 진보됨에 따라 각종 고분자막에 특이적인 기능과 구조를 갖게 하여 여러 가지 선택투과성을 갖는 전기투석막, 확산투석막, 역삼투막, 한외여과막과 같은 기능성 막의 합성이 가능하게 되었다. 이러한 기능성 막을 통한 막분리 기술은 상(相)변화를 일으키지 않기 때문에 에너지 소요량이 작고, 연속조작이 가능하며, 열이나 pH에 민감한 물질을 분리할 수 있으며, 이온에서 미립자 영역까지의 물질 분리가 가능하다.

해수의 담수화를 위한 막분리 기술 중 가장 대표적인 것으로 역삼투막(reverse osmosis membrane, R/O membrane)을 이용한 역삼투막법이다. 이 방법은 최근 가정용 정수기 등에 많이 적용되어 있는 기술이다. 여기서 삼투라는 말은 삼투현상을 뜻하는데, 원래 삼투현상(osmosis)은 일상생활에서 흔히 볼 수 있는 현상으로 용액의 농도가 다른 두 용액 사이에 반투막을 설치하면 농도가 낮은 쪽에서 농도가 진한 쪽으로 점차적으로 이동하는 것을 말한다. 그런데 두 용액 사이의 이러한 용매의 이동은 어느 한계점에 도달하게 되면 더 이상 진전하지 않게 되는데, 이때의 압력을 삼투압(osmosis pressure)이라 한

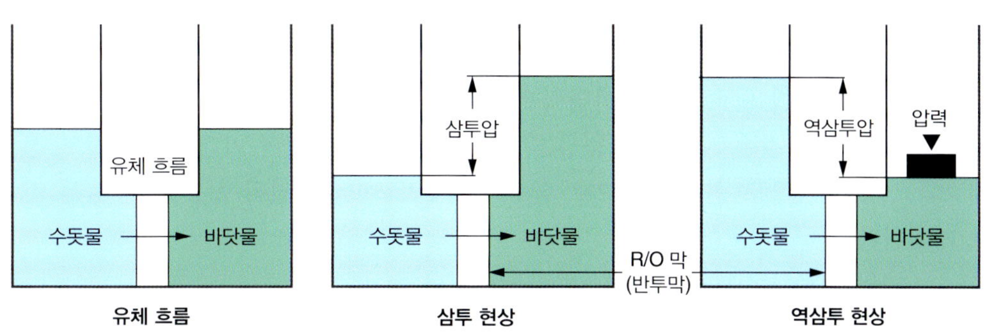

그림 18-1. 삼투현상과 역삼투 현상.

다. 만일 농도가 진한 쪽의 용액에 삼투압보다 더 큰 압력을 가한다면, 반투막을 통과하는 용액은 용질을 제외한 용매의 이동현상이 발생하게 되는데, 이때의 현상을 역삼투현상(reverse osmosis, R/O)이라고 한다. 즉, 고농도의 염수에 삼투압 이상의 압력을 작용시켜 역으로 고농도의 염수에서 저농도의 담수로 용매인 물이 이동하게 만든 것이다(그림 18-1). 그러므로 보통 해수의 삼투압인 약 24.5kg/cm^2 이상의 압력을 걸어주면 염의 농도가 아주 낮은 담수가 반투막을 통해 빠져나오게 된다.

역삼투막법은 1953년 플로리다 대학의 라이드(C. E. Reid) 교수에 의해 제안되었고, 1957년 해수의 담수화 계획의 일환으로 역삼투막법에 대한 최초보고서가 미국 염수국(Office of Saline Water)에 의해 발표되었다. 이 보고서에서는 초산셀룰로오스 막이 소금(NaCl)을 분리하는 데 효과가 뛰어난 것으로 나타났으며, 1970년경에는 고분자 재질의 역삼투막과 모듈이 개발되어 대량생산이 가능해져 막분리 기술의 산업화에 큰 역할을 하였다. 최근에는 해수를 통과시키는 데 필요한 압력을 절반 정도로 줄일 수 있는 막재질(폴리아미드 플라스틱)이 개발되어 사용되고 있다.

역삼투막법은 에너지 소비량이 비교적 적은 담수화 기법으로 인식되고 있는데, 실제 응용된 것은 1965년 하루 용량이 19m^{3}인 플랜트가 미국 캘리포니아주에서 처음 가동된 것이 시초였다. 1970년대 후반 미국 플로리다주의 키스 수도국은 해수의 담수화 프로젝트를 추진하면서 역삼투막법과 증발법인 다단계 플래시 증발법을 비교해 본 결과, 전자가 후자에 비해 생산설비 면적이 약 1/2, 건설 소요기간은 약 1/3, 운전 비용이 약 1/2~1/3밖에 들지 않는다는 결과에 따라 하루에 11,400m^{3}의 물을 생산해 낼 수 있는 해수담수화 플랜트에 역삼투막법을 채용하였다.

역삼투막법을 이용한 해수의 담수화의 장점은 기계부식의 위험이 없고, 낮은 에너지를 필요로 하며, 회수율이 높고, 농약이나 박테리아 등과 같은 오염물도 제거할 수 있으며, 좁은 장소에도 설치가 가능하다는 점 등이다.

반면에 막의 성능 및 수명을 유지하기 위해 약품처리, 주기적인 세척 및 막 필터교환 등 전처리과정이 복잡하기 때문에 2차 오염의 위험이 있으며, 유지관리가 불편하다는 단점이 있어 해수를 담수화하여 산업적으로 응용하는 데 문제가 되고 있다. 그러나 최근 들어 세라믹과 같은 새로운 기능성 막이 계속 개발되고 있어 이러한 문제점도 점점 해결되고 있어, 앞으로 전 세계적으로 담수화 플랜트 개발에 널리 이용될 수 있을 것으로 기대된다.

역삼투압법 외에 막분리를 이용한 해수의 담수화 방법으로는 전기투석법(electrodialysis)이 있다. 전기투석법은 1940년 마이어(Meyer)와 스트라우스(Strauss)에 의해 제안되어, 1950년 유다(Juda) 등이 균질형 이온교환막을 개발함으로써 실용화되었다. 전기투

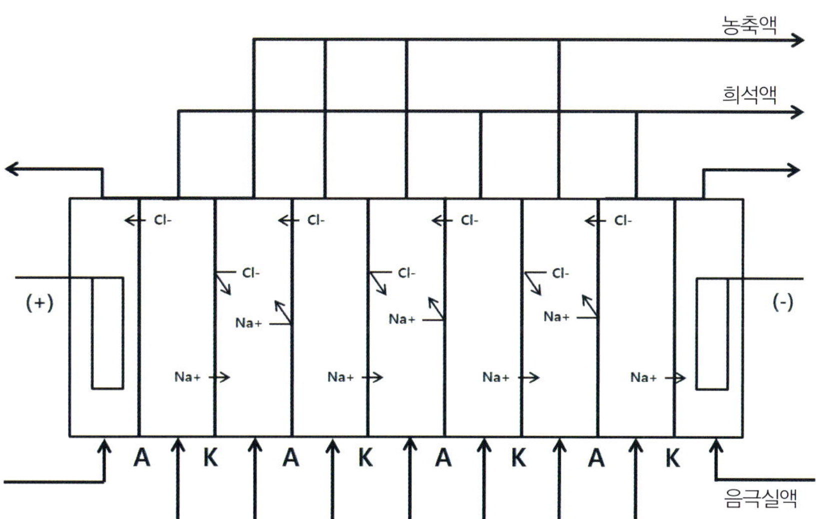

그림 18-2. 전기투석의 원리.

석법의 원리는 암모늄이온과 같은 양전하를 갖고 있는 음이온 교환막과 카르복시기(carboxyl group, $-COO^-$)와 같은 음전하를 갖고 있는 양이온 교환막을 교대로 설치하여 직류전류를 흘리면, 이때 나트륨이온(Na^+)과 같은 양이온은 음전하를 갖고 있는 양이온 교환막은 투과하지만 양전하를 갖고 있는 음이온 교환막은 투과할 수 없고, 염소이온(Cl^-)과 같은 음이온은 그 반대현상을 나타내므로 염(NaCl)이 없는 탈염실과 염이 집결된 농축실이 교대로 나타나게 되어 염이 제거된 용액과 염 농축액을 교대로 얻을 수 있다(그림 18-2).

전기투석법의 원리는 간단하지만 응용에 문제가 되었던 농도분극(concentration polarization, 전기분해 중에 이온확산의 지연으로 발생하는 분극)을 회피하기 위한 조작법이 확립된 것은 1970년대이다. 이 조작법이 확립되어 이온교환막 및 장치의 개량이 이루어진 후에야 전기투석의 응용기술이 거의 완성단계에 이르게 된 것이다. 전기투석법은 현재 대부분이 공장에서의 탈염공정에 이용되고 있으며, 미국과 일본에서는 전기투석법으로 해수를 농축시켜 식염을 제조하고 있다. 전기투석법에 사용되는 이온교환막은 구조적으로 이온교환수지와 같지만 이온교환수지는 이온의 선택흡착인 것에 비해 이온교환막은 선택적 투과이기 때문에 재생할 필요가 없고, 연속조작과 고농도까지 처리가 가능한 이점을 가지고 있다. 그러나 아직까지는 탈염공정에 많이 이용되고 있으며, 앞으로 전극교대용 전기투석막법이나 고온 전기투석막법 등의 기술이 개선된다면 해수의 담수화에서 유리하게 활용될 수 있다.

국내의 담수화 시설과 앞으로의 과제

우리나라의 경우 이미 삽교호에서 취수한 염수를 공업용수로 활용하기 위해 서해안 대산 석유화학 단지 내에 하루 70,000m³ 공업용수를 생산할 수 있는 역삼투막법 방식의 플랜트가 설치되어 활용되고 있고, 먹는 물을 생산하기 위한 담수화 설비는 경상남도 진해시 연도의 하루 20m³를 용량의 설비와 북제주군 우도면의 하루 500㎥를 생산할 수 있는 시설이 갖추어져 있다.

부산시는 2013년 12월 해수에서 염분을 제거해 수돗물을 만드는 해수담수화공정을 기장군에 완공한 뒤 2014년 말 기장군민들을 대상으로 해수담수화 수돗물을 공급하려 했다. 하지만 해수담수화를 위해 바닷물을 끌어오는 취수장이 고리원전에서 불과 11km 떨어진 곳에 있다는 사실이 알려지면서 주민들의 반발이 시작됐다. 이후 해수담수화 수돗물 공급은 잠정 중단된 상태이다. 주민들의 우려로 수돗물 공급에 차질을 빚자 부산시는 여러 차례 수질검사를 했다. 부산시는 미국 국제위생재단(NSF)과 한국 원자력 연구소 등을 통해 실시한 수질검사에서 유해물질이 검출되지 않았거나 기준치 이하로 나와 안전하다고 밝혔지만 기장군민들의 반대 여론은 해소되지 않았다. 주민들은 미량의 방사성물질도 장시간 인체에 축적될 경우 치명적인 영향을 줄 수 있다는 점을 우려하여 해수로 만든 수돗물 공급을 거부하고 있다. 이런 문제 외에 해수의 담수화 사업은 막의 잦은 교체로 경제성이 떨어진다는 인식으로 인해 크게 향상되지 못하고 있는 실정이다.

그러나 현재 새로운 반영구적인 기능성 막이 계속 개발되고 있고 급증하는 생활 및 공업용수의 수요증가와 심각한 수질오염을 고려해 볼 때, 막분리 기술을 활용한 해수의 담수화 기술개발을 미래의 전략사업으로 성장시켜 나아가야 할 것으로 본다.

19 해양 심층수 왜 주목받고 있는가?

해양 심층수란?

해양 심층수는 햇빛이 도달하지 못하는 수심 200m 이하인 바닷속에 있는 물이다. 수온이 2~5℃ 정도로 유지되며, 미네랄 성분이 풍부한데 유기물이나 병원균이 거의 없는 것이 특징이다. 해양 심층수는 대서양, 인도양, 태평양 등 전 세계를 순환하는 해수가 북대서양 그린란드나 남극 웨델해의 차가운 빙하해역을 만나면서 생성된다. 바닷물은 한곳에 머무르지 않고 끊임없이 지구 전체를 순환하고 있는데 순환하던 바닷물이 그린란드의 빙하지역에 도달하면 온도가 매우 낮아져 비중이 매우 커지게 된다. 비중이 커진 물은 점점 내려가 수심 200m 이하에 이르게 되는데 이때 그 온도는 약 2℃ 정도까지 급격히 떨어진다. 이렇게 가라앉은 해수는 고온, 고염분을 지닌 표층수와 뚜렷한 밀도 차이로 인해 다른 해역과 섞이지 못하고 마치 물과 기름처럼 서로 경계를 유지하며 거대한 바다를 형성하게 되는데 이렇게 심해로 내려가 존재하는 물이 해양 심층수다.

해양 심층수는 2℃ 이하의 차가운 온도와 깊은 수심 덕분에 유기물이나 오염물질의 유입이 없어 청정성이 뛰어나며 미네랄과 영양염류가 풍부하다고 알려져 있다. 얕은 바닷물은 햇빛의 영향으로 광합성도 생기고 유기물도 번식하여 공기와 육지의 오염물질들이 쉽게 들어올 수 있으나 이런 유기물과 오염물질들이 수심 200m 이하로는 내려오지 못하기 때문에 해양 심층수는 계속해서 순수한 상태를 유지할 수 있다. 또 심층수는 바닷물의 흐름에 따라 지구 전체를 순환하게 되는데, 그 순환 속도가 매우 느려 지구 한 바퀴를 도는데 2,000년 정도가 소요된다. 이렇게 오랜 세월 동안 천천히 지구 표면을 도는 동안 수온은 거의 2℃ 정도로 일정하게 유지 되며, 질소, 인, 규소와 같은 무기 영양염류를 풍부하게 함유하게 된다.

1970~1980년대 들어 미국과 일본에서 해양 심층수에 관심을 가지기 시작했으며, 1990년대 이후에는 수산, 식품, 음료, 화장품, 의학 등 다양한 분야에서 활용되기 시작하여 미래 산업 자원으로 각광받고 있다.

해양 심층수 개발의 배경 및 역사

20세기는 화석연료를 시작으로 다양한 지하자원을 이용하여 풍부한 물질 사회를 구축한 상징적인 세기였다. 그러나 지하자원의 이용과 지구상에 적체된 자원 쓰레기는 심각한 지구환경문제 및 지하자원의 고갈이라는 두 가지 근본적인 문제를 발생시켰다. 이로 인해 지식이 향상되고, 기술이 크게 진보된 오늘날에는 지표에서 얻을 수 있는 순환 재생 자원의 활용에 관심이 고조되었다.

순환 재생 자원으로서는 지금까지 태양광, 풍력, 조력, 조류, 지열 등이 검토되었으며 대부분이 실용화 단계에 이르렀다. 그러나 이들은 전부 에너지 자원이지 여러 가지 기능성을 나타내는 물질자원은 아니다.

해양 심층수에는 일반적으로 활용 가능한 에너지 자원 외에도 부영양성(비료 물질), 미네랄류, 광물류, 물, 소금 등 각종 물질자원이 함유되어 있다(표 19-1).

이러한 물질자원들을 이용할 수 있는 기술이 완성되면 기존의 지하자원을 심층수로 대체하는 것이 인류 사회의 지속성을 높이는 데 중요하다. 인구의 급격한 증가로 인한 육상에서의 과도한 식량 생산 활동을 고려하면, 바다에서 식품원료로 해양생물자원을 확보하여 증산시킬 필요가 있으며, 해양 심층수의 이용이 하나의 가능성을 보여주고 있다.

표 19-1. 해양 심층수의 기존의 자원성과 특성

자원성 · 특성	표층수	해양 심층수(수심 200m 이하)
냉매(에너지)	×	○
부영양성(영양염류, 비료)	×	○
담수	○	○
미네랄류	○	○
금속류	○	○
염	○	○
청정성	×	○
안정성	×	○
재생 속도	○	○ (~수천 년)

해양 심층수가 최초로 주목받은 것은 19세기 말이다. 1881년 프랑스의 물리학자 아르손발 (J.D.' Arsonval)은 열대 바다의 표층과 심층의 수온 차이(약 30℃)를 이용한 발전 가능성을 제시했는데, 이것이 해양 온도차 발전(Ocean Thermal Energy Conversion, OTEC)이다. 30℃의 표층 해수의 압력을 낮추어주면 즉시 끓기 시작하는데 이때 발생한 수증기로 발전기의 터빈을 돌려 전기를 만들어내고, 수증기는 저온의 해양 심층수로 냉각시켜 물이 되게 할 수 있다.

1926년에는, 클로드(G. Claude)와 브세라트(P. Boucherat)가 프랑스 과학원에서 해양 심층수를 이용한 온도차 발전을 실험했다. 이들은 해양 온도차 발전의 실용화를 위해 1955년까지 무려 30여 년간 다양한 관련기술을 개발했으며. 프랑스 정부의 지원을 받아 아프리카의 해안에 해양 온도차 발전 시설을 건설하였다.

1973년 산유국이 결속하여 석유 가격을 크게 상승시켜 제1차 석유 파동이 일어났다. 세계 각국은 지금까지 높은 석유 의존도의 위험성을 인식하고, 석유 이외의 에너지 자원 개발을 검토하게 되었다. 특히 태양열, 지열, 석탄, 풍력, 파력, 조력 등을 이용하여 대체 에너지 자원으로 활용을 위한 기술 개발이 진행되었다. 여기에 해양 온도차 발전도 포함되었다.

하와이는 1958년에 주로 승격되어 열대인 하와이의 지리적 이점을 살려 산업 진흥을 꾀하기 위해 해양 온도차 발전을 시도하게 되었다. 하와이주 의회는 1974년 해양 온도차 발전의 기술 개발 지원을 의결하여 하와이 섬의 코나(Kona)에 자연 에너지 연구소 부지를 확보했다. 그리고 정부의 지원을 받아 1979년 8월부터 11월까지 코나 해안에 설치한 소형 해양 온도차 발전(Mini-OTEC) 실험을 통해 53.6 kw의 전력 생산에 성공했다. 하와이주가 해양온도차 발전의 사업화에 가장 적극적이었던 이유는 일 년 내내 표층 수온이 30℃ 정도이고, 온도차 발전이 일 년 내내 가능하기 때문이다.

일본에서도 1974년에 햇빛 계획(sunshine plan)이 만들어져, 새로운 에너지의 탐색과 이용을 위한 기술 개발이 시작되었으며, 이에 해양 온도차 발전도 검토 항목에 포함되었다. 1983년 적도의 나라 나우루(Nauru) 공화국에 출력 100kw 해양 온도차 발전 시설이 건설되어 1년간 계속 발전하여 데이터를 수집했다.

해양 심층수의 본격적인 이용 기술 개발

하와이주는 1980년에 코나에 자연에너지연구소를 설립하고, 심층수를 육상으로 퍼 올리는 취수관을 설치하여 육상에서 연구와 기술 개발을 시도했다. 그 당시 발전만으로는 경제성이 부족했기에 발전에 사용된 심층수를 다른 목적에 이용하는 이른바 다단식(multistage) 이용을 모색했다. 그리고 해양 심층수에 의한 냉수성을 해양 생물의 사육과 축양, 담수제조, 건물 공조, 토양을 냉각해야 하는 농업 분야 등에 이용하는 방법을 검토했다.

이외에도, 온도차 발전과는 별도로 심층수의 부영양성에 대해 활발한 연구가 시도되었다. 가장 적극적이었던 학자는 미국 컬럼비아 대학 라몬트 해양연구소의 로웰(Roel) 박사였다. 로웰은 열대인 카리브해 크로이크스(St. Croix) 섬에서 심층수를 육상으로 끌어올려 식물 플랑크톤을 배양하였고 여기에 조개, 굴 등의 패류를 양식했다. 더 나아가 1972~1977년에는 적극적으로 추진되어 천연 자원을 이용한 새로운 해양생물의 양식 사업이었다. 그러나 실제로 도전하는 사업가(자본가)를 찾지 못해 사업을 실현시키지 못했다.

1995년에 일본에서는 해양심층수연구소에서 일반인에게 심층수를 제공하기 시작했다. 희망자는 심층수의 이용을 위한 활용 계획을 제출하여 심사를 통과하면 필요량의 심층수를 공급받았다. 그 결과, 생활에 밀접한 심층수의 다양한 활용방안이 고안되어 식음료를 중심으로 비약적으로 상품화가 이루어졌다. 심층수를 이용한 화장수와 음료수가 전국적으로 확산되었고, 심층수의 지명도를 일거에 높였다. 현재 일본에는 전국에 20여 개가 넘는 심층수 생산시설이 갖추어져 수천 종의 상품이 개발되어 판매되고 있다.

해양 심층수의 소규모 이용

일본에서 온도차 발전 외에 다른 방면으로 사용되는 심층수는 양적으로 매우 적다. 심층수의 특성과 구성성분을 활용하여 저온, 청정성, 미네랄 성분, 부영양성, 물, 소금(염) 등을 이용하고 있다. 저온은 냉수성 수산 생물의 축양(fish preserve, 어류 등을 일정 기간 살리기 위해 특정지역에 수용해 놓는 것)효과를 발휘하고 있다. 그러나 현재 행해지고 있는 축양 기간은 기껏해야 수 주간이며, 이것을 수개월에서 반년 정도까지 연장하는 기술이 개발되면 부가가치를 대폭 높일 수 있다. 예를 들어 겨울에 잡은 수산물을 여름까지 축양할 수 있는 것이다. 또한 심층수의 저온을 이용하면 넙치 성어가 여름을 견디는 것이 가능하게 되어 종래 1년에 1회만 공급된 넙치의 치어가 일 년 내내 공급될 수 있다. 이 기술은 다른 어종에도 응용이 가능하다.

수산 생물의 양식에서는 잦은 온도 제어가 필요한데, 이때 심층수를 냉열원으로 이용할 수 있다. 또한 생선을 소비자에게 배달할 때 저온, 청정 환경으로 유지할 필요가 있는데 이때 심층수를 유용하게 활용할 수 있다. 뿐만 아니라, 건물의 실내 온도를 낮추기 위한 이용에서도 80% 이상의 전력을 절감시킬 수 있다고 한다.

심층수 청정성의 특징 중 하나는 분해하기 쉬운 유기물이 거의 없어 유기물을 먹이로 하는 생물이 거의 없다는 것이다. 또 심층수는 표층수가 냉각되어 심층으로 침강한 것으로, 침강 후 평균 경과 시간은 50~2000년이며, 최근 들어서 개발, 생산, 사용된 난분해성 유기 오염 물질(persistent organic pollutant, POP)을 비롯한 여러 가지 인공 합성 물질을 거의 포함하고 있지 않다. 따라서 청정한 환경에서의 수산 생물의 증양식 혹은 축양에 적합하며, 질병 발생의 억제 효과도 크다. 심층수 중에는 미네랄 성분으로서는 마그네슘과 칼슘이 주목받고 있다.

극히 일부의 미네랄을 제외하면 심층수와 표층수의 미네랄 농도는 별반 차이가 없으나, 식음료, 화장품, 치료 보조제와 같은 의약품 등에 사용하는 경우에는 청정성이 높은 심층수가 뛰어나다. 특히 해수의 미네랄 작용으로 알려진 발효 촉진 기능은 발효 속도를 가속화하고 또한 발효도를 높여준다.

심층수 중에서 충분한 빛이 없기 때문에 유기물의 생산보다도 분해가 탁월하여 분해물의 영양 염류가 쌓이는 특징이 있고, 이를 부영양성이라 한다. 유기물의 분해물인 영양 염류는 유기물 생산의 원료로서 알맞은 좋은 성분을 갖고 있다. 바다의 식물성 플랑크톤이나 해조류에 심층수를 넣으면 부영양성으로 인해 생산이 활발해져 어패류가 증가한다. 하지만 심층수에 함유되어 있는 영양 염류의 농도는 육상 농업에 사용되고 있는 비료에 비해 현저하게 낮다. 따라서 심층수의 염분을 제거하더라도 농작물의 성장에 크게 도움을 주지 못한다.

심층수에서 염분을 제거하면 담수가 얻어진다. 해수에서 염분만을 따로 제거하는 것은 어렵다. 현재 행해지고 있는 역삼투막 처리법은 심층수 중 대부분의 물질을 함께 제거한다. 따라서 염분이 제거된 심층수를 음료수로 이용할 경우에는 심층수에서 얻어진 물에 필요한 미네랄 성분을 추가로 첨가할 필요가 있다. 이때 청정성이 높은 심층수에서 얻어진 염이 제거된 미네랄 성분을 넣는 것이 가장 간편하고 이상적이다. 소금(염)은 옛부터 해수를 증발 건조하여 만들었다. 심층수의 염은 표층수에 비하면 청정성이 높은 것이 큰 장점이다. 해수 중에는 염화나트륨을 비롯해 다양한 염분이 함유되어 있기 때문에 염화나트륨이 주성분인 소금에 비해 음식의 맛을 높이는 작용이 있다.

음료나 식품을 비롯한 심층수의 소규모 이용은 주로 일본에서 고안되었다. 그 큰 이유는 대량 이용하기 쉬운 심층수의 저온을 온대인 일본에서는 1년 중 여름에만 제한적으로 이용할 수 있기 때문이다.

해양 심층수의 대규모 이용

심층수의 대규모 이용에는 저온을 이용하는 것이 핵심이 된다. 지금까지의 연구 결과를 토대로 일본에서의 대규모 다단계 이용 계획을 그림 19–1에 나타냈다.

그림 19–1에서 심층수의 온도를 단계적으로 이용하고 동시에 심층수가 가진 성질을 가장 유효하게 그리고 수온에 맞게 다양한 분야에서 활용할 수 있는 방법을 제시했다. 지역과 이용 목적에 따라 심층수의 취수량과 그 이용은 다양하게 변경할 수 있다. 예를 들면 깊이 500m에서 0℃의 해양 심층수를 하루 100만 톤 양수할 경우, 양수용 전기는 심층수와 표층수를 이용한 온도 차 발전으로 충당할 수 있다. 만약 2,000kw의 발전을 생산할 경우, 온도차 발전에서 2℃의 심층수 온도를 사용할 때 2,000kw 전부를 양수에 필요로 하지 않기 때문에 남는 전기는 다른 목적으로도 사용 가능하다. 따라서 2℃의 저온 심층수 5만 톤을 농업, 수산, 식품 등에 이용하는 동시에 나머지 95만 톤을 지역난방(건물의 공조)에 사용하는 것이 가능한 것이다. 만일 8℃의 온도를 지역난방에 이용하면 300만 m^2 바닥 면적의 공조가 가능해진다. 이것은 총면적이 약 724,000m^2인 건물 4동을 공조할 수 있는 규모다. 또한 10℃로 올라간 심층수 95만 톤으로 60만 kW의 화력 발전소를 냉각할 수도 있다. 22℃까지 상승한 심층수는 하이테크 산업, 수산, 식품산업, 건강, 미용, 의료, 상수도 등에 이용이 가능하며, 나머지는 해역에 방류하여 연안의 비옥화에 활용할 수 있다.

그림 19–1의 4차 이용에서 심층수의 저온과 부영양성 이외의 이용은 적은 양으로도 해결되기 때문에 양수한 100만 톤 대부분은 승온 후 해역에 방류시킬 수 있다. 온도가 올라간 심층수는 부영양성에 의해 해역의 생물 생산성을 높여 수산 생물자원을 증식시킬

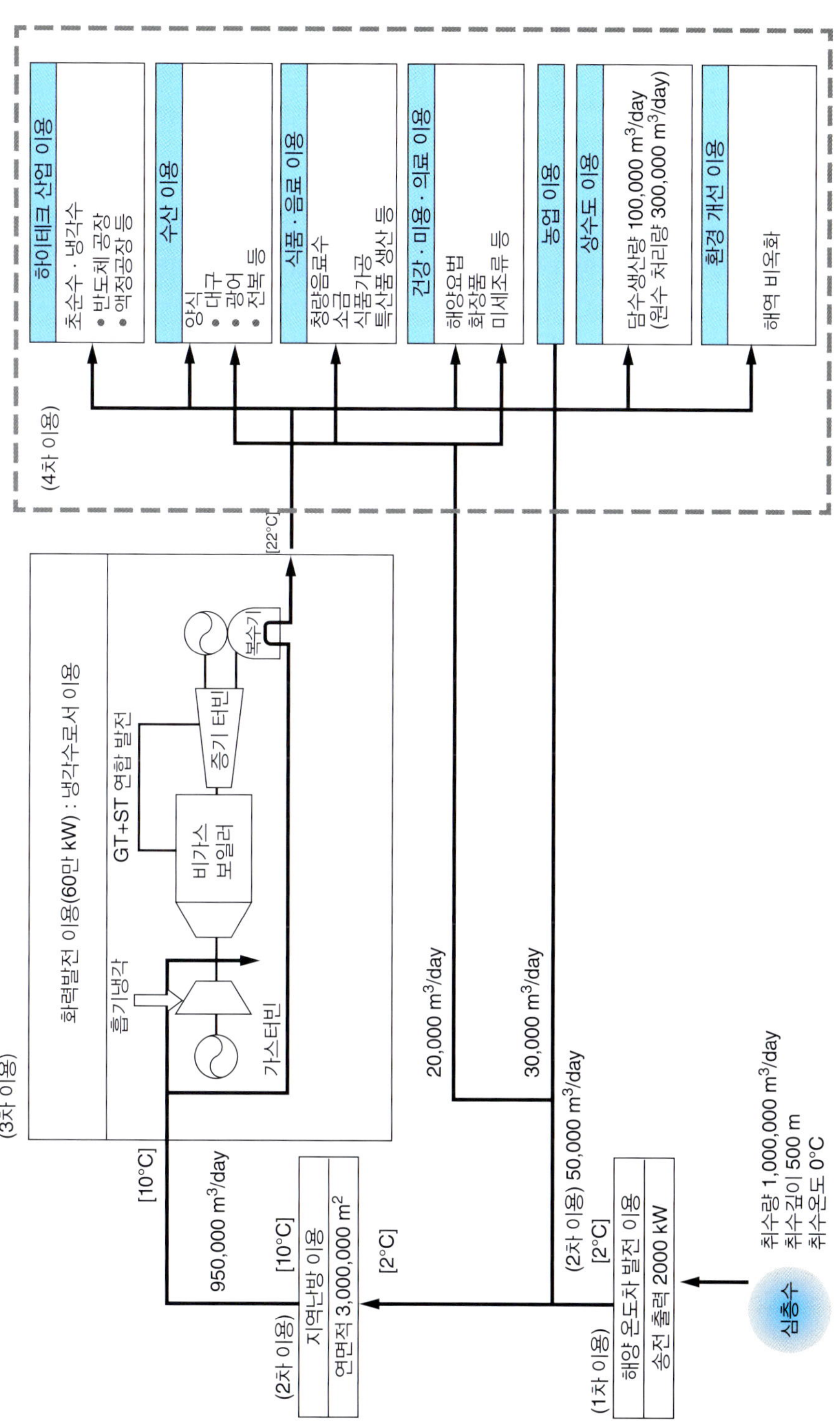

그림 19-1. 해양 심층수 자원의 다단계 이용의 예.

수 있다. 하루에 100만 톤 규모로 심층수를 대량 양수하면 양수비용은 1,000톤 수준에 비해 l/100에서 l/1000로 떨어진다. 따라서 100만 톤 규모로 심층수를 끌어올리면 육상에서 수산 생물의 탱크 양식에서도 비교적 저렴하게 심층수를 사용할 수 있다는 것이다.

해상에서 해양 온도차 발전이 이루어진 경우에는 하루 수백만 톤 규모의 심층수가 양수되어 발전 시 온도가 약간 상승하기 때문에 이것을 표층수로 희석하여 수온을 더 올려 바다로 방류시키면 바다의 1차 생산(primary production, 독립영양생물에 의한 유기물 생산)을 높일 수 있어, 수산 생물의 생산을 높이는 결과를 가져올 수 있다.

인류 사회의 지속성 강화를 위해 자원의 이용 및 생산소비 활동 등으로 새로운 방식을 강구할 필요성이 대두되었다. 이런 상황에서 심층수의 자원으로서의 이용은 우리가 직면하고 있는 해양 심층수의 지속적인 개발방향에 대한 문제의 해결 또는 경감에 공헌할 것으로 기대된다. 그 동안 온도 차 발전을 중심으로 진행된 세계의 심층수 자원 이용에서 더 나아가 심층수가 가지고 있는 다양한 자원성의 이용도 인류가 직면한 문제를 해결하는 데 도움이 될 것이다.

심층수 자원의 활용은 전문가에 의해 다양한 용도를 개발하는 데는 한계가 있으므로, 일반인들의 노력으로 다양한 용도 개발을 위한 아이디어가 원동력이 되어 전개된다면 더욱 발전의 여지가 많다. 물론 현재까지 다양한 이용이 고안되어 활용되고 있으나, 왜 심층수가 좋은지에 대한 작용 메커니즘이 밝혀지지 않아 시장의 확대에 걸림돌이 되고 있다. 예를 들면, 심층수를 넣어 발효시키면 발효 촉진은 분명하지만, 아직까지 그 메커니즘은 거의 밝혀져 있지 않다. 또한 심층수로 만든 음료수의 우수한 점에 대한 과학적 검토가 이루어지지 않았다. 전문연구자들이 심층수가 가지고 있는 자원성과 특징을 평가하여 심층수의 효과 및 작용 메커니즘을 밝혀낸다면 심층수의 시장은 크게 발전할 것이다. 우리나라의 경우, 겨울에는 수온이 낮아져 심층수 이용의 요점이 되는 저온은 일 년 내내 이용이 어려워 지리적 이점이 좋지 않다. 따라서 열대 지역에서의 실용화를 추진하는 동시에 온대에서도 심층수의 저온을 이용할 수 있는 대책을 강구할 필요가 있다.

국내의 심층수 개발 현황

최초 고유가에 따른 자원의 필요성과 산업발전에 따른 에너지 문제 및 먹는 물의 대체 공급이 21세기 국가 번영을 결정하는 핵심요소로 대두되고 있다.

우리나라는 앞으로 먹는 물의 확보와 안전한 식량공급 그리고 환경 영향 등을 중장기적 입장에서 고려하여 추진할 필요가 있는데, 해양 심층수의 이용을 단순한 상품 및 산업화라는 측면을 넘어 자원이나 환경도 포함한 기반연구 및 산업화의 양면 추진을 진행해야 할 것이다.

해양수산부는 2007년 해양 심층수 개발 및 관한 법률제정 이후 심층수의 산업화를 추진하고 있다. 국내 해양 심층수 산업규모는 아직 1,000억 원을 넘지 못하고 있다. 따라서 정부는 해양 심층수 산업 활성화를 위해 해양 심층수 개발에 따른 이용부담금을 1%에서 0.5%로 인하하고 유통기간도 기존 1년에서 2년으로 확대하는 등 산업 활성화를 위해 지원하고 있다. 또 6개 식품에만 사용이 가능했던 해양 심층수 처리수를 모든 식품에 이용이 가능하도록 제도를 개선했다. 아울러 기업이 부담하고 있는 공유수면 사용료와 이용부담금을 5년간 감면하고 해양 심층수 공장에서 탄산수 제조도 허용했다.

아직까지 대부분의 사람들은 해양 심층수하면 '마시는 물'로만 인식하고 있어 이제 마시는 물에서 우리나라의 미래 산업을 이끌어갈 융·복합 산업으로 육성하기 위해 2024년까지 1조 5,000억 원을 투입하고 1만 4,000명의 일자리를 창출하기로 했다. 또한 해양 심층수에서 추출된 미네랄 추출물을 식품 원료로 등재하고 해양 심층수 관련 산업의 세분화 및 신규기업이 진입 장벽 해소 등을 위한 해양 심층수 법률개정도 추진하고 있다. 정부는 향후 10년 내 현재 시장을 20배 이상 키우는 것은 물론 세계시장을 선점하겠다는 목표로 적극적으로 해양 심층수 산업육성에 나서고 있어 앞으로 해양 심층수 활용 관련 산업이 성장될 것으로 기대된다.

앞에서도 지적했듯이 해양 심층수에 존재하는 성분들이 왜 인간에게 좋은지 그 작용 메커니즘이 과학적으로 확실하게 밝혀진다면 시장은 뜨겁게 형성될 것이다.

20 미래의 식량부족, 해양 목장화로 해결

21세기는 이미 인터넷이라는 디지털 혁명시대가 시작되었고, 수천 개의 위성이 지구 상공을 선회하고 있으며, 우주선이 화성에 날아가는 시대가 도래되었다. 그러나 아직도 지구 한편에서는 식량난으로 고통 받는 사람들이 많다. 앞으로 우리 인류가 해결해야 할 과제로서 환경문제와 식량문제가 중요한 경제 현안으로 다가오고 있다.

20세기까지 인류는 지구 전체의 30%에 불과한 육지에서 대부분의 식량을 조달해 왔으며, 그 일부만을 해양에서 보충해 왔다. 식량의 생산량은 지구온난화와 관련이 있는데, 만일 대기 중 이산화탄소의 농도가 2% 정도 증가할 경우 34% 정도 감소하고, 오존층이 10% 정도 파괴되면 식량생산은 약 30% 감소된다고 미국 환경보호청이 발표했다. 또한 인구증가도 식량위기의 중요한 원인 중의 하나로, 매년 9,000만 명의 인구증가로 인해 매년 2,800만 톤의 곡물공급이 추가로 생산되어야 하지만 식량생산의 증가는 인구증가율에 크게 뒤지고 있어 앞으로 인류의 식량수급에 큰 차질이 발생될 것이다. 현재 식량부족으로 인한 세계의 영양불량 인구는 8억 명 이상으로 북한 어린이들을 포함하여 매일 1만 1,000명의 어린이들이 굶어 죽고 있다.

우리나라의 식량자급률은 1970년에 80.5%에서 2015년 50.2%로 감소하여 수입의존도가 크게 높아져 식량문제를 국민생존과 국가 안보적 문제로 다루어야 할 과제로 대두되었다. 이를 극복하기 위해서는 농업생산량을 획기적으로 증대시켜야 하지만 육상 경작지가 산업화, 도시화, 환경오염 및 기후변화 등에 의해 해마다 줄어들고 있는 실정이어서 육상에서 식량생산 증가는 기대하기 어렵다. 따라서 앞으로 인류의 장기적인 식량 확보는 해양에서 그 해결책을 찾아야 한다.

인류의 역사가 시작된 이래 인류의 식량을 조달하는 중요한 수단으로 초기에는 낚시와 같은 단순한 수렵 행위로부터 시작하여 차츰 그 어업 대상 해역이 넓어지고 포획 강도를 높이기 위하여 어업 기술이 비약적으로 발달해 왔다. 그러나 수산업이 지속적으로 이루어지면서 무한할 것으로 여겨지던 수산 생물자원도 어업 기술의 발달과 늘어나는 수산물 수요 충족을 위한 남획으로 이미 일부 수산 어종은 자원 고갈 현상이 나타나고 있는 실정이다.

우리나라는 넓은 대륙붕과 3,200여 개에 달하는 섬을 가지고 있으며, 삼면이 바다로 둘러싸여 있어 해양 개발 잠재력이 높은 나라이다. 또한 한류와 난류가 교차하고 동해, 서해, 남해안이 각각 다른 해양 환경적 특성을 가지고 있어 다양한 분야의 수산업이 이루어지고 있다. 특히 우리나라는 산이 많은 국토로 인해 농토가 부족하고, 인구 밀도는 높은 데 반하여 각종 자원이 부족하므로 21세기에 5,000만 명에 달하는 인구의 식량 공급과 생활수준의 향상과 함께 요구될 고단백 식품의 수요를 충당할 유일한 활용 공간으로 바다를 주목해야 할 것이다.

해양의 개발과 보전은 지구상의 자연 생태계의 개발과 보전이라는 선상에서 최근 국제적으로 심도 있게 논의되고 있으며, 아울러 전 세계 해양국은 1982년 유엔해양법 협약에서 성문화되었던 200해리 내의 배타적 경제 수역(Exclusive Economic Zone, EEZ)을 선포하였다. 이에 따라 전 세계 해양의 약 36%, 주요 어장의 90%가 각국의 관할 해역에 속하게 되어 어장이 축소되어 우리나라의 원양어업에 심각한 영향을 미치고 있다. 그에 따른 영향으로 최근 인접한 국가들과 외교적인 분쟁을 일으키고 있는 몇몇 섬의 영유권 주장은 바다 자체를 자국의 영토 개념으로 인식하고자 하는 움직임에서 파생되는 문제이다.

국제식량농업기구(FAO)에 따르면 수산물 생산량은 1989년에 처음으로 1억 톤을 넘은 이래 점차 증가 추세에 있다가 2012년에는 1억8,200만 톤에 이르렀다. 수산생산물 중 일부는 어분이나 어유(fish oil)로 생산되고, 나머지 약 70~80%는 인간이 직접 식용으로 소비하고 있다.

한편, 우리나라의 수산물 생산량은 2014년에 330만6,000톤으로 수산물의 수출과 수입 모두 세계 10위권의 수산물 생산국과 동시에 소비국이기도 하다. 330만 6,000톤 중 연근해어업 1,06만 톤, 양식 1,54만 7,000톤, 내수면어업 3만 톤, 원양어업 66만 9,000톤이었다. 이를 어업과 양식으로 나누어보면 양식 생산량은 총 150만 톤으로 전체 수산물 생산량의 약 47%를 차지하고 있어 이미 우리나라는 수산물 확보를 위해 양식업에 상당 부분을 의존하고 있다.

앞에서 서술한 바와 같이, 우리나라 연안은 어업과 양식에 좋은 조건을 갖추고 있지만, 1970년대 이후 좁은 국토를 확장하고 임해공단 개발과 같은 산업화 정책을 추진함에 따라 계속되어 온 연안의 간척 매립으로 인해 연안의 생태적 변화를 초래하여 주요 수산생물의 산란장 및 서식처를 황폐화시켰으며, 연안 해양환경 오염을 가중시켜 생산 잠재력이 큰 연안 어장에 많은 피해를 입히고 있다. 따라서 현재의 수산업을 발전시키고 나아가 지속적인 생산을 유지하려면 자연 산란장 및 치어 생육장을 보호하는 동시에 연안해역의 생산성을 유지하고 극대화하기 위해서 새로운 방식의 양식 기술개발이 필요한 실정이다.

국내외 해양목장 개발 현황

최근 들어 세계 선진국은 이러한 상황에 대처하고 해양생물 생산량을 획기적으로 증대시키기 위해 미개발 해양생물자원의 양식기술 개발은 물론 해양에서도 육지의 목장처럼 수산생물을 사육할 수 있는 해양 목장화 사업에 관련된 기술개발을 위하여 노력하고 있다. 해양목장이란 기존의 가두리 양식처럼 단순한 양식이나 채취가 아니라 기업적 경영 시스템으로 해양에 물고기 목장을 만드는 것이다. 해양목장은 어패류에게 가장 적합한 자연환경을 조성, 수산물들을 방류해도 달아나지 않고 자연산으로 대량 양산할 수 있다. 어패류가 싫어하는 초음파를 발사해서 자연스럽게 가두고, 마치 조건반사처럼 특정 음향을 틀어주고 특정 시간대에 먹이를 주는 방법, 또 파도를 없애주는 장치(소파제)와 해류 흐름을 조절해 주는 장치까지 설치해 어류에게 바닷속 초원을 인위적으로 마련해 주는 것이다. 해양목장에서는 마치 종묘 시험장처럼 갖가지 수산물의 양식실험까지 가능하다.

일본은 1960년대부터 적극적인 자원배양형 어업개발을 위한 연구를 시작하여 1970년대에 연안 어장 정비 및 어업구조개선 등 심해역 개발과 연어, 송어의 대량 배양기술 개발사업을 수행한 데 이어 1980년대에 이르러서는 200해리 시대에 대비한 연근해 유용생물자원 배양을 위해 해양목장 기술개발 연구계획(Marine Ranching Program, 1980~1995)을 바탕으로 오이타현 가미우라 해역 등 현재 수십 개의 해양목장을 운영 중에 있다. 그 결과, 넙치의 경우 해양목장을 설치한 지역의 생산량이 설치하지 않은 지역보다 약 30% 정도, 참돔의 경우 평균 10% 정도의 증산 효과가 있는 것으로 보고되고 있다.

현재 일본에서는 해양생물의 초기 죽는 원인의 규명과 환경조건의 관리 및 개선 기술개발을 주목적으로 하고 있는데 구체적인 내용으로 ① 어패류 생존율의 향상(해적생물 구제, 사료개발), ② 환경제어기술(생활환경 최적관리기술), ③ 생산시스템기술(인공어초 개발, 해조장 조성, 보호수면 설치, 어장개량), ④ 복합형 자원배양기술(생태, 생활사, 해양특성 등의 연구로 복합생산기술 개발), ⑤ 지원기술(어병방지, 음향순치, 환경모니터링기술에 의한 최적 생활권 확대) 등이 있다.

최근에는 새로운 소재 및 공학기술을 자원관리 및 생산시스템에 이용하는 연구도 진행되고 있는데, 소리를 이용하여 방류한 어군을 관리하는 음향급이 시스템이나, 해양목장의 에너지원으로써 태양열을 이용하려는 선샤인(Sunshine) 계획 등이 활발하게 추진되었으며, 미국과 일본은 공동으로 태평양에 서식하는 참다랑어를 대상으로 해양 목장화를 1995년부터 추진하여 성공하였다. 노르웨이도 1960년대에 대서양 연어에 대한 해양목장 연구에 돌입한 이후 1980년대 들어 대구 및 바닷가재 목장화를 연구하여 성공하였으며, 중국도 최근 복건성, 광동성을 중심으로 해양 목장화 개발사업 기반연구에 나서고 있으며, 미국, 캐나다에서도 1995년부터 해양 목장화 기반기술을 개발하고 있는 실정이다.

우리나라는 1977년 연근해 어업진흥계획(1977~1981)을 확정하여 그 사업으로 연안어장의 목장화 사업(1982~1989)을 추진한 바 있으며, 연안 어장 목장화 종합개발계획(1994~1995)으로 인공어초 시설, 인공종묘 방류, 증양식 어업개발, 내수면 어업의 촉진 및 어장환경 보전 등에 필요한 여러 사업을 각 지방 자치단체가 중심이 되어 추진되었으나 이들 사업내용의 대부분은 연안역 어장 환경의 재정비라는 차원이었으며, 해양 목장화를 위한 연구 및 기술개발 계획은 미흡한 실정이었다.

한국해양연구소에서는 해양 목장화를 위한 기초기술개발을 목적으로 1980년도부터 계속적으로 해양생물의 대량 생산관련 연구를 집중적으로 수행한 바 있는데, 그 결과 연어과 어류를 비롯하여 참게 및 황복 등의 생산기술을 기업 측에 이전할 정도로 많은 내부기술을 축적하고 있다. 1994년부터 한국해양연구소의 김종만 박사의 총괄책임하에 전문화 계획의 일환으로 1996년까지 해양 목장화를 위한 연구가 추진되어 통영시 산양읍 지선을 해양 목장화 모델 해역으로 정했으며, 제주도에서는 전복을 위한 어초개발과 대상해역 일반생태계를 파악, 해양 목장화에 필요한 대상생물로 조피볼락, 볼락, 쏨뱅이, 넙치, 전복 등 정착성이 강한 해양생물을 선정한 바 있다. 1998년 해양 목장화 기반 연구사업을 3년에 걸쳐 추진하였으며, 2001년에 2단계로 해양 목장화의 적용화 사업, 2004년에 해양목장의 실용화 사업이 추진된 바 있다. 이로 인하여 우리나라 양식 산업의 활성화를 위한 토대가 마련되었다.

해양목장과 어류의 행동 특성

해양 목장화는 광범위한 해역에서 이루어지기 때문에 방류되는 어패류를 일정한 영역 내로 생활해역을 제어하기 위해서는 어패류의 행동특성을 조사하여 행동을 제어할 수 있는 방법에 관한 연구가 선행되어야 한다. 어패류의 행동을 제어하는 방법으로는 여러 가지가 있으며, 연어와 같이 방류한 강으로 되돌아오는 어종이 해양목장에 제일 적용하기 좋은 어종이다. 앞으로 해양생물공학 기술을 이용하여 어류의 습성을 바꾸는 것도 유력한 해양목장기술이 될 것이다. 참돔의 음성순치(먹이 제공 시 음으로 학습시킴)에 의한 행동제어도 해양목장 기술의 하나이다.

해양목장은 해양 공간에 설치되는 시설뿐만 아니라 해양 공간 특성과 수산생물의 생리생태특성을 잘 파악하여 수산생물의 행동을 제어할 수 있을 때 가능하다. 어패류의 행동특성은 본능에 의해 촉발되어 감각기관에 의해 발현된다. 주성(taxis)은 어패류가 외부 자극에 대하여 일정한 행동반응을 나타내는 성질을 말한다. 이것은 자극을 감지하는 감각기관과 관련이 있고 환경과 생물의 생리생태와 함께 가장 중요한 생물특성이며, 주성을 해명하면 많은 생물 현상을 환경 현상으로 해석하는 것이 가능하여 환경제어에 의한 어패류의 행동제어가 가능하다.

주성의 내용은 빛에 반응하는 성질의 광주성(visual taxis), 화학물질의 냄새에 반응하는 성질의 화학 주성 또는 냄새 주성(smell taxis: 먹이 등의 냄새에 반응하는 성질), 평형 주성(평형감각: 배부분을 아래로 향하게 하는 성질), 평형감각 외에 등을 빛으로 향하게 하는 배광 주성(light distribution)도 있다. 뿐만 아니라 흐름 주성(운동감각: 물이 흐르는 방향으로 몸을 향하게 하는 성질, 물의 가속도에 관계), 접촉 주성(피부감각, 측선감각: 물체의 부근에 접촉하여 얻어진 성질), 음 주성(청각: 음에 반응하는 성질, 먹이 제공 시 학습에 사용되고 있다), 삼투압 주성(수온, 염분 등의 차이에 의한 삼투압 차이에 반응하는 성질), 전기 주성(신경: 전장) 등이 있다. 그림 20-1에서와 같이 자극을 인위적으로 조절하여 천연산 어류의 행동제어를 하거나 인공종묘를 자극에 대

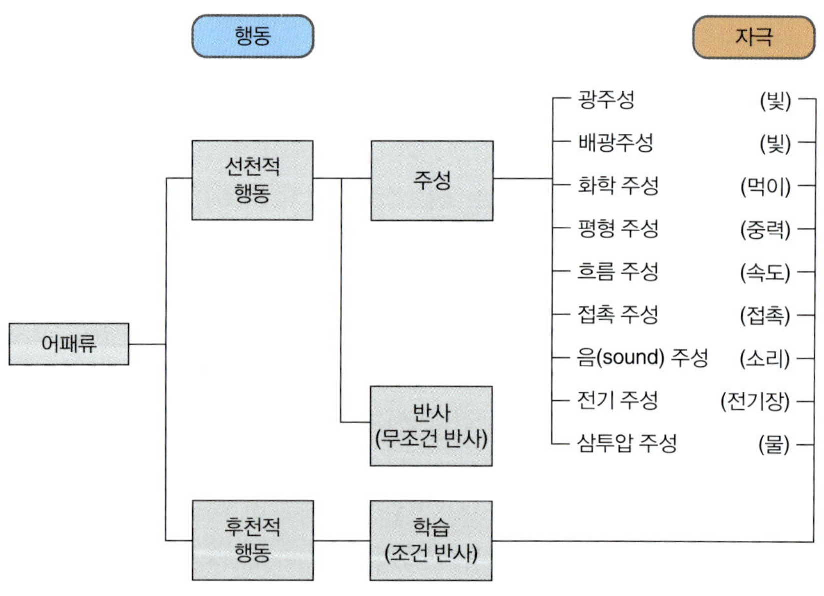

그림 20-1. 해양목장의 기초가 되는 환경자극과 어패류의 행동.

해 학습시켜 어패류의 행동제어를 할 수 있다. 학습은 자극의 반복경험에 의한 조건반사를 습득시키는 것으로 앞서 기술한 참돔의 음성순치는 학습의 좋은 예이다.

해양목장은 환경적 행동특성을 이용하거나 제어하여 자원을 배양육성하고, 효율적이고 계획적으로 어획하여 소비자의 요구에 따라 안정적으로 수산물을 공급, 풍부하고 건강한 식생활을 제공하는 것으로서 수렵적인 어업에서 목축업적 어업으로의 전환을 의미한다. 이러한 관점에서 본 해양목장 기술의 전개 분야는 그림 20-2와 같다.

해양생물은 다산성(fecundity: 빠른 기간 내에 다수의 자손을 낳을 수 있는 능력)으로 대부분의 종(species)은 수십내지 수백만의 알을 낳지만 발생초기에 육식 어류에 의해 잡아 먹혀 그 수가 대폭 감소되며, 유치어 단계까지 자란 것이 성체로 되는 것은 탁월년급군(predominant year class: 올해에 많이 발생된 군은 내년도 이후에도 탁월개체군으로서 지속한다)의 존재로 확인할 수 있다. 그렇기 때문에 유치어까지 인공적으로 생산해서 방류하여 자원의 증대를 꾀하고 있는데, 이것을 재배어업이라고 한다.

일본의 경우, 연안의 중요한 어패류의 인공종묘 생산기술은 약 100종에 대하여 기술개발이 행해지고 있고 이 중에서 보리새우, 참돔, 감성돔, 넙치 등의 약 20종에 대해서는 대량 생산기술이 확립되었다. 그리고 인공종묘를 언제, 어떠한 환경의 장소에 방류하고, 어떻게 관리, 어획하는가에 대한 기술 개발도 이루어졌다.

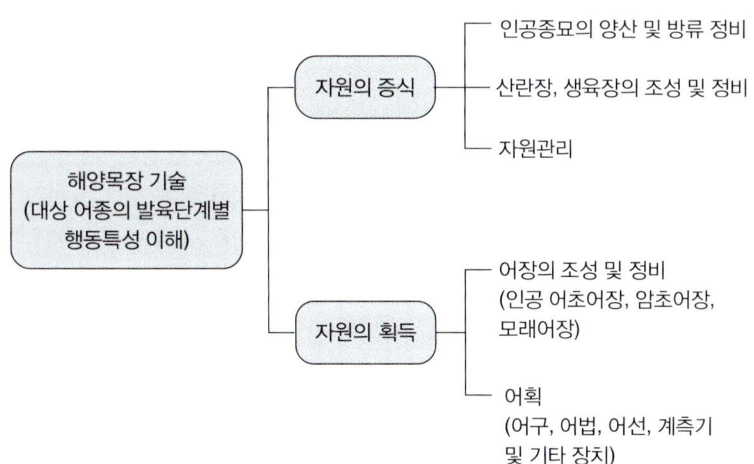

그림 20-2. 해양목장 기술의 전개 분야.

해양 목장화에 의한 해양생물자원의 증식을 위해서는 인공종묘의 생산기술뿐만 아니라 어류들의 산란 및 서식환경도 인위적으로 조성해 주어야 한다. 어패류의 산란장 및 생육장의 조성정비는 최적의 산란환경을 조성하고 동시에 산란 후에 난치자(egg gardenia seed)의 생육장을 조성 및 정비하여 치어의 생존환경을 마련하는 것이다. 예를 들면, 오징어는 고형물의 천장과 경사면의 물 흐름이 양호한 장소에 알을 산란한다. 그러나 모래가 있는 곳이나 대형 조류가 있는 곳에는 부화 후 생육하기가 어려워 산란이 이루어지지 않기 때문에 산란초를 설치해 주어야 한다.

참돔은 저층에서 살아가지만 산란은 표층부근에서 부유란(pelagic eggs)을 낳고 부화된 자어기(fish larval stage)에는 플랑크톤을 먹으며 살아간다. 따라서 플랑크톤 농도가 높은 해역에 산란시키는 것이 효과적이다. 그리고 치어가 되면 박테리아 및 엽상식물(thallophyte: 줄기와 잎의 구별이 없고, 관다발이 분화되지 않은 가장 원시적인 식물) 등을 먹기 때문에 거머리말이 있는 주변의 모래톱에서 서식한다. 따라서 이러한 산란장이나 유치어가 살아갈 수 있는 생육장을 만들어 주어야 할 필요가 있다.

해양 목장화에 의한 해양자원 관리

앞으로는 해양자원의 효율적인 관리가 무엇보다도 중요하다. 해양자원의 관리를 위해서는 지금까지 실행되어 온 경쟁어업으로부터 자원관리형 어업으로 전환시킬 수 있는 기술개발이 요구된다. 현재까지 연안 어법에 있어서 연안사업의 진흥책이 진행되고 있음에도 불구하고 총어획량이 현저히 감소되고 있는데, 이것은 어업의 획득물이 잡은 사람의 소유물로 되는 수렵적인 성격으로 타인보다 빨리 유리하게 어획한다는 경쟁어업으로 인해 수많은 어로장비에 기인된 것이고, 각 수산업체의 어획효율의 향상은 거시적인 측면에서는 전체적으로 어획효율의 저하를 초래하였다. 경쟁어업의 원점에서 볼 때 해양생물 자원에 대한 관리의 중요성을 어민들이 인식하여도 제대로 지키지 못하고 있는 실정이다. 그 이유는 "내가 잡지 않아도 누군가 잡는다" "잡히지 않으면 다른 해역으로 가면 된다" "잡으면 적은 양이라도 수입이 된다"는 이기적인 사고에서 기인된다.

그러면 해양목장의 자원관리는 어떻게 이루어져야 하는가? 양어장의 어류는 소유자가 정해져 있으며, 이것을 타인이 잡는 것은 허용되지 않는다. 해양목장에서 음성순치에 의해 사육된 어류는 어떠한가? 인공종묘를 방류하고 관리하여 기른 어류는 가두리 어망이 없기 때문에 자연산 어류도 유입되고 방류어도 일부는 이탈될 것이다. 그러나 이 해역 안에서 서식하는 어류에 대해 소유자를 지정하여 방류된 어종의 종묘비 및 관리비는 이 해역에서 생산되는 어종에서 그 이익을 얻도록 하는 것이 타당할 것이다. 앞으로의 기술개발에 의해 어군의 유도·차단 기술의 진보, 새롭게 개발된 인공어초에 의한 어장관리 시설이 실용화되면 이러한 해양목장 해역에서 자원은 효율적으로 관리할 수 있게 될 것이다.

인공어장에 사용되는 인공어초는 어패류의 행동특성을 이용하여 행동제어를 하는 가장 실용화된 중요한 해양목장 기술이다. 인공어초 어장의 조성은 연안 어장 정비개발의 매우 중요한 기법이며, 연안 어장 정비개발사업의 큰 부분으로서 우리나라에서도 매년 계획적으로 실시되고 있다. 인공어초는 해저에서 지형적, 유동적인 자극이 높은 장소이며, 어패류는 자극에 반응하여 행동하는 주성을 가지고 있기 때문에 어초 어장의 조성은 이 성질을 이용해서 개발되고 있다.

해양 목장화로 풍요로운 해양국가 건설

한편, 해양목장에 필요한 기술은 대부분 1차 산업과 연결되어 있으므로 기술개발에 많은 취약점을 안고 있다. 즉 치어를 방류한 후 자연여건의 변화에 따라 대상생물이 다른 해역으로 이동할 가능성이 높아 대상생물을 원하는 곳에 정착시키는 데 기술적으로 많은 어려움이 있으며, 우량 종묘생산을 위한 우량 치어 확보에 기술적인 어려움이 따른다. 또한 해양 목장화를 위해 설치된 각종 기기의 보존이나 방류된 어종의 보존 등의 어려움도 있다.

그러나 해양 목장화는 수산생물 자원의 생산성 증가와 해양환경의 보존을 위해 앞으로 반드시 해결해야 할 사업이며, 이에 대한 전문적인 기술이 축적된 국가는 일본, 노르웨이 등 극히 일부이므로 우리나라에서도 이 분야의 기술개발로 기술선점의 우위를 확보해야 할 것이다. 다행히 한국해양연구소는 해양 목장화 기반연구를 통해 해양 목장화에 대한 기본개념을 파악하고 있으며, 이를 바탕으로 통영해역에서 어류행동, 방류기술, 해조장 조성, 음향급이, 해역환경제어 등 기타 지원기술의 개발로 실제해역에 적용할 기반

기술을 완성하고 마지막에는 통영해역에 시험목장을 설치하여 대상 해역의 생산량 증대효과를 입증할 수 있을 것으로 기대된다. 앞으로 이 연구결과를 토대로 동해, 서해 및 남해각 해역에 적용할 대단위 광역 목장화 기술개발이 가능할 것으로 기대된다.

해양 목장화에 필요한 제반기술의 개발은 이 분야의 세계기술시장에서 비교우위를 확보할 것이며, 아울러 생태계 구조 및 구성원의 기능적인 역할 및 군집구조와 동태에 미치는 생태계의 물리, 화학적, 지질학적 환경요인의 특성파악으로 생태계의 물질 생산량, 안정성, 수용력 변화를 예측할 수 있다. 또한 해양 목장화에 필요한 인공어초 설치, 해조장 조성, 음향급이기, 소파제(sofar: 음파를 방출하는 사물의 방향과 거리를 찾는 데 사용하는 기계), 해상관측 부이 등 제반시설을 설치하여 대상생물의 생리와 유전자원을 파악하고 주요자원의 행동연구를 통해 대상생물의 수중 행동과 인공구조물과의 관계를 파악해야 할 것이다.

최근 스마트 파밍(smart farming)이 농장에 활용되고 있는데 이것은 사물인터넷 기술을 이용하는 재배관리 시스템이다. 까다로운 작물을 관리하고 재배하는데 큰 도움을 줄 수 있다. 농장의 센서가 스마트폰 애플리케이션과 연동되어 온도, 습도, 조도, 이산화탄소 농도 등 생육에 영향을 끼치는 주요 요인들을 실시간 수집해서 사용자가 정보를 확인할 수 있게 해준다. 그리고 만약 사용자가 확인을 하지 않고 있더라도, 농장 상태가 위험 수준에 도달하게 된다면 알람 서비스가 작동된다. 예전에는 농부가 수시로 농장에 가서 확인을 해야 했지만 이러한 기술로 시간을 아끼고 더 효율적으로 농사를 지을 수 있게 해주는 시스템이 생긴 것이다.

아직까지 바다양식(marine culture)에는 사람이 직접 일을 해야 하는 재래식으로 위험이 상존해있어 발전에 어려움이 있었으나 이제 4차 산업혁명으로 수중로봇, 드론, 무인 수중 잠수정, 무인 운반선 등이 개발되어 활용되면 스마트 파밍 시스템처럼 해양목장의 자동화시스템도 구축되어 관리됨으로써 경제성이 상당히 높아질 것이다.

어업과 양식업이 이루어지고 있는 바다는 인구 증가에 따른 식량부족 현상, 육상 자원 고갈에 따라 인류의 생존에 필요한 자원을 공급해 줄 마지막의 미개발 영역이며, 개발 가능성이 무한한 지구 최후의 자원 보고이므로 잘 조화된 장기적인 보존을 위해서는 해양목장 기술의 개발이 필요하다. 이러한 연구가 앞으로 국가 해양개발 시행계획과 유기적으로 연관되어 수행된다면 우리나라의 수산물 공급 자립도는 크게 향상되어 미래에 닥쳐 올 식량부족의 문제를 해결하는 데 큰 도움이 될 것으로 기대해 본다.

21 생명의 터전 갯벌

내 고향은 예로부터 유기(鍮器)그릇으로 유명한 경기도 안성이다. 흔히들 「안성맞춤」이란 말은 자주 쓰면서도 안성이 어딘지 모르는 사람이 많다. 안성에서 40여 리 떨어진 곳에 있었던 외가댁은 충남 아산의 삽교천에서 그리 멀지 않은 곳에 있어 어려서 외가댁에 갈 때마다 항상 갯벌에서 살다시피 했다. 나를 갯벌로 유혹한 것은 개미떼처럼 몰려다니던 바다의 둔갑술사인 게들로 360° 회전이 가능한 자루가 달린 눈을 치켜세운 모습이나 옆으로 기어가면서 재빠르게 도망치는 모습, 게마다 특이하게 생긴 집게발로 먹이를 먹는 모습 등은 어린 나의 호기심을 자극하지 않을 수 없었다.

그 당시에는 외가댁에서 끼니마다 자연산 생굴을 먹었다. 지금의 양식산 굴에 비해 크기는 매우 작지만 맛은 비교가 될 수 없을 만큼 맛이 있었다. 또 삶은 게와 게장을 어렸을 때 먹었던 탓인지 아직도 그때의 게살과 게장맛을 지금까지도 잊지 못해 게요리를 좋아한다. 그러나 나의 어렸을 때 호기심을 자극하여 유혹했던 그곳의 갯벌은 삽교천 건설로 사라진 지도 30여 년이라는 오랜 세월이 흘러갔다.

1997년 해양수산부에서 조사한 결과, 우리나라 갯벌의 총면적은 2,393km^{2}로 지난 1987년에 조사한 2,815km^{2}에 비해 422km^{2}가 감소하였다. 이는 우리나라 전 국토의 2.4%에 해당되며, 특히 서해안은 미국의 동부해안, 독일의 북해연안, 아마존강 유역과 더불어 세계 5대 갯벌의 하나로 꼽히고 있다. 그러나 해양수산부는 지난 1987년 이후 시화, 새만금 등 주요 간척 및 매립사업으로 상실된 갯벌면적만도 810.5km^{2}에 이르러 실제로 없어진 갯벌면적은 전체의 약 40%나 줄어들었다는 조사결과를 발표한 바 있다.

환경에 관한 인식이 높아졌다는 지난 10년 동안 이렇게 넓은 갯벌이 소실되었다는 사실은 실로 충격적이다. 갯벌이 이렇게 빨리 사라지는 것은 환경을 외면한 개발, 특히 대규모 간척사업 때문인데 이런 추세로 나간다면 세계 5대 갯벌의 하나라는 서해안 갯벌이 아예 자취를 감출 것으로 우려된다.

생태계에 대한 지식이 없던 시대에는 갯벌은 황무지로 여겼다. 하지만 이제 갯벌은 각종 해양생물의 서식지이고 육지에서 바다로 흘러나가는 오염물질의 정화기능, 또한 수산물을 제공해 줄 뿐만 아니라 자연재해를 막아주고 자연을 즐기고 학습할 수 있는 장소를 제공해 주는 등 다양한 기능을 가지고 있다. 갯벌에 존재하는 풍부한 영양염류는 갯벌을 많은 해양생물의 산란장과 성육장으로 기능을 하게 한다.

[순천만 갯벌]

갯벌이 수산자원과 환경보호에 기여하는 바를 생산성으로 계산하면 농경지에 비해 3~10배, 그리고 외해(open sea)에 비해 10~20배나 되는데도 우리는 갯벌을 흙으로 메우기에 급급했던 것이다. 더구나 최근에는 간척사업의 규모가 커져서 지도를 한꺼번에 바꿀 정도가 되었다. 그러나 대규모 간척은 원래 목적을 달성하지 못하고 생태계의 파괴만을 초래하는 경우로 전락하는 일이 종종 발생하였다. 오염된 호수만 남긴 시화지구 개발이 그 대표적인 예이다. 또한 새만금 간척사업도 시화호 못지않은 심각한 환경재앙을 초래할 것으로 예상된다.

갯벌은 국토의 광활한 면적을 차지하고 있어 우리생활과 밀접한 지대로 관계를 가져왔음에도 불구하고 오랫동안 우리의 관심 밖에 있는 지대로 남아 있었다. 기껏해야 조개류와 같은 수산물을 채취하는 갯가나 생물이 살지 않는 진흙벌판 정도로 인식되어 왔다.

지금까지 최고의 존재가치가 수산물의 생산지로만 생각해 왔기 때문에 간척의 대상이 되었고 결국 서해안에서는 현재 완전한 자연 상태의 갯벌을 찾아보기가 어렵게 되었다.

간척과 매립은 주로 절대 농지와 산업 용지를 확보한다는 차원에서 이루어졌다.

한국환경정책 평가연구원의 연구보고서에 따르면 우리나라 갯벌의 에이커당 수산물 생산가치만 365만 원에 이르고 이밖에 동식물의 서식지 기능 283만 원, 정화기능 155만 원, 심미적 기능 160만 원 등으로 총 경제 가치는 820만 원에 이르는 반면, 매립해 농업 용지로 활용할 경우의 가치는 247만 원에 불과한 것으로 나타났다.

이 보고서는 특히 갯벌에 대한 경제적 생태적 가치를 고려하지 않고 무분별하게 간척 사업을 벌여 자연환경 변화, 환경오염 심화, 수산자원의 고갈 등 부작용이 심하다고 지적하였다.

실례로 군산산업기지 개발 사업시 건설단계의 준설 및 매립에 따른 부유물질이 하루 17,035톤이 발생해 바다를 오염시킨 것으로 조사되었다. 또 천수만 간척사업의 경우, 방조제 공사가 시작되기 전인 1986년에는 연간 어류 생산량이 12,150톤에 달하였으나 방조제 공사가 끝난 1991년에는 4,570톤으로 62%가 감소하였으며 낙지와 같은 연체류도 2만 톤에서 5천 톤으로 급격하게 줄었다.

환경생물학적 기능

갯벌은 물과 육지가 만나는 경계지대에 형성되어 있기 때문에 생물의 종류가 다양하고 영양염류와 에너지가 풍부하다. 해양수산부 자료에 따르면 서해안 갯벌에 서식하는 어류는 230종, 게류가 193종, 새우류가 74종, 조개류가 58종에 달한다.

또 갯벌은 하천을 따라 내려온 부유물의 퇴적장 구실을 하고 그 속에 살고 있는 다양한 미생물에 의해 화학물질의 분해가 활발히 진행되어 수질을 개선하는 효과가 있다. 갯벌 10km^{2}가 가지는 정화능력은 25.3km^{2}의 면적을 가진 인구 10만 명의 도시가 배출하는 오염물질은 정화할 수 있는 하수종말 처리시설과 맞먹는 것으로 분석되고 있다.

미국의 한 연구 자료에 따르면 0.01km^{2}의 갯벌은 생물학적 산소요구량(BOD) 21.7kg을 정화하는 것으로 분석되었다.

독일 바덴해의 갯벌보고 사례

덴마크, 독일, 네덜란드가 서로 맞닿아 있는 북해의 남서쪽 해안에는 세계 최대인 총면적 9,000km^2의 넓은 갯벌이 펼쳐져 있다. 이 가운데 덴마크가 10%, 독일이 60%, 네덜란드가 30% 정도를 차지하고 있다. 북해 남서쪽 해안은 네덜란드말로 갯벌은 뜻하는 바덴해(wadden sea)라고 한다.

세계 제2차 대전 이후 이 지역은 공업화로 파괴되고 항만의 건설, 석유단지, 농업, 수산활동으로 고유한 모습을 잃었다. 환경파괴에 대해 경각심을 가지고 구체적인 보전노력이 시작된 것은 지난 1970년대, 1971년 탐사에서 있었던 민간단체들의 회의는 습지를 보존하는 구체적인 협약을 도출하였다.

1982년 네덜란드, 독일, 덴마크 등 3국이「와덴해 보호를 위한 공동성명」을 채택하고 1987년에는 독일의 빌헬름스하펜에 공동사무국을 설치하였다. 이후 이들 국가는 2년마다 정부가 회의를 갖고 각국 실정에 맞는 갯벌보호에 관한 행정이나 법령개정을 위한 사업을 펼치고 있다.

이들 3국 가운데 특히 독일의 갯벌 보호정책은 유명하다. 독일은 우리나라 남북한의 갯벌을 합한 것보다 조금 작은 5,400km^2의 갯벌을 보유하고 있다. 독일은 1980년대 중반부터 연차적으로 모든 갯벌은 니더락센, 함부르크, 슐레스비히 등 3개 국립공원으로 지정해 보호하고 있다.

독일은 갯벌은 해안가에서 떨어진 정도나 보호해야 할 동식물의 많고 적음에 따라 3개의 구역으로 나눠 관리하고 있다. 물이 빠지면 드러나는 갯벌은 제1구역으로 제한된 길이나 표시에 따라서만 출입할 수 있으며, 학습적인 연구를 위한 출입도 신고해야 한다. 제2구역은 새들이 알을 낳거나 새끼를 품는 시기에는 표시된 길로만 출입해야 하고, 제3구역은 사시사철 출입이 가능한 지역이다.

구역별 비율은 보존 강도가 가장 강한 제1구역이 전체의 54%, 제2구역 45%로 대부분을 차지하고 있는 반면, 제3구역은 1%에 불과하다. 또 출입이 가능한 지역이라 할지라도 공원 안내자가 있어야 갯벌에 들어갈 수 있도록 하고 있다.

우리나라에서도 최근 들어 환경보호단체 중심으로 갯벌보호의 필요성이 제기되면서 정부도 개발 일변도에서 벗어나 보호중심으로 정책을 전환하고 있다. 이미 20여 년 전부터 갯벌이나 내륙습지에 관심을 가지고 보호정책을 펴온 선진국들에 비해 때늦은 감이 없지 않다.

해수부는 2010년부터 갯벌 생태계 복원사업을 진행했지만 중장기 계획 없이 추진되어 매년 1곳, 9년간 9곳(1.08km^2)을 복원하는 데 그쳤다. 그러나 앞으로 정부는 2025년까지 총 23곳의 갯벌을 복원하기 위해 「갯벌 생태계 복원 사업 중기 추진 계획」을 만들어 시행하기로 하였다.

갯벌 복원은 폐 염전, 폐 양식장 등 버려진 갯벌을 재생하고 폐쇄형 연륙교 등으로 바닷물의 흐름이 단절된 갯벌의 갯물길을 뚫는 등의 방식으로 이뤄진다. 또 복원된 갯벌을 브랜드화하여 지역 맞춤 생태계 관광 자원으로 활용할 계획이다.

한 번 훼손된 자연은 결코 원래의 모습으로 되돌아올 수 없으므로 앞으로 갯벌도 절대 개방되지 않는 구역, 양식장과 같은 수산물 증산을 위한 행위 정도로 허락하는 구역 및 일반 어업이나 해상활동을 허가하는 구역 등으로 구분하여 철저히 보호해야 할 것이다.

22 실험동물 대신에 사용하는 제브라피시

생물에는 유용한 생리활성 물질이 소량 함유되어 있고, 무엇보다도 생물을 수집하여 추출하기 때문에 생태계 파괴를 초래할 수 있다. 특히 식물의 생장은 환경과 매우 밀접한 관련이 있으므로 대량생산하여 일정기간 내에 공급이 쉽지 않기 때문에 제약이나 기능성 소재로 활용하는 데 어려움이 많다. 이를 극복하기 위해 사용되고 있는 것이 추출된 생리활성물질의 구조를 밝혀 합성하는 방법에 의한 제품 생산이다.

최종 유효성분의 유효성이 확보되면 임상시험을 위한 제품의 제조승인을 신청하기 위해 안정성(독성시험 및 약리시험)을 실시하여 안전성 여부를 판정하게 된다. 통상적으로 일반 연구자들은 자가 시험으로 일반 약리시험과 급성 독성시험을 실시하여 기능성이 인정되면 공신력이 있는 전문기관에 독성시험 및 약리시험을 의뢰하게 된다.

최종 유효성분의 유효성과 안정성이 확보되면 약품을 가공하여 치료목적에 알맞게 제조한다. 이를 제제라 한다. 이러한 제제설계에 있어서 무엇보다도 중요한 단계는 유효성분의 물성(물리적 성질, 화학적 성질, 생물학적인 성질)을 평가하는 일이다. 생물학적 성질에서 약리, 약효, 작용부위, 투여량, 혈중농도, 흡수분포, 흡수부위, 흡수속도, 대사배설, 생물학적 반감기(biological halflife: 어느 물질이 생체 내에서 초기농도의 절반으로 감소되는데 걸리는 시간), 부작용 등이 검토되며, 물리적 성질로 용해성, 안전성 등이 검토된다.

제제가 만들어지면 제제의 특성을 평가하게 된다. 제제의 특성평가는 생물학적 특성(흡수, 배설), 관능적 특성(맛, 냄새, 색), 물리화학적 특성, 경시적 안전성 등을 평가한다. 제제의 특성평가가 이루어지면 제제공정으로 들어가 임상용 제품을 포함한 시제품을 생산하여 최종 평가를 내리게 된다.

독성시험 및 약리시험 등의 전 임상시험을 거쳐 보건복지부 장관의 승인을 받으면 임상시험을 위한 제품 제조 승인을 얻어 임상시험 지침에 따라 임상용 제품을 제조한다. 임상시험은 전 임상시험을 통하여 안전성이 입증되고 임상 유효성이 기대되는 시험약을 이용하여 제1상, 제2상, 제3상 순으로 진행한다.

임상시험이 들어가기 전에 반드시 거쳐야 하는 것이 동물을 이용하는 전 임상 단계이다. 예를 들어 치약 안정성 검증에 다람쥐, 쥐, 두더지와 같은 설치류 800마리, 사람에게 해롭지 않은 살충제 개발하는데 설치류 1만 마리가 희생된다. 일생생활에서 접하는 화학물질 하나를 개발하기 위해 매년 세계적으로 수백만 마리의 실험동물이 생을 마감한다. 안전성 검증에 동물실험은 피할 수 없지만 문제는 10개 중 9개의 제품이 임상시험에 실패한다는 사실이다. 90% 이상의 동물이 의미 없이 희생당하는 셈이다.

최근 인간들이 이 문제에 대해 대안을 내놓기 시작했다. 우선 꼭 필요한 경우 이외엔 실험동물을 최소화하려는 움직임이 일고 있다. 국내에선 2018년 2월 동물실험을 거쳐 만든 화장품의 제조 및 판매를 금지하는 "화장품법" 개정안이 시행되었다. 이 흐름을 타고 과학계에선 동물실험을 최소화하려는 기술, 즉 "동물대체실험" 연구가 이어지고 있다.

안정성 검증을 동물실험 이외의 방법으로 대체하자는 것이다. 대표적인 방법 중 하나는 화학물질 독성평가에 쓰이는 "인공피부"다. 인간의 피부 표피를 배양해 만든 이 인공피부는 수분 함량이나 전기전도도(electrical conductivity: 물질에서 전류가 잘 흐르는 정도를 나타내는 물리량, 고유저항의 역수)가 실제 사람표피와 유사하다. 실험동물의 종류가 바뀌 최소한 고등동물의 희생만이라도 줄이려는 움직임도 있다. 신약개발과 바이오 제품개발 과정에서 동물 대신에 어류인 제브라피시(zebrafish)를 활용하면 제품개발과 비용을 줄이고 실패확률을 낮출 수 있다.

제브라피시는 성체크기가 3~4cm 정도인 담수어로 많은 수의 개체를 쉽게 확보할 수 있고 인간 유전자나 조직과 구조가 유사하다. 이 때문에 새로운 물질의 유효성, 안전성, 약물성을 효과적으로 검증하는 데 확인할 수 있다.

특히 세포실험과 포유동물 실험의 중간 단계에 적응할 수 있는 동물 대체 시험법으로 널리 쓰여 글로벌 제약사 및 임상시험 수탁기관에서 신약 후보물질의 유효성, 독성, 안전성 평가 등에 대규모로 활용되고 있다.

국내에서도 실험용 동물 대신 물고기나 기생충으로 뇌기능을 연구하고 독성 검사를 할 수 있는 방법이 개발됐다. 실험동물에 들어가는 비용을 아낄 수 있고 생명윤리 논란도 피할 수 있다.

대구경북과학기술원 김 교수는 제브라피시의 머리에 센서를 붙여 대뇌와 소뇌 등 네 군데에서 동시에 뇌파를 측정하여 뇌파신호가 뇌 속에서 어느 방향으로 퍼지는지를 알 수 있는 뇌전증(간질)과 같은 뇌신경계 질환의 치료제 개발에 활용할 수 있다고 설명했다.

제브라피시는 잉어과에 속하는 인도산 소형 어류로 이름에서 알 수 있듯이 얼룩말 줄무늬를 띠고 있으며 또한 열대어이지만 관리하기가 매우 쉬워서 관상용으로 널리 알려져 있어 구입도 쉽다.

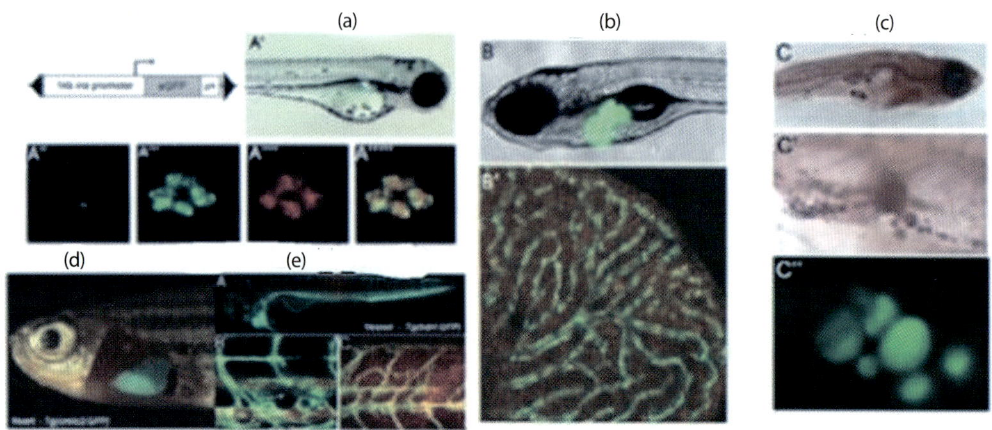

그림 22-1. 제브라피시 동물모델. (a) 췌장, (b) 간, (c) 지방 조직, (d) 심장, (e) 혈관

2001년 인간의 전체 유전자(human genome project) 분석으로 한꺼번에 25,000개의 유전자가 쏟아져 나왔으며 이중 22%에 달하는 5,000개의 유전자는 척추동물 특이 유전자(vertebrated specific gene)이며, 이들 유전자의 기능 분석을 위해서는 척추동물 모델이 절대적으로 필요하다. 하지만 이들 대부분의 유전자는 아직 그 기능을 전혀 모르는 신규 유전자들이며 이들 유전자의 생체에 기능과 역할이 규명되어야만이 최종적으로 각종 질병에 대한 예측과 진단 나아가 치료에 이용될 수 있다.

유전자의 기능 연구는 인간을 대상으로 직접 수행하기 힘들기 때문에 과거에는 초파리, 마우스 등 실험동물들이 주로 이용되어 왔다.

최근에는 획기적인 실험동물 모델로서 많은 수의 유전자에 대한 기능해석을 단시간에 실시할 수 있는 제브라피시가 도입되고 있다. 제브라피시는 척추동물로 유전자 구성면에서 인간과 매우 유사하여 인간이 가지고 있는 대부분의 유전자를 가지고 있기 때문이다.

제브라피시를 이용한 주된 연구는 25,000개 인간 유전자 각각에 해당하는 돌연변이체를 만들어 원인 유전자를 밝히고 인간 질환의 모델 동물을 만드는 것이다. 또한 인간의 유전자를 직접 제브라피시에 도입, 발현시킴으로써 빠른 시간에 그 기능을 밝힐 수 있다.

앞으로 개, 원숭이, 쥐, 토끼 등 육상 실험동물 대신에 비교적 성장이 빠른 바다에 서식하는 생물들이 임상실험에 사용될 수 있는 연구 개발이 이루어질 것으로 기대된다.

23 멸종위기 어류의 부활

"인류의 미래는 바다에 달려 있다. 수산업이 무너지면 우리 자손들은 재앙을 만날 수 있다." 문명의 기원과 흥망성쇠를 연구해 온 세계전인 고고학자 브라이언 페이건 캘리포니아대 명예교수는 미래 인류에 가장 중요해질 문제로 "지속가능한 수산업"을 꼽았다.

페이건 교수는 최근 바다를 통한 일류발전연구서인 "수평선 넘어(Beyond the blue horizon)"를 출간하며 바다의 관점에서 인류사를 재조명하고 있다. 그는 "인류는 4만5,000여 년 전부터 어로 활동을 통해 단백질을 섭취했고, 오늘날에도 26억 인구가 바다에 의존해 살고 있다"고 강조했다.

빙하기가 끝나고 해수면이 상승하면서 많은 인류는 해안에서 낚시를 하고 해조류를 따서 먹고 살았다. 5,000여 년 전 대규모 어업활동이 처음 등장한 것도 당시의 인구증가와 깊이 관련돼 있다고 한다. 2,000여 년 전 시작된 양식어업은 로마인들에게 풍요를 가져다줬고, 유럽의 문명발전에 기여하였다. 심각한 기근에도 인류는 바다를 통해 식량부족에 대응해 왔다.

하지만 19세기 이후 대규모 원양어업이 가능해지면서 인류는 오히려 어족자원 고갈을 염려할 처지에 놓이기 시작했다. 고대 그리스에도 무분별한 어획으로 도시국가가 사라진 사례가 있었다. 그래도 그때는 옆 도시로 이주하면 되었다. 오늘날의 어족자원 고갈은 전 지구적인 문제가 되고 있다.

오늘날 세계 어장의 87%가 난개발에 시달리고 있다. 유럽인들이 즐겨 먹었던 대구도 북해에서 점점 자취를 감추고 있다. 중국의 수산물 수요급증은 동북아 어족자원에 위기를 초래하고 있다. 어족자원부족은 식량부족국가에 직접적인 영향을 준다.

2010년 기준 인간은 동물성 단백질 섭취량의 17%를 수산물에서 얻고 있다. 하지만 저소득 식량부족국가에서는 24% 이상을 수산물을 통해 공급받고 있다.

페이건 교수는 "이대로 가면 가까운 미래에 바다로부터 공급받을 수 있는 식량은 현저히 감소될 것"이라고 경고했다.

기하급수적으로 증가하는 인구와 날로 심각해지는 환경오염 및 기후변화로 지속가능한 수산업을 유지한다는 것은 매우 어려운 일이 되고 있다. 이제라도 과다 남획을 막고 어족자원의 보존을 위한 장기적인 계획을 세워야 할 때이다.

최근 들어 점점 더 사라져가는 어종을 양식기술로 복원시키는 작업이 활발히 진행되고 있다. 내가 어렸을 때 가장 즐겨먹던 생선은 명태이다. 명태는 얼리면 "동태", 말리면 "북어", 얼리고 녹이기를 반복하면 "황태", 있는 그대로면 "생태", 새끼면 "노가리" 등 다양한 이름으로 부른다. 그러나 1970년대 1만 3,000톤이던 국내 어획량은 1990년대 9,700톤, 2000년대 700톤으로 급감했다. 2010년 이후에 연간 1톤 이하로 잡히는 데 그쳤다. 사실상 멸종되어 가는 것이다. 몇 년간 명태 소비량(26만 톤)은 대부분 러시아에서 수입하고 있다. 명태 어획량이 급감한 데는 동해의 수온상승으로 명태가 북쪽으로 이동하고 남획도 영향을 미친 것으로 추정하고 있다. 실제로 1970년대 후반 어민들이 잡은 명태의 80% 이상은 새끼인 "노가리"였다. 당시만 해도 어민들은 노가리를 명태새끼가 아닌 전혀 다른 어종으로 착각했다고 한다.

명태 수요를 100% 수입에 의존하게 되자 정부에서는 2014년부터 "명태 살리기" 프로젝트를 시작했다. 정부는 자연산 명태 수정란을 얻기 위해 "현상금"을 걸고 어미 명태 찾기에 나섰다. 한 어민으로부터 자연산 어미 1마리를 구한 뒤 수정란 53만 개를 확보해 부화시키는 데 성공했다. 해수부는 20cm 정도 자란 인공 1세대 명태 중 1만5,000마리를 강원도 고성 앞바다에 방류하고 200여 마리는 양식장에서 산란이 가능한 35cm 크기의 어미로 키웠다. 이 어미 중 7마리가 산란에 성공했다.

명태를 완전히 성장시킬 수 있는 양식 기술에는 두 가지 난제가 있었다. 하나는 어린 명태가 먹는 동물성 플랑크톤(알테미아)이 저온인 10도에서도 생존하도록 하는 것이다. 이 동물성 플랑크톤은 수온 28도에서 살기 때문에 온도를 낮추면 죽는데 그러면 명태가 먹지 않는다. 연구팀은 4도씩 서서히 온도를 낮춰 알테미아가 저수온에서 적응할 수 있도록 했다. 또 다른 난제는 고도 불포화지방산이 강화된 명태 전용 배합사료를 만드는 일이었다. 성장에 적절한 배합사료를 만들어야 명태가 빠르고 튼튼하게 자란다.

앞으로 완전 양식으로 명태치어를 얻는 속도가 빨라지면 이들의 바다 방류작업도 속도를 내어 명태 어획량이 5만 톤으로 회복된다면 연간 3,800억 원의 경제 효과가 생길 것으로 추정하고 있다.

금값보다 비싼 뱀장어 양식

한편 값이 너무 비싸 일반인들이 쉽게 먹을 수 없는 민물장어(뱀장어)의 양식도 시도되고 있다. 1960년대만 해도 우리나라 개천, 웅덩이, 강 등에서 쉽게 뱀장어를 발견할 수 있었으나 오늘날에는 자연산 뱀장어는 찾아보기 어렵다. 그동안 농약 사용 등 환경 파괴와 남획으로 인하여 뱀장어가 자취를 감춘지 오래되었다. 뱀장어의 고갈과 세계의 어족자원 보호강화 추세로 인하여 뱀장어 종묘 구하기가 어려운 실정이다.

우리나라에는 극동산 뱀장어(*Anguilla japonica*)와 무태장어(*Anguilla marmorate*)의 두 종류가 서식하고 있는데, 이 중에서 무태장어는 인도양, 태평양의 넓은 범위에 걸쳐서 분포하며 우리나라에서는 제주도의 남단에 분포하는 것으로 보고되어 있다. 극동산 뱀장어는 우리나라, 일본, 중국, 대만, 베트남 및 필리핀의 일부 지역에 걸쳐서 분포되어 있다.

뱀장어의 산란은 어류 최대의 신비로 아직까지 정확한 산란지점이 밝혀지지 않아 여러 연구자들이 대규모 조사를 벌이고 있으며, 지금까지 조사된 연구결과는 가장 작은 10mm 내외의 치어가 대량 채집된 마리아나 열도 부근의 심해(300~500m 깊이)가 산란장으로 추정되고 있다. 산란기는 봄과 여름 사이로 뱀장어는 산란을 위해 바다로 나가기 전에 가을에 강하구에서 적응하면서 은빛장어(silver eel)로 변한다.

뱀장어는 담수에서 성장하여 성숙하게 되면 바다로 내려가서 산란 부화하는 어류이다. 성숙한 뱀장어 암컷은 700~1300만 개의 알을 가지고 있으며, 알의 크기는 0.5~1mm이고, 산란 후 약 10일 만에 부화한다.

[뱀장어]

뱀장어 생활사에 대해서는 여러 가지설이 있지만 우리나라에 서식하는 극동산 뱀장어는 대만 동쪽의 심해해역에서 6월부터 10월에 걸쳐서 산란 부화를 하고 유생(larva)이 되면 산란장인 서부 태평양의 깊은 바다를 떠나서 쿠로시오 해류를 따라 부유생활을 하면서 육지 가까이 와서 어미 형태와 같은 둥근 꼴의 실뱀장어로 변태한다.

이 투명한 실뱀장어가 우리나라 연안에 나타나는 시기는 빠르면 11월이며, 주로 2~5월 사이에 하천으로 올라온다. 담수에서 1~2주일 자라면 몸에 검은 색소가 형성되고 그 후 성장 도중에 암수의 구별이 나타나고 5~8년간 담수에서 자라 어미가 된다.

성숙한 뱀장어는 수온이 내려가는 시기에 강의 하류로 이동하고 산란기가 되면 먹이를 먹지 않고 바다로 향하여 수심 400~500m, 수온 16~17℃, 염분량이 약 35‰되는 중층에서 산란한다고 알려졌다.

여름철 담수에서 생활하는 뱀장어는 수온이 20~30℃의 범위에서 활발하게 먹이를 먹고 자란다. 뱀장어는 야행성 어류로서 식성은 동물성이다. 어릴 때는 동물 플랑크톤과 같은 작은 동물을 잡아먹고 자라지만 성장함에 따라 큰 동물을 먹게 된다. 수온이 내려가면 식욕이 줄어들고 10℃ 이하로 되면 거의 먹지 않고 겨울철에는 진흙 속에 묻혀 동면상태로 지낸다.

세계 최초로 뱀장어 인공부화 기술연구를 시작한 곳은 일본이다. 1960년대부터 인공부화기술 연구를 시작했고 1973년 세계 최초로 뱀장어 인공 종묘생산에 성공했다.

2002년에는 양식용 뱀장어 치어 개발에 성공하여 뱀장어의 양식에 의한 산업화의 길이 열리게 되었다. 우리나라는 2012년에 국립수산과학원이 인공 실뱀장어 생산에 성공했으나 이렇게 태어나 자란 뱀장어는 새끼를 낳지 못했다. 뱀장어 양식 연구는 인공 부화 → 인공 실뱀장어 생산 → 완전 양식 → 대량 생산 순서로 진행되는데, 국내에서도 이번에 완전 양식기술이 개발되면서 뱀장어 대량 양식에 한발 더 다가서게 되었다.

전 세계의 한해 실뱀장어 수요는 200톤, 돈으로 환산하면 4조 원대이다. 우리나라도 필요한 만큼 강에서 실뱀장어가 잡히지 않아 양식에 사용되는 양의 90%를 수입에 의존한다. 실뱀장어의 가격은 1kg당 2,000만 원으므로 연간 국내에서 필요한 4,000억 원의 수입 대체효과가 있다는 계산이 나온다. 이와 같이 어류의 양식 산업을 고부가가치 산업이라고 할 수 있다.

고급 횟감 "방어"도 대량 생산

국립수산과학원은 2016년 일본에 이어 세계에서 두 번째로 방어 수정란의 대량 생산 및 인공종자 생산에 성공했다. 15kg의 어미 방어 80마리를 자연 상태와 같은 조건에서 사육하며 적정시기에 배란을 유도하고 호르몬 주사 등을 통해 수정란 414만 개를 대량 생산하는 데 성공했다. 이어 수정란 부화 후에도 어린 방어의 먹이 질을 높이기 위해 성장 단계별로 플랑크톤 배합사료 등 먹이의 영양을 강화하고 성장속도에 따라 방어를 분리 사육한 결과 5~6cm 크기의 인공 종자 7,100마리를 생산하였다.

방어 대량 양식을 위한 기술이 확보됨에 따라 소비자들에게 지금보다 저렴한 가격에 고급생선인 방어를 안정적으로 공급할 수 있게 되었다.

겨울철 고급 횟감으로 널리 사랑받는 방어는 남해와 동해를 오가며 회유성 어종으로 수온과 해류 등 해양 환경조건 변화에 따라 생산량의 변동이 심한 어류이다.

우리나라에서는 1965년 방어 축양사업(일정한 단계까지 성장할 수 있도록 시설에서 사육하는 것)을 최초로 시작한 이래 방어 양식을 활성화하기 위해 노력해왔으나 해류를 따라 올라오는 자연산 치어를 잡아 키우는 정도의 양식수준에 머물러 있었다. 이에 따라 방어의 안정적인 공급을 위해 양식용 인공 종자생산 기술개발이 필요했던 것이다.

[방어]

참치의 왕 참다랑어 양식

참다랑어는 2016년 전 세계 참치(다랑어류) 어획량(579만 톤) 가운데 1%(4만 800톤)도 채 되지 않는 귀한 어종이다.

세계식량농업기구(FAO)에 따르면 2015년 한국은 전 세계 바다에서 약 1,100톤의 참다랑어를 잡고, 3,500톤(약 1,200억 원)을 수입했다.

참치라고 불리는 어종 중에는 참다랑어, 눈다랑어, 황다랑어, 가다랑어 등이 있고 이 중 참다랑어가 가장 비싸다.

참다랑어는 양식이 어렵다. 수온이 9℃ 밑으로 떨어지는 겨울에 치어들은 버티지 못하고 폐사하는 경우가 많고 특히 태풍과 적조로 인하여 양식에 어려움을 겪게 된다. 1970년대부터 참다랑어 양식에 성공한 일본에서도 치어가 성체까지 될 확률이 3~5%에 불과하다.

출하를 위해 물 밖으로 꺼낼 때도 반드시 낚시로 잡아 올린다. 그물을 쓰면 참다랑어가 전력을 다하여 도망가느라 체온이 30℃까지 올라 육질이 푸석푸석해진다는 것이다. 푸석푸석하면 최고급 횟감으로서의 상품가치가 떨어진다.

우리나라 경남 최남단 섬 을지도 앞바다에 원형 가두리 양식장에서 참다랑어 4,000여 마리를 키우고 있다. 식성이 좋은 참다랑어는 하루 두 차례 먹이를 먹는데 1,000여 마리가 한 끼에 고등어 1톤을 먹어치운다.

[참다랑어]

과거 일본에서 마리당 20만 원에 사왔던 새끼 참다랑어는 30kg이 되면 약 160만 원(1kg 당 약 5만 5,000원)에 팔려나간다. 참다랑어 양식은 치어까지 생산할 수 있어야 완성된다. 일본은 1970년대부터 참다랑어 양식을 해왔고 치어 생산기술을 가지고 있다.

원양어선이 잡자마자 꽁꽁 얼려 국내로 들여온 냉동 참다랑어가 아닌 국내에서 양식한 냉장 참다랑어의 회를 맛볼 수 있게 된 것 같다. 일본에서는 45년 전에 양식에 성공했지만 우리나라에서는 이제야 참다랑어의 양식이 시작되었으니 관련 연구자들은 분발해야 되지 않을까?

통계청이 발표한 '2016년 어업생산조사 결과'를 보면 원양어업 생산량은 1년 새 4분의 1이나 격감하는 등 원양어업 사양화가 날로 가속화하는 양상이다. 2014년 66만 9,140톤으로 정점을 찍은 뒤 2015년 57만 8,137톤, 2016년 45만 3,671톤으로 감소세를 보이고 있다. 반면에 우리나라 양식 생산량은 증가세로 이어갈 것으로 전망됐다.

해양수산부가 발표한「2018년 양식 수산물 생산 전망」에 따르면 지난해 양식생산량은 216만 톤으로 사상 처음 200만 톤을 넘어섰다. 올해 양식 생산량은 작년보다 3.4% 증가한 221만 톤이 될 것으로 전망했다. 전체 수산물의 생산량의 약 60%에 달한다.

앞으로 참치와 같은 고가의 어종도 양식에 의해 대량 생산이 이루어져 양식산업 발전과 어민 소득 증대에 도움이 될 것으로 기대된다.

24 우리나라 김, 세계로 날다

홍조류의 하나인 김은 자연산도 있지만 흔히 양식을 많이 하고 있으며, 채취시기에 따라 가을김, 동지김, 겨울김, 봄김 등으로 구분하는데, 시기에 따라 그 품질에 차이가 있는 것으로 알려져 있다.

일반적으로 김은 쌀밥과 매우 잘 어우러져 우리나라와 일본의 전통적인 풍미(flavor)라 할 수 있는데, 이는 김의 독특한 맛이 쌀밥과 아주 잘 어울려 식욕을 돋우기 때문일 것이다. 최근 우리나라의 맛김이 인기가 있어 여러 회사에서 품질 좋은 맛김을 생산·판매하고 있는 것을 보아도 쉽게 알 수 있다. 또한 김은 쌀밥의 영양적인 결함을 어느 정도 보충해 줄 수 있는데, 이는 김에 영양적으로 가장 중요한 단백질과 비타민이 풍부하게 들어 있기 때문이다.

김이 문헌상에 나타난 것은 세종 6~7년(1424~1425)에 경상 감사 하연(河演)이 편찬한 지리책인「경상도지리지」에 경남 하동에서 먹기 시작했다고 기술되어 있는데, 이것으로 보아 지금부터 590년 전부터 김을 채취하여 식용으로 사용한 것으로 보인다. 또 다른 문헌은 조선 왕조 9대 성종때 노사신 등이 편찬한「동국여지승람」에 김은 전남 광양에서 400여 년 전에 토산물로 채취했다는 기록이 남아 있다.

한편, 일본에서의 김 역사를 살펴보면, 오후사 쓰요시 박사가 쓴「바다채소」라는 책에는 약 300년 전의 에도(江戶) 시대의 교오호 초기부터 김을 먹기 시작했다고 나와 있다. 모든 문물의 전파가 그랬듯이 일본인들이 김을 먹기 시작한 것이나 양식하게 된 것 역시 우리나라를 통해서였다는 사실을 알 수 있다.

김은 세계적으로 약 55여 종이 자생하고 있으며, 우리나라에서는 참김(*Porphyratenera*)을 비롯하여 10여 종, 일본에서는 20여 종 이상, 그리고 프랑스의 대서양변에서 4종이 자생한다. 김은 10월 말에서 이듬해 3, 4월 해수 평균 온도 섭씨 5~8도에서 양식된다. 가장 품질이 좋은 것은 추위가 매서운 1, 2월에 생산된다.

김의 자생지를 하나 소개하면, 프랑스의 대서양변에 위치한 느와르무띠에(Noirmoutier) 섬 일대의 광활한 해안평야는 굴양식장인데, 동시에 김이 번성하여 마치 김 양식장 같은 느낌이 들 정도이다. 바로 이 김이 폴피라움빌리칼리스(*Porphyra umbilicalis*)라는 것인데, 다른 종의 김보다 윤기가 있으며, 엽체가 아주 두껍다. 외형적인 체표면은 원형에 가까우며, 생체량이 커서 어떤 개체는 직경이 90cm 정도나 된다. 이것은 우리나라에서 생산되는 참김의 엽체가 얇고, 부드러우며 체장이 긴 것과는 큰 차이가 있지만, 맛과 향기는 좋은 편이다. 이와 같이 김은 서식장소와 채취시기에 따라 맛과 향에 차이가 있다.

김의 향기 성분에 대해서는 극히 많은 종류의 휘발성 방향물질이 검출되고 있지만, 어느 것이 향기의 근원인지는 아직 확실히 밝혀져 있지 않다. 다만, 함황 성분과 질소 성분이 향기의 주된 근본이 되는 것으로 알려져 있다. 또한 김의 맛을 내는 성분으로는 아미노산 계통의 것은 타우린(taurine), 알라닌(alanine), 글루탐산(glutamic acid), 아스파르트산(aspartic acid), 시트룰린(citrullinine) 등이 있고, 핵산 계통인 것은 이노신산(inosinic acid), 구아닐산(guanylic acid) 등이 있는 것으로 알려져 있다.

김은 우리들에게 영양상 가장 중요한 단백질, 비타민, 무기질 등의 함량이 높고 특히 지방의 함량은 많지 않으나 구성 지방질 중 성인병 예방에 효과가 있는 EPA(eicosapentaenoic acid) 등이 함유되어 있어 건강식품으로 각광을 받고 있다.

마른 김 5장의 단백질은 거의 달걀 1개와 맞먹을 정도이며, 필수아미노산 패턴은 E/P 비(총질소 1g당 전필수아미노산의 g수)로서 2.52이다. 달걀 3.04나 우유의 2.84에는 못하지만 수육과는 거의 같은 값이다.

[김 양식장]

또한 김은 비타민의 보고(treasure house)이기도 하다. 비타민 A로 말하면, 마른 김 2장이 뱀장어 조미구이 한 꼬챙이에 상당한다. 비타민 B_1 에 대해서는 마른 김 1장이 쌀밥 1공기에 해당하는 양이 있어 각기병(beriberi: 비타민 B_1의 결핍으로 인해 심부전과 말초 신경 장애를 초래하는 질환)에 걸리지 않는다는 계산이 된다. 그 외에 비타민 B_{12}, 비타민 B_6, 비타민 C, 비타민 D 등이 풍부하게 함유되어 있다. 이처럼 김은 양질의 단백질과 비타민이 풍부하며, 거기에다 소화율도 좋고, 식욕도 돋우므로 우리들에게 손쉽게 먹을 수 있는 영양식품이라고 할 수 있다.

김은 보건상의 효과도 가지고 있다. 해조를 매일 먹고 있으면 혈압이 정상으로 되고, 동맥경화증을 예방할 수 있다고 전해지고 있는데, 일본 동북대학의 가네다 교수 연구팀은 흰쥐에게 김을 먹여 본 결과, 혈장 콜레스테롤량이 떨어지고, 동시에 체외에 콜레스테롤 배설량이 증가한다는 것을 실험적으로 밝혔다.

계절적인 성분의 추이를 보면 채취 초기의 것은 단백질이 풍부하지만, 채취 말기에 이르면 탄수화물이 증가한다. 채취 초기에는 김이 왕성하게 세포분열을 반복하여, 단백질을 중심으로 한 대사가 활발하게 되기 때문에 세포 중의 색소나 향기성분을 많이 축적한다. 그러나 채취 말기에 이르면, 세포분열 능력이 떨어져 탄수화물 대사가 왕성해져서 세포벽이나 세포간 물질이 비대하기 때문에 탄수화물이 증가한다.

김의 화학성분 중 품질과 높은 상관관계를 보이는 것은 단백질 질소, 인, 전질소, 글루탐산, 알라닌, 마그네슘, 아연 등이 있다. 마그네슘은 엽록소의 중심 금속이고, 아연은 세포분열과의 관련이 있는 것으로 생각할 수 있다.

또한 한국산 마른 김의 식이섬유, 무기질, 유리아미노산 및 지방산 조성을 일본산 마른 김의 그것과 비교분석한 결과, 건조물 100g당 불용성 식이섬유는 9.88~19.26g, 총 식이섬유는 13.19~24.05g이고, 무기질은 칼륨 3,630mg, 나트륨 1,540mg, 마그네슘2 27mg, 칼슘191mg, 철 10.3mg이었다. 유리아미노산으로서는 타우린 2,138~2,910mg, 알라닌 1,965~ 2,988mg, 글루탐산 1,071~1,852mg으로 주요한 것이고, 지방산으로는 EPA가 38.5~53.2%로 주요한 지방산이였다. 이들 값은 일본산 마른 김과 비교해 볼 때, 유리아미노산과 무기질은 많고 식이섬유와 지질 및 불포화 지방산은 적었다.

그런데 최근에는 김 양식장에서 국민 건강에 위협을 주는 염산을 사용하여 문제가 되고 있다. 몇 해 전인가 시판 중인 간장에서 발암유발 물질인 디클로로프로판올(dichloropropanol)과 불임을 유발하는 모노클로로프로판디올(monocholoropropandiol)의 함량이 세계보건기구 권고치의 60배에 이른다는 충격적인 보도가 있었다. 이들 물질은 간장 제조시 대두에서 기름을 짜고 남은 대두박(주로 단백질)을 염산으로 가수분해하는 과정에서 염산과 지방이 결합해서 생성되는 것으로 알려져 있다. 다행스럽게도 어느 중소기업에서 이들 물질을 제거할 수 있는 공정을 개발하여 다른 업체에도 이 기술을 이전시켜 주겠다는 신선한 소식이 전해지기도 하였다.

캐나다의 어느 학자는 단백질을 알칼리로 분해시킬 경우 신장을 손상시키는 라이시노알라닌(lysinoalanine)이라는 아미노산 변형물질이 생성된다고 주장하였다. 이런 이유 때문인지 일본이나 서구에서는 이미 오래전부터 단백질의 산 또는 알칼리 분해물을 사용하지 못하도록 규제하고 있다. 따라서 이런 국가에서는 주로 단백질을 효소로 가수분해시킨 분해물이 이용되고 있으나, 아직도 우리나라에서는 효소분해에 의한 쓴맛과 생산단가의 상승 때문에 산으로 분해시킨 단백질 가수분해물을 발효간장에 혼합시킨 제품들이 유통의 주류를 이루고 있다.

우리나라에서도 국민들의 안정성 문제에 대한 인식이 점차적으로 증가하면서, 최근 효소를 이용하여 단백질을 가수분해시켜 제조한 펩티드계 천연 조미료가 각광을 받고 있다.

김 양식장에서의 무기산의 사용도 예외가 아니다. 김 양식장에서 무기산의 이용은 김 양식업자 중 상당수가 파래나 잡균이 번식하지 못하도록 김발을 폐염산수 등에 적시는 이른바 산처리 작업을 하는 것인데, 이 폐염산수는 폐염산 배출업소에서 폐기물 처리로 부담 없이 김 양식 업자에게 판매하여 이중의 부당이득을 챙기고, 이로 인하여 바다 생태계가 오염되고 김에 잔류하는 염산 성분으로 인해 국민 건강도 위협받는 것으로 지적되고 있다.

원래 산 처리법은 일본 치바현에서 우연히 콜라용액에 파래를 떨어뜨리자 용해되는 것을 발견하여 파래제거를 위해 산처리 기술이 개발되었다고 한다. 그런데 김의 산 처리가 인체에 유해하고 바다를 오염시킨다는 이유로 정부에서는 무기산 대신에 인체 및 생물체에 해가 없는 능금산, 구연산, 주석산 등의 유기산을 주성분으로 하는 약제를 사용토록 적극 권장하고 있으나 공급부족과 가격이 비싼 탓으로 일부에서는 외면을 당하고 있다.

아무튼 김에 염산처리를 하면 김의 빛깔이 좋고 잡해조가 없어 김양식 중 수차례에 걸쳐 염산처리가 행해지고 있는 것이다. 그러나 그동안 농약 공포증으로 인하여 벌레 먹은 채소류를 선호하는 소비자가 늘고 있는 것을 보면 아마 김도 파래가 섞여 있으면 산처리 하지 않은 것으로 여겨 소비자가 인기를 끌 때가 오지 않을까 싶다. 염산이든 유기산이든 산처리하지 않고 생산된 김이 우리의 식탁에 올라올 날을 기대해 본다.

해양수산부에 따르면 2017년 김 수출액이 5억1,300억 달러로 전 년도(3억5,300억 달러) 대비 45.4%가 늘었다. 수산물 단일품목으로 참치(6억2,500억 달러)에 이어 두 번째로 5억 달러를 넘은 것이다.

주목할 점은 김 수출이 2007년 6,000만 달러에서 2017년 5억 1,300만 달러로 8배 이상 증가했다. 같은 기간 수출 대상국도 49개국에서 2배 이상인 102개국으로 늘었다. 지난 10년간 김의 연평균 수출 증가율은 23.8%로 참치의 8.8%에 비해 가파른 상승세를 보였다.

김 수출이 높이 평가받는 것은 부가가치의 거의 100%가 국내 어민과 산업에 돌아간다는 점이다. 참치는 한국의 대표적인 원양어업으로 초기 수산업 발전에 주춧돌이 됐다. 다만 먼 바다에서 잡아 선상에서 직접 수출하고 대부분 외국인 근로자를 고용해 국내 경제에 미치는 파급효과가 김에 비해 상대적으로 작다.

김은 세계에서 한·중·일 3개국에서만 생산된다. 2016년에 생산된 마른 김 약 250억 장 중 한국이 49%, 일본이 33%, 중국이 18%를 차지했다.

김 수출이 늘어나고 있는 것은 김이 반찬이 아닌 건강 스낵으로 재평가받고 있어서다. 김 스낵 제품에 넣는 재료도 아몬드, 코코넛, 멸치, 블루베리 등으로 다양화함으로써 서양에서 "바다의 잡초"로 여기던 김이 저칼로리 웰빙 식품으로 인기가 높아지고 있다.

경쟁국인 중국이 과밀 양식과 낮은 생산 효율, 바다 오염 등으로 생산이 부진하고, 일본은 고령화에 따라 생산량이 크게 늘지 못하는 것도 한국의 김 수출의 전망을 밝게 한다. 양식과 마른 김, 조미 김 및 스낵으로의 2차 가공 그리고 수출 등이 분업화하면서 효율성이 높아지고 있는 것도 김 수출을 늘리는 데 한몫한다. 부가가치가 낮은 마른 김 수출 비중을 현재의 40%선에서 낮출 필요가 있고 조미김 제품도 국가별 상황에 맞게 보다 정교하게 개선할 필요가 있다.

일례로 한국산 마른 김을 수입해 튀기거나 타원형으로 말아 구워내는 등 다양한 김 스낵 제품을 만들어 한 해 약 1,600억 원(2016년)의 매출을 올린 태국 타오케노이사는 중국, 말레이시아, 인도네시아 등 40여 개국에 수출하고 있어 한국 업체와 경쟁을 벌이고 있다. 인삼이 한국을 대표하는 수출 제품으로 인식되어 관련 연구소가 여러 개 설립되어 있지만 김 연구소는 한 곳도 없다. 2017년 인삼제품 전체 수출액은 1억5,800만 달러로 김의 30% 가량이었다. 하루 속히 김 전문 연구소가 설립되어 신품종이나 김양식에 필요한 기자재 개발이 이루어지길 기대해 본다.

25 4차 산업혁명과 해양산업

1784년 영국의 헨리코트(Henry Cort)가 액체 상태의 철을 쇠막대기로 저어 탄소와 불순물을 제거하는 공법인 교반법(pudding process)을 수행하는 기계를 발명한 것은 1차 산업혁명 및 자동화의 단초로 여겨지고 있다. 1차 산업혁명으로 석탄과 석유와 같은 고에너지 연료 사용을 통해 증기 기관 및 증기 기관차의 시대가 시작되었으며 기계의 발명을 통한 초기 자동차의 도입과 다리, 항만 등을 통한 국가 내의 연결성을 촉진시켰다.

1870년경 2차 산업혁명을 통해 자동화는 대량 생산으로 발전되었으며 품질기준, 운송방법, 작업 방식 등의 표준화는 국소적인 기능의 자동화를 기업 및 국가 수준의 자동화인 대량생산 시스템으로 발전시켰다. 자동화된 대량 생산은 그 초기에는 기업 내의 공급 사슬에 국한되었으나 다른 기업 및 다른 국가를 포괄하는 국가적 및 국제적 대량 생산의 공급 사슬로 확대되었다. 2차 산업혁명은 자동화가 대량 생산을 가능하게 하면서 시작되었고, 노동부분에서의 효율적이고 생산적인 연결성을 촉진시켰다.

1969년 인터넷의 전신인 알파넷이 개발되어 디지털 및 정보통신 기술시대의 3차 산업혁명이 도래하였다. 특히 디지털 기술의 폭발적인 발전은 1년마다 트랜지스터 집적(accumulation) 용량이 2배가 증가한다는 무어의 법칙(Moore's law)이 잘 보여주고 있다.

무어의 법칙은 인텔 공동창업자인 고든 무어가 1965년에 발견했는데, 반도체 집적 회로의 성능이 1년마다 2배로 증가한다는 것이다. 집적 회로는 전기신호를 전달할 수 있는 초소형 전자소자 시스템이며, 컴퓨터가 정보를 처리하는 핵심 부품이다. 다시 말해 집적 회로 성능이 일정한 시기마다 2배씩 증가한다면 컴퓨터 성능도 그만큼 좋아진다.

무어는 책상 위에 놓인 반도체 칩을 살피다가 반도체 칩이 들어가는 트랜지스터 수가 일정하게 늘어난다는 사실을 발견했다. 트랜지스터는 신호를 키우거나 켜고 끄는 역할을 하는 반도체 소자이다. 칩 하나에 들어가는 트랜지스터가 많을수록 반도체 성능이 좋아진다. 1959년 트랜지스터가 처음 발명됐을 때는 트랜지스터 하나가 반도체 칩 하나로 쓰였다. 그런데 1964년에는 칩 하나에 트랜지스터 32개가, 1965년에는 칩 하나에 64개가 들어가게 되었다. 즉, 한 칩에 들어가는 트랜지스터 수는 2의 제곱만큼씩 증가하고 있었던 것이다. 무어는 집적 회로의 복잡성은 앞으로도 이런 추세로 증가할 것이라고 예상했다.

실제로 1980년대 초반이 되자 인텔은 가로·세로 6mm인 작은 칩 속에 트랜지스터 수십만 개를 쌓을 수 있는 기술을 개발했다. 물론 무어의 법칙이 애초 예상과 정확하게 맞아 떨어진 것은 아니다. 무어는 반도체 직접도가 매년 2배씩 증가한다고 예측했지만 1970년대 중반부터 18개월로 늘어났다. 또 1990년대 중반부터는 18개월이 다시 2년으로 늘어났다. 그리고 그 속도가 점차 느려지다가 결국 2016년 2월 반도체 업계가 공식적으로 포기 선언을 하면서 무어의 법칙은 깨지고 말았다.

어째든 디지털 시대의 향상된 계산능력은 보다 정교한 자동화를 가능하게 하였고, 사람과 사람, 사람과 자연, 사람과 기계간의 연결성을 증가시켰다. 전자공학, 정보통신기술을 바탕으로 텔레비전, 냉장고, 세탁기 등의 가전제품이 보급되고 인터넷을 바탕으로 IT 혁명이 일어났다.

인공지능시대

무어의 법칙이 어느 정도 들어 맞았던 40년간 우리 삶은 크게 달라졌다. 컴퓨터가 1~2년마다 2배씩 빨라졌고 용량이 큰 데이터도 문제없이 저장하고 전송할 수 있게 됐다. 스마트폰 하나로 온갖 일을 할 수 있는 세상이 온 것도 빠르게 발전한 기술 덕분이다. 이렇게 기술발전이 가속화하는 현상을 미래학자 레이커즈와일은 "수확 가족의 법칙"이라 불렀다. 그는 생명공학이나 나노, 로봇 분야도 반도체 기술처럼 기하급수적인 발전 속도를 보일 것이라고 예상했다. 바둑으로 인간을 이길 수 있는 수준인 인공지능기술이 폭발적 발전을 거듭해 2029년이면 이제 인간과 똑같은 수준이 되고, 2045년이 되면 인류 전체의 지능을 초월한다고 했다. 이후 인간은 인공지능과 결합하는 길을 선택해 지금까지 인류와 전혀 다른 "포스트 휴먼(post human)"으로 탄생한다는 것이 레이커즈와일이 주장한 핵심이다.

인공지능이 인간을 뛰어넘으면 위험하지 않을까? 여기에 대해서 레이커즈와일은 걱정하지 말라고 한다. 인공지능은 앞으로 인류와 함께 살아가는 도구로 우리의 지적, 신체적 한계를 극복해 주는 역할을 한다는 것이다.

우리 조상들이 무거운 돌을 옮기는 도구로 기중기를 만들어 썼듯이 인류의 어려운 문제 해결을 도와주는 도구로 인공지능을 사용할 수 있다는 것이다. 예컨대 모든 언어를 정확하게 번역해 주는 인공지능이 탄생해 전 인류가 소통할 수 있게 된다는 것이다.

4차 산업혁명은 인공지능, 로봇기술, 생명과학, 빅데이터가 주도하는 차세대 산업혁명으로서 사물이 지능적으로 제어하는 시스템이 가능해지고, 정보통신기술(ICT) 산업의 혁신을 넘어 시장구조 및 생산방식, 생활양식 등 사회·산업·경제의 근본적인 생태계 변화를 일으킬 것으로 예상된다.

또한 일상생활 속에서도 많은 변화를 가져와 장소에 관계없이 모바일, 인터넷과 연결하여 기기를 조작하고 정보를 만들어 낼 수 있어 사회 전반에 영향을 미칠 수 있는 새로운 부가가치 제품 및 서비스가 지속적으로 등장할 것으로 예상된다.

4차 산업혁명의 주요 기술들은 산업 전반에 빠르게 적용 및 확산될 것으로 예상되는데, 인공지능, 로봇공학, 사물 인터넷, 자율주행차량, 3D 프린팅, 나노기술, 빅데이터, 클라우드(가상 저장 공간), 바이오 기술, 재료과학과 같은 분야에 새로운 시장이 창출될 것으로 예상된다. 이로 인해 미래사회는 기술, 산업구조, 고용구조, 직무 역량 등에서 변화가 나타날 것이며, 제조업에도 정보통신기술을 융합하여 새로운 생태계 창조 및 정보통신기술과 "초연결성"에 기반을 두어 새로운 스마트 비즈니스 모델이 등장할 것이다.

해양산업이란 해양을 개발, 이용 및 보호하는 각종의 생산적 활동을 총칭하는 개념이다. 해양산업에는 수산업, 해상운송업, 석유·가스 산업 같은 기존의 전통적인 해양산업 외에도 현재 산업화 초기 단계에 있는 해양 신재생에너지 산업, 해양생명공학 산업 등 신산업군도 포함된다.

4차 산업혁명에 의한 해양산업의 변화

해양산업은 1차 산업부터 3차 산업에 이르기까지 다양한 성격의 투입요소와 산출물을 갖는 생산 활동의 기회를 제공하기 때문에 전통적인 산업 분류체계를 적용하기 어렵다. 해양바이오산업은 해양생물이나 그들의 구성성분, 시스템 공정, 생명기능 등을 연구하여 궁극적으로 인류 복지를 위한 상품과 서비스를 제공하는 산업을 말한다. 이를 위해서 해양생명공학은 해양생물의 보존 및 이용기술, 해양생물 기능조절 기술 등 다양한 기본기술을 필요로 하기에 해양생명공학 자체가 다학제적 특성을 지니고 있다고 할 수 있다. 즉, 해양생물학, 해양화학, 수산학 등의 전통적 학문에 바탕을 두고 분자생물학, 면역학, 생리학, 약학, 생물공학 등의 생물학적 탐구가 수반되어야 하며 최근에는 유전체학(genomics), 단백질체학(proteomics), 대사체학(metabolomics), 생물정보학(bioinformatics) 등 다양한 첨단 기법이 활용되어야 하는 융합 과학이다.

해양산업은 한마디로 해양을 통해 "녹색성장"을 달성하기 위한 산업이다. 그리고 녹색성장의 동력으로서의 해양산업 중심에는 "지속가능한 개발(sustainable development)" 개념이 있다. 다시 말해서 해양산업은 해양의 무궁한 잠재력을 지속가능한 개발을 통해 성장시키는 미래 지향적 산업으로 볼 수 있다.

과거 해양산업은 해양관광 또는 항만·물류차원에서 제한적으로 인식되었다. 그러나 최근 4차 산업혁명으로 인한 기술의 발전으로 해양산업은 폭발적인 발전이 가능해졌다. 뿐만 아니라, 육상 광물자원의 고갈, 그에 따른 자원 가격의 급상승, 기후 변화와 지구온난화 문제, 이어지는 세계 경제위기 등의 대내외적 환경 변화 또한 해양산업의 발전을 촉발하고 있다. 즉, 경제, 자원 및 환경 문제에 대한 해법을 해양 신재생에너지 개발을 포함한 해양산업이 제공해줄 수 있는 것이다.

네이처(Nature)지는 해양 생태계의 연간 총 가치를 22조 5,970억 달러로 분석했다. 이는 육상 생태계의 총 가치인 10조 6,710억 달러보다 배 이상으로 훨씬 크다. 그리고 육지 매장량의 경우 이용가능 기간이 40년에서 110년 정도에 불과한 것으로 평가되고 있으나 해양 매장량은 200년에서 1만 년 정도로 추정된다.

해양에는 지구 전체 동식물의 80%에 해당하는 총 30여만 종의 생물이 생존하고 있으며 해저에는 다양한 광물자원과 에너지 자원이 매장되어 있다. 석유는 전 세계 매장량의 32.5%가 해저에 매장되어 있으며 천연가스는 15%가 매장되어 있다. 또한 해저에 매장된 석유 부존량은 총 1.6조 배럴로 추정되고 있으며, 이 가운데 62%가 개발 및 사용이 가능하다. 특히 심해저는 망간, 니켈, 코발트 등 유용한 전략 금속이 다량으로 분포하고 있다. 심해저 광물인 망간, 니켈, 코발트 등은 각각 3억 톤, 6,100만 톤, 670만 톤이 매장되어 있는데 현재 생산 추세로는 채굴연수가 각각 40년, 46년, 182년으로 예상되고 있다. 가스 하이드레이트는 화석연료의 2배인 250조 m^2가 매장되어 있는 것으로 파악되고 있다. 해저열수분출공의 주요 광물인 금은 4만 톤, 아연은 2억 톤이 매장되어 있으며 채굴연수는 각각 17년, 23년으로 추정된다. 최근에는 해양 심층수, 가스 하이드레이트「gas hydrates: 메테인(CH_4)이 주성분인 천연가스가 물 분자와 결합하여 생기는 고체 에너지원으로 축구공 모양의 특이한 결정 구조 때문에 결정 내에 기체를 담을 수 있음」 등 잠재적으로 이용 가능한 해양 자원을 비롯한 해양 유전자원에 대한 관심과 수요도 커지고 있어 해양산업이 앞으로 더 발전할 것이라는 장밋빛 전망이 나오고 있다.

지금까지 바다의 극한상황(물, 파도, 염도, 압력)으로 인해 해양산업의 발전에 어려움이 있었으나 앞으로 4차 산업발전으로 수중 로봇, 드론, 잠수정, 무인원료 채취선 및 운반선 등이 개발됨으로써 해양산업의 가치는 성장 잠재력이 무궁무진할 것으로 예상된다. 이미 선진국에서는 신기술 적용 및 신산업 발굴을 통해 기존의 따라잡기(catch-up)형에서 선도자(trend-setter)형 발전 전략으로 변화를 주고 있고, 또한 환경친화적 소비자(green consumer)의 등장으로 새로운 시장 진출의 창출 및 수요확보가 가능하다는 측면에서 미래의 해양산업은 시장 경쟁력, 성장 잠재력이 높아 일자리 창출에도 크게 기여할 것이다.

특히 최근 선진국을 비롯하여 바다와 인접한 해양 국가들은 바이오소재개발의 대상을 육상생물자원에서 해양생물자원으로 이전하는 추세에 있다. 지구상의 전체 생물 중 약 80%가 바다에 서식하는 해양생물 자원이며 그 종류 또한 풍부하여 육상생물 자원의 대체자원으로 주목받고 있다. 최근 생명공학 기술 발전을 기반으로 한 미래의 바이오산업은 식품 및 제약 분야에서뿐만 아니라 에너지, 환경 등 많은 분야로 확대되고 있으며, 해양생물 자원은 그 중요성이 갈수록 높아지고 있으므로 관련 분야는 새로운 블루오션으로 떠오르고 있다.

삼면이 바다로 둘러싸인 우리나라는 육지면적의 4.5배에 달하는 해양관할권을 보유하고 있으며 해양생물자원이 풍부한 입지조건을 갖추고 있다.

지금까지 어류, 해조류, 해양미생물 등 해양생물 자원에서 수천 종의 새로운 기능성 물질이 밝혀졌으나 상품으로 개발된 것은 극소수에 불과하다. 공장에서 상품을 생산하는데 필요한 원료가 연중 확보되지 않는다는 점이 그 이유이다. 이를 해결하기 위해서는 양식 기술 개발이 요구되지만 양식은 1차 산업이라는 이유로 R&D 투자가 미미한 실정이다.

정부에서는 무엇보다도 해양생물 원료 생산이 원활하게 이루어질 수 있도록 4차 산업혁명 시대에 맞춰 수중로봇, 무인 잠수정, 드론, 무인 원료 채취선 등을 개발하여 자동화 시스템이 갖춰진 양식 산업을 활성화시킨 후 그 원료를 활용할 제품 생산 시스템을 구축하여 국내 미이용 자원인 해양생물자원을 활용한 해양바이오산업을 국가동력산업으로 성장시켜 나가야할 것이다.

26 해양 미생물 자원

해양은 육상과 다른 특수한 환경, 즉 고압, 저온, 염류 등이 존재하는 부영양(eutrophic) 환경이고, 외양으로 갈수록 연안 해역과는 대조적으로 유기물이나 무기물이 낮은 농도인 빈영양(oligotrophic) 환경인데도 미생물이 살고 있다. 유기물이 풍부한 연안이나 해저 퇴적물에는 1ml당 10^7~10^8 세균이 분포하고 있으며, 빈영양환경인 외양에도 ml당 10^4~10^6 세균이 살고 있다.

해양 미생물은 해양 표층에서 심해, 심지어 해저 퇴적물에도 서식하고 있어 전 해양에 분포하는 다양성을 보여주고 있다. 예로서 강산성이나 고온, 고압, 초고온의 환경이나 심해저에서 발견된 열수 분출공(200~380℃) 주변에서도 미생물이 발견되어 연구자를 놀라게 하였고, 동시에 풍부한 생물군집의 생존을 유지시켜 주는 신기한 미생물이 발견되어, 이들의 역할에 대한 관심이 높아지고 있다. 해양 미생물은 해양의 물질 순환 담당자로써 해양에서 많은 종류의 유기물 분해에 직접 또는 간접으로 관여하여 해양 환경을 유지하는 역할을 하고 있다.

최근에는 육상에서 유입된 오탁 물질(pollutant)의 정화, 석유 분해 등에서 주목을 받고 있으며, 이산화탄소의 고정, 황화수소나 메탄의 산화에도 해양 미생물이 직접 관여하여 우리 생활환경과 직접적인 관련이 있는 것으로 밝혀졌다.

해양 미생물은 해양에 서식하는 동식물체 주위에 부착하기도 하고, 동물의 장내나 식물의 조직 속에서 서로의 이익이나 편리에 의해 공생 관계를 가지며 기생이나 포식 작용을 일으키기도 한다.

이와 같이 해양 미생물과 동·식물이 긴밀히 연관되어 상호작용을 유지하고 있다는 것은 생물 간에 생리활성물질과 같은 다양한 물질이 생성되어 서로 공생하고 있다는 것을 의미한다. 이런 생리활성물질에는 항생물질, 항바이러스 물질, 독성 물질, 효소와 그 저해제, 호르몬, 정보 전달 물질 등이 있다. 국제적으로 문제시되는 해양 환경오염의 환경제어, 즉 오염, 오탁에 의한 연안 어장 환경의 피해 방지, 적조 발생 방제, 석유나 농약의 분해, 어패류 양식장의 오염 물질 제어 등의 문제에도 해양 미생물이 필연적으로 관여하고 있다.

해양 미생물에 관한 연구로는 연안으로 오염되어 분포하고 있는 대장균, 효모 및 방선균에 관한 연구가 많고, 특수한 환경에 서식하고 있는 해양 세균에 관한 연구는 시작단계라 할 수 있다.

현재 심해저 열수분출공 주변에 분포하고 있는 초고온 세균(200~350℃)의 생리 생태적 특징이 밝혀졌으며, 이 균들이 만들어 내는 특수한 물질의 탐색이 이루어지고 있다.

이미 알려진 물질로서 복어독인 테트로도톡신(tetrodotoxin)이 비브리오 같은 해양 미생물에 의해 생산된다는 사실을 보면, 특수한 환경의 미생물에서도 아직까지 발견되지 않은 새로운 기능성 물질이 개발될 것으로 기대된다.

해양 광합성 세균은 유기물질을 분해하여 환경 정화 작용에 도움을 주고, 어류의 종묘 생산에 기초 사료로 이용되는 균도 개발되어 이용되고 있으며 이를 토대로 새로운 균종도 개발되고 있다.

해양 미생물의 특징

해양 미생물의 서식 환경은 육상에 비해 고염, 고압, 저온, 저영양 등의 특징이 있기 때문에 호염성(halophilic), 호냉성(psychrophilic), 호압성(barophilic), 포티즘(photism), 다형태성(polymorphism) 등의 특성을 지니고 있다.

호염성 : 해양 미생물의 가장 일반적인 특징으로 해양 미생물이 최적의 성장을 하기 위해서는 기본적인 성장 환경으로 해수를 필요로 한다. 보통 30%의 염분농도에서 최적의 성장을 보인다. 그 외에도 해양 미생물의 성장 및 대사에 필요한 칼륨, 마그네슘, 칼슘 등 무기염류와 미량원소를 해수에서 제공받을 수 있다.

호냉성 : 해양 용적의 90% 이상을 차지하는 해양 수온은 보통 5℃ 이하이기 때문에 해양 미생물은 낮은 온도에서도 성장할 수 있다. 일반적으로 37℃ 이상이면 해양 미생물은 성장 할 수 없다.

호압성 : 해양 미생물은 압력이 높은 환경에서 서식할 수 있다. 해양은 수심이 10m 깊어짐에 따라 1기압씩 높아진다. 일부 세균은 태평양 해저 최대압력인 약 1,155기압에서도 발견되기도 한다. 호압성 세균들은 이러한 고압력에 내성이 있기 때문에 심해에서도 적응하여 살고 있다.

저양양성 : 해수 중에는 영양 물질이 적기 때문에 일부 해양 세균들은 저양양의 배양액에서 배양해야 한다. 영양이 풍부한 배양액에서 배양하면 해양 세균들은 처음부터 집락

(colony)을 형성하면서 빠르게 죽는다.

포티즘 : 발광 세균은 해양에 서식하는 흥미 있는 세균군 중의 하나로 화학에너지를 빛에너지로 전환시켜 녹색이나 푸른색의 빛을 낼 수 있다. 이러한 발광현상을 이용하여 발광 세균을 해수 오염의 점검 지시균으로 활용되기도 한다.

다형태성 : 해양 미생물은 복잡한 해양 환경에서 적응하여 성장하기 때문에 다양한 형태를 가지고 있다.

초호열 미생물 : 초호열 미생물은 생태계 연구자들이 1977년 적도 부근의 태평양에서 2,600m의 해저를 잠수하여 탐사하던 중 뜨거운 액체를 분출하는 새로운 열원이 있는 곳을 발견하고 주변을 조사한 결과, 여러 가지 기묘한 생물들이 사는 것을 발견하였다. 해저 열수분출공에서는 온도가 200~380℃, 유속이 초당 1~2m 인 열수를 분출하며, 이 열수 중에는 다량의 황화수소(H_2S), 수소(H_2), 메탄(CH_4), 암모니아(NH_3), 황산이온(SO_4^{2-}), 이산화질소(NO_2), 철이온(Fe^{2+}), 망간이온(Mn^{2+}) 등이 함유되어 있다.

열수분출공 주변에서 채취된 시료에서 유황을 산화시키는 세균들(*Thiomicrospira* sp. *Thiothrit* sp.)이 분리되었고, 이 세균들은 이산화탄소(CO_2)를 에너지원으로 고정하여 황화수소(H_2S)를 산화하여 살아가고 있다. 이외에도 수소 산화 세균, 철 및 망간 산화 세균, 메탄 이용 세균 등으로 분리되었다. 앞으로 이들 특수 세균의 활용이 기대된다. 또한 열수분출공 주변에도 관벌레, 조개, 새우, 말미잘 등의 해양 생물이 서식하고 있어 이들이 초고온에서 살아갈 수 있는 작용 메카니즘이 밝혀진다면 의학적 활용이 기대된다.

해양 미생물의 생리 활성 물질

해양 미생물 중 세균과 진균은 의약, 농약 또는 이들의 선도 화합물의 탐색 자원으로 대단히 중요하다. 해양 미생물의 생리 활성 물질이 중요한 것은 미생물과 다른 생물과의 공생이나 공존에서 제2차 대사산물「secondary metabolite: 생물의 생명 활동에 필수적인 물질을 공급하는 대사를 1차 대사(예 : 에너지 대사)라 하고, 그 대사산물을 1차 대사산물이라 하는 데 비해 생물의 생명 유지, 발육 증식에 관여하지 않는 물질인 제2차 대사산물의 대부분은 생체의 발육의 특정시기 또는 특정 조직에서 생성된다」이 생산되기 때문이다.

해양에서 분리된 방선균과 사상균에서 육상 유래의 것과 유사한 구조를 갖는 화합물이

표 26-1. 해양 미생물에서 분리된 신규 항균, 항곰팡이 및 항바이러스 물질.

화합물	생산균	분리원
해양 세균		
1) 항균 물질		
Albyssomicin B~D	*Verrucosispora* sp.	바다 진흙
Andrimid, Noiramide A~C	*Pseudomonas fluorescens*	멍게
Bogorol A	*Bacillus laterosporus*	환형동물
2,4-Dibromo-6-chlorophenol	*Pseudoalteromonas luteociolacea*	해조
Lomemide A·D	*Actinomycete*	바다조개
Massetolide A~H	*Pseudomonas* sp.	해조
Quinolinol	*Pseudomonas* sp.	해수
Diketopiperazine	*Pseudomonas aeruginosa*	해면
2) 항곰팡이 물질		
Basiliskamide A·B	*Bacillus laterosporus*	환형동물
Haliangicin류	*Haliangium ochraceum*	해조
Halolitoralin A~C	*Halobacillus litoralis*	바다 진흙
3) 항바이러스 물질		
Caprolactin A·B	그람 양성균	바다 진흙
Macrolactin A~F	그람 양성균	바다 진흙
해양 진균		
1) 항균 물질		
Auranticin A·B	*Preussiaaurantiaca*	바다 진흙
Guisinol	*Emericellaunguisu*	해파리
Modiolide A·B	*Paraphaeosphaeria* sp. .	조개
Pestalone	*Pestalotia* sp. .	해조
Varixanthane	*Emericella variecolar*	해면
2) 항곰팡이 물질		
Cladospolide D	*Cladosporium* sp.	해면
Dihydrocolletodiol류	*Varicosporinaramulosa*	해조
Fumiquinazoline H.1	*Acremonium* sp.	멍게
Keisslone	*Keissleriella* sp.	바다 진흙
Phomopsidin	*Phomopsis* sp.	게

발견되는 경우가 많지만 특이한 구조의 새로운 화합물이 발견되는 확률은 육상 유래의 균보다 높다. 이것은 염농도, 수압, 온도 등 육상과 다른 생활환경에 적응하기 위해 제2차 대사계에 변화를 일으킨 결과이다. 따라서 해양 환경에 고도로 적용된 균이나 특수한 해양 환경에 존재하는 균을 자원화하여 이용가치를 높일 필요가 있다.

항균 활성 실험은 비교적 쉽게 할 수 있기 때문에 해양 세균과 진균에서 항균 활성물질의 탐색이 활발히 이루어지고 있다(표 26-1).

해양 미생물에서 항종양물질의 탐색도 활발히 진행되고 있다. 종양세포를 사용한 암증식 억제 활성시험은 비교적 간단히 할 수 있어 해양 미생물의 대사산물의 스크리닝도 활발히 진행되고 있다. 지금까지 해양세균과 진균에서 발견된 신규 항종양물질의 수는 항균 물질 보다도 많다(표 26-2).

이외에도 해양 미생물에서 항염증물질, 항산화물질 및 효소 저해제의 탐색도 이루어졌다(표 26-3).

표 26-2. 해양 미생물에서 분리한 신규 항종양 물질.

화합물	생산균	분리원
해양 세균		
Abratubolactam C	*Streptomyces* sp.	연체동물
Bisucaberin	*Alteromonas haloplanktis*	바다진흙
Octalctin A·B	*Streptomyces* sp.	산호
Pelagiomicin A~C	*Pelagiobacte* sp.	해조
Staurosporin류	*Micromonospora* sp.	해면
해양진균		
Acrtophthalidin	*Penicillium* sp.	바다 진흙
Asperazine	*Aspergillus niger*	해면
Brocaenol A·B	*Penicillium brocae*	해면
Communesin A·B	*Penicillium* sp.	해조
Fellutamide A·B	*Penicillium fellutanum*	어류
Kasarin	*Hyphomycetes* sp.	산호
Macrosphelide	*Periconiabyssoides*	성게류
Pericosine A·B	*Periconia byssoides*	성게류
Sansalvamide A	*Fusarium* sp.	해초
Virescenoside M~U	*Acremonium striatisporum*	해삼

표 26-3. 해양 미생물에서 분리한 신규 항염증 물질및 기타 활성 물질.

화합물	생산균	분리원
해양 세균		
1) 항염증 물질		
Cyclomarin A~C	*Streplomyces* sp.	바다 진흙
Lobophorin A·B	*Actinomycete*	갈조류
Salinamide A~E	*Streptomuces* sp.	게
2) 효소 저해 물질		
B-90063	*Blastobacter* sp.	해수
Flavocristamide A·B	*Flavobacterium* sp.	조개
Pyrostatin A·B	*Streptomyces* sp.	바다 진흙
3) 기타		
Aburatubolactam A	*Streptomyces* sp.	연체 동물
Anthranilamid	*Streptomyces* sp.	바다 진흙
Komodoquinone A·B	*Streptomyces* sp.	바다 진흙
해양 진균		
1) 항염증 물질		
Oxepinamide A	*Acremonium* sp.	멍게
Phomactin A~G	*Phoma* sp.	게
2) 효소 저해 물질		
Cathestatin C	*Microascus longirostris*	해면
Chlorogentisylquinone	*Phoma* sp.	바다 모래
Epolactaene	*Penicillium* sp.	바다 진흙
Roselipin류	*Gliocladium roseum*	해조
Sculezonone A·B	*Penicillium* sp.	조개류
Xyloketal A	*Xylaria* sp.	게
Betaenone	*Microsphaeropsis* sp.	해면
3) 항산화 물질		
Anomalin A	*Wardomyces anomalus*	해조
Dihydroxyisochinulin A	*Aspergillls* sp.	해조
Epicoccone	*Epicoccum* sp.	해조
Parasitenone	*Aspergillus parasiticus*	해조
Hydroquinone	*Acremonium cf. roseogriseum*	해면

미생물로부터 바이오 촉매 개발

효소는 바이오 촉매로 세포 내외의 여러 생화학 반응을 촉진하여 생명 활동을 지속하게 한다. 효소는 상온, 상압, 중성 pH 영역에서 높은 활성을 나타내고 기질 특이성(substrate specificity: 효소가 특정한 기질에 대해서만 촉매작용을 나타내는 성질)이 높다. 이들 특징은 효소를 산업적인 바이오공정의 촉매 소자로써 이용할 때도 큰 이점이 되고 있다. 즉, 효소반응에는 특별한 가압장치나 가열장치가 필요 없고, 순도가 낮은 기질(substrate: 효소이 작용을 받아 반응하는 물질)을 사용할 수 있기 때문에 반응장치나 운전 에너지, 반응 원료면에서 비용을 줄일 수 있다.

최근 바이오테크놀로지의 발전에 의해 효소의 사용량 및 용도가 현저하게 확대되고 있다. 예를 들면 1997년도에 4억 원 규모였던 미국의 효소 시장은 2011년에 100조 원으로 성장하였고, 효소 이용 범위도 연구, 의약, 검사 시약, 식품 가공, 전분 가공, 제당, 세제, 섬유, 제지, 양조, 축산, 낙농업 등으로 크게 확대되고 있다.

지구상에는 다양한 환경이 있고, 환경이 다른 곳에서 서식하는 생물에는 환경 적응에 따라 여러 특성을 가지는 효소가 존재한다. 그렇기 때문에 오랜 세월에 걸쳐 다양한 환경에 서식하는 생물을 대상으로 새로운 특성을 가지는 효소의 탐색이 이루어졌다. 해양은 열대 해역, 극해역, 천해역, 심해역, 심해저의 열수분출공 주변 등 환경이 다양하고 거기에 서식하는 미생물이나 해조류, 무척추 동물, 척추동물 등을 대상으로 신기한 효소의 탐색이 진행되고 있다. 이들로부터 얻어진 효소는 산업적으로 이용가치가 높은 것도 적지 않다.

내열성 아가로오스 가수분해효소(Agarase)

한천의 주성분인 아가로오스는 홍조류인 우뭇가사리, 돌가사리, 비단풀 등에 함유되어 있는 난분해성 다당이다. 아가로오스 가수분해효소는 아가로오스를 분해하여 아가로올리고당을 생기게 하는 효소이다. 아가로오스를 효소 분해해서 얻어지는 올리고당은 사람에 대해 항종양성, 항산화 활성, 면역 부활 활성, 보습성, 미백 작용 등의 생리 활성이 나타나기 때문에 이들 생리 활성 올리고당을 효율적으로 생산할 수 있는 아가로오스

가수분해효소의 탐색이 진행되고 있다.

최근 일본에서는 수심 2,640m 해저 진흙에서 얻은 세균(*Microbulbifer*)에서 아가로오스 분해효소 유전자를 클론화해서 바실러스(*Bacillus*) 발현계에 의해 재조합 아가로오스 가수분해효소를 생산하는 데 성공했다.

호냉 효소(Cold-adapted enzyme)

심해역의 대부분은 2~4℃의 저온 환경이다. 이곳에 존재하는 미생물은 저온 환경에서의 적응에 따라 여러 가지 생리 생화학적 변화를 일으키며 살아간다. 따라서 이러한 미생물에는 저온 적응에 관련된 여러 특징을 갖는 호냉 효소가 존재한다.

일반적으로 호냉 효소가 5~15℃에서 나타내는 활성은 중온 영역에서 서식하는 미생물이 가진 효소에 비해 높다. 예를 들면 10℃ 호냉 미생물 세린 단백질가수분해효소(serine proteinases subtilisin)의 활성은 보통 세린 단백질가수분해효소(subtilisin)보다 약 5배 높다. 이 같은 높은 활성의 원인은 호냉 효소에 의한 반응의 활성화 에너지(activation energy: 화학 반응을 일으키는 데 필요한 최소한의 에너지)의 감소율이 보통 효소의 경우보다도 크기 때문이다.

한편 호냉 효소의 열안전성은 보통의 효소보다도 낮고 그 결과 최적온도도 보통의 효소보다 낮다. 이러한 호냉 효소를 보통 효소 대신에 이용하는 것에는 여러 가지 이점이 있다. 가장 큰 이점은 저온에서도 높은 활성을 나타내는 것이고 이것은 열에 불안정한 기질에 작용시킬 때 유리하다. 또 사용하는 효소량도 보통의 효소보다 소량으로 가능하다.

지금까지 호냉성 단백질가수분해효소(protease), 지방질가수분해효소(lipase), 아밀라아제(amylase) 및 섬유소가수분해효소(cellulase)가 세정 보조제로 개발되어 있고, 이들 효소를 이용하면 세탁수의 온도가 낮아도 높은 세정 효과를 얻을 수 있다. 한편 식품 용도에서는 식육의 연화에 이용되는 단백질가수분해효소나 우유 중의 유당을 분해하는 효소(β-galactosidase), 과즙의 추출이나 투명화에 이용되는 펙틴가수분해효소(pectinase) 등의 호냉 효소가 이용되고 있다. 이들 식품의 처리는 저온에서 할 필요가 있기 때문이다.

장래 저온에서 수행하는 여러 바이오 공정에서 호냉 효소가 이용될 가능성이 높아 그 공급원으로 심해나 극해 등 저온 환경에서 서식하는 미생물의 이용이 기대된다.

27 해양 유전체 자원

해양은 다양한 환경 조건을 가지고 있어 생물 다양성이 풍부한 곳이다. 특히 해양 생물은 고압, 저산소, 고염도, 다양한 온도와 광조건에 의해 특이한 생체 구조와 대사 경로로 인지 기능을 발달시켜 왔기 때문에 새로운 생물학적, 화학적 공정 개발, 신물질 등의 발견과 개발이 가능하게 하는 중요 자원이다. 또한 지구상의 생명종 중 약 80%가 해양에 서식함에도 불구하고 해양 생물은 1% 미만만이 유용 생물자원으로 활용되고 있어 향후 개발 가능성이 무궁무진한 자원이기도 하다.

최근의 생명공학 기술의 발달과 생물자원의 전력화 움직임으로 인한 원천 생물자원의 확보의 중요성으로 인해 해양 생물의 가치가 다시 부각되고 있다.

전 세계 각국은 생물 다양성 협약(CBD), 생물 다양성 정보 기구(GBIF), 경제 개발 협력 기구(OECD) 생물자원 센터 네트워크 등 국제 협약을 통해 경쟁적으로 생물자원을 확보하여 원천 소재를 바탕으로 산업화를 이루려는 추세이다. 특히 2010년 생물 다양성 협약(CBD) 제10차 당사국 총회에서 "유전자 접근 및 이익 공유(Access to Genetic Resources and Benefit Sharing)에 관한 나고야 의정서"를 채택하여 내국인이 외국의 유전자원을 이용하려면 사전에 자원 제공국의 승인을 받아야 하고, 자원 이용에 따른 이익을 자원 제공자와 공유하고, 또한 외국인이 국내 생물 유전자에 접근하고자 할 경우 국내 자원 제공자와의 이익 공유를 조건으로 정부와 사전 승인하는 제도를 마련하였다.

이로 말미암아 세계적으로 생물자원 확보 및 특허 경쟁은 치열해지고 있으며, 해양 유전자원(유전물질)에 대한 가치 상승은 해양의 무한한 자원을 발굴하고자 세계 각국의 움직임을 가속화시키고 있다.

따라서 21세기의 해양은 고갈되고 육상 자원을 대체할 수 있는 미래의 자산으로 인식되고 있으며, 그 중에서도 해양 생물의 근간이 되는 것이 유전체 정보이다.

유전체(genome)는 생물체가 지니고 있는 모든 유전정보의 집합체를 의미하며, 개체마다 유전적 특성이 나타난다. 생물의 특성을 결정하는 것은 유전자에 있고 이 유전자는 DNA 염기 서열에 따라서 결정되므로 DNA 염기 서열을 해독하는 것은 생명체 정보 분석의 가장 기본이라 할 수 있다. 이러한 기본적인 생명체의 기본 정보를 얻을 수 있는 차세대 해독 기술(Next generation sequencing)은 그동안의 유전체 해독 기술을 획기적으로 발전시켰다.

오늘날 대부분의 선진국에서는 해양 생물의 가치 증가와 유전체 기술 발전 속도에 부합된 새로운 전략을 수립하여 실행 중이나 우리나라에서는 지금까지 단계적인 사업 수행으로 해양 유전체 해독 건수는 미생물, 식물, 동물 각 수건에 불과하며 개별 생물의 유전체 해독 및 단백질 해독 연구가 수행 중이지만 진화, 적응의 측면에서 총체적 생명 현상 및 다양성 분석과 이에 수반한 근원적 형태에 대한 연구는 없다.

해양 생물의 유전체에 관심을 끌게 한 또 다른 이유는 과학 잡지 「Nature」지가 "세계적으로 해양생태계 파괴가 심화되고 있으며 지난 50년간 대형 어종의 90%가 사라졌다"는 충격적인 발표 때문이다.

수산시장의 넘치는 생선과 하루가 다르게 늘어나는 횟집을 보면, 바다에는 아직도 물고기가 풍부한 것 같다. 그러나 세계 각국에서는 1990년대 이후 어류 자원 고갈이 심각함을 경고하고 있다.

세계 자연 모니터링 센터(WEMC) 자료에 따르면 지구온난화 현상에 따른 수온 상승과 어획 기술의 발달, 대규모 남획으로 다랑어, 상어, 황새치 등 대형 어류들의 약 3분의 1이 사라졌으며 어획량도 10분의 1로 줄었다는 것이다. 현재와 같은 멸종을 방치할 경우 2048년경에는 해양 어종의 대부분이 사라질 것이라는 예측도 나오고 있다. 일례로 1980년대 우리나라 남해안에서는 연간 20만 톤(1986년 32만7,000톤) 이상 어획되던 말쥐치가 쥐포로 가공되면서 지나친 남획으로 인해 고갈되어 버린 지 오래되었다.

더군다나 우리나라에서도 석회와 석회조류 때문에 해조류들이 없어지는 갯녹음 현상이 나타나고 있는데 이로 인해 해조류를 먹고 사는 소라, 전복 같은 조개류들이 없어지고 해조류와 조개류가 없어지면 해조류 숲에 산란을 하고 서식처로 삼아 해조류를 뜯어먹거나 조개류 같은 먹잇감을 잡아먹고 사는 물고기까지 따라서 같이 없어져서 바닷속이 황폐화되는 악순환이 반복될 수밖에 없다. 그래서 갯녹음 백화 현상을 바다의 사막화라고 하는 것이다.

우리 인류가 필요한 동물 단백질의 16%를 해양 수산물로 충당하고 있고 수산물 중에서 어류가 차지하는 비중이 80% 이상이라는 것을 감안한다면 이는 큰 문제가 아닐 수 없다.

최근 들어 단시간의 단위 노력당 생산성을 극대화하기 위해 유전공학 기법을 이용한 고부가가치의 우량 품종을 생산하고자 하는 노력이 전 세계적으로 이루어지고 있으며, 특히 수산물 중 가장 경제적 가치가 높은 어류에 많은 연구들이 집중되고 있다.

유전체의 차세대 염기 서열 분석 기술의 발달

유전체 연구는 1990년 미국 국립 보건원(NIH)이 주도한 인간게놈 프로젝트(Human Genome Project)와 함께 큰 발전을 시작하였다. 인간 한 사람의 유전체 해독을 위해 13년간 총 27억 달러 이상이 소요되었던 초기 유전체 분석은 차세대 유전체 분석 기술(Next Generation Sequencing)의 발달로 2007년에는 4년 동안 1억 달러가 소요되었으며, 2008년에는 5개월 동안 1,500만 달러 미만의 예산으로 진행할 만큼 분석 시간과 비용이 현저히 감소하는 추세에 있다. 차세대 유전체 분석 기술을 이용한 유전체 분석은 다양한 관련 분야 연구를 가능하게 하여 인간뿐만 아니라 동물, 식물, 미생물에 이르기까지 많은 유전체가 해독되고 있으며, 이를 이용하여 유용한 의약, 신소재, 바이오에너지, 식량자원, 멸종 위기 종 보호 등의 유전체 연구가 확대되고 있다.

해양 생물 유전체 연구에 활용되는 메타게놈

자연계에서 관찰할 수 있는 수많은 미생물과 제한된 조건의 실험실 배양 배지 상에서 보이는 생물의 숫자 사이에는 매우 큰 차이가 존재한다. 이미 1970년대 후반에 미생물의 DNA를 그 생육 환경에서 직접 분리하여 유전체를 연구하자는 제안으로 탄생한 연구 분야가 메타게놈(Metagenome)이다.

1998년 한델스만(Handelsman)은 메타게놈을 "주어진 환경에 존재하는 모든 생물의 유전체 집합"으로 정의하였으며, 환경 유전체(environmental genomics)라고도 한다. 메타게놈의 가장 큰 장점은 배양하지 않고도 미생물의 유전자를 연구할 수 있고, 생태계 내의 모든 개체군의 구성을 파악할 수 있다는 것이다. 현재 배양 가능한 미생물은 전체의 1% 밖에 되지 않아 메타게놈을 활용하면 미지의 99% 미생물의 유전체를 바로 이용할 수 있다.

또한 다양한 유전자를 대상으로 연구를 수행할 수 있으므로 이제까지 알려지지 않은 유용 유전자를 발굴, 생태계의 기능 해석, 생명현상 규명 등 해양 생태계 연구의 새로운 방법으로 활용할 수 있다. 해양 메타게놈의 연구 대상으로는 다양한 해석을 통해 해수 내 미생물 군집, 해수 내 바이러스, 해면 및 산호 동물의 공생 미생물체, 광합성 생물 군집, 해저 열수 분출구 군집 등으로 확대되고 있다.

어류 및 해양 미생물 유전체 연구

어류 유전체 연구는 복어(*Fugu rubripes*) 유전체를 시작으로 모델 어류인 제브라피시(Zebrafish)와 메다카(Medeka)의 유전체가 완성됨으로써 인간 유전자의 기능을 규명하기 위한 인간 유전체 연구도 시도되었던 것이다. 최근에는 여러 나라에서 경제적, 산업적 가치가 높은 어종에 대한 유전체 연구를 수행하여 이들을 육종(breeding: 유용한 생물의 유전적 성질을 원하는대로 개량하는 것)에 또는 산업적으로 활용하고 있다. 예를 들면 중국에서는 박대(*Cynoglossus semilaevis*) 유전체의 해석이 2010년에 완성되어 성결정 유전자를 탐색하여 성장이 빠른 박대를 개발하는 데 활용하였다.

일본은 참다랑어(*Thunnus thynnus*) 유전체의 해석이 2011년대에 완성됨으로써 성장, 사료 효율, 육질과 내병성 등이 뛰어난 양식 품종 개발, 정확한 원산지의 판별 등 참치의 자원 관리를 위한 응용, 어장으로부터 식탁에 오르기까지의 원산지 이력제의 확립, DHA 축적과 같은 특수한 기능을 갖는 기능성 식품이나 의약품 개발에 활용하고 있다.

우리나라에서는 국민의 횟감으로 가장 선호하는 넙치(*Paralichthys olivaceus*)의 유전체를 2012년에 국립 수산 과학원 김우진 박사팀에서 최초로 해독함으로써 내병성, 맛, 육질, 성결정 등의 연구에 활용할 수 있게 되었다. 또한 유전체 연구는 생명현상을 규명하기 위해서도 수행하고 있으며, 노르웨이의 연구진이 주축을 이루어 2011년 대구(*Gadus morhua*) 유전체의 해석을 완성하여 대구의 독특한 면역 시스템이 큰 온도 편차에서 생존할 수 있는 유전적 원인을 밝혔다. 이와 같이 유전체 연구는 생명현상의 규명, 품종개량, 바이오 소재의 개발 등에 광범위하게 활용할 수 있다.

어류에서 생리활성 물질 생산 유전자뿐만 아니라 각종 유전자가 클로닝되면서 그 유전자의 구조, 추정 아미노산에 의해 기능 추정, 유전자 기능 등이 밝혀지고 있다. 2013년 1월 1일까지 일본 유전자은행의 데이터베이스에 기록된 염기 배열 수를 표 27-1에 나타냈는데 그 중에서 얼룩 메기가 가장 많고 그 다음은 무지개 송어, 제브라피시, 대구 순이다.

해양 미생물 유전체 연구는 주로 해양 탐사 연구에 맞는 지역과 경험이 축적된 미국, EU, 일본 등을 중심으로 진행되고 있다.

미국의 고르돈 • 베티 모어 재단(The Gordon and Betty Moore Foundation)에서 생태적 생리적 특성과 서식 환경 및 지리적 위치가 다른 다양한 해양 미생물 등을 대상으로 해양 생물 유전체 서열 분석 프로젝트를 수행하여 139종의 해양 미생물 유전체의 서열을 분석하였다.

표 27-1. 등록된 DNA 유전자 수

생물종	등록수 (2013년 1월 1일)	생물종	등록수 (2013년 1월 1일)
제브라피시 (*Danio rerio*)	53,558	무지개송어 (*Oncorhynchus mykiss*)	117,120
킬리피시 (*Fundulus heteroclitus*)	5,440	나일틸라피아 (*Oreochromis niloticus*)	17,426
대구 (*Gadus morhua*)	41,275	송사리 (*Oryzias latipes*)	21,803
큰가시고기 (*Gasterosteus aculeatus*)	16,728	피라미 (*Pimephales promelas*)	20,664
푸른메기 (*Ictalurus furcatus*)	17,357	연어 (*Salmo salar*)	29,820
얼룩메기 (*Ictalurus punctatus*)	187,480	복어 (*Takifugu rubripes*)	3,800

해양 유전체 해독에서 주요한 연구 대상은 세균류 331건, 고세균류 38건과 메타게놈 38건 그리고 진핵생물류 10건이다.

메타게놈(환경 유전체) 분석법이 보편적으로 활용됨으로써 새로운 유전자원 및 미생물에 대한 정보가 기하급수적으로 축적되고 있다. 환경 유전체 분석을 통하여 유전자 발굴, 생태계 기능 해석, 생명현상 규명 등이 해양생태계 연구의 새로운 방법론으로 적용되고 있다.

전 세계 해수 속에 포함된 미생물의 환경 유전체 분석 프로젝트를 진행하고 있는 크라크 벤터(Craig Venter) 박사는 사가소(Sargasso) 바다 미생물 군집에서만 10억4,500만 쌍 염기 서열을 확보하여 유전자 다양성의 상대적 분포 등을 분석하였다.

미생물과 진핵생물 간의 공생은 많이 알려져 있다. 그러나 공생체 자체에 대한 연구는 많이 수행되지 않았는데 숙주 특이성으로 인해 배양이 어렵기 때문이다. 텔링(Teeling)은 해양 지렁이와 체내에 생물 간에 공생 관계를 규명하고자 메타게놈 분석을 이용하여 특이적으로 입, 내장 등 소화 기관 및 배설 기관이 없는 해양 지렁이류(*Olavius algarvensis*)와 체내 미생물 간의 공생 관계를 연구하였다. 그 결과, 공생 미생물이 이들의 소화 및 배설 기관을 대체하고 있음을 밝혀 공생 미생물이 광범위한 탄소 고정 능력이 있어 숙주의 에너지 형성 및 배설 능력을 대신 수행하고 있다는 사실을 밝혔다.

해양 생물 유전체의 응용

근래에는 해양 생물의 유전체 분석이 국가적인 차원에서 그 중요성이 부각되고 있다. 해양 생물 유전체 정보는 다양한 분야에 응용되어 활용될 수 있다. 특히 유전체의 약 20~40%에 해당하는 유전자는 기능이 아직 밝혀지지 않은 가상 단백질(hypothetical protein)이며, 이러한 유전자 중에는 인간의 질병이나 유용 물질 개발에 직접 연관되어 활용될 수 있다는 보고들이 있다. 차세대 유전체 분석 기술을 이용하여 급속하게 증가하고 있는 유전체 정보를 의약, 산업, 바이오 에너지 개발에 이용하기 위해서는 유전자의 기능을 밝히는 기능 유전체 연구가 절실한 상태이다.

대부분의 모델 생물이 육상 기원으로 해양 생물의 다양성을 고려할 때 유전자를 조작하여 형질전환(transformation: 외부에서 주어진 DNA로 생물의 유전적 성질이 변하는 것)이 가능한 해양 생물 모델 시스템을 확립하는 것은 매우 시급한 상태이다. 해양 생물이 모델 생물의 개발은 합성 생물학(synthetic biology: 생명과학적 이해의 바탕에 공학적 관점을 도입한 학문으로 자연세계에 존재하지 않는 생물구성요소와 시스템을 설계, 제작하거나 자연세계에 존재하는 생물시스템을 재설계, 제작하는 두 가지 분야를 포괄한다. 즉, 합성 세포를 제작하기 위한 유전자 합성과 세포로부터 고성능의 생물학적 물질을 고효율로 합성하는 것) 분야에 직접적으로 응용될 수 있다. 벤터(Venter) 박사팀은 합성된 마이코박테리아(*Mycobacterium*) 유전자 조작을 통한 유용 물질의 생산 가능성을 제시한 연구를 수행한 바 있다.

유전체 정보는, 코일 형태로 꼬여 있는 DNA를 곧게 펼친 뒤 데이터베이스와 DNA 위치를 비교하는 방식으로 현재 범죄 수사와 가축전염병, 희귀 동·식물 연구를 위한 DNA 분석 방법인 DNA 바코딩(DNA barcoding) 기술로 이어져 생활에 직접 이용되기도 한다. 즉, 생물이 가지고 있는 특이한 마커(marker)를 분리하고, 데이터를 구축하여 종 정보를 검색할 수 있는 기술이다. 근래에는 이 기술로 일부 국내산 수산자원과 외래종 수산 자원의 구별을 분류학적 전문 지식 없이도 간단히 해낼 수 있을 정도에 이르렀다.

이러한 추세는 최근 전 세계적으로 부각되고 있는 생물자원의 주권화에도 일조하고 있으며, 국내 수산자원의 보호와 관리에도 큰 도움이 되고 있다. 아직까지 모든 해양 생물자원들의 데이터베이스가 구축되지 않았지만 현재 활발한 연구가 이루어지고 있어, 향후 무분별한 외래 해양 생물자원의 반입을 막고 검역 및 통관 과정에서부터 철저한 관리가 가능할 것으로 보인다. 또한 이러한 기술을 활용하면 우리 눈에 보이지 않는 미세한 병원성 세균이나 기생충의 존재를 확인할 수 있어 양식 어종의 폐사 원인을 역 추적하여 방제하거나 확산을 억제할 수 있는 용도로 사용할 수 있다.

어류 유전체 과학의 미래

최근에는 대용량 염기 서열 분석 기술들이 개발되어 경제적 및 학문적으로 중요한 어류의 유전체 해독 작업이 진행 중이다. 수산업에서 어류 유전체 해독 연구는 3가지 측면에서 매우 중요하다. 첫째는 어류의 생명현상을 규명하는 것이고, 둘째는 유전체 정보의 선발 육종에의 활용이고, 셋째는 생물자원의 효율적인 분류이다.

대량 분석 기술의 발달로 대량으로 유전자의 기능을 규명하는 기능 유전체 기술들이 다양하게 발전함에 따라 기능 유전체 기술과 유전체 정보를 통합해서 다양한 생명현상을 규명하는 기회가 커지고, 특히 산업적으로 활용 가능성이 큰 유용 유전자의 기능을 효율적으로 밝힐 수 있게 되었다. 그리고 특히 생명현상은 개별 유전자에 의해 조절된다기 보다는 유전자 간의 네트워크에 의해 시스템적으로 조절되므로, 이러한 유전자 간의 네트워크를 이해하는 데 유전체 정보와 기능 유전체 기술이 효율적으로 활용될 수 있을 것이다.

전통적인 육종 방법은 시간과 비용이 많이 드는 단점이 있어, 이러한 단점을 극복하기 위해서 분자생물학적인 방법이 개발되어 형질에 연관된 DNA 염기 서열의 차이로 판별하는 분자 육종 선발 기술이 최근 각광을 받고 있다. 하지만 분자 마커 개발에는 많은 비용이 투입되고, 특히 육종 계통 간에 유전적 다형성이 부족할 때에는 분자 마커 개발이 어렵다는 단점이 상존한다. 따라서 유전체 정보를 활용하면 손쉽게 분자 마커를 개발할 수 있을 뿐만 아니라, 분자 마커의 효율성을 능가할 새로운 분자생물학적인 기술을 유전체 정보에 기반을 두어 개발할 수도 있다.

예를 들면 유전체 정보 자체가 기존의 분자 마커 혹은 유전자 지도를 대체해서 사용될 수 있고, 이러한 개념적인 접근법을 최근에는 유전체 육종이라 부르며, 이는 향후 분자 육종의 핵심 기술로 자리매김할 것이다. 생물자원의 중요성이 점차 커지는 추세에 발맞추어서 선진 각국은 대규모로 생물자원을 수집, 보존, 증식, 이용하는데 총력을 집중하는 추세이다. 따라서 대규모 유전체 염기 서열 분석을 통해 유전자원 분류나 유용 유전자원 선발에 활용할 분자 마커를 개발하거나 유전체 서열 정보 자체를 활용한 유전체 기반 유전자원 분류 및 선발법의 개발도 가능할 것으로 생각된다.

이상에서 살펴본 것처럼 유전체 정보는 수산 부분의 핵심 필수 요소 기술인 생물자원의 분류, 선발, 개량에 이르는 일련의 과정이 현재 직면한 한계점을 돌파할 첨단 기술로 부상할 뿐만 아니라 유전체에 기반을 둔 다양한 파생 기술 개발을 통해 수산업 연구 분야에 새로운 패러다임을 제시하고 수산업 발전의 새로운 장을 열게 해줄 것으로 전망된다.

28 해양바이오 산업의 현황과 전망

최근 들어 건강과 관련된 바이오 소재 산업은 국가경제의 침체에도 불구하고 생활수준의 향상, 의료기술의 발전, 국민건강 증진 및 웰빙 산업의 확산으로 식품, 건강 기능성 식품, 의약품, 화장품 등 다양한 분야에서 국내외적으로 활발한 연구가 이루어지고 있다.

우리나라의 경우 오는 2019년에 고령화 사회에 진입하고 2026년에는 노령인구가 전체 인구의 23%를 넘어 가는 본격적인 초고령 사회에 진입하게 될 것으로 전망되어 노령 인구에 대한 사회적 의료비용은 국가 차원에서 해결해야 할 중대한 과제로 대두되었다. 이에 바이오 소재 산업은 건강 기능성 식품 및 의약품 분야에서 성인병 질환의 예방 및 치료를 위한 소재연구가 활발히 이루어지고 있어 고령화 문제의 해결책으로 주목받고 있다.

바이오 소재 산업에서 건강기능성 식품은 식품의 영양적 기능, 기호적 기능과 더불어 생체조절기능을 갖는 식품을 말하며, 일상적으로 섭취 가능한 식품으로서 신체방어, 신체리듬 조절, 질병 예방, 질병 회복, 노화억제 등의 기능이 생체에서 충분히 발현될 수 있도록 설계된 식품이다. 건강기능성 식품은 항암, 혈압강하, 콜레스테롤 저하, 혈전저해, 당뇨예방, 노화억제, 알츠하이머성 치매예방 등 다양한 생체조절기능이 있어 의약적으로도 주목받고 있으며, 이들 기능을 활용하여 국민의 건강한 삶을 유지시키는 예방의학의 바탕이 되고 있다.

지금까지 천연물로부터 생체에 대한 안전성이 높고 부작용이 적은 건강기능성 소재 또는 의약품들이 다수 개발되어 왔으나 대부분 육상의 동물, 식물, 미생물을 대상으로 이루어져 왔다. 그 결과 육상생물자원으로부터의 다양한 신소재와 신물질 개발은 그 대상이 점차 줄어들어 한계에 도달하였다. 따라서 최근 선진국을 비롯하여 바다와 인접한 해양 국가들은 바이오 소재 개발의 대상을 육상생물 자원에서 해양생물 자원으로 점차 이전하는 추세에 있다.

해양 생물은 육상 생물과는 전혀 다른 환경에서 서식하기에 그것의 생리적 대사과정과 성분은 육상 생물과는 상이한 점이 많고, 이들이 생산하는 대사산물도 완전히 새로운 물질을 보유하고 있다. 특히 해양 생물은 그 종류도 풍부하며 지구상의 전체 동물 중 약 80%(30만 종)가 바다에 서식하고 있는 것으로 알려져 육상 생물 자원의 대체 자원으로 주목받고 있다. 이러한 해양 생물이 보유한 대사산물은 그 양이 매우 적어 그들의 생리활성 및 구조를 밝히기가 어려웠지만, 최근 들어 구조분석 기술의 발전과 아울러 생물학적 분석법의 개발이 확대되면서 해양 생물의 유효성분들의 기능성이 밝혀지기 시작했다. 따라서 해양 생물은 이제 단순한 식량자원으로 이용되는 차원을 넘어 막대한 고부가가치의 해양바이오 산업으로 발전해 나갈 수 있게 되었다.

우리나라에서도 해양바이오 산업을 국가 주도의 21세기 첨단산업으로 육성하기 위하여 해양수산부에서 「마린바이오 21 사업」이 2004년부터 10년 동안 진행되어 해양바이오 관련 연구분야의 국제적 위상을 높이는 데 크게 기여했다.

해양바이오 산업은 고부가가치 산업으로 국민 건강 증진 및 국가 경제 발전에 기여할 것으로 기대된다.

해양바이오 산업의 개요

바이오 산업은 바이오 기술을 바탕으로 생물체의 기능 및 정보를 활용하여 인류가 필요로 하는 유용물질을 생산하는 산업을 말한다. 해양바이오 산업이란 해양생물자원으로부터 그들의 구성성분 및 기능성 물질 등을 연구하여 궁극적으로 인간 복지를 위한 상품과 서비스를 제공하는 산업이다.

해양바이오 산업을 발전시킬 수 있는 해양바이오 기술은 해양생물 자원 탐사기술, 생태계 모니터링 기술 등 해양생물자원 확보 및 해양환경 재현을 위한 해양과학 기술과 첨단 해양 생명과학기술 및 정보 기술 등이 총 망라되는 종합 기술을 일컫는다.

해양바이오 기술은 해양천연물이나 해양 생물에서 유래된 건강기능성 식품 소재, 의약소재 혹은 고분자물질, 화학 소재 등의 생산을 위한 원천 기술 확보가 용이하여 독점적 물질특허권 확보가 가능하다는 특성이 있다. 따라서 신물질 발견 확률과 제품화 비율이 높으며 신제품의 개발기간이 단축 가능하다는 장점이 있다. 해양바이오 산업의 발전을 통해 우리는 국지적인 오염 혹은 지구 규모의 환경문제 해결, 해양생물자원의 생산 증대를 통한 식량 문제 해결, 해양 신물질을 이용한 질병치료, 해양생체에너지 발굴을 통하여 삶의 질을 높일 수 있다. 해양바이오 산업은 이제 성장 초기 단계로 진입하고 있는 실정으로 현재까지 많은 기술이 상용화되지는 않았다.

건강 기능성 소재 개발

건강 기능성 식품은 2003년 건강기능성 식품에 관한 법률(건강 기능성 식품법)이 제정됨으로써 기능성에 대한 규제가 강화되어 제품에 대한 소비자들의 신뢰성이 높아졌을 뿐만 아니라 대기업 및 제약 업체의 신규참여로 인한 유통구조의 개선 및 저가 공급에 의해 수요가 급격하게 증가하고 있다.

건강 기능성 식품의 원료가 해양생물 자원과 밀접한 관련이 있는 품목군의 비중은 소비자 가격을 기준으로 전체의 약 10~20%를 점유하는 것으로 추정된다. 현재 관련 연구의 증가와 더불어 전체 건강 기능성 식품의 시장규모가 지속적인 성장세를 유지하고 있는 시점에서 향후 해양생물자원 유래의 건강 기능성 식품이 본격적으로 개발될 경우 이들 건강 기능성 식품 전체 시장에 대한 규모와 점유율은 계속 증가할 것으로 기대된다.

지금까지 연구 개발된 대표적인 해양생물자원 유래 건강 기능성 식품 소재를 살펴보면 다당류로서의 키토산, 황산 콘드로이틴(chondroitin sulfate), 글루코사민, 알긴산, 퓨코이단(fucoidan), 펩티드를 포함한 단백질 소재, 고도불포화지방산(DHA, EPA), 간유, 스쿠알렌 등 지질소재, 클로렐라, 스피루리나 등 미세조류를 들 수 있다. 다당류 소재로서 키토산은 게, 새우 등 갑각류의 외골격을 형성하는 조직 다당류인 키틴이 탈아세틸화된 화합물이다. 키토산은 항균, 항종양, 감염방어, 콜레스레롤과 중성지방의 저하 등의 기능성이 있으며, 기능성 식품 및 화장품의 원료로 이용되고 있다.

콘드로이틴 황산은 글루쿠론산(glucuronic acid), 아세틸갈락토사민(acetylgalactosamine)과 황산기로 결합되어 있는 점질성 뮤코다당류(mucopolysaccharides: 수분 결합 능력이 뛰어나 피부의 수분함량을 높이고, 탄력을 주는 기능성 제품에 주로 사용하는 다당류)로, 해양동물 중 상어, 고래, 오징어 및 투구게의 연골과 해삼의 세포벽에서도 발견되고 있다. 이것은 세포 외액의 대사조절, 뼈 형성, 관절염 예방 및 치료, 항종양, 항동맥경화, 감염 방지, 윤활작용, 혈액응고 억제 등의 기능이 있는 것으로 알려져 있으며, 의약품, 기능성 식품 및 화장품의 원료로 이용되고 있다.

글루코사민은 키토산의 구성성분으로 천연 아미노당류의 일종이다. 동물의 결합조직, 피부조직, 연골 및 관절액 등에 프로테오글리칸(proteolycan)으로 존재한다. 생체 내에서 포도당과 글루타민으로부터 합성되며, 무색의 침상결정이다. 이것은 변형성 관절염증 예방과 치료, 피부 보습 및 미백 효과 등의 기능이 있으며, 의약품 및 기능성 식품의 원료로 이용되고 있다.

다당류 중 키토산 가공품은 국내에서 올리고당으로 만들어져 대표적인 건강보조식품으로 자리매김하였으며, 주로 상어 연골에서 추출해 내는 콘드로이틴 황산도 바이오 벤처기업과 건강 기능성 식품 업체 및 제약회사에서 건강 기능성 식품 및 의약품의 용도로 생산하여 판매되고 있다. 해조류에서 추출되는 퓨코이단은 기능성 식품으로 판매되고 있으며 알긴산은 아이스크림, 잼, 마요네즈 등의 점도를 증진시키기 위해 사용되고 있다. 단백질 소재로서의 펩티드는 혈압강하, 항암, 혈중 콜레스테롤 감소, 면역증강, 칼슘 흡수 촉진 등의 기능 효과가 알려져 있다.

일본에서는 어육단백질 가수분해물로부터 수산 펩티드 제품을 생산하고 있으며 가수분해물로부터 쓴맛이 없고 소화관 내에서 안정성이 높은 저분자 소재를 개발하여 항피로 효과 및 항고혈압 펩티드 제품을 시판하고 있다. 국내에서도 항고혈압과 관련된 건강 기능성 소재로 정어리 펩티드가 식품의약품안전처에 개별 인정형으로 등재되어 제품으로 판매되고 있다. 이를 계기로 앞으로도 해양생물 유래의 기능성 펩티드 소재를 이용한 기능성 식품의 실용화를 위한 체계적이고 지속적인 연구가 이루어져야 할 것이다.

지질 소재로서 n-3 계열의 고도 불포화지방산인 EPA 및 DHA는 사람의 뇌회백질부, 망막, 정자에 다량 함유되어 있는 성분으로 어류, 갑각류 및 해조류에도 풍부하게 함유되어 있다. 이들은 고혈압증, 고지혈증, 동맥경화증, 혈전증, 심근경색증, 뇌경색증 등의 질환을 예방하고 콜레스테롤 저하, 혈소판 응집억제, 학습기능향상, 시력향상, 항염증 작용을 한다.

간유는 식용 수산동물의 신선한 간에서 얻은 지방으로 지용성 비타민 A의 함량이 높아 비타민 A 함유 정제어유라고도 한다. 대구과 어류를 중심으로 명태, 고래, 상어, 참치 등의 장기에서 주로 생산되며 구루병 예방, 야맹증 치료, 자양강장 등의 기능이 있다.

스쿠알렌은 심해산 상어의 간유에 함유되어 있는 불포화 탄수화수소로서 이소프로노이드「isopronoid: 이소프렌(isoprene)이 중합한 탄소골격을 갖는 화합물」 구조의 화합물이다. 이것은 항궤양, 항종양, 항진균, 간기능 개선, 세포 분화 및 증식기능 촉진, 산소 수송기능 강화 등의 기능이 알려져 있다.

이와 같이 해양생물자원 유래의 기능성 소재에 대한 연구는 주로 어류 및 해조류에 집중되었고 소재면에서 펩티드류 및 다당류 등 일부 소재에 집중되어 왔다. 따라서 이들 소재를 이용한 산업화 및 실용화를 넘어서 그 외에 다양한 소재의 발굴이 필요하다. 생리기능성 면에서 항균, 항산화 및 항암활성에 대해 비교적 많은 연구가 수행되었으며 최근 항당뇨, 항치매, 항염증에 관한 연구도 활발이 진행되고 있어 앞으로 이들을 활용한 상품화가 이루어질 것이다.

육모제 개발

대한모발학회에 따르면 국내 탈모 인구가 1,000만 명이 넘는 것으로 추정하고 있어 국민의 20%가 탈모로 고민하고 있는 셈이다. 이로 인해 탈모에 좋다는 각종 제품들이 쏟아져 나오고 있다. 탈모 샴푸, 트리트먼트 등 헤어제품, 의약품, 가발 등 탈모관련 시장은 2016년 기준 4조 5,000억 원이 넘는다. 그러나 탈모 관련 시장에서 의약품이 차지하고 있는 비중은 미미하다.

모발은 신체의 다른 세포나 조직과는 달리 모발주기라는 독특한 생체리듬을 갖고 있다. 즉 일정하게 계속 자라다가 쇠퇴하여 결국 사멸하는 과정을 거치는 것이 아니고 2~6년 정도의 성장기 동안 지속적으로 하루에 약 0.45mm씩 자라다가 2~3주 정도의 퇴행기를 거쳐서 2~3개월 정도의 휴지기 동안 성장을 멈추고 이때 정상인이라도 많으면 100가닥 가까이 빠진다고 한다. 이후, 다시 성장기로 들어가는 순환주기를 평생 동안 돌게 된다.

필자는 탈모증을 예방하는 데 도움을 주기 위해 다양한 해양생물로부터 육모 기능성 소재를 연구해 왔다. 그 중에서 인도네시아산 해조류인 유키우마 코토니(*Eucheuma cottonii*) 추출물은 모발의 성장에 밀접한 연관이 있는 것으로 알려진 인체 모낭 모두유 세포와 모발 외측 모근초 세포(root sheath cell)의 증식에 효과가 있었고, 인체의 두피 모

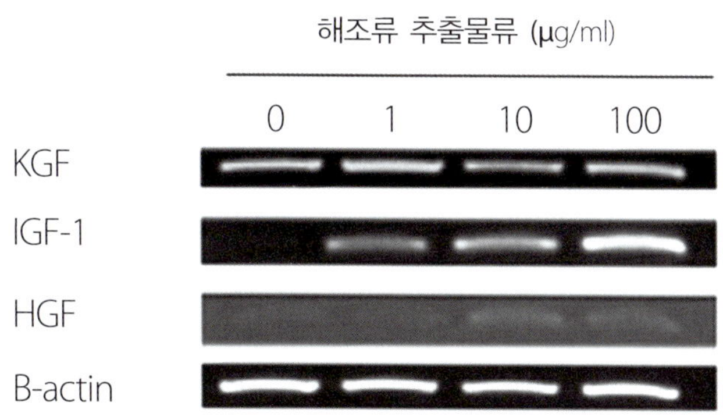

각질세포 성장인자(Keratinocyte growth factor, KGF),
인슐린 유사 성장인자(Insunlin-like growth factor-1, IGF-I),
간 상피세포 성장인자(Hepatocyte growth factor, HGF)

그림 28-1. 해조류 추출물의 모발 성장인자 발현

발조직을 그 추출물로 처리하여 6일간 배양했을 때 1.7배 정도 모발의 길이가 증가하는 것으로 나타났다.

또한 해조추출물을 마우스의 털을 깎는 부위에 처리했을 때 마우스의 피부조직이 털이 성장하지 않는 휴지기를 성장기로 변환시켜 털이 성장하는 것을 확인하였으며, 탈모 치료제인 미녹시딜과 비교하여 유사한 모발성장기 유도효과를 확인하였다. 해조추출물에서 분리한 히드록시디히드로보볼리드(hydroxydihydrobovolide)가 인체 모낭 모두유 세포에서 모발의 성장 유전자인 인슐린 유사 성장인자(1GF-Ⅰ) 및 간 상피세포 성장인자(HGF)의 발현을 증가시켜 모발의 성장을 촉진한다는 사실도 밝혔다(그림 28-1).

1) 모발 밀도

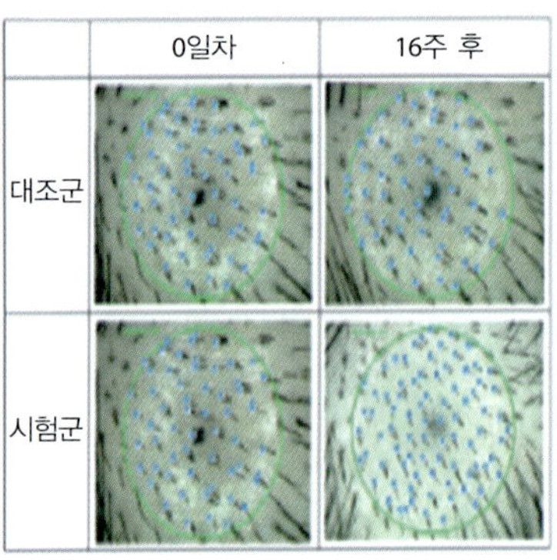

E. cottonii 추출물(1%)
함유한 토닉 제형

2) 모발 굵기

3) 모발 성장 속도

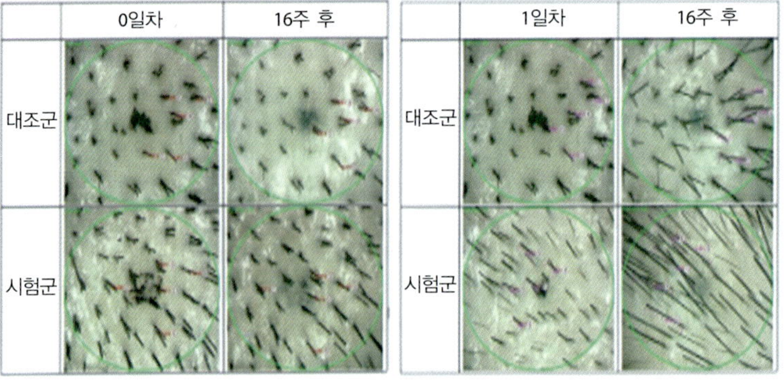

사진 28-1. 해조류 추출물의 탈모방지 및 양모개선에 대한 임상 효능 평가

동물실험 결과를 토대로 해조류 추출물이 1% 함유된 토닉을 만들어 임상시험을 실시한 결과, 사용 16주 후 모발의 밀도, 굵기 및 성장 속도가 사진에서 볼 수 있는 바와 같이 효과가 있는 것으로 나타났다(사진 28-1).

홍조류인 유키우마 코토니(*E. cottonii*)는 주로 인도네시아와 같은 동남아 지역에서 식용되는 해조류이다. 이 해조류는 카라기난과 카로틴을 풍부하게 함유하고 있으며 향료나 모발 컨디셔닝제로 많이 사용되고 있다.

해조류가 머리카락 성장에 관계가 있다는 여러 연구 결과들이 있어 평소에 해조류를 즐겨 먹는 것도 탈모 방지에 도움을 줄 것으로 생각된다.

향후 전망

해양바이오 산업 분야의 최근 동향은 미국이나 일본을 비롯하여 유럽 국가들도 국가 전략산업으로 육성하고 있는 가운데 해양 인접 개발도상국까지도 국가차원에서 육성을 추진하고 있어 국가간 경쟁이 더욱 치열해질 전망이다.

이미 언급했듯이 해양생물자원을 이용한 의약품개발에는 생리기능성 물질이 소량인 데다 독성이 강하고 구조가 복잡하여 합성이 어려워 의약품 개발에 한계가 있기 때문에 한약재 소재나 바이오 신약 등으로 개발될 가능성이 높다.

최근들어 국민들의 건강에 대한 관심과 건강 유지를 위한 노력이 증가함에 따라 건강 기능성 식품 및 의약품 시장도 향후 지속적으로 성장할 것으로 예상된다. 그러므로 해양바이오 산업 분야에서 해양생물 자원 개발과 유효이용을 위한 연구를 통해 유용한 기능성 소재 및 산업화를 위한 제반 기술들이 확보될 것으로 기대된다.

최근 환경오염 및 바이러스성 알레르기 등 피부질환 환자의 증가와 이에 대한 우려로 피부에 무해한 자연성분이 함유된 천연 화장품에 대한 수요가 크게 증가하는 추세에 있다. 또한 2000년대 중반부터 본격적으로 기능성 화장품 개발이 시작되어 현재 국내 화장품 기술 개발 수준은 선진국 대비 약 80% 수준으로 평가되고 있다. 이러한 기능성 화장품의 지속적인 발전으로 소비자들의 관심이 집중되고 있으며 생활수준의 향상, 노령화 사회 가속화로 고성장세가 지속될 것으로 전망된다.

지금까지 어류, 해조류, 미생물 등 해양생물자원으로부터 놀랄만한 새로운 기능성 물질들이 수천 종이 발견되었으나 이들을 활용한 상품 개발에는 여러 가지 어려운 점이 많다. 무엇보다도 해양생물자원을 이용한 산업화를 위해서는 연중 생산에 필요한 원료가 확보되어야 하는데 모든 해양생물자원이 대량으로 생산되지 않는다는 점이 가장 큰 문제점이다. 이를 해결하기 위해서는 양식기술이 요구되지만 양식은 1차 산업이라는 이유로 R&D 투자가 미미한 상태다. 이와 같이 원료확보가 어려워 산업화의 어려움을 안고 있는 현실에서 앞으로 원료 생산을 위해 투자가 뒷받침 되어주지 않는다면 해양바이오 산업의 육성은 쉽지 않을 것으로 생각된다. 그러나 4차 산업혁명으로 양식에 사람 대신 인공지능 로봇 및 자동화 원료 채취선이 개발되어 투입된다면 고부가가치 해양바이오 산업은 국가 동력 산업으로 성공할 것으로 기대된다.

제3부

해양 기능성 소재

| 주요 내용 |

29 해조류로 미래의 기능성 종이를 만들 수 있을까

종이의 기원

종이의 기원에 대한 연대와 장소는 분명하지 않으나 「후한서(後漢書)」의 「채륜전(蔡倫傳)」(AD 105년)에 "채륜이 인피섬유(bast fiber: 촉감이 거칠고 뻣뻣한 느낌을 주며, 구김이 잘 가는 마같은 쌍자엽 식물의 줄기에서 채취한 섬유)와 넝마 등의 식물섬유를 원료로 하여 종이를 만들었다"고 기록되어 있어 중국에서 처음 발명된 것으로 알려져 있다. 그러나 많은 학자들은 종이는 그 이전부터 발명되었으며, 채륜은 단지 종래의 종이 만드는 방법을 개량하여 체계화하였을 것으로 추정하고 있다.

중국의 종이 만드는 방법이 우리나라에 언제 도입되었는지 정확하지 않지만 보통 삼국시대라고 알려져 있다. 그러나 우리 조상들은 원료와 초지법(종이를 제조하는 방법) 등을 독창적으로 개발하여 우리나라 고유의 한지를 만들었고 고구려 영양왕 21년(610년)에 담징이 일본에 제지술을 전해 주었으며 그 기술은 상당수준에 이르렀다고 한다.

한지는 다양한 원료와 방식으로 제조될 수 있으나 주로 닥나무의 인피섬유, 맑은 물, 경우에 따라 목회(wood ash: 나무를 태운 재)를 사용하여 80여 단계의 과정을 거쳐 만들어진다고 한다. 따라서 한지는 산성지가 아닌 중성지로서 보존성이 대단히 우수한 특징을 갖고 있다.

한지의 우수한 보존성은 우리나라에서 현존하는 가장 오래된 종이로 통일신라시대에 제조된 것으로 추정되는 불국사 석가탑에서 발견된 무구정광대다라니경(無垢淨光大陀羅尼經)에서 찾아볼 수 있다.

그러나 우리 조상들의 지혜로 만들어진 보존성이 우수한 한지가 복잡한 제조방법으로 인하여 사라지고 있으니 안타까운 일이 아닐 수 없다.

종이와 판지의 주된 기능은 문자나 정보의 기록과 보존, 물건의 포장과 보호 그리고 액체를 씻거나 닦은 다음 버리는 기능을 갖고 있었으나 최근 이 세 가지 목적 이외에도 특수기능이 부가된 종이의 수요가 급증하고 있다. 이와 같은 수요의 다양화, 기능화에 대응하기 위하여 지금까지 주원료로 사용하였던 천연섬유뿐만 아니라 합성섬유, 금속섬유, 무기섬유 등으로 원료가 확대되고 있다. 특히 가공에 의하여 독특한 특성을 부여, 특수기능을 갖는 종이가 전기전자산업, 생물공학산업 등 첨단기술 분야에서도 신소재로서 주목을 받고 있다.

지금까지 대부분의 종이나 펄프 재료는 육상식물(나무)로부터 기계적 혹은 화학적으로 처리하여 얻어진 섬유였다. 육상식물은 우리의 환경을 지탱시켜 줌으로써 인류는 살아왔으나 우리가 쓰는 각종 용지 및 연료로 말미암아 지구환경이 심각한 위기에 처해 있는 실정이다.

그동안 인류의 활동은 지구의 물질순환 과정의 부하(burden)가 질적·양적으로 초월할 지경까지 팽창하였던 것이다. 이로 인해 대기권에서 이산화탄소, 메탄, 일산화탄소 등이 증가하여 지구의「온실효과」를 초래하였다. 또 성층권의 오존층을 파괴하는 염화불화탄소(CFC)의 방출, 산성비를 가져오게 하는 화학연료의 연소, 열대림의 감소로 발생되는 지구의 사막화(desertification)를 가중시켜 왔던 것이다. 따라서 인류의 지속적인 발전을 위해서는 무엇보다도 지구환경의 보존이 시급한 문제이며 그 대책의 하나로서 지구의 70%를 차지하는 해양의 정화작용에 대한 활용이 대두되고 있다.

더구나 최근 정보 분야에서의 종이의 무용화(paperless)로 종이의 수요가 준다고 하지만 이와는 반대로 쉽게 인쇄할 수 있는 편리함 때문에 정보용지, 인쇄용지를 비롯해 가정지, 판지(paper board)에 이르기까지 계속 폭발적으로 수요가 늘어나고 있어 산림자원의 황폐가 가속화하고 있는 실정이다.

문명은 산림(수풀)을 먹으면서 발달했다고 하지만 인류는 종이를 양식으로 하여 발전을 이루었다. 그런 의미에서 개발도상국을 중심으로 종이수요는 계속 늘고 있어 목재의 수요도 필연적으로 증가일로에 있다. 이와 같은 왕성한 목재수요의 신장에 대한 대책으로서 해양 생물의 적극적인 정화작용의 산물로서 만들어진 해양 다당류를 종이 원료로 이용하는 방식이 개발되고 있다.

해조류로 만드는 종이

해양 셀룰로오스를 재료로 한 종이를 만들려면 우선 셀룰로오스(cellulose)를 세포벽에 함유하고 있는 해조류를 대상으로 생각할 수 있다. 해조류 중에서 셀룰로오스를 함유하고 있는 것은 녹조류이다.

갈조류의 세포벽은 주로 알긴산(alginic acid), 홍조류의 세포벽은 카라기난(carrageenan)과 아밀로오스(amylose), 아밀로펙틴(amylopectin)류이다. 이 중에서 섬유상으로 분리할 수 있는 다당류로 된 세포벽 구조를 갖고 있는 것은 거의 없기 때문에, 먼저 세포벽에서 다당류를 추출하여 그것을 섬유상으로 재구축하는 인조견사지의 수법을 고려할 수 있다. 섬유상으로 재구축할 수 있는 당류는 분자 구조적으로 선상(linear)에 분기(branching: 식물에서 2개 이상의 가지로 분화되는 것)가 적어야 한다. 이런 의미에서 보면 전형적인 것은 알긴산이다. 알긴산은 갈조류의 대표적인 다당류이며, 특징으로는 나트륨염에서는 수용성 졸(sol)로 되고 이때 마그네슘, 수은 등 특수 양이온성 금속이온을 제거하면 그 염은 물에 불용인 겔(gel)이 된다. 이러한 성질은 노즐을 사용하는 방사(spinning)방법에 적용하면 습식방사가 가능하다. 알긴산이 방사될 수 있다는 성질을 발견해 낸 것은 상당히 오래되었다. 제1차 세계대전 중에 영국에서는 알긴산 섬유로 군사용 텐트를 만들어 사용하였다.

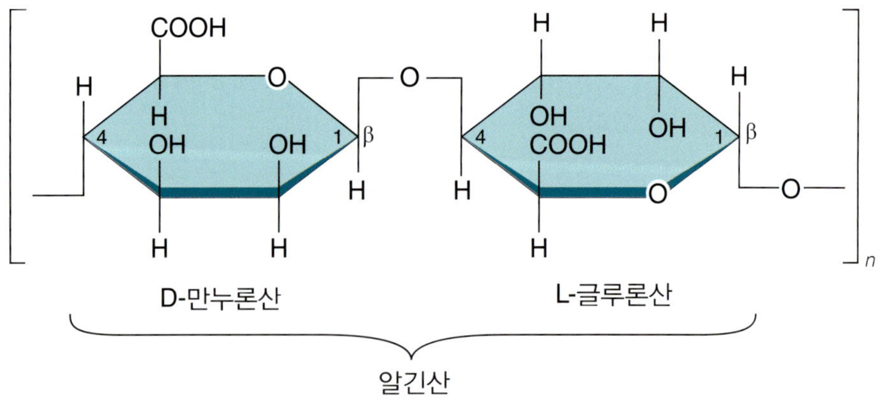

그림 29-1. 알긴산 구조.

알긴산 섬유종이는 외관은 재래식 종이와 같은 인조견사종이와 유사한 형태를 갖고 있으며, 음향진동관, 즉 스피커 콘(speaker cone)지로 사용되기도 한다. 원래 스피커에는 셀룰로오스 섬유종이가 사용되었지만 섬유끼리의 마찰음이 발생하는 결점이 있었는데, 이를 해결해 준 것이 알긴산 섬유종이다.

또 알긴산 섬유종이는 먹을 수도 있으므로 식품의 내부포장지로서 사용이 가능하며, 더욱 흥미 있는 것은 알긴산 섬유에 초산바륨이나 초산 등과 같은 시약을 첨가함으로써 박막(thin film)의 초전도 종이도 만들 수 있다.

우리나라는 1900년경에 지폐용지를 생산하기 위하여 양지제조기술이 도입된 이래로 급격한 성장을 하여 현재 종이생산은 세계 25위, 소비는 23위를 차지하는 국가로 부상하였으나 종이의 원료뿐만 아니라 특수지의 경우 거의 수입에 의존하고 있는 실정이다. 그러므로 풍부한 천혜의 해조자원을 이용하여 새로운 기능성 종이의 개발이 이루어진다면 앞으로 국산원료로 만든 종이를 애용할 날도 기대해 볼 수 있지 않을까?

그림 29-2. 알긴산 섬유.

30 첨단 해양 신소재 천연 액정

차세대 영상표시장치 액정 디스플레이

현대는 정보화 시대이며 컴퓨터가 우리의 문명을 이끌어 간다고 해도 과언이 아니다. 컴퓨터는 이제 하나의 문화를 형성하였고, 우리들의 생활에 없어서는 안될 존재가 되었으며, 컴퓨터를 통해 매일 막대한 양의 정보와 영상들이 우리들에게 전달되고 있다. 디스플레이(display)는 정보를 전달해주는 컴퓨터와 인간 사이에 교량 역할을 하는 전자표시장치로, 움직이는 영상을 표시하는 "영상표시 디스플레이"와 전자시스템의 단말기로 사용되는 "정보표시 디스플레이"로 구분된다. 지금까지 영상이나 정보표시에서 주로 사용된 디스플레이는 우리가 "브라운관"이라 알고 있는 음극선관(CRT, cathode ray tube)이었다. 음극선관은 능동형 디스플레이의 일종으로 각각의 화소(pixel: 화면에서 영상을 표시하도록 하는 가장 작은 단위의 입자)에 전압을 걸어줌으로써 화소 스스로가 빛을 발생할 수 있는 능력을 갖도록 하는 것이다. 즉, 음극선관의 화면은 전자빔(beam)이 충돌할 때 빛을 방출하는 형광체를 가지고 있어 각 화소에 전자빔이 충돌함으로써 빛을 발생하면서 화면에 표시된다. 음극선관은 화질이 선명하고, 시야각이 넓어 표시성능은 매우 좋지만, 표시창의 대형화 추세에 따라 무겁고 전력소모가 크다는 단점 때문에 현재 사용이 한계에 이르렀다.

이러한 음극선관의 한계를 극복하기 위해 개발된 수동형 디스플레이인 액정 디스플레이(LCD, liquid crystal display)는 음극선관처럼 화소가 직접 빛을 발생하지 않고 디스플레이에 의해 반사되거나 투과되는 빛의 양을 조절하여 화면에 표시한다. 즉, 주위의 빛을 이용함으로 빛을 발생하기 위한 전력은 소비되지 않는다. 따라서 작동에 필요한 전력이 상당히 적게 든다. 반면 액정 디스플레이는 주위의 빛이 없으면 사용하지 못한다는 단점을 가지고 있다.

액정 디스플레이는 얇고 가벼워 휴대하기가 간편하고 전력소모가 적어 1980년 이후부터 게임기, 휴대용 컴퓨터 등에 사용되기 시작하였다. 현재 액정 디스플레이를 이용한 벽걸이 TV가 개발되었지만, 이미 액정으로 된 큰 화면의 프로젝션 비디오, 고화질 액정 TV 및 원하는 목적까지의 도로정보를 알려주는 액정 내비게이터(자동차용) 분야에 적용하고 있다. 신용카드 크기의 액정 디스플레이 카메라 및 손목 시계 크기의 액정 TV나 휴대용 액정 컴퓨터가 개발되었다. 이와 같이 액정 디스플레이가 차세대의 디스플레이로 각광받게 된 것은 액정 디스플레이에 있어서 표시인자인 액정(liquid crystal)의 독특한 성질 때문이다.

액정은 액체도 고체도 아닌 제4물질 상태

액정은 전자계산기나 디지털시계 등에서 손쉽게 접할 수 있는 물질로 매우 독특한 성질을 가진 물질이다. 일반적으로 모든 물질은 기체, 액체, 고체의 세 가지 상태로 존재하며 이러한 상태는 온도에 의존하게 된다. 즉, 물은 얼음(고체), 물(액체), 수증기(기체)의 3가지 상태를 가지는데, 0℃ 이하에서는 고체 상태이고, 0℃ 이상에서는 액체로 존재하다가 100℃ 이상에서는 기체로 된다. 그런데 어떠한 물질들 중에는 고체, 액체, 기체의 어느 상태에도 속하지 않는 특이한 성질을 가지는 것들이 있다. 액정은 액체 결정을 줄인 말로 액체와 고체의 성질을 모두 갖는 제4의 물질 상태이다. 한 예로, 우리가 잘 아는 콜레스테롤의 유도체인 콜레스테롤 미리스트산(cholesterol myristate)은 상온(20℃)에서는 결정형의 고체 상태로 존재하지만, 이것을 가열하여 71℃가 되면 고체 상태가 녹아서 액체가 생성되는데 이 액체는 물이나 알코올과는 달리 매우 혼탁한 액체이다. 그리고 여기서 계속 가열하여 86℃가 되면 이 혼탁한 액체가 맑은 액체 상태가 되며 더 이상 가열해도 변화가 생기지 않는다. 이러한 혼탁한 액체는 고체 상태도 아니고 액체 상태도 아닌 다른 상태로, 우리는 이를 액정이라고 한다. 보통 액정을 형성하는 물질은 대개가 유연성이 없는 뻣뻣하고 긴 막대 모양의 분자로 되어 있다. 또한 액정상에서 분자배열은 견고하지 않기 때문에 외부(열, 자기장)의 영향을 받아 배향질서(orientation order)와 위치질서가 변하여 상전이(phase transition)를 일으키게 되며, 이와 같이 액정의 분자배열이 상전이를 함으로써 얻어지는 액정의 전기-광학적 효과를 이용한 것이 액정 디스플레이다.

액정과 관련된 물질의 최초 발견은 1854년 버츄에 의한 미엘린(myelin: 넓은 의미의 라이오트로픽 액정)이며, 액정현상을 처음으로 발견한 사람은 오스트리아의 라이니처(Reinitzer)라는 생물학자이다. 1888년에 그는 식물에서의 콜레스테롤과 연관된 유기물질의 녹는 거동을 연구하던 중, 벤조산 콜레스테릴이 두 개의 녹는점을 가진다는 사실을 발견하였다. 그는 벤조산 콜레스테릴 결정을 가열하면 145.5℃에서 융해되어 변색의 탁한 액체가 되었지만, 178.5℃에서는 투명한 액체로 변화하는 것을 관찰하고, 그 사실을 독일의 물리학자인 레만(Lehmann)에게 전달하였다. 다음 해인 1889년 레만은 자신이 고안한 최신식 가열장치가 부착된 편광현미경을 이용하여, 벤조산 콜레스테릴이 갖고 있는 2개의 융점을 보여주었으며, 이 물질은 액체상이면서 복굴절성(빛이 수정과 같은 결정체에 들어갈 때 굴절한 빛이 두 가닥으로 갈라지는 현상)을 나타내고, 냉각시키면 결정이 되기 전에 진주와 같이 여러 가지의 아름다운 색깔을 나타내는 것을 발견하였다. 이렇게 액체와 같은 흐르는 성질과 고체와 같은 광학적 특징을 보유하였기 때문에 레만은 이를 유동적인 결정이란 뜻의 "Fließende Krystalle(독일어로 '액정'을 의미)"라 하였다. 1922년에 프랑스의 프리델(Friedel)은 액정을 중간상이라고 제안하고 "mesomorph"라 하였으며, 그는 액정을 광학적으로 관찰하여 네마틱(nematic), 스멕틱(smectic), 콜레스테릭(cholesteric)의 3개의 상으로 분류하였다.

액정은 어떻게 분류될까

액정은 전이방식에 따라 크게 2개의 큰 그룹으로 분류되는데, 첫 번째 그룹은 온도 전이형(thermotropic) 액정으로 온도변화로 인해 액정의 성질이 나타난다. 이러한 액정은 온도나 전기장의 변화에 의해 상변화를 일으키므로 표시장치나 온도센서 등에 이용된다.

두 번째 그룹은 농도 전이형(lyotropic) 액정으로 양친매성 물질(계면활성제)이 적당한 용매에 용해되어 액정의 성질이 나타난다. 예를 들면 스테아린산 나트륨(sodium stearate) 등의 계면활성제는 물속에서 회합(같은 물질의 여러 분자가 결합하여 1개의 개체처럼 행동하는 현상)하면 분자 집합체를 형성하는데, 회합구조는 농도와 화학구조에 의존하며, 진한용액에서는 광학적 이방성(복굴절성, birefringence)을 갖는 점성이 높은 유동체인 소포(vesicle: 액체를 함유한 작은 주머니)로 된다. 농도 전이형 액정을 생체구조 중에서 많이 발견되고 있으며, 생체막이 그 대표적인 예이다. 농도 전이형 액정은 아직은 많이 이용되고 있지 않지만, 생물물리학이나 생체공학 분야에서 많은 흥미를 갖고 있다. 통상적으로 우리가 액정이라 하는 것은 온도 전이형 액정을 말한다.

온도 전이형 액정은 다시 액정분자의 배열 상태에 따라 네마틱, 스멕틱, 콜레스테릭 상(phase)으로 나누어진다. 네마틱이란 말은 그리스어의 "nematos(실모양)"에서 유래하였는

데, 네마틱 상을 말 그대로 가늘고 긴 실모양과 같다. 네마틱 상에서의 분자들은 층상을 이루지 않고 어떤 특정한 방향으로 배열하고 있다. 그러나 방향질서만 있고 위치질서는 없기 때문에 그 중심의 위치는 그림 30-1에서 보듯이 보통의 액체에서와 같이 제멋대로이며, 광학적으로는 1축성을 나타낸다.

스멕틱 상을 석탄수와 유사하여 그리스어의 "smectos"에서 유래하였고, 스멕틱 액정상을 그림 30-1과 같이 가늘고 긴 분자가 일정방향으로 배열되어 층상구조를 이루고 있다. 따라서 층 사이의 결합력이 약해 서로 미끄러지기 쉬워 층 사이에 유동성을 갖는다. 그러나 분자 측면에서의 상호작용은 강해 점성이 큰 그리스(grease) 상태가 된다. 광학적으로는 1축성 또는 2축성이고, 3가지 종류의 액정 중 가장 규칙적인 구조를 하고 있다.

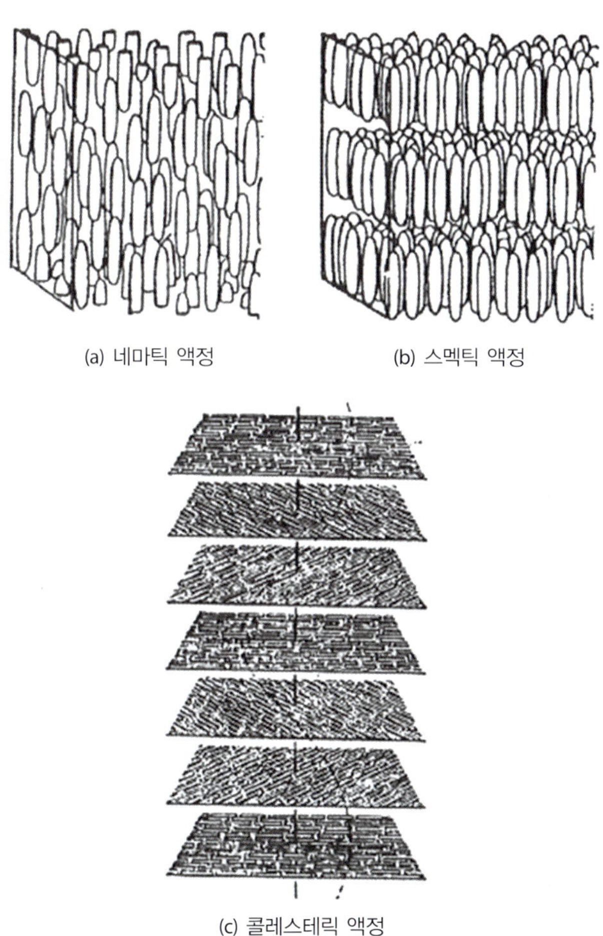

(a) 네마틱 액정 (b) 스멕틱 액정

(c) 콜레스테릭 액정

그림 30-1. 액정의 분자 배열 방식.

콜레스테릭 상은 콜레스테롤 화합물에서 많이 모이는 선명한 모양의 색체를 나타내는 액정상으로 앞에서 말했던 콜레스테릴 미리스트산(cholesteryl myristate)이 이러한 액정상을 갖는다. 콜레스테릭 상은 스멕틱 상처럼 층을 이루고 있으며, 각 층에서의 분자배열은 네마틱 액정의 박층이 여러 층으로 중복된 구조를 하고 있어, 박층 사이의 분자배향의 방향이 비틀어진 관계에 있다. 그림 30-1에서와 같이 분자축은 나선상이 되도록 반복적인 주기구조가 형성되어 있기 때문에 선택적으로 빛은 산란한다. 나선의 피치(pitch)는 가시광의 파장 정도이므로 온도나 자장 등의 변화에 따라 미묘한 색조변화를 일으키기도 하며, 비대칭 네마틱 액정(chiral nematic)이라고 부르기도 한다.

액정을 이용하여 만드는 액정 디스플레이

액정 디스플레이에서 영상을 표시하게 하는 가장 작은 입자를 액정셀(cell)이라 부르는데, 각각의 셀들이 빛을 반사(편광)하거나 차단하여 영상이 표시된다. 액정을 이용하여 액정 디스플레이를 제조하는 기본공정은 기판 제작공정, 셀 제작공정, 모듈(module) 제작공정으로 크게 나뉜다. 기판 제작공정은 간단하게 말하면 유리 재질의 투명한 전극기판에서 불순물을 제거하여 표시전극으로 사용될 수 있는 주형(mold)의 기판을 만드는 것이다. 다음 셀 제작공정에서는 앞의 공정에서 만든 두 장의 주형 기판에 유기 고분자 수지를 도포하여 배향막과 절연막의 기능을 갖게 한다. 또 밀봉(seal) 접착제와 지지체(spacer)를 배치하여 두께를 조절할 수 있는 그릇 모양의 셀을 제조하여, 여기에 액정물질을 주입하고 편광판을 붙여 액정디스플레이 형태를 만든다. 마지막으로 모듈 제작공정을 셀과 셀을 작동하기 위한 구동 집적회로나 전원회로를 매치한 기판, 셀의 전극과 구동 회로와의 전기적인 접속을 지지하는 틀 등을 조립하는 공정이다. 이렇게 제조된 액정 디스플레이는 어떠한 전기적 신호가 들어오게 되면 각각의 셀에 들어있는 액정물질들이 그에 반응하여 빛을 반사 또는 차단함으로써 우리가 원하는 영상을 표시하게 된다.

해양 생물로부터 얻어지는 액정

콜레스테릭 액정의 출발물질인 콜레스테롤은 시클로펜타페난트렌(cyclopentaphenanthrene) 탄소골격을 가지고 있는 스테롤(sterol)로 총칭되는 화합물의 하나로 그 기본구조인 스테롤은 동물, 식물 및 미생물에 걸쳐 널리 분포하고 있으며, 그 중에서도 콜레스테롤은 동물세포 중에 특히 많이 존재하고 있다. 또한 이것은 적혈구나 수초(myelin sheath: 척추동물 신경의 축삭돌기를 둘러싸고 있는 여러 겹의 세포막층) 등과 같은 고등동물 세포의 세포막에는 많지만, 미토콘드리아의 내막이나 세균의 세포막에서는 적은 양이 분포되어 있다.

최근 이와 같이 동물세포 중에 다량 존재하는 콜레스테롤류의 화합물을 이용하여 차세대 표시장치로 각광받고 있는 액정을 제조하려는 연구가 시도되고 있는데, 여기서는 바다에 풍부하게 존재하는 해양 생물 중에 존재하는 물질을 이용하여 제조할 수 있는 액정에 대해 살펴보고자 한다.

몇 년 전부터 오징어나 정어리 등의 해양 생물에서 추출된 콜레스테롤로부터 콜레스테릭 액정이 만들어지고 있는데, 그 이유는 이러한 수산물의 내장이나 껍질에는 많은 양의 콜레스테롤이 함유되어 있기 때문이다. 예를 들면 아메리카 창오징어(*Loligo paelei*)의

표 30-1. 여러 가지 동물 중의 콜레스테롤 함량.

종 류	콜레스테롤 (mg/100g)	종 류	콜레스테롤 (mg/100g)
대 구	37	은어(육)	53
고등어	80	은어(껍질)	397
도 미	104	언어(내장)	827
바다빙어	178	뱀장어(육)	132
청 어	70~80	뱀장어(껍질)	306
참 치	112	뱀장어(간)	290
청어알(말린 것)	242	달 걀	630
가자미알	275	소고기	80~125
연어알(절인 것)	370	소 간	260~320

경우, 100g당 약 170~460mg의 콜레스테롤이 함유되어 있으며, 창오징어 신경세포에 있는 막지질의 30% 이상이 콜레스테롤이어서 콜레스테롤 공급원으로 유리하다.

동물이 아닌 식물의 세포의 경우에는 콜레스테롤 대신에 시토스테롤(sitosterol)과 스티그마스테롤(stigmasterol)이라는 스테롤류 화합물이 많이 함유되어 있다. 또한 시토스테롤은 홍조류나 성게, 불가사리 등의 해양 생물에도 많이 분포하며, 콜레스테롤의 이중결합이 환원된 형태인 콜레스타놀(cholestanol)도 해면과 같은 해양 생물에서 많이 발견되고 있다. 게다가 시토스테롤과 산성 에스테르나 콜레스타놀의 안식향산 에스테르(benzoic acid ester) 등에서는 콜레스테릭 액정을 형성한다는 사실도 알려져 있다.

지질 이중막의 지방산 사슬이 액정으로...

일반적으로 세포는 세포막에 의해 둘러싸여 외계로부터 격리되어 있다. 또한 세포 내에 있는 소기관들도 생체막으로 둘러싸여 있는데, 이처럼 세포를 외계로부터 격리시키는 막은 기본적으로 지질 이중막으로 되어 있다. 지질 이중막은 레시틴(lecithin)과 같은 지질분자가 물속에서 소수성 상호작용에 의해 회합하여 생선된 이차원의 필름 형태로,

표 30-2. 오징어 신경세포막 중의 지질 조성.

조직과 지질	뇌	지느러미 신경
조직의 중량(mg)	39.2	41.8
전체 지질량(mg)	7.48	5.35
콜레스테롤(%)	33	39
카르디오리핀(%)	2	0
유리 지방산(%)	3	0
포스파티딜에탄올아민(%)	32	20
포스파티딜콜린(%)	19	29
포스파티딜세린과 포스파티딜이노시톨(%)	8	5
스핑고미엘린(%)	1	5

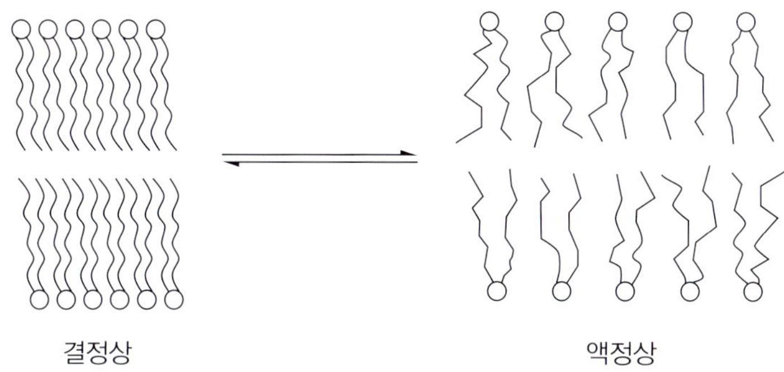

그림 30-2. 지질 이중막의 고체-액정 전이 현상.

약 5nm 두께의 2분자 층으로 되어 있다고 해서 이중막이라고 부른다. 생체막의 경우, 지질 이중막 중에는 단백질이나 당단백 혹은 콜레스테롤 등의 다양한 분자가 포함되어 있으며, 표 30-2에 밝혀진 것과 같이 지질분자의 조성도 다양하다. 이중막의 물속에서 규칙적인 회합구조를 형성한다는 점에서 농도 전이형 액정이지만, 온도에 의해서도 상 변화가 일어난다는 점에서 온도 전이형 액정이기도 하다. 디팔미토일레시틴(dipalmitoyl-lecithin)처럼 하나의 순수한 지질성분으로 된 이중막을 제조하여 시차 열분석(differential thermal analysis: 열분석에서 시료와 기준 물질간의 온도 차를 측정하는 분석법)을 실시하면 41℃에서 흡열피크가 관찰된다. 흡열온도는 지방산 분자의 사슬길이에 따라 다르며, 디스테아로일레시틴(distearolyllecithin)은 58℃, 디미리스토일레시틴(dimyristoyllecithin)은 23℃이다. 이러한 흡열은 지방산 사슬의 분자 형태 변화에 기인하며, 트랜스 형태의 지그재그로 된 고체 상태에서 고슈형(gauch conformation: 회전이성질체의 엇갈린 형태)을 함유한 유동성이 풍부한 액정 상태로 전이된다.

불포화 지방산을 함유하고 있으면 상전이 온도는 저하하게 되는데, 디올레일 레시틴의 경우 약 -22℃로 된다. 생명활동을 유지하기 위해서 생체막은 항상 활동이 가능한 상태로 되어야 하므로 생체막 지질의 대부분이 불포화 지방산을 가지고 있는 것은 지극히 타당하다.

표 30-3에 대구 근육지질의 지방산 조성을 나타내었는데 인지질 중에는 불포화 지방산이 트리글리세리드(triglyceride)보다 많이 함유되어 있으며, 혈전증에 효과가 있다고 알려진 EPA(eicosapentaenoic acid)와 기억력 향상에 효과가 있다고 알려진 DHA(docosahexaenoic acid)의 함량이 높은 것으로 보아 해양 생물이 다양한 지방산의 자원임을 알 수 있다.

표 30-3. 대구육 지질의 지방산 조성.

지 방 산	트리글리세리드	포스파티딜콜린	포스파티딜 에탄올아민
스테아린산(18:0)	3.3	0.7	3.8
올레인산(18:1)	19.5	9.7	11.3
리놀산(18:2)	3.5	0.7	0.8
리놀레인산(18:3)	0.4	0.5	0.5
EPA(20:5)	6.8	21.5	20.6
DHA(22:6)	9.8	30.0	46.6

해양 고세균 유래의 액정 관련 물질

해양 생물의 생존환경은 온도, 압력, 수소이온의 농도 및 염농도 등의 점에서 육상 생물의 생존환경보다 더 다양하다. 해양 생물의 환경에 대한 적응력은 매우 뛰어난데, 심지어는 열수가 분출하는 수심 2,600m의 해저에서 살아가는 생물도 있다. 이처럼 고온, 고압 및 높은 염농도의 환경에서 적응한 세균을 호열균, 호염성균이라 부르는데, RNA의 염기배열의 상동성(발생학 또는 진화학적으로 비교한 생물의 기관 등이 공통조상형 생물에서 유래하는 것으로 인정할 수 있는 성질.)으로 비교해 볼 때, 계통학적으로 메탄생성 세균과 동일한 고세균(Archaebacteria: 생태학적으로 세균과 유사하지만 분자적 차이가 있으며 원핵생물과 진핵생물과는 다른 원핵성 생물)에 속한다.

고세균의 세포막을 구성하는 지질은 진핵생물이나 진정세균(크게 고세균과 진정세균으로 구분되는 원핵생물 중의 하나)의 지질과는 다른 화학구조를 가지고 있다. 지질의 골격이 되는 부분이 보통의 지질에서는 직쇄상 지방산과 글리세린의 에스테르인 데 비해, 고세균에서는 포화 이소프레노이드(isoprenoid)와의 에테르 결합이다. 또한 호열균이나 메탄균의 세포막에는 환상(고리형)의 테트라에테르(tetraether) 구조와 디에테르(diether)의 꼬리부분이 밀폐된 환상형태가 존재한다. 테트라에테르형 지질의 경우에는 이중막 구조가 아닌 단일막 구조이다.

고세균의 세포막 지질이 특이한 화학적 구조로 되어 있는 것은 극한 상황(고온, 고압, 높은 염농도 등)에 대응하기 위하여 진화된 고유한 막 구조로 생각된다. 그러나 액정의 거동과 단백질 사이의 상호작용을 해명하기 위한 연구가 미흡하므로 이에 대한 물리화학적 접근이 기대된다.

1977년 일본의 쿠니다케 등은 인지질의 화학구조를 단순화한 디알킬암모늄염이 생체막과 유사한 이중막 구조를 형성하는 것을 발견하였다. 이러한 지질은 생체에는 존재하지 않는 순수하게 합성된 화합물로 이것의 합성으로부터 합성 이중막을 이용한 생체막 공학의 연구가 전 세계적으로 널리 확대되기 시작하였다. 여러 가지 합성 이중막 중에서 화학자들이 모델로 선택한 것은 동물이나 식물의 세포막에서 일반적으로 보이는 2중 사슬형의 지질인 콜레스테롤류의 화합물이었다.

최근 퓨홉(Fuhrhop) 등은 고세균의 세포막 지질과 유사한 환상의 지질을 합성한 후, 물속에서 단분자막의 소포를 형성시키는 데 성공하였다. 게다가 다시 한번 모델화를 진행시켜 2개의 친수기를 갖는 단일 사슬형 화합물을 합성하여 단분자막이 형성되는 것을 확인하였다. 그렇지만 고세균 유래의 테르펜류(terpenoid) 지질로 제작된 검은 막에서는 40℃에서 상전이가 존재한다고 생각하는 반면에, 퓨홉 등이 제조한 단분자막에서는 명확한 상전이 온도가 관측되지 않았다. 보통 한 개의 사슬형 화합물의 경우에는 상전이가 나타나며, 상전이 온도는 화학구조, 그 중에서도 방향족 부분의 구조에 의존한다.

합성 분자막의 연구 분야를 단백질 공학이나 유전자 공학에 상당하는 생체막 공학의 위치에 결부시키는 것은 아직까지는 다소 무리라고 본다. 그러나 극한적 상황에서 생명활동을 지속하고 있는 일련의 고세균으로부터 힌트를 얻어 새로운 기능막 재료 및 액정 소재를 개발하려는 것은 전혀 무리한 아이디어가 아니라고 생각된다. 현재 합성 분자막 분야의 연구자와 해양생물공학 분야 관련 연구자들이 힘을 합쳐 연구를 진행시키고 있으므로 해양 생물 유래의 액정이 만들어져 활용될 날도 멀지 않은 것 같다.

31 해조류를 이용한 꿈의 신소재 고온 초전도체

해조류의 알긴산을 이용하여 제조

아주 먼 옛날부터 인류는 바다 건너 미지의 세계에는 무엇이 있을까에 대한 많은 꿈과 환상을 품어왔다. 중세 대항해시대는 바다 건너에 있는 미지의 세계와 구대륙을 연결시켜주는 하나의 새로운 시작이었으며, 이후 세계는 하나로 엮어지게 되었다. 배는 이러한 꿈을 이루기 위한 하나의 동반자로 원시시대의 통나무배부터 중세시대의 범선, 근세시대의 증기선, 현대의 쾌속 여객선까지 시대의 변천에 따라 배의 모습 또는 기능은 장기간의 항해에 맞도록 많이 개선되어 왔다. 초창기의 배는 사람의 힘으로만 움직였으며, 그 후 바람의 힘을 이용한 배가 만들어지고, 현재는 모터로 프로펠러를 돌려서 추진시키는 배가 주류를 이루고 있다. 최근 프로펠러가 없는 전자 추진장치를 장착한 획기적인 배의 개발이 진행되고 있다.

프로펠러 없는 선박의 전자 추진장치는 전자기학의 기본법칙인 「플레밍의 왼손 법칙」에 기초를 둔 것으로, 1960년대 미국의 라이스가 제창한 이후 미국에서 많은 연구가 진행되었으나 기술상 어려운 점이 많아 만족할만한 결과를 얻지 못하였다. 그러나 1976년 일본 고베상선대학의 사치 교수팀이 선박의 전자 추진장치에 초전도체를 사용하는 모델을 고안함으로써 프로펠러 없는 배의 개발이 가시화되기 시작하였으며, 1991년 일본 조선진흥재단과 일본의 미쓰비시 중공업은 「야마토-1」이라는 세계 최초의 초전도 전자 추진장치 선박을 개발하고 진수식을 가졌다. 이 선박은 전장 30m, 총무게 280톤, 계획속도 8노트(약 15km)의 10인승으로 시험선에 지나지 않았지만, 초전도 코일과 초전도 자기 차폐기술의 개발 및 초전도 재료의 냉매 대체물질과 관련된 사항들이 해결된다면 미래에는 약 100노트(약 180km) 이상의 속도를 내는 프로펠러가 없는 초전도선박이 만들어질 수 있을 것이다.

그렇다면 초전도체가 무엇이 길래 이러한 것들을 가능하게 할까?

초전도체란

극저온에서 전기저항이 급격하게 제로가 되는 물질을 초전도체라 한다. 일반적으로 전류를 잘 통하게 하는 물질을 도체라 하고, 반대로 전기를 통하지 않는 물질을 부도체라고 한다. 구리 등의 보통 금속선에서는 온도가 올라가면 재료 내의 원자들이 격자진동을 하여 저항이 상승하게 되어, 전류를 흘리면 이러한 격자진동에 의해 저항이 생기면서 전기가 소실된다(즉, 100의 전기를 흘려도 100을 다 받지는 못한다). 이와는 달리 금속의 온도를 낮추면 금속의 전기저항은 감소하지만, 어느 온도에 이르게 되면 절대온도 0K(–273℃)에 가깝게 냉각을 하여도 금속 고유의 전기저항은 남게 된다. 그런데 어떤 재료는 일정한 온도에서 갑자기 전기저항이 0으로 되는데, 이러한 현상을 초전도(superconductivity)라고 한다.

초전도 현상은 1911년에 네덜란드의 물리학자 오네스(Onnes)에 의해 처음으로 발견되었는데, 그는 1908년 기체헬륨을 압축하여 절대온도 4K(–269℃)의 액체헬륨을 만들어 내는데 성공하고, 이를 이용하여 물질의 온도를 절대온도 0K(–273℃)에 가깝게 냉각시켰다. 그리고는 온도와 저항과의 관계에 대한 연구를 진행하던 중 수은을 저온으로 냉각시키면서 액체헬륨의 기화온도인 4.2K 근처에서 수은의 저항이 급격히 사라지는 것을 알았는데 이것이 초전도체의 최초의 발견이었다.

초전도 현상의 또 다른 발견은 1933년 독일사람 마이스너(Meissner)와 오센펠트(Oschenfeld)에 의해 이루어졌는데, 이들은 초전도체가 저항을 가지지 않을 뿐만 아니라 초전도체 내부에 있는 자기장을 밖으로 내보내는 효과(자기 반발 효과)도 가지고 있다는 사실을 발견하였다. 이러한 효과는 마이스너 효과(Meissner effect)라 불리며, 저항이 없어지는 특성과 더불어 초전도의 가장 근본적 특성으로 인식되어지고 있다.

초전도 현상의 원인규명에 최초로 성공한 사람은 미국의 바딘(Bardeen), 쿠퍼(Cooper), 슈리퍼(Schrieffer) 세 사람이었다. 1957년에 발표된 그들의 이론은 세 사람의 이름의 첫 자를 따서 「B.C.S 이론」이라고 명명되었다. 이 이론은 격자의 진동이 서로 역스핀을 갖는 전자를 연결하여 쿠퍼쌍(Cooper pair: 페르미 준위 근처에 운동량 벡터가 서로 반대이고 스핀의 방향이 다르며 격자운동을 매개로 한 인력상호작용에 의해 만들어지는 전자쌍)이라 하는 쌍을 형성하여 전자가 비교적 거시적인 범위 속에서 항상 같은 에너지를 가지며 반대의 속도로 움직이면서 전체로 보아 무저항으로 격자의 진동과 함께 격자 속을 흐른다는 다소 복잡한 이론으로 이들은 1972년 노벨 물리학상을 수상하였다.

일반적으로 어떤 물질 격자의 진동을 전류에 대해 저항성을 나타내지만, 초전도의 상태에서는 그 진동이 쿠퍼쌍을 만들어 내고 이러한 상태의 전자는 파도타기하는 것처럼 원자의 격자 속을 빠져나간다고 한다.

초전도체의 종류

초전도체는 크게 I형과 II형의 두 가지로 나누어진다. I형은 오네스가 처음 발견한 초전도 물질로 대표적인 예가 수은이다. 이들은 임계값(critical value: 하나의 변수 x가 어느 값이 되었을 때 특이한 상태나 급격한 변화가 일어나 임계 상태에 있을 때의 x값)들이 상당히 낮기 때문에 응용하기에는 많은 어려움이 있다. II형은 저온 초전도체와 고온 초전도체로 나누어지는데, II형 물질은 I형보다 비교적 높은 임계값을 갖기 때문에 II형 초전도 물질의 발견으로 비로소 초전도체 응용의 길이 열리게 되었다.

I형과 II형을 구분하는 가장 큰 점은 초전도 상태에서 상전이 할 때 그 중간 단계의 차이점에 있다. I형 초전도체는 중간상태라는 것이 존재한다. 이는 순간적으로 존재하는 상태로 초전도체의 일부분이라도 상전이 하게 되면 곧바로 전체가 상전도 상태로 된다. 그에 비해 II형 초전도체는 혼합상태가 존재하는데 이는 초전도체와 상전도체가 공존하는 상태이다.

혼합상태는 물리적으로 안정하여 임계값을 넘지 않는 범위에서 계속적으로 존재가 가능하다. 저온 초전도체는 임계온도가 낮아 붙여진 이름으로 I형과 마찬가지로 액화헬륨에서 초전도체가 된다. 저온 초전도체는 임계 전류밀도는 높지만, 임계 자장이나 임계 온도는 상당히 낮은 편이다. 고온 초전도체는 액화질소를 냉매로 이용하기 때문에 저온 초전도체에 비해 매우 경제적이다.

고온 초전도체

초전도체의 응용에 있어서 가장 중요한 문제는 역시 온도이다. 초전도 물질은 금속, 유기물질, 세라믹 등에서 1천 종 이상 발견되었으나 니오븀-티타늄 합금과 니오븀-주석 합금과 같은 5~6종만이 실용화가 되었다. 그 이유는 초전도 현상이 매우 낮은 온도에서만 일어나므로 값비싼 액체헬륨(4K, 276℃)을 써서 냉각시켜야 하기 때문이며, 또한 액체헬륨 제조시 필요한 기체헬륨은 가벼워서 대기 중에는 별로 남아 있지 않기 때문에 냉각비용이 엄청나서 고도의 정밀기계 이외에는 이용되지 못한다는 기술적인 단점이 있었다.

초전도 현상이 처음 발견된 이후 사람들은 값이 매우 싼 액체질소로 냉각이 가능한 온도인 77K(-200°C)에서 초전도 현상을 보이는 물질이 존재하리라 믿지 않았다. 그러나 1986년 베드노르츠(Bednorz)와 뮐러(Muller)에 의해 개발된 란타늄계의 LaBaCuO가 30K의 고온에서 초전도체로 될 가능성이 있다는 사실이 발표되고, 또 1987년 미국 휴스턴 대학의 폴 츄 박사가 개발한 산화물계 초전도체들이 77K에서 초전도 현상을 가진다는 것이 밝혀짐으로써 고온 초전도체에 관심을 갖게 되었다. 현재 고온 초전도체로 주목받고 있는 것은 희토류 산화물인 티타늄계(임계온도 30K)와 이트륨계(임계온도 90K), 비스무스 산화물계, 수은계(임계온도 134K) 등이 있다.

고온 초전도체의 실용화 방법

고온 초전도체를 산업적으로 사용하기 위해서는 얇은 막(thin film) 형태의 전선으로 만들어 전기가 잘 통할 수 있도록 만들어야 하는데, 박막을 만드는 기술은 30년 전부터 급성장하여 현재 우수한 형태의 막이 만들어지고 있다. 고온 초전도 세라믹 전선은 간단히 만들어지지 않을 뿐만 아니라 쉽게 부서진다는 단점이 있어 이를 해결하기 위한 새로운 형태의 전선 제조방법이 진행되고 있다.

고온 초전도 세라믹을 전선으로 만드는 가장 일반적인 방법은 분말 소결법(sintering process: 가루상태의 금속이 용융되지 않도록 가열한 후 압착하는 과정)으로 이는 고온 초전도 세라믹과 같은 정도의 임계온도를 나타낸다. 그러나 임계전류밀도(critical current density: 초전도체에 흐르는 최대의 전류값)는 제곱미터당 10^7암페어(A) 이하이고 실용수준은 2배 이상의 차이가 있다. 이러한 원인은 소결된 전선 재료 중에는 원료로 사용된 세라믹 분말 입자의 모양이 남아 있어 입자와 입자 사이의 빈틈이 많아 전류의 흐름이 용이하지 않다. 이들 재료의 결정입자의 배열방향이 무질서하면 전류의 흐름에 대한 결정입자의 방향에 의해 임계 전류밀도가 제한되어 초전도 세라믹이 최대의 성능을 발휘할 수 없다. 이러한 문제는 단순히 분말을 전선형태로 만들어 소결하는 것으로서 해결될 수 있는 사항이 아니다.

한편, 일반적으로 세라믹 전선을 만드는 방법으로서 졸-겔법이 알려지고 있다. 이것은 금속이온을 함유한 유기물의 졸을 겔화시켜 전선형태로 만들고, 겔화된 전선형태를 태워 세라믹으로 하는 방법이다. 이 방법은 분말과정을 거치지 않고 세라믹의 구성원소를 원자 수준으로 혼합하기 때문에 분말 소결법(가루를 어떤 형상으로 압축한 것을 가열하였을 때 가루가 서로 밀착하여 단단하게 뭉쳐 굳어진 상태로 만듦)에 비해 균일하지 못하고, 치밀한 전선형태를 만들 가능성이 불확실하다. 이 때문에 몇 개의 유기 금속염 겔을 출발원료로 하여 졸-겔법에 의해 초전도 세라믹 전선을 만드는 연구가 진행되었다. 이러한 방법으로 만들어진 전선은 일반적으로 관처럼 중앙이 비어 있고 기포가 많아 현재의 것보다 치밀하고 긴 전선형태를 만들지 못했다.

알긴산에 의한 고온 초전도체 전선의 제조방법

알긴산($C_5H_7O_4COOH)x \cdot yH_2O$)은 알긴산나트륨으로서 물에 용해하여 점성이 있는 액체로 된다. 이 수용액은 나트륨이온이 수소이온 또는 다가의 금속이온과 치환하면 겔화하는 성질이 있다. 그리하여 졸-겔법에 의한 고온 초전도 재료를 전선으로 만들기 위해 미역이나 다시마와 같은 해조에 함유된 다당류인 알긴산을 이용하는 연구가 이루어졌다.

제조의 원리는 알긴산의 겔화하는 성질을 이용하여 고온 초전도 세라믹에 필요한 금속이온을 전선 형태의 알긴산 겔에 결합시켜 표면을 태워서 고온초전도 세라믹 전선을 제조하는 것이다. 알긴산법에 의한 고온 초전도 세라믹 전선은 고온 초전도 세라믹으로 YBa_2Bu_3Ox를 이용하여 알긴산 전구체를 만든 후, 소성시켜 제조된다.

먼저 알긴산 전구체는 5% 알긴산나트륨 수용액을 조심스럽게 노즐로부터 1노르말 농도(1N)의 염산 쪽으로 흘러나오게 하여 만든다. 알긴산나트륨 수용액 중의 나트륨이온은 염산 중의 수소이온과 치환되기 때문에 노즐에서 나온 모양대로 겔화된다. 겔화된 알긴산 전구체는 증류수로 세정한 후, 초산이트륨 + 초산바륨 + 초산 제2구리 수용액 중에 넣어 알긴산 전구체의 수소이온을 Y • Ba • Cu 이온과 치환시키면 알긴산 전선으로 된다. 알긴산 전선의 수소이온과 결합하는 Y • Ba • Cu의 화학양론 조성비는 1 : 2 : 3으로 초산염 수용액을 사용해도 Y • Ba에 비해 Cu의 양이 많아진다. 이것은 알긴산의 이온교환능에 선택성이 있기 때문이다.

이 알긴산 전선을 다시 증류수에서 세정하고 실온에서 하중을 걸어 건조시키면 알긴산 전선이 만들어진다. 이것을 주사전자현미경(전자선을 시료에 쬐어 투과 산란하는 전자선세기 변화에 따라 입체적 이미지를 볼 수 있음)으로 확대해 보면 표면이 매끄럽고 기포가 없는 균일한 전선으로 금속염의 석출도 보이지 않는다. 이 알긴산 전선의 인장 강도(tensile strength: 물질이 파괴되지 않는 최대장력) 및 신장(extension)은 각각 147메가파스칼(MPa) 및 5.7%이다.

알긴산 전선의 소성온도는 900℃에서는 소성이 불충분하고, 950℃ 이상으로 올리면 소성이 진행되어 빈 공간이 제거되므로 단면이 연속적이고, 원주에 가까운 매끄러운 표면을 가지게 된다.

알긴산 전선의 길이는 소성시키는 회화로(ashing furnace)의 크기에 제약을 받지만 일반적으로 150mm 정도이며, 이론적으로 길이에 한계가 없기 때문에 이보다 더 긴 전선도 만들 수 있다. 950℃에서 소성시킨 전선의 직경은 소성시키기 전의 약 1/3로 수축된다. 현재 만들어지고 있는 알긴산 전선의 최소 직경은 약 70마이크로미터(μm)로 더 작은 직경의 전선도 만들 수 있다.

알긴산법에 의해 만들어진 전선의 특성

알긴산법으로 만들어진 YBaCuO 전선의 인장강도는 최고 192메가파스칼(MPa)로 YBaCuO 분말소결법으로 만들어진 전선보다 5배 이상 강하며, 또한 알긴산법에 의해 만들어진 YBaCuO 전선이 더 치밀하게 이루어져 있다. 분말소결법으로 YBaCuO 분말을 굳혀 950℃에서 태운 전선의 단면은 원료 분말의 입자 모양이 남아 있기 때문에 입자와 입자 사이에 틈이 많아 알긴산법에 의해 만들어진 전선과는 상당한 차이가 있다.

알긴산법에 의해 제작된 YBaCuO 전선의 온도에 따른 전기저항은 온도를 내리면 서서히 감소하다가 90K 부근에서 전기저항이 급격하게 감소하기 시작하여 85K에서 완전히 0으로 된다. 85K라는 값은 졸-겔법으로 만들 YBaCuO 전선의 최고 임계온도(critical temperature, 하나의 상이 다른 상으로 변화할 때의 온도)이다.

현재의 경우, 임계온도 77K에서 임계전류밀도는 제곱미터당 10^5암페어(A)이며, 전선의 임계온도를 90K 이상으로 올리면 더 낮게 된다. 또한 전선 내의 결정입자의 방향이 무질서하고 특정 방향으로 정렬되어 있지 않으면 임계전류밀도가 잘 낮아지지 않는다. 이 점은 알긴산법 이외의 방법으로 만들어진 전선에도 나타나므로 고온 초전도 세라믹의 제조에서도 공통적으로 부딪치는 근본적인 문제이다.

이러한 문제점을 해결하기 위하여 분말소결법에 의해 만들어진 전선의 결정입자의 배향도(고분자 재료에서 분자가 배열된 방향의 각도)를 높여 임계전류밀도를 올리려는 노력이 진행되고 있고, 알긴산법에 의한 고온 초전도 세라믹 전선에서도 결정입자의 배향도를 높이는 연구가 필요하다.

알긴산 전선을 소성할 때 알긴산은 어떻게 되는가

알긴산을 사용하여 만든 고온 초전도 세라믹 전선을 소성시키면 알긴산을 최종적으로 물과 탄소가스로 되어 공기중으로 증발된다. 알긴산(Y • Ba • Cu) 전선의 소성과정의 열중량분석(TGA) 및 시차열분석(DTA)의 결과로부터 이 사실을 알 수 있다. 즉, 실온에서 180℃까지 온도가 상승함에 따라 중량이 서서히 감소하며, DTA 곡선도 서서히 흡열하여 이 온도까지는 알긴산(Y • Ba • Cu)에 함유되어 있는 수분이 증발한다. 이것을 계속 가열하여 180℃에서 340℃로 올리면 알긴산 전선 중의 수분 및 유기물의 대부분이 분해되어 초기 중량의 약 1/2로 감소한다.

이러한 점을 확인하기 위하여 열처리 온도의 차이에 따른 시료의 적외선 흡수스펙트럼의 변화를 조사해 보면, 열처리 온도 210℃까지 흡수 스펙트럼에 큰 변화가 없으나 340℃가 되면 3,450cm, 1,600cm, 1,420cm 파장의 흡수를 제외한 다른 흡수는 거의 소멸된다. 특히 알긴산의 골격에 함유된 C–O–C와 C–O–H를 나타내는 1,200cm~800cm의 흡수가 없어지는 것으로 알긴산의 주요 구조는 이 단계에서 거의 분해된다.

알긴산을 구성하고 있는 피라노오스(pyranose) 고리에는 입체구조가 다른 만론산(M), 구론산(G)의 2종류가 있다. 알긴산에 의해 금속이온과 결합하여 겔화에 기여하는 것은 G와 G가 사용되므로 G–G 블록이라고 한다. 따라서 금속이온을 될 수 있는 한 고밀도로 만들어 배열시키기 위해서는 G–G 블록의 수가 많을수록 좋다.

알긴산 중의 G–G 블록의 비율을 측정하는 것은 쉽지 않지만 일반적으로 M과 G의 개수의 비(M/G비)로 평가하고 있다. 시판 알긴산을 사용하면 초전도 세라믹 전선의 치밀도를 더욱 높을 수 있다. 국내에서 생산되는 다시마에서 추출된 알긴산의 M/G비는 1.0 이상이 보통이므로 고온 초전도 세라믹 전선을 제작하기 위한 알긴산의 재료로서는 좋지 않아 앞으로 다시마로부터 G의 함량이 많은 것을 추출하여 분리할 필요가 있다.

이상과 같이 다가 금속이온과 결합하여 겔화하는 성질이 있는 알긴산나트륨에 의해 YBaCuO 고온 초전도 세라믹 전선을 제조할 수 있으며, 이것은 기존의 분말소결법에 의한 것보다 단면이 치밀하다. 그리고 알긴산 전선의 조성과 소성방법의 최적화에 대한 연구가 진행되면 더욱 높은 임계온도와 임계전류밀도가 얻어질 것이다. 알긴산법은 수용성의 모든 다가 금속이온에 적용할 수 있기 때문에 다른 금속과의 복합화에 의해 YBaCuO 이외의 고온 초전도 세라믹으로의 응용도 가능할 것이다.

고온 초전도체의 응용과 미래

21세기에서 고온 초전도체는 응용분야가 매우 광범위하기 때문에 새로운 산업혁명의 시작이라 할 수 있으며, 그 모습들이 서서히 현실로 드러날 것으로 기대된다. 전기전력 분야에서 고온 초전도 전선이 개발되면 현재 전선으로 사용되는 구리의 낮은 효율을 상당히 높여 열로 발생되어 아무 소용없이 소모되는 전력을 실제로 쓸 수 있는 전력으로 돌릴 수 있어 상당한 양의 전력을 축적할 수 있게 된다.

전자 분야에서는 전자 장치에 적용하여 현재의 반도체를 대신하여 초전도로 제작된 칩을 쓰게 되면 지금의 컴퓨터보다 월등히 빠른 컴퓨터의 제작이 가능하다. 의료기기에서의 응용도 전망이 밝아 초전도 핵자기 공명 장치(MRI)가 만들어진다면 인체의 질병을 진단하는 것이 보다 정확해지게 되어 오진의 방지 및 발병의 초기진단 가능으로 인간의 수명을 보다 길게 연장시킬 수 있을 것이다.

또한 무엇보다도 수송 분야로 선진국에서 현재 개발하고 있는 고온 초전도 자기부상열차는 현재 고속철도차량에 비해 매우 빠른 속도를 얻을 수 있어 대중교통수단으로 현실화되면 서울과 부산을 40분 만에 주파할 수 있다. 또한 선박에서도 고온 초전도체를 이용해 매우 빠른 속도로 운항할 수 있게 된다.

고온 초전도체의 제조는 그 응용분야로 볼 때 새로운 산업 혁명이라해도 지나치지 않으며, 우리가 일상으로 먹고 있는 미역과 다시마의 주요 구성성분인 알긴산을 이용하여 기존의 고온 초전도체보다 우수한 것을 만들 수 있다는 사실은 해양 생물자원에 관한 연구가 일부의 관련 응용 분야에 국한되지 않고, 다양한 분야에서 이루어져야 할 것으로 본다.

32 해조류는 우리 몸에 가장 좋은 식이섬유인가

해조류는 가장 좋은 식이섬유이다

생물이 생명을 유지하고 활동하고 번식하는 데 필요한 물질을 체외에서 받아들이는 작용이 영양이며, 인간에 있어서는 탄수화물, 지질, 단백질, 비타민, 무기질의 5대 영양소가 필수인 것으로 지금까지 알려져 왔다. 그렇지만 식품공급이 충분한 선진국에서는 비만과 성인병 등이 중대한 사회문제로 대두되어 건강하게 장수하기 위해서 영양가가 많은 식품을 선택하는 것이 주된 관심의 대상이 되어 왔다.

식품 중에서 소화가 잘 되지 않는 식이섬유(dietary fiber)는 에너지원이나 체조직의 구성 성분이 되지 않는 비영양소의 하나로 생각되었지만 인간의 건강에 유용한 식품 성분인 것으로 최근에 인식되었던 것이다. 식이섬유는 「인간의 소화효소로 소화되지 않는 난소화성 성분의 총체」로 주로 식물성 식품에 함유되어 있다.

식이섬유의 중요성을 인식하게 된 것은 서구인의 식사에서 탄수화물 비율의 꾸준한 증가가 서구인들의 문화병과 병인학(etiology: 질병을 일으키는 원인)적인 관련이 있다는 가능성이 제안되면서 비롯되었다. 아프리카 원주민들에서는 서구인들에게 흔한 변비, 게실증(diverticulosis: 장 관에 신체기관 벽에 생기는 작은 주머니인 게실에 장 내용물이 들어가 낭이 장 벽 밖으로 튀어나오는 상태) 치질, 대장암 등의 소화계 질환들과 심장병, 당뇨병 등의 발병이 극히 적고 비만도 매우 드물다는 점이다. 서구인과 원주민 사이의 질병양상의 차이가 섬유 섭취량의 큰 차이에 기인하는 것으로서 원주민들의 대변량이 서구인들에 비해 몇 배나 더 많다는 점이다.

우리나라는 삼면이 바다로 둘러싸여 있어 해조류 자원이 풍부하여 옛부터 해조류를 식생활에 이용하였고, 직접 식용으로 하는 것으로는 세계에서도 으뜸으로 특유한 식문화를 만들어 왔다고 할 수 있다.

해조류의 성분

해조류는 육상식물에 비해 생육하는 환경이 현저한 차이가 있어 구성성분이 다르다. 식이섬유로서는 육상식물의 세포벽을 구성하고 있는 탄수화물의 셀룰로오스, 헤미셀룰로오스인 크실란(xylan), 만난(mannan), 갈락탄(galactan) 등, 펙틴, 방향족 탄화수소 중합체인 리그닌(lignin) 및 왁스와 폴리페놀로 이루어진 쿠틴(cutin)이 있고, 또 비구조물질인 탄수화물로서 펙틴과 곤약 만난(konjak mannan)이 알려져 있다. 또 수액(수목에 함유되어 있는 액체)의 아라비아검(arabia gum), 카라야검(karaya gum), 트라가칸트검(tragacanth gum) 등의 검류, 또는 종자에서 얻어지는 로카스토빈검(locastobin gum), 구아검(guar gum), 다마린드검(tamarind gum) 등의 껌류도 탄수화물로서 식품, 화장품, 의약품의 유화제와 안정제로서 사용되고 있다.

해조류는 일반적으로 세포벽이 두껍고, 대부분의 종류에서 셀룰로오스가 발견되고 있지만 그 양은 많지 않으며, 홍조류나 녹조류에는 만난이나 크실란이 존재한다. 해조류에 함유되어 있는 식이섬유의 주요 성분은 세포간에 존재하는 점질다당류이며, 홍조류에는 한천, 카라진난(carrageenan), 푸노란(funoran), 포르피란(porphyran) 등, 갈조류에는 알긴산, 푸코이단(fucoidan) 등 녹조류에는 수용성 우론산(uronic acid) 황산다당류와 수용성 황산화 중성 다당이 알려져 있고, 또 갈조류의 저장 다당류인 라미나란(laminaran)도 인간의 소화효소로 분해되지 않는 식이섬유이다.

이 같은 해조류의 식이섬유의 특징을 정리하면 육상식물에서는 볼 수 없는 한천, 카라기난, 알긴산 등의 성분이 해조류에 존재하며, 카르복실기와 에스테르결합의 황산기를 많이 갖고 있지만 이것은 염농도가 높은 환경에서 생육하기 위해 이온의 출입을 조절할 수 있는 특별한 구조로 분화하였기 때문이라 생각된다.

이상은 식물에 유래하는 것이었지만 새우나 게 껍질의 주요 성분인 키틴, 포유동물의 결합조직에 존재하는 히알루론산(hyaluronic acid) 등은 동물성의 식이섬유이다. 한편, 다당류의 화학적 변형에 의한 유도체인 메틸셀룰로오스(methylcellulose), 폴리덱스트로오스(polydextrose) 등도 식이섬유로서 취급하고 있다.

해조 섭취량

우리나라 사람들의 식이섬유 섭취량에 대해서 국민영양 조사에 의한 식품 섭취량으로 산출한 값은 1인 1일당 20g으로 추정되고 있으며, 일본의 16g, 미국의 13g보다 훨씬 높다. 식이섬유의 섭취 식품군의 기여율은 채소류, 버섯류, 해조류가 38%, 쌀, 곡류, 감자, 고구마류, 종실류가 29%, 두류 9%, 과실류 14%이며, 해조류의 기여는 7% 정도로 계산된다.

일본에서 식이섬유의 섭취량은 30년 전에는 21g이었지만 현재는 16g으로 감소되었으며, 최근에는 감소경향이 더욱 두드러지고 있다. 특히 지역간에 섭취량이 차이가 많다. 한편, 미국의 조사보고에 의하면 1일 섭취량은 13g이며, 각 식품군의 기여율은 야채류 28%, 빵류 19%, 과실류 17%, 두류 14%로 되어 있어, 식생활의 차이로 인해 식이섬유의 섭취량이 우리나라와 상당히 다른 것을 알 수 있다.

해조류의 생체 내 역할

식이섬유는 그 구성하는 성분에 따라 물리화학적 성질을 나타내지만 주된 생리적인 역할은 물의 흡착작용, 이온교환작용, 겔 형성능 등이다.

소화관의 각 부위에서 식이섬유의 역할을 표 32-1에 정리해 놓았다. 식이섬유가 많이 함유되어 있는 식품을 섭취하면 씹는 횟수가 자연히 증가하며 입에서 분비되는 타액도 증가하여 흡수되어 팽윤에 의한 포만감이 있어 음식물의 과잉섭취를 억제하여 비만을 예방하는 효과가 될 것으로 생각된다. 이어 흡수하여 팽윤된 식품이 위로 들어가면 계류시간이 연장되지만 이것은 유문(위의 아래쪽 끝에서 십이지장에 이르는 부분)이 체내로 들어오는 영양소의 속도를 조절하는 중요한 관문의 하나이기 때문에 이로 인하여 십이지장으로의 급속한 음식물 유입이 억제됨과 더불어 확산억제 작용 등에 의해 소장에서 흡수가 완만하게 되어 내당성(생체의 포도당 처리 능력)이 개선된다. 이와 같은 혈당 상승 억제에는 불용성의 것보다 수용성의 식이섬유 쪽이 유효한 것으로 밝혀졌다.

한편 콜레스테롤은 공장(소장 상부)에서, 또 담즙산은 회장(소장 하부)에서 흡수되어 장간순환(enterohepatic circulation: 장과 간에 관련된 담즙산의 대사 순환계)을 반복하지만 혈청 콜레스테롤량은 수용성으로 겔 형성능이 강한 식이섬유에 의해 특히 억제되는 것이 증명되었다. 이것도 식이섬유가 콜레스테롤과 담즙산에 대해 장관 내 이동의 저해, 결합에 의한 흡수의 저하, 겔형성에 의한 소수성에 기인하는 지용성 성분의 미셀(micell: 많은 작은 분자가 회합하여 생긴 침액 콜로이드 입자. 예, 전분액) 형성저해 등의 작용을 하기 때문이라 생각된다.

식이섬유가 적은 경우는 소장에서 영양성분이 소화, 흡수되면 내용물의 체적은 급속히 감소하며, 대부분의 경우는 체적은 그다지 변하지 않지만 소장 내 이동시간은 길지 않다. 이것에 의해 독성물질에 의한 영양소 흡수저해를 회복한다. 대장으로 들어간 식이섬유의 일부는 장내세균에 의해 분해되어 세균의 영양소로 되어 균체량은 늘지만 변 용적의 50% 전후가 균체이며, 처음 상태와는 다른 것으로 변화된 것이다.

식이섬유가 적으면 대장에서 수분보유능이 떨어져 대장에서 수분이 흡수되어 단단하게 되면 직장 내에서의 체적이 감소하여 변의 마려움을 느끼지 못하게 되고 그 결과 대장 내의 이동시간이 연장되어 배변시간이 감소하게 되며 결국 이것이 변비가 된다. 아직 이같은 상태에서는 담즙산이나 다른 물질로부터 발암성 물질의 생성이 증가하여 대장점막과 고농도 발암 물질과의 접촉시간이 길어져 발암률이 상승하게 된다.

표 32-1. 소화관과 식이섬유와의 상호작용.

소화관 내 부위		식이섬유의 영향
입		씹는 횟수 증가, 포만감 증가
위		흡수, 팽윤, 포만감의 지속, 과잉섭취 억제
소장	십이지장	위내 체류시간의 연장, 내당성 개선, 인슐린 분비의 절약
	공장	콜레스테롤 미셀화 저해, 콜레스테롤 흡수량 저하, 체내 콜레스테롤 농도의 정상화
	회장	담즙산 재흡수량의 저하
	공장, 회장	음식물의 이동속도 변화, 소화관 호르몬의 분비변동, 소화기능의 정상화, 독성물질에 의한 영양소 이용장해의 저지
대장	결장	장내 세균총, 담즙산 대사, 콜레스테롤 대사의 변동, 발암물질의 생산저하, 발암물질의 결합 또는 희석
	직장	콜레스테롤, 담즙산 및 대사산물의 배설량 증가, 배변횟수 증가, 매끄러운 배설

최근 우리나라도 식생활의 서구화로 인하여 비만아가 증가하고 있다. 비만은 이상적인 지방의 축적으로 삶의 질(QOL, quality of life)을 제한하고 생명의 예후에도 나쁜 위험성을 가져올 수 있으며, 특히 내장 지방형 비만은 의학적으로 볼 때 동맥경화 등의 병태와 밀접한 관계를 갖는다는 인식하에서의 치료가 요구되고 있다.

비만에 대한 치료는 에너지의 섭취와 소비의 균형을 역전시켜서 열량의 소비를 높여야 한다. 즉, 식이요법을 중심으로 한 운동요법 등의 보조요법을 주로 실시해야 하고, 이와 같은 치료를 할 수 없거나 그 효과가 불충분할 경우에 한하여 약물요법을 하도록 하는 것이 바람직하다. 그러나 어느 치료법이든 장기간에 걸친 감량상태의 유지 지속은 매우 어려운 것으로 행동요법과 함께 식생활 습관의 개선요법으로 전향적인 치료를 하는 것이 필요하다고 하겠다.

우리나라에서는 예부터 아기를 낳으면 반드시 미역국을 먹었다. 우리 조상들은 미역과 같은 해조류가 산모에게 왜 좋은지에 대한 과학적인 규명이 없이도 그저 생활의 지혜로부터 피를 맑게 해준다는 이유로 미역국을 먹은 것으로 전해져 오고 있다. 그러나 최근에 와서 그 의문의 수수께끼가 풀리고 있다.

해조류에는 미네랄과 비타민이 매우 풍부할 뿐만 아니라 어떤 해조류의 성분은 항균, 항바이러스를 비롯해 혈압, 혈중 콜레스테롤의 조정, 항종양활성 또는 적혈구, 림프구의 응집효과를 나타내는 성분이 밝혀지고 있다. 특히, 알긴산소다는 카드뮴과 같은 중금속을 체외로 배출시키는 작용도 한다.

비만환자들이여, 김과 미역국을 갖춘 균형 있는 식사와 적당한 운동과 근면한 생활만이 비만으로부터 해방시켜 줄 수 있는 지름길임을 명심하라.

33 생선 지방을 먹으면 성인병이 예방될까

생선 지방은 성인병의 예방약이 될 수 있다

2011년 11월 1일 기준 100세 이상 고령자 인구는 3,159명이고 인구 10만 명당 6.6명에 이른다. 100세 이상 고령자는 2010년 1,835명에 비해 1,324명(72.2%)이 증가하였다. 지역별로 살펴보면 시도별로는 제주가 10만 명당 17.2명으로 가장 많았다. 그리고 시군구별로 보면 인구 10만 명당 고령자는 충북 괴산군(42.1명), 경북 문경시(33.9명), 전남 장성군(31.1명), 충남 서천군(31명), 경남 남해군(29명)으로 조사되었다. 일반적으로 대도시가 농어촌보다 장수율이 낮은 것을 볼 수 있었다. 그 이유는 정확히 밝혀져 있지는 않지만 아마도 환경과 식문화가 가장 중요한 원인이 아닌가 생각된다. 이에 대한 해답을 세계적인 장수국 일본을 예로 들어 찾아보기로 하자.

일본은 다른 섬나라와 달리 한류와 난류가 만나는 곳이 있어 해양 먹이 사슬의 1차 생산자인 플랑크톤이 가장 발생하기 쉬운 해역을 갖고 있는 나라이다. 다시 말하면 해양생물자원이 풍부한 입지 조건을 갖춘 바다로 둘러싸인 나라라 할 수 있다. 이 같은 풍부한 해양자원을 가진 바다에서 받은 혜택은 일본인이 모르는 사이에 저절로 건강이나 장수와 깊은 상관관계가 있는 것으로 밝혀졌다. 현재 일본이 세계 최고 장수국인 것도 이를 뒷받침해 주고 있다.

예방 암연구소가 17년 간에 걸쳐 일본인 26만 5천 명의 영양조사를 한 결과, 생선 식사의 빈도가 높을수록 장수하는 것으로 나타났다. 또 각종 성인병의 이환율(morbidity rate: 어떤 일정한 기간 내에 발생한 환자의 수를 인구 당의 비율로 나타낸 것)과 사망률의 증가가 어패류를 섭취함으로써 억제될 수 있다는 것이 밝혀졌다(표 33-1).

한편, 영국 뇌영양 화학연구소의 마이겔 크로퍼드 박사는 일본인 아이들의 지능지수가 세계에서 가장 높은 이유는 어려서부터 생선을 위주로 하는 수산식품을 먹어왔기 때문이라고 지적하였다. 이로 인해 일본에서는 「생선을 먹으면 머리가 좋아진다」는 캐치프레이즈(catch phrase)를 걸고 생선식 보급에 의한 각종 질환의 예방에 대하여 캠페인을 벌이고 있다.

표 33-1. 어패류 섭취 빈도별 사망비율(상대위험도).

사망원인	어패류 섭취 빈도				상대위험도*
	매일 먹음	자주 먹음	가끔 먹음	먹지 않음	
총사망	1.00	1.07	1.12	1.32	9.134
뇌혈관질환	1.00	1.08	1.10	1.10	4.541
심장병	1.00	1.09	1.13	1.24	3.919
고혈압증	1.00	1.55	1.89	1.79	4.143
간경련	1.00	1.21	1.30	1.74	3.768
위암	1.00	1.04	1.04	1.44	2.144
간암	1.00	1.03	1.16	2.62	2.109
자궁암	1.00	1.28	1.71	2.37	4.142
조사대상(명)	1,412,740	2,186,368	203,945	28,943	

* 상대위험도가 높을수록 사망할 확률이 높다

그러면 도대체 생선에는 무엇이 있어 몸에 좋은 것일까? 물론 인체에 좋은 영양소로는 단백질 및 각종 비타민 등이 있겠지만 특히 생선 지방의 주성분인 EPA(eicosapentaenoic acid) 및 DHA(docosahexaenoic acid)가 있기 때문에 대단히 건강에 좋다는 것으로 밝혀졌다.

EPA에 대한 연구는 35년 이전으로 거슬러 올라가는데, 정어리유에서 90%까지 순화된 EPA가 혈소판 응집 억제 작용이 있는 것으로 인정되어 1990년에 일본에서는 세계 최초로「폐쇄성 동맥경화증」의 치료제로 시판되고 있다. 현재 500억 엔이 넘는 시장을 갖고 있으며 임상검사에서도 부작용이 적고 사용하기 쉬운 의약품이라는 평가를 받고 있다. 1994년에는 중성지방과 콜레스테롤을 저하하는 효과도 인정되어 일본 후생성에서 항고지혈증제의 적응증(adaptation)의 추가 승인을 받아 더욱더 의약품으로서 시장이 커질 것으로 예측되고 있다.

그렇지만 DHA는 EPA와 더불어 생선 지방의 주성분의 하나이지만 지금까지는 연구 재료로서 순도가 매우 높은 것을 입수하기 어렵기 때문에 연구개발이 늦어져 왔으며, 그 소재가 참치, 가다랭이와 같은 생선에서 발견됨으로써 상품화가 이루어질 수 있었다.

해양 미생물에 의한 EPA 생산과 유전자공학

EPA를 생산하는 미생물을 발견함으로써 EPA를 대량 생산할 수 있게 되었다. EPA는 생선 지방의 주성분이기는 하지만 물고기 스스로 EPA를 합성할 수는 없고 해조 또는 식물 플랑크톤을 제1차 생산자로 하는 먹이사슬의 결과로 생선육 또는 생선 지방에 함유되어 있는데, 지금까지는 미생물이 만드는 것은 거의 알려지지 않았다.

1986년 전갱이와 정어리 또는 고등어 등과 같은 등이 푸른 생선, 즉 그 지방에 EPA를 많이 함유하고 있는 어류의 장내에 공생하는 미생물 중에서 EPA 생산균을 찾아내는 데 성공하였다. 이 균의 대량 배양에 의해 의약품으로서 유용한 EPA의 생산을 시도했지만 아깝게도 정어리유에 비해 생산 가격면에서 불리하였다. 따라서 EPA 생산균이 세균이므로 이 균에서 EPA를 만드는 생합성계의 유전자를 분리해 낼 수 있어, 유전자 공학적 수법에 의한 EPA생산이 시도되었다. 즉, 본래 EPA를 생산하는 능력이 없는 보다 고등 생물인 미생물과 조류, 또는 고등식물에 이 EPA 생합성계 유전자를 조작하는 것이다.

미생물에서 EPA를 대량으로 값싸게 만드는 데는 생산성에 한계가 있을 수 있지만 효모, 곰팡이, 조류와 같이 유지를 많이 만들 수 있는 생물 또는 대두, 채종(seed production)과 같은 식용 유지를 채취할 수 있는 고등식물이 EPA를 생산할 수 있게 된다면, 이것은 바로 새로운 기능성 식품을 개발하는 것이 될 것이다.

현시점에서는 아직 꿈 같은 이야기이지만 이미 EPA 생합성계 유전자를 분리하여 이것을 전혀 EPA를 만들 능력을 갖지 않은 대장균에 유전자 조작으로 EPA를 생산하는 데 성공한 예도 있다. 또 남조류에 EPA 유전자를 도입하여 EPA 생산능을 부여한 예도 있다. 앞으로 야채, 곡물 또는 과일에 EPA를 만들게 하여 이를 섭취함으로써 어패류 외에는 섭취할 수 없었던 EPA를 쉽게 섭취할 수 있는 시대가 머지않아 올 것으로 기대된다.

수산 폐기물에 보물이 …

참치의 안와(orbit,: 척추동물의 두골에서 안구 및 이와 관계된 근, 혈관, 신경을 포함하고 있는 뼈 속의 공간) 지방에는 DHA가 30%나 함유되어 있다(표 33-2). 반면에 이 안와 지방에는 EPA가 6~7% 밖에 함유되어 있지 않다. 지금까지 알려져 있는 생선 지방의 지방산 조성은 거

표 33-2. 해산어 안와(orbit) 지방 중의 DHA 및 EPA의 함유량.

해산어 (안와 지방)	DHA (%)	EPA (%)
눈참치	30.6	7.8
흑참치	28.5	6.1
노랑참치	28.9	4.5
가다랭이	42.5	9.5
청새치	28.4	3.9
황새치	9.6	3.4
부시리	10.8	3.3
잿방어	20.5	6.5
전갱이	15.3	15.3
정어리	12.1	22.6
괭이상어	29.0	3.0
두톱상어	12.5	13.4

의가 EPA가 많았고 DHA는 몇 퍼센트에 불과했지만 여기서는 완전히 그 반대였다.

더구나 참치의 머리는 항시 수산 폐기물로서 대량으로 처리되고 있고 극히 일부가 사료나 비료로써 이용될 뿐이다. 그리고 지방유는 중유(heavy oil) 대신에 보일러 연료로서 이용되고 있다. 이 같은 이유 때문에 참치와 가다랑어의 안와 지방은 DHA의 공급원으로서 상당히 좋은 소재가 아닌가 생각된다. 시약으로 사용되는 99% 이상의 고순도 DHA는 100mg에 21만 원 정도이다. 즉, 1g이 200만 원하는 고가이므로 이를 이용한 동물실험 등이 어렵기 때문에 안와 지방에서 DHA를 추출해야 했고, 또 그것을 정제함으로써 값이 싼 대량의 고순도 DHA를 입수할 수 있게 되어 DHA 연구가 급속히 진전하게 되었다.

또한 이 안와 지방은 신선하고 위생상 문제가 없기 때문에 식품으로서 충분히 사용할 수 있다. 이 안와 지방에 DHA가 고농도로 함유되어 있다는 사실이 발견됨으로써 급속히 식품, 특히 건강 보조 식품의 개발을 할 수 있는 동기가 되었던 것이다.

DHA의 약리 활성과 건강 식품으로서의 개발

DHA는 신경계의 발달, 학습기능의 향상, 망막반사능의 향상, 항암작용, 항알르레기 작용 및 지질저하 작용과 같은 상당히 다양한 약리작용이 기대되는 식품 영양소의 하나이다. 그리고 그 약리작용에 관한 연구 결과는 많이 보고되어 있고 각종 성인병의 예방에 대하여 유효한 영양소, 소위 제3차 기능을 갖고 있는 예방 의학적 기능성 건강 식품이라 할 수 있다. 특히 이 DHA가 EPA와 근본적으로 차이가 나는 것은 혈액외관문(blood brain barrier)을 통과할 수 있다는 사실이다. 따라서 신경기능과 기억·학습 기능에 관여하는 것은 DHA이며 EPA에서는 기대할 수 없다. 넓은 의미에서 「머리가 좋아진다」라는 DHA의 약리작용에 대해서는 최근까지 시험관 실험(*in vitro*)과 실험 동물을 사용한 생체실험(*in vivo*)에서 많은 데이터가 모아졌지만, 그 메커니즘 연구와 사람을 대상으로 실시한 예는 아직도 부족하다.

현재에는 DHA의 작용기구도 상당히 밝혀져 있고 사람에 대한 임상 실험에서도 노인성 치매증의 개선이 실증되었다. 기타 중요한 약리작용으로는 아토피성 피부염의 개선이 입증된 것 외에 암의 발생과 전이의 예방, 혈중 콜레스테롤의 저하와 혈압 상승 억제 등 다양한 유효성이 기대된다.

또한 DHA가 많이 함유된 유지를 첨가한 건강 식품의 개발은 최근에 급속히 진전하여 일본에서는 1,000억 엔을 넘어서는 큰 시장으로 성장하였다. 앞으로도 DHA의 항산화성, 안정성, 또는 분말화, 유화 기술 등 여러 가지 기술의 진전에 따라 시장은 더욱 확대될 전망이다.

우리나라에서 참치의 생산량은 연간 35만 5천 톤(2014년)으로 그중 5만1천 톤이 통조림 가공 원료로 사용되는데, 이것은 어패류를 이용한 전체 통조림 생산량 6만3천 톤의 약 81%를 차지한다. 참치 가공시 머리부, 내장, 어뼈 등 수만 톤이 폐기되고 있으므로 이를 활용한 성인병을 예방할 수 있는 기능성 소재 개발이 하루 빨리 이루어지기를 기대해 본다.

노인성 치매증의 개선

우리가 흔히 「노망」이라 부르는 치매(dementia)는 어원적으로 「be out of mind」, 즉 「정신이 나간 상태」를 뜻하며, 노화에 따른 자연스러운 생리 현상으로 여겨왔지만 분명한 뇌의 퇴행성 병변에 의한 신경계 질환이다.

흔히 65세 이상의 노인에서 발생하기 쉽고, 기억력과 판단력 및 사고력 등의 기능 장애로 직업적 일이나 통상의 사회활동 또는 대인 관계에 지장을 초래하는 임상 증후군으로 65세 이전에도 외상에 의한 두부 손상이나 뇌혈관 장애, 각종 대사장애에 의해서 유발될 수 있다.

레이건 전 미국 대통령이 치매로 인해 자신이 대통령을 지냈다는 사실조차 모른다는 뉴스는 세인들을 놀라게 하였으며, 국내에서도 치매로 인한 가정 불화가 심각한 사회문제로 대두되고 있다.

생선에 많이 함유되어 있는 불포화 지방산인 DHA를 건강식품으로서 투여하면 노인성 치매증이 개선되는 것으로 밝혀졌다. 이전부터 동물을 이용한 실험에서 DHA의 투여는 뇌의 기능을 향상시키는 것으로 알려졌으며, 최근에는 인간의 뇌기능을 향상시키는 데도 뛰어난 것으로 보고되고 있다.

한 예로 일본에서는 입원 중인 57세에서 94세 사이의 치매환자 13명과 알츠하이머병 환자 5명을 대상으로 DHA가 뇌기능 향상에 미치는 영향에 대하여 임상실험을 실시하였는데 일본의 제약업체에서 만든 DHA 캡슐제(1정 70mg)를 1일 10~20정을 반년간 경구 투여한 경우 뇌혈관성 치매환자 13명 중 10명이 생활 의욕이 높아졌고 망상(妄想)이 감소하였으며, 알츠하이머증 환자 5명은 의욕과 대인관계, 침착성이 약간 개선되었다고 일본 언론에서 보도된 적이 있다.

지적(intellectual) 기능에 대한 간접 검사 결과에서 DHA를 주지 않는 환자는 뇌 기능이 서서히 저하하는 데 비해, DHA를 투여한 환자는 반년 사이에 계산능력과 판단력이 개선되는 효과가 있었으며, 한 환자만이 지방의 과잉 섭취로 복통을 일으킨 것 이외에 부작용은 없었다고 한다.

뇌의 신경세포의 일부가 죽음으로써 발증하는 치매증 환자의 뇌에 DHA가 들어가서 살아있는 신경세포의 작용을 활발하게 한다고 관련 연구팀은 주장하고 있다. 이 때문에 DHA는 치매의 근본적인 치료약은 아니지만 개선과 예방에 유효하다고 볼 수 있다.

일본에서 노인성 치매가 늘어나고 있는 것은 생선식에서 육식 중심으로 변하는 것과 관련되어 있는 것으로 보고 있으며 우리나라도 식생활이 육식 중심으로 변하고 있어 앞으로 치매관련 증상들이 증가할 것으로 보인다.

치매의 개선효과 외에도 아토피성 피부염의 소아 환자 등에서도 50%의 개선율을 나타낸 임상 결과가 얻어졌고 기타 많은 임상실험이 이루어졌다. 이 같은 보다 신뢰성이 높은 연구 결과는 앞으로 더욱더 건강식품으로서의 DHA의 유용성과 유효성을 증명하게 될 것으로 생각된다.

예방의학의 중요성

이와 같이 DHA는 식품 영양소이기 때문에 경우에 따라서는 의약품 정도 또는 그 이상의 약리활성을 기대할 수 있다. 즉, 여러 가지 질환의 예방에 대하여 유효한 영양소와 위치 붙임을 할 수 있다고 생각되지만, 이 예방에 대하여 좀 더 깊이 생각해 볼 필요가 있다고 생각된다.

예방에는 크게 나누어 두 가지를 생각할 수 있다. 하나는「병으로 죽지 않는 예방」으로 다시 말하면 어떤 병에 걸린 경우에 DHA를 섭취함으로써 그 병이 개선되어 죽지 않게 된다면 이것은「죽지 않는 예방」이 될 것이다. 또 다른 하나는「병으로 되지 않도록 하는 예방」이다. 병으로 되기 전에 걸리지 않게 예방하는 것인데 바꾸어 말하면 수명보다도 발증을 지연시키는 것과 수명을 늘리는 것이 결과적으로 같은 의미가 된다.

앞서 기술한 역학조사에서 알 수 있듯이 생선을 많이 섭취하는 사람이 상대적으로 수명이 길고 또 병의 이환율이 낮은 것으로 나타났다. 만일 동물 실험에서 DHA의 섭취에 의해 암의 발병이 죽기 전까지 나타나지 않는다면, 그 동물은 암에 걸린다고는 할 수 없을 것이다. 결국 이것이「병으로 되지 않는 예방」이다. 이것은 암뿐만 아니라 동맥경화, 당뇨병, 그리고 노인성 치매증 등 모든 생활습관병 예방에 적용시 고려되어야 할 방법이다.

병의 예방에 대한 의약품을 어느 나라도 인정하지 않고 있다. 일단 병이 악화된 것을 치료하는 것은 상당히 체력적으로나 시간적으로도 또한 경제적으로도 상당히 부담이 클 것은 자명하다.「예방의학」이야말로 앞으로 더욱더 중요한 의료가 될 것으로 생각된다.

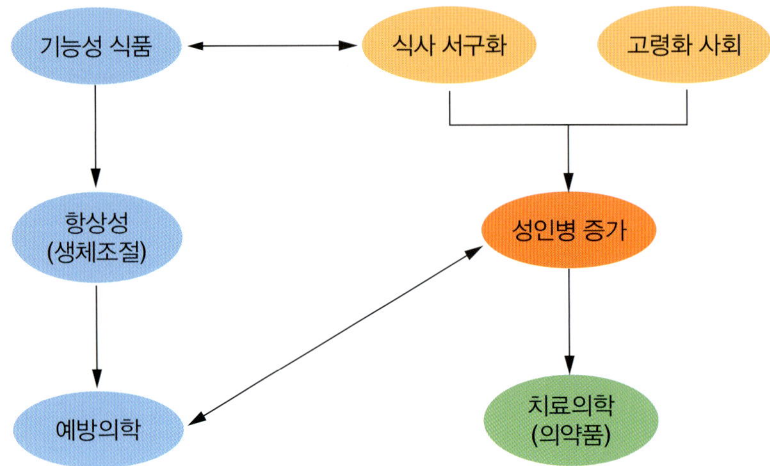

그림 33-1. 기능성 식품과 성인병 예방.

34 입냄새 제거에 탁월한 해조 성분

입냄새와 그 억제

구강은 직접 외부와 접해 있기 때문에 언제나 미생물의 침입을 받을 수 있다. 또한 많은 세균이 영양학적으로나 생리학적으로 번식하기에 적당한 조건을 갖추고 있기 때문에 다종다양한 세균이 상재균총(bacterial flora: 상존하고 있는 세균이 모여 이룬 집단)을 형성하고 있다. 특히 구강 내의 점막의 표면, 혀의 표면, 치아의 표면, 타액 등은 서로 다른 환경 때문에 각각 특유의 상재균총을 형성하고 있다.

구강에 존재하는 상재균총은 항상 일정하지는 않지만 30종 이상의 세균이 존재하며, 사람에 따라서 연령과 건강상태, 식사의 내용이나 구강의 위생상태가 다르기 때문에 구성 세균의 종류나 비율이 달라진다. 따라서 사람에 따라 입냄새가 다르며, 유독 역겨울 정도로 심하게 악취를 내어 대화시 다른 사람에게 불편을 주는 경우도 있다.

구강에 있는 타액은 99.5%가 수분이며, 나머지 0.5%는 무기염류와 유기질 또는 미생물, 백혈구, 음식물 찌꺼기 등이 혼합되어 있다. 타액 중의 주요 성분은 당단백질인 뮤신(musin)인데 뮤신은 세균의 영양분인 동시에 세균의 표층을 감싸주어 탐식세포(phagocyte: 작은 물질입자나 세균을 잡아들이는 작용을 하는 세포)의 식작용(phagocytosis: 식세포가 미생물이나 다른 세포를 잡아먹는 것)으로부터 세균을 보호해준다. 타액의 분비는 그 기계적인 청정효과 때문에 구강 내의 세균정착에 커다란 영향을 미친다. 따라서 타액 분비량의 감소는 구강 내의 세균증가를 초래하여 감염의 기회가 증가된다. 타액 방출량은 안정시 시간당 19㎖ 정도이나 개인차가 커서 시간당 0.5~111㎖로 큰 차이가 있으며, 동일인이라 할지라도 변동이 심해서 식사 중에는 최대가 되며, 수면 중에는 최저가 된다. 또 침샘(salivary gland)이 장애를 받아 분비량이 감소되기도 하는데 이때에는 구강 내의 세균수가 급격히 증가하기도 한다.

타액은 입안에 있는 온갖 냄새나는 화합물을 녹여 분해시키고, 목으로 빨리 넘겨버리는 역할을 한다. 따라서 구강이 건조한 상태의 사람은 입에서 냄새가 많이 난다. 입안에 살포하여 냄새를 제거시키는 구취제거제는 그 성분이 박하인 경우가 많다. 이것은 냄새를 중화시키는 것이 아니라 타액 분비를 촉진시키는 역할을 한다.

입냄새는 질병이라고 할 수 없지만 본인과 상대방에게 불쾌감을 안겨주는 경우가 있어 주의해야 한다. 입냄새의 원인에는 구강상태로 인한 경우가 80~90%이며, 위장장애와 같은 병적인 요인으로 인한 경우는 겨우 10%에 불과하다.

아침에 잠을 자고 난 후에 입냄새가 심해지는 것을 느낄 수 있는데 그 이유는 자는 동안 타액의 분비가 현저히 감소해 생리적인 정화작용이 일어나지 않기 때문이다.

입냄새는 구강 내의 혐기성 세균이 음식물 잔사와 구강 침출액 등을 분해하여 발생한다. 주로 입냄새 성분은 황화물, 저급지방산, 알코올, 알데히드(aldehyde) 등 여러 가지가 있지만 이 중에서 입냄새의 강도와 관계가 깊은 것은 황화수소(H_2S), 메틸머캅탄(methylmercaptans, CH_3SH), 디메틸설피드(dimethylsulfide, $(CH_3)_2S$) 등의 휘발성 황화물로 알려져 있다. 이 세 성분은 개인에 따라 차이가 있고, 모든 사람의 호흡시 입김 중에 함유되어 있다. 그러나 우리가 감지할 수 있는 최소의 농도는 유화수소 5ppb, 디메틸설피드 10ppb인데 메틸머캅탄은 0.1ppb로 입냄새 원인물질로서 가장 중요하다.

해조류의 입냄새 제거 활성

일반적으로 입냄새를 억제하기 위한 수단으로서는 다음 4가지 방법을 들 수 있다. 첫째, 치약이나 세정제에 의한 구강 내 청소, 둘째, 클로로헥시딘(chlorohexidine)과 같은 살균제에 의한 세균의 살균, 셋째, 향료에 의한 차폐(masking), 넷째, 냄새가 없어지게 하는 것이 있다. 이 중 근본적인 입냄새의 예방법으로 치약이나 세정제에 의한 구강 내 청소를 들 수 있으며, 다른 방법은 대중요법적인 수단이라 할 수 있다. 그러나 아직까지는 이미 입냄새를 인식하고 있는 사람에게서 즉시 입냄새를 제거할 정도로 효과적으로 입냄새를 제거할 수 있는 물질은 개발되어 있지 않아 이에 관한 연구개발이 요청되고 있는 실정이다.

그런데 해조류는 입냄새를 제거시킬 수 있는 매우 우수한 성분이 함유되어 있는 것으로 밝혀졌다. 이러한 성분을 함유하고 있는 해조는 바닷말을 제외한 홍조류 및 갈조류에 속하는 다시마 목(order)과 모자반목에 한정되어 입냄새를 억제하는 성분이 존재하는 것으로 나타났다. 다시마 목 중에서 사람들이 가장 많이 즐겨 먹고 있는 미역과 다시마는 입냄새를 제거시키는 성분이 존재하지 않는 것으로 나타났다.

입냄새를 제거할 수 있는 성분이 함유된 해조 중에서도 대황, 개다시마 및 검둥감태는 메틸머캅탄의 냄새를 거의 100% 제거하였으며, 특히 대황은 우리나라 연안에 풍부하게 서식하고 있지만 거의 활용되지 못하고 있기 때문에 구취 제거제의 원료로서의 효율적인 활용이 기대되고 있다. 대황에 함유되어 있는 입냄새의 제거물질은 클로로글리신(chloroglycine)의 중합물인 클로로탄닌(chlorotannin)으로 밝혀졌는데, 이것이 입냄새의 주요 성분인 메틸머캅탄의 냄새를 제거시키는 것으로 알려졌다.

입냄새 제거물질인 클로로탄닌에 의한 메틸머캅탄의 제거과정은 클로로탄닌의 수산기가 메틸머캅탄의 치환기와 수소결합을 형성하여 흡착작용을 함으로써 이루어지며, 중합도가 높을수록 흡착이 강한 것으로 보아 시클로덱스트린(cyclodextrin)에서 볼 수 있는 포접(amplexus)작용과 밀접한 관계가 있는 것으로 시사되고 있다. 또한 클로로탄닌은 대표적인 악취물질인 메틸머캅탄 외에 트리메틸아민(trimethylamine)에도 수소결합하여 냄새를 억제시키는 것으로 밝혀졌다.

해조 중에서 갈조류인 다시마 목과 모자반 목은 대황과 마찬가지로 클로로글리신 중합물이 다량 존재하는 것으로 알려져 있다. 이러한 성분이 해조에 함유되어 있는 것은 조체(藻体)에 해양 부착생물이 부착하는 것을 막고, 부착한다고 해도 그 생물의 성장을 저지시키는 작용을 갖는 것으로 알려져 있는 조체의 생존을 위한 자기방어 물질이다. 또한 대황의 추출물(extractives)은 해조 중에서 가장 강한 항산화력을 나타내고 있지만 입냄새 제거물질인 클로로탄닌도 항산화력이 있는 것으로 밝혀졌다.

이와 같이 다른 생물로부터 자기 몸을 보호하거나 스스로의 변패(deterioration)를 막는 것이 클로로탄닌의 본래 역할인지도 모른다.

대황을 0.2% 배합한 트로키(troche: 드롭스 형태의 정제)는 적어도 1시간 30분 정도는 입냄새를 억제하는 효과를 지속하는 것으로 알려졌다. 따라서 대황과 같은 해조류는 오래전부터 식용으로 이용된 역사가 있고 안전성에도 문제가 없기 때문에 식품이나 구강제품을 중심으로 하여 새로운 상품의 개발을 기대해 본다.

[35] 해양 생물은 물속에서 사용할 수 있는 접착제를 만든다

내가 어렸을 때는 늦가을마다 밀가루로 풀을 쑤어 문창호지를 발라 월동준비를 하곤 하였다. 바로 밀가루에 들어 있는 전분(다당류)이 가열에 의해 변성된 물질이 「풀」이었다. 이때만 해도 화학접착제는 매우 드물었다. 농방에서는 생선뼈로 만든 「아교」를 사용하여 장롱과 같은 가구를 만들었다. 또 무화과나무의 접착물인 「끈끈이」를 사용하여 참새를 잡기도 했다. 이들은 모두 우리 조상들의 생활의 지혜로부터 나온 접착제들이다.

최근에는 자동차의 부품도 볼트 대신에 접착제로 조립하기도 하고 섬유제품에서도 봉제 대신에 접착제가 사용되기도 한다. 특히 신발산업에서 접착제는 매우 중요한 위치를 차지하고 있다. 최근 접착제의 용도가 날로 증가됨에 따라 다종다양한 접착제가 개발되어 시판되고 있다. 그러나 그렇게 다양하게 발달되고 있는 접착제가 아직 충분히 사용되지 않고 있는 환경이 있다. 그것은 바로 물속이다. 물은 접착제와 접착되는 물질 사이에 끼어들어 접착제 자체를 약하게 하거나 분해시키는 등 여러 가지 방법으로 접착을 방해하기 때문에 「물과 접착제는 대립한다」라는 말이 있을 정도이다. 현재 한번 굳어 버리면 물속에서도 충분한 강도를 유지할 수 있는 접착제는 있지만 처음부터 물속이나 습윤환경하에서 충분한 강도로 접착할 수 있는 접착제는 아직 없다. 그러나 물속이나 습윤환경 하에서 접착이 요구되는 경우는 적지 않다. 예로서 물속건축물의 건설은 물론이고 치아의 치료나 외과수술 등에도 습윤환경에서 사용할 수 있는 접착제의 개발이 시급하다.

부착생물의 물속 접착

그런데 바다에는 패류나 멍게류 같은 여러 가지 부착생물이 있다. 이들은 물속의 바위, 선박밑, 어망, 발전소 등의 인공구조물에 강력하게 부착하여 배의 속도를 떨어뜨린다든지 그물코나 취수관을 막아 경제적인 손실을 초래하여 「부착생물(fouling organism)」이라는 오명을 갖고 있다. 부착생물의 접착력은 상당히 강하여 한 번 붙은 부착생물을 제거하는 것은 쉽지 않다. 만약 접착력이 약하다면 밀어닥치는 파도에 쉽게 밀려 나가 생명을 유지할 수 없게 되는 자연의 오묘한 이치다. 부착생물은 인간이 만들어 낼 수 없는 「강력한 물속접착」을 실현하고 있는 것이다. 이들 접착물질은 단백질로 밝혀졌으며, 이 단백질의 유전자를 찾아내어 유전공학적으로 물속 접착제를 대량 생산하려는 연구가 활발히 이루어지고 있다.

부착생물 중 가장 대표적인 것으로 진주담치(홍합)를 들 수 있다. 진주담치는 굴과 같이 껍데기를 바위와 같은 표면에 부착시킬 뿐만 아니라 "족사(byssus)"라는 실을 수가닥에서 때로는 100가닥 이상이나 분비시켜 몸을 고정시키고 있다. 족사는 실부분과 빨판과 같은 형태의 "면반(velum)"으로 이루어져 있으며, 이 면반이 바위, 금속, 콘크리트, 플라스틱 등에 접착하는 역할을 하고 있다(그림 35-1). 그 접착강도는 너무 강력하여 그것을 떼어내려면 실 부분을 잘라내어야지 면반을 그대로 떼어낼 수는 없다. 족사는 "족(foot)"이라는 기관에서 합성된다. 족의 뒤측에 족사의 주형이 되는 틈이 있어 여기서 필요한 성분을 분비시켜 족사를 만든다. 진주담치를 떼어내어 해수를 채운 수조 속에 넣어 두면 족을 신축시키면서 족사가 한 가닥씩 뻗어나오는 모습을 쉽게 관찰할 수 있다.

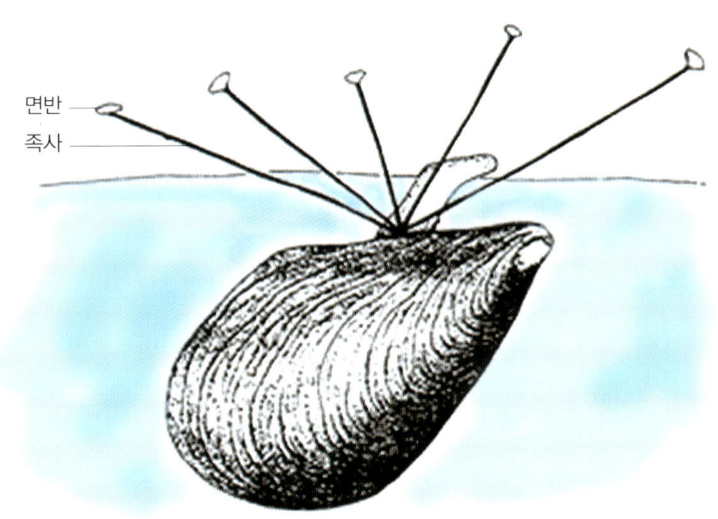

그림 35-1. 진주담치가 접착한 것을 나타낸 그림.

(*이해하기 쉽도록 족사는 실제 크기 보다도 크게 그렸다.)

족사가 만드는 3개의 단백질

족사의 주요 구성성분은 단백질이다. 이것은 비교적 일찍부터 알려져 왔지만 그에 대한 상세한 연구를 하는 데는 쉽지 않았다. 왜냐하면 성분을 연구하기 위해서는 족사를 용해시켜 그 성분을 여러 가지 방법으로 정제할 필요가 있지만, 일단 완성된 족사는 물론, 효소나 용제 등으로 처리해도 거의 녹지 않기 때문에 간단한 방법으로 정제하기가 어렵다. 1980년경 미국에서는 족사의 분비조직에서 족사의 주요 성분 하나를 추출하는 데 성공하였다

족에서 분비되는 족사 성분만은 아직 굳어지지 않았기 때문에 용출해 낼 수 있었다. 이 성분은 분자량 약 13만 달톤(dalton: 원자질량을 표기하는 표준단위)인 단백질이였으며, 그 대부분이 데카펩티드(decapeptide)라는 10개의 아미노산으로 된 단위(그림 35-2)와 그 중앙의 4개 아미노산이 제거된 헥사펩티드(hexapeptide)라 부르는 단위가 몇십 회나 반복된 구조인 것으로 밝혀졌다. 데카펩티드에는 하이드록시프롤린(hydroxyproline), 디하이드록시프롤린, 3,4-디하이드록시페닐알라닌(3,4-dihydroxy phenylalanine, DOPA) 등 일반적으로 단백질에는 거의 함유되어 있지 않은 희귀한 아미노산이 함유된 흥미 있는 구조이다. 하이드록시프롤린과 디하이드록시프롤린은 프롤린에 수산기(-OH)가 1개 또는 2개씩 각각 첨가되어 있는 아미노산이며, 하이드록시프롤린은 주로 콜라겐에 함유된 것으로 알려져 있지만 디하이드록시프롤린은 단백질 성분으로서는 처음으로 발견된 것이다.

도파(DOPA)는 티로신에 수산기가 1개 더 첨가된 것이며, 거미줄이나 곤충 알의 껍데기에 있는 단백질에 존재하고 있는 것으로 알려져 있다. 또한 세린(serine)과 트레오닌(threonine)도 측쇄에 수산기를 갖고 있기 때문에 이들 단백질은 상당히 많은 수산기를 갖고 있다. 이 단백질은 나중에 제2, 제3의 족사 성분의 발견으로 이어졌다. 처음으로 발견된 단백질은 '족사 제1단백질'이라 불리고 있다. 제1단백질은 족사의 실부분이나 면반 부분에도 존재하여 족사 전체의 외측을 싸고 있다고 생각된다.

이와 같이 제1단백질에 대하여 그 아미노산 배열이 밝혀졌지만 그 불용화 기작은 아직 완전히 밝혀져 있지 않다. 지금까지 그 불용화의 원인은 도파(DOPA)에 의한 가교 반응이 어느 정도 관여하고 있는 것으로 추측되고 있다. 즉 족의 세포에서 합성된 제1단백질 전구체는 티로신이 먼저 카테콜 산화효소(catecholoxidase, tyrosinase)의 작용으로 수산화되어 도파(DOPA)로 되고, 도파(DOPA)는 다시 도파 퀴논(DOPA quinone)으로 되어 리진(lysine)과의 사이에 퀴논가교라 불리는 다리를 만들어 분자 내 또는 분자 간에 결합함으로써 불용화하기 때문이 아닌가 추측된다.

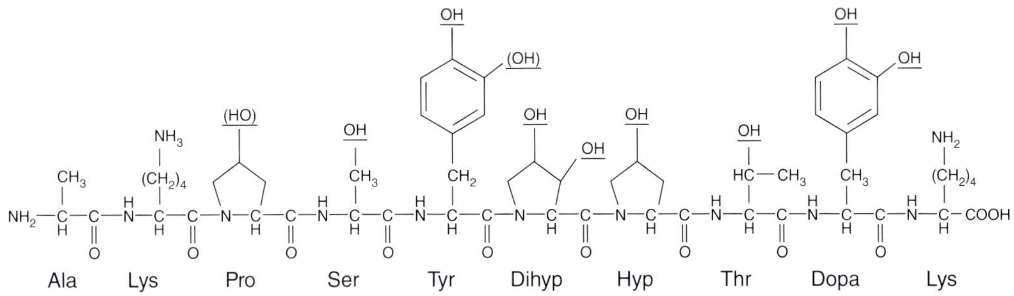

Ala Lys Pro Ser Tyr Dihyp Hyp Thr Dopa Lys

그림 35-2. 족사단백질의 구성펩티드인 데카펩티드의 구조.

(수산기는 밑줄을 그어 표시하였음. Hyp는 하이드록시프롤린, Dihyp는 디하이드록시프롤린을 나타냄. 3번째의 프롤린은 하이드록시프롤린으로, 5번째의 티로신은 DOPA로 변화된 경우도 존재함.)

한편, 1990년대에 들어와서 면반 부분에서 분자량 약 7만 달톤의 '제2단백질'이 발견되었다. 이 제2단백질에는 제1단백질과 마찬가지로 DOPA는 함유되어 있지만 하이드록시프롤린과 디하이드록시프롤린은 함유되어 있지 않은 점이 제1단백질과는 다르다. 또 제1단백질에는 함유되어 있지 않은 시스테인이 풍부하게 함유되어 있는 점도 특징이라 할 수 있다. 일본의 이노우에 등은 제2단백질이 상피성 세포성장인자(epiderma1 growth factor, EGF)라 부르는 세포증식 인자와 아주 유사한 배열이 11회 반복된 구조로 되어 있다는 사실을 밝혔다.

상피성 세포성장인자 EGF 같은 구조는 세포 간의 전달(communication)을 통합하는 세포 외 세포 간질(matrix) 단백질 등에도 함유되어 있는 것으로 알려져 있지만 족사와 같은 생체 외의 조직성분에서 발견된 것은 이 족사 제2단백질이 최초였다. 이 제2단백질은 면반의 기본구조를 만들고 있는 단백질이라고 생각되지만 분자의 끝에 제1단백질과 공통의 배열을 갖고 있어 유사한 기작으로 불용화하고 있을 가능성이 높다. 또 제1단백질과도 결합하여 합쳐질지도 모른다.

더구나 최근 분자량이 약 6,000달톤 정도의 제3단백질도 발견되었다. 이 단백질도 역시 아미노산 배열 중에 도파를 함유하고 있지만 이외에 하이드록시아르기닌(아르기닌에 수산기가 첨가된 아미노산)이라는 희귀한 아미노산이 배열 중에 풍부하게 함유되어 있다. 또 이 제3의 단백질에는 다수의 아주 유사한 단백질이 존재하여 단백질과(protein family)를 형성하고 있는 것이 시사되고 있다. 이 단백질은 역시 면반에 존재하여 접착에 중요한 역할을 하고 있다고 생각되지만 상세한 것에 대해서는 아직 밝혀져 있지 않다.

유전자 공학으로 접착 단백질을 만든다

단백질의 성질과 입체구조를 밝히는 데는 무엇보다도 단백질 그 자체를 정제하여 조사할 필요가 있지만 굳어서 녹지 않게 된 접착단백질의 경우는 정제와 분석에 상당히 많은 시간이 걸린다. 그렇지만 최근에는 유전자 해석 기술이 발달하였기 때문에 단백질의 배열을 일부라도 알면 유전자 클로닝을 하여 신속히 전체 배열을 해명할 수 있게 되었다.

실제로 진주담치의 제1단백질의 전체 배열을 해명하는 데 요하는 시간은 약 반년이며, 제2, 제3단백질에 대해서는 각각 2~3개월에 걸쳐서 유전자를 분리하여 배열을 결정할 수 있다. 유전자 클로닝은 이미 단백질을 연구하기 위한 필수 기술이 되고 있다. 유전자 클로닝의 이점은 단지 배열결정이 효율적으로 될 수 있는 것만은 아니다. 클로닝한 유전자는 미생물과 배양세포에 넣어져 단백질을 만들 수 있기 때문이다.

미국의 제네틱 회사의 연구그룹은 효모에 제1단백질 유전자의 일부를 도입하여 발현시켰다. 만들어진 재조합 단백질은 그대로는 접착단백질을 얻을 수 없지만 이들은 양송이와 세균(박테리아)에서 분리·정제한 카테콜 산화효소를 재조합 단백질에 작용시킴으로써 접착활성이 얻어졌다고 보고한 바 있다. 얻어진 접착제가 천연의 제 1단백질과 같은 형태로 되어 있는지는 밝히지지 않았지만 적어도 접착력이 있는 단백질을 재조합으로 생산할 수 있어 접착단백질의 대량 생산의 가능성이 나타났기 때문이다.

앞으로 족에 있어서 족사가 합성될 때에 일어나는 모든 반응과 그들 반응을 촉매하는 효소를 밝힐 수 있으면 천연형과 똑같은 접착단백질을 생산할 수 있게 될 것이다. 더구나 접착단백질 유전자의 배열을 재조합 DNA의 수법으로 개량하여 보다 강력한 접착단백질을 만드는 것도 꿈만은 아닐 것이다.

포항공대 차용준 교수 연구팀은 진주담치 유래 생체접착소재의 실용화를 위해 분자생명공학적 생산 기술을 활용하여 진주담치에서 유래하는 접착단백질의 유전자를 분리하고 이를 이용한 새로운 형태의 하이브리드 생체접착소재 개발을 시도하여 수중접착제로써 활용할 수 있는 결과를 얻은 바 있다

그림 35-3에서 보듯이 진주담치 접착단백질의 유전공학적인 생산을 위해서는 먼저 유전자 클로닝(cloning)을 통하여 진주담치 접착단백질을 발현(expression)할 수 있는 재조합 미생물을 제작하여야 한다. 이를 위하여 먼저 진주담치의 발(foot)로부터 진주담치 접착단백질을 코딩(coding)하는 유전자(gene)를 찾아내어 PCR(polymerase chainreaction)을 통하여 유전자를 증폭한 후 이를 DNA의 특정 부위를 인식하여 절단

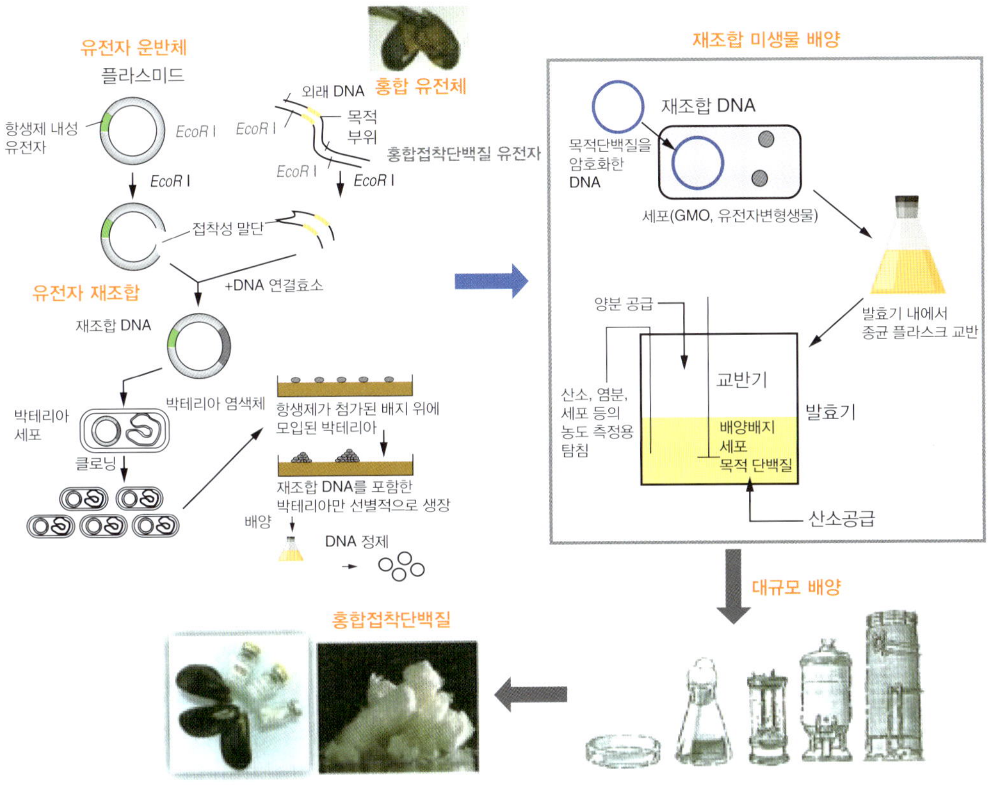

그림 35-3. 진주담치(홍합)의 접착단백질 생산공정.

할 수 있는 제한효소(restriction endonuclease)로 절단하여 유전자 운반체인 플라스미드(plasmid: 숙주균으로서 세균의 염색체와는 독립되어 균체 내에 자립적으로 자가증식하는 유전물질)로에 넣어 재조합 플라스미드를 만든다. 만들어진 재조합 플라스미드는 생산 균주인 대장균에 형질전환(transformation)하여 재조합 미생물을 제작한다. 제작된 재조합 미생물로부터 진주담치 접착단백질을 생산하기 위하여 산소, 양분 등이 공급되는 발효기(fermentor)에서 배양하면서 단백질의 발현을 유도(induction)한다.

진주담치 접착단백질이 세포질(cytoplasm)에 발현된 재조합 미생물을 파쇄하여 단백질을 분리정제하고 최종적으로 동결건조(freeze drying)함으로써 진주담치 접착단백질 파우더를 얻는다. 실제적인 생산을 위해서는 규모가 큰 발효기를 순차적으로 사용하여 대규모 배양을 수행함으로써 재조합 진주담치 접착단백질을 대량 생산할 수 있다.

한편, 미생물에 의한 재조합 기술로 생산하는 방법 외에 배양세포를 사용한 단백질 생산이 고려되고 있다. 미생물을 사용한 재조합 생산과 마찬가지로 족사단백질의 유전자를 세포에 도입하여 발현시키는 것도 가능하다. 원래 족사단백질을 생산하고 있는 진주담치의 족 세포를 배양하여 천연형의 족사 단백질을 만들어 낼 수도 있다.

앞으로 수중에서 접착할 수 있는 접착제가 만들어져 실용화된다면 수중에서의 건축뿐만 아니라 치과 및 외과 의료현장에서의 활용도 기대해 볼 수 있을 것이다.

36 문어 빨판 닮은 접착 패치 개발

문어과에는 문어, 낙지, 주꾸미가 있는데 문어의 외형은 오징어와 같지만 다리는 오징어에 비해 2개가 적은 8개이며 몸집이 크다. 문어는 펄과 모래가 섞인 연안에서 서식하며 봄에는 갯벌 조간대의 펄이 섞인 모래 퇴적물에 굴을 파고 살다가 가을이 되면 깊은 수심에 들어가 펄 모래 속에 숨는다. 문어는 지역에 따라 문어, 참문어, 대문어, 물문어, 피문어, 수문어, 왜문어라고 불린다.

동해안에서 주로 잡히는 문어는 몸집이 매우 큰 대문어로 보통 10kg 이상이며, 가장 큰 것은 30kg 가까이 나가며 그 길이는 3m에 이르며 수명이 8년 정도이다. 대문어는 살이 연해서 물문어라 부르기도 하며 건조된 다리는 제사에 사용되기도 한다. 참문어는 수온이 높은 남해안에서 주로 서식하며 왜문어로 불릴 만큼 크기가 최대 60cm 정도로 작으며, 수명은 2년 정도이다.

문어는 우리나라 전 연안, 특히 남해안에서 많이 서식하며 연안 저서동물(바다 밑바닥에서 주로 생활하는 수산 동물)로서 낮에는 잠복해 다가 밤에 활동하며 게, 새우 및 패류를 잡아먹는다. 문어는 포식자의 공격을 피하기 위해 신경자극을 통해 피부에 퍼져 있는 색소주머니를 수축 및 이완시켜 주변 색과 동일하게 체색을 변화시키는 위장술의 귀재이다. 문어가 가진 8개의 다리 중에서 1개는 다른 다리에 비해 짧고 가늘며 끝 부분에 빨판이 없는데 이를 생식팔 혹은 교잡 팔이라고 한다. 수놈은 생식팔을 이용해서 외투막 속의 정협(정자를 담고 있는 기다린 통)을 꺼내 암놈의 체내로 집어넣는다. 정협은 암놈의 몸속에서 녹으면서 정자를 내보내고 수정을 한다. 짝짓기를 마친 수놈은 아무것도 먹지 않고 쇠약해져 죽으며, 암컷은 수만 개의 알을 바위에 붙여 알을 노리는 적을 몰아내려고 쉴 새 없이 물 흐름을 일으켜 알에 신선한 산소도 공급한다. 정성을 다해서 알을 보호하는 암컷은 새끼가 부화하고 나면 힘을 잃고 죽는다.

우리나라 의학고서인 「동의보감」에서는 문어(팔조어)는 맛이 달고 독이 없다고 기재되어 있으며, 뱃속에 있는 물질은 종기를 치료하는 데 사용하고 물에 개어 바르면 피부병에 일종인 단독(erysipelas: 피부 점액질 막에 염증을 동반하는 만성적인 감염성 질병)에 효과가 있다고 하였다. 「동북동물약」과 「광서약용동물」에서는 문어과 생물을 보기(보약을 먹어서 원기를 도움), 양혈(nourishing blood), 통경(월경통), 하유(유즙분비)에 사용하며 임산부의 유즙의 부족을 치료한다. 「규합총서」에서는 문어 알은 머리, 배, 보혈에 귀한 약이므로 구토나 설사치료에 효과적이라 하였으며, 특히 쇠고기를 먹고 체했을 경우에는 문어 대가리를 고아서 먹으면 된다고 하였다. 참문어는 다른 한약제와 함께 달여 청혈제(피의 성분을 맑게 하는 약제)로 사용하며 시골에서는 어린아이들이 배앓이를 할 때 고아서 먹였다.

문어과에 속하는 낙지는 체형이 비교적 크며, 긴 타원형의 몸통을 가졌다. 표면은 매끄러우며 무늬가 없거나 때로는 주름이 있다. 다리의 길이는 고르지 않아 제일 긴 한 쌍과 제일 짧은 한 쌍의 길이는 약 2배 차이가 난다. 각 다리줄기마다 두 줄의 흡반(sucker)이 있으며 체색은 적색이다.

알려진 바와 같이, 문어의 빨판은 거친 표면에 점착을 돕는 상부부분 돌출된 부분이 존재한다(그림 36-1 a와 b).

얼마 전 성균관대 방창현 교수팀은 이러한 문어 빨판 내부의 미세 돌기구조의 역할을 규명하고, 이를 모방한 접착 패치를 처음으로 개발했다. 구체적으로, 연구진은 문어의 흡반 안의 미세돌기가 점착과정에서 점착에 방해가 되는 부유물과 물을 쉽게 밖으로 밀어내며 흡착컵 내부에 남은 물을 최소화함으로써 효과적으로 부압(negative pressure: 대기압보다 낮은 압력으로 진공상태를 나타내는 데 쓰임)을 높이는 역할을 한다는 것을 밝혀냈다.

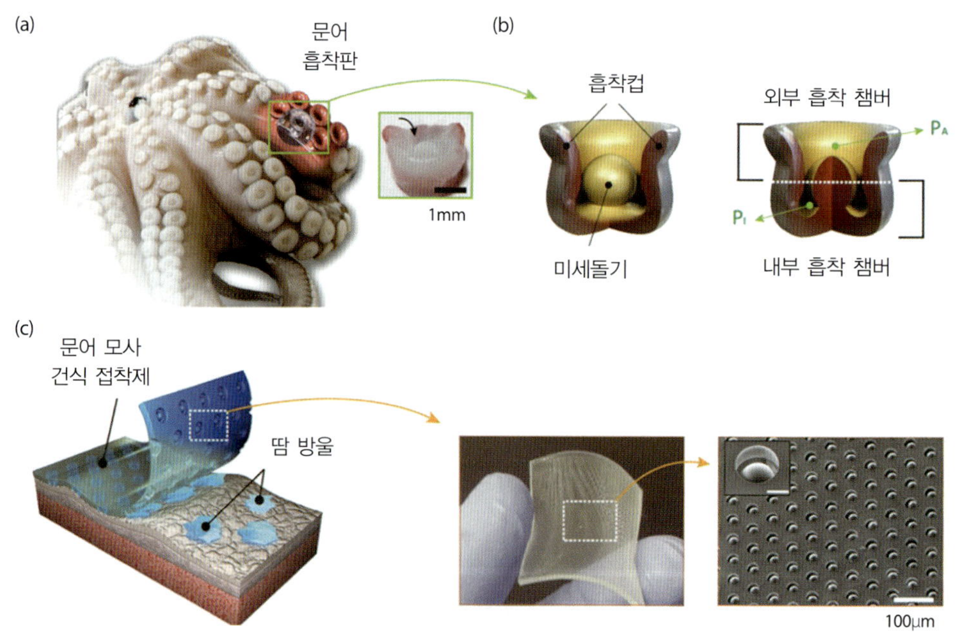

그림 36-1. 문어 빨판 구조 및 이를 모사한 점착 소재.

구체적으로 3차원 흡반의 원리를 살펴보면 아래와 같다. 문어 흡반을 자세히 살펴보면 돔 구조와 같은 미세한 돌기가 있다(그림 36-1 a와 b). 마치 컵 안에 공을 하나 넣어 둔 것과 흡사하다. 연구진은 형광 공초점 현미경(Confocal microscopy: 3차원 영상을 얻을 수 있는 명암비와 분해능을 높인 현미경) 관찰을 통해 빨판을 물체에 대고 누르면 빨판 표면의 수분을 옆으로 밀어 내고 그 중 일부는 돌기 옆의 공간을 통해 안쪽으로 올라간다는 사실을 알아냈다(그림 36-3). 빨판에서 힘을 빼면 돌기와 물체 사이에 수분이 있던 공간이

(a) 문어 모사 패치의 점착 성능

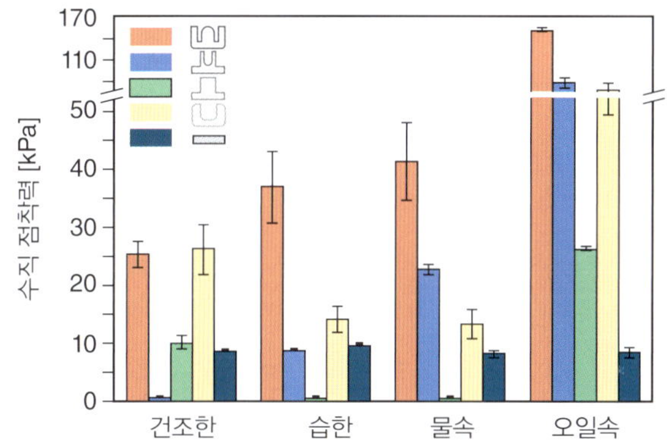

(b) 패치 탈부착 후 표면 오염도

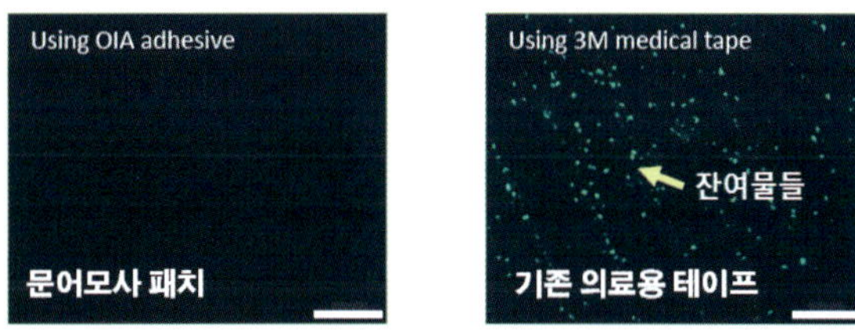

(c) 웨이퍼 고정/이송 장치

그림 36-2. 문어빨판 모사 점착소재의 성능 및 응용.

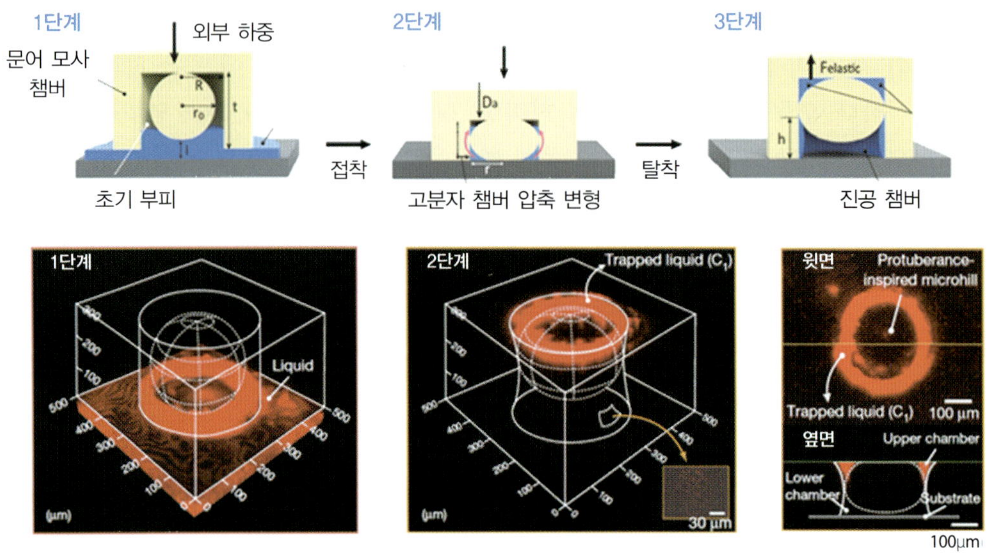

그림 36-3. 문어 흡반 안의 미세돌기 모사 및 원리.

탄성 고분자의 복원력에 의해 진공상태인 빈 공간이 생기면서 흡입력이 발생한다. 연구진은 9cm^2 넓이 고무 기판에 문어를 모사한 지름 0.1mm 정도의 흡반 약 5만 개를 규칙적으로 배열하였다(그림 36-1 c). 문어의 3차원 미세구조를 띤 접착 패치는 1만 번 이상 물체에 붙였다 떼도 점착력을 유지했다. 또한 문어를 모사한 빨판은 젖은 곳에서도 점착력이 강하고 별도의 접착제가 필요 없어 물체 표면에 자국을 남기지 않았다.

또한 연구진은 문어의 흡반 안의 미세돌기를 모방하여, 화학 접착제 없이 문어빨판 흡반의 형태 변화와 같이 물속이나 젖은 표면에서 물체에 강하게 달라붙을 수 있는 점착 패치 소재를 개발하였다. 문어를 모사한 점착소재는 반복적인 사용이 가능하며 떼어낸 후에도 오염물질이 남지 않는 장점이 있다. 이 점착소재는 건조한 표면, 물방울이 맺힌 습한 유리표면, 물속의 유리표면 및 실리콘오일 속의 유리표면에 높은 수직점착력을 가졌다(그림 36-2 a와b). 기존에 개발된 점/접착제들은 대부분 아크릴계(아크릴산 및 그 유도체의 중합으로 만들어진 물질)의 화학물질 점착소재를 이용하여 점착(adhesion)을 구현하는데 이러한 화합물 기반의 점착제는 물속 그리고 젖은 표면에서 접착력이 급격하게 저하되는 문제점이 있거나, 깨끗한 환경을 요구하는 표면에 오염물을 남기거나 손상시키는 한계점이 존재하였다. 또한 습한 환경에서 반복적으로 탈부착이 어려웠다. 하지만 문어 모사 점착소재는 이러한 문제점에 대한 해결책을 제시해 주었다.

이와 같이 자연의 시스템을 모방하여 삶을 윤택하게 하는 생체모방공학은 나노 크기의 구조물을 제작하는 공정개발 기술의 발달과 함께 여러 생물의 표면에 존재하는 진화된 미세구조를 모방하여 다양한 기능성을 갖는 표면 및 계면 기술의 혁신을 가져오고 있다. 이중에서도 생체모방을 통하여 화학접착제를 사용하지 않고 문어의 빨판 흡착효과를 이용하여 표면에 부착하는 미세 구조물의 기반 계면기술의 개발은 높은 잠재력이 있다. 이러한 신개념 점착소재는 젖은 표면에 부착이 가능하며, 정밀 전자 산업분야에서 디바이스 기판, 디스플레이 패널, 외부 액정들을 조립할 수 있는 접합 기술을 개선시킬 수 있다. 또한 반도체 산업에서 사용하는 실리콘 웨이퍼, 정밀소자 기판 등의 제작과정에서 습식공정 환경에서의 효과적인 운반 장치로도 응용될 수 있다(그림 36-2 c). 나아가, 헬스케어용으로 착용할 수 있는 장치(device)에 융합시킴으로써 신체부착, 생체이식형 소자의 고성능 진단 및 세포조직공학과 결합된 고효율 치료에도 응용될 것으로 기대된다. 이와 같이 해양 생물이 갖고 있는 특수한 기능을 모방하여 상용화에 성공한다면 높은 경제효과를 이루어낼 수 있을 것이다.

37 홍합도 약이 된다

우리나라에서 생산되고 있는 담치류에 속하는 종류는 담치, 홍합(진주담치), 회색 담치 등이 있다. 이 가운데 산업적인 가치가 가장 큰 것이 홍합이다. 원래 홍합은 한해성(한대 지방의 바다에 적합한 성질) 패류로써 우리나라 동해안 북부 연안에 많이 살고 있었으나 번식력이 강해 현재는 우리나라 전역에서 볼 수 있다.

옛부터 식용으로 이용해 온 종류는 담치였지만 1958년경부터 굴 수하양식이 보급되면서 굴 수하연에 부착하여 번식하게 되었고 이때부터 굴 양식의 해적 생물로 취급되었다. 그 후 생산량이 많아지면서 식용으로 이용되었을 뿐만 아니라 수출도 되어 중요한 양식종이 되었다.

천연산 대형 홍합은 일반적으로 국내에서 값 비싸게 소비되고 또한 전통적인 가공품인 홍합 자건품의 가공원료로도 인기가 있다. 소형 홍합도 국내에서 자건품으로 가공은 되지만 주로 냉동품과 통조림으로 가공되어 수출되고 있다.

홍합은 번식력이 강하고 양식하기가 비교적 쉽기 때문에 내만이나 내해뿐만 아니라 간석지에서도 양식할 수 있어 천해(shallow sea)를 개발하는 데 알맞은 양식종으로 알려져 있다.

[홍합]

홍합은 자웅이체(dioecism: 암수딴몸)이고 탈각하였을 때 육의 색깔로 암수를 구별할 수 있으며, 서식환경을 보면 담치가 홍합보다 염분농도가 약간 높고 조류가 빠른 암초 같은 곳에 서식하는 것으로 알려졌다.

홍합의 육성분을 보면 단백질(12.8%)과 지질(2.4%)의 함량이 많고 각종 스테롤류를 함유하고 있는데 스테롤류 중에서 콜레스테롤이 약 1/3을 차지하며 비타민 D 전구체 함량도 많다.

홍합은 따뜻한 성질을 지닌 패류로서 몸의 허약함을 보하고 기운을 증가시키며, 내장을 조절하여 소화기능을 촉진하고 각기병(beriberi: 비타민 B 의 결핍으로 인한 질병)을 치료하며 배의 냉기를 몰아내 양기를 증강시키는 보양효능이 있는 것으로 의약고서인「본초강목」에 기록되어 있다. 옛부터 홍합의 육질을 건조하여 약으로 사용되었으며 주로 임질, 성교불능(impotence), 빈혈, 당뇨병, 감상성종, 현기증, 요통, 토혈, 자궁출현, 대하증 및 오장을 보하고 정력을 왕성하게 하며, 남성의 만성 이질의 치료에도 사용되었다고 한다.

관절염 개선 효과

관절염 환자가 해마다 늘고 있다. 국민건강보험공단 통계에 따르면 2011년 관절염으로 병원을 찾은 사람은 408만 2,690명이었지만 2013년에는 430만 1,837명, 2015년에는 449만 1,909명으로 4년간 꾸준히 증가했다. 지난해 건강보험심사 평가원의 설문조사에서는 관절염이 "발생할까봐 걱정되는 질환" 2위에 꼽혔다. 많은 사람들은 관절염을 걱정하는 이유는 "통증" 때문이다.

중장년층이 많이 앓고 있는 퇴행성 관절염의 경우 통증이 심해 밤에 제대로 잠들지 못하거나 걷기 같은 일상생활이 힘들어져 우울증이 오기도 한다.

초기 퇴행성 관절염이라면 통증이 크지 않다. 그러나 관절염이 진행되면 가만히 있어도 무릎이 시리고 아프다. 움직일 때 마다 관절에서 "딱"하는 소리가 난다. 통증이 심하면 보행이나 계단 이용을 꺼리게 돼 일상생활이 힘들어진다.

초기에 통증이 크지 않는 이유는 관절 뼈 끝을 둘러싸고 있는 연골에 신경이 없기 때문이다. 연골은 조금 닳아도 신경이 없어 큰 통증을 느끼지 못한다. 과도한 사용이나 노화로 연골이 닳아 뼈 부분이 노출되면 움직일 때 뼈끼리 부딪혀 통증이 생긴다. 뼈끼리 계속 부딪히면 근처 조직에 염증반응이 나타나 관절염으로 발전하고 통증은 더 심해진다.

연골은 한 번 손상되면 스스로 회복이 잘되지 않는다. 연골에는 세포에 영양을 공급해주는 혈관이 없어 세포재생이 어렵다. 퇴행성 관절염이 있다면 더 진행되기 전에 적절한 운동, 생활습관 교정, 약물 등으로 관리해야 한다.

항염 작용을 하는 성분이든 건강 기능성 식품 섭취도 통증 감소에 도움이 된다. 초록입홍합에서 추출한 오일을 7개 대학병원에서 40~75세 퇴행성 관절염 환자 54명을 대상으로 8주간 섭취시킨 결과 평균 83.7% 개선되었다고 한다. 초록입 홍합추출 오일은 체내의 염증 유발물질인 "류코트리엔(leukotrien)" 생성을 막아 관절에 생기는 염증반응을 억제해주는 것으로 밝혀졌다.

수면효과 증진

잠을 적게 자는 사람들의 낮 증상들에 대한 연구 분석에 의하면 일반인들의 8.3%는 하루 5시간 이하로 잠을 잔다. 잠을 5시간 이하로 자면 7시간 이상 자는 사람들보다 낮에 졸림증(4.7배)이 많이 나타나고 더 피곤하며(8.5배), 인지 기능의 문제(6.6배)들과 기분의 변화와 불안, 우울(5.7배)이 심하게 나타나고 불면증(6.2배)과 수면 무호흡증(3.1배)이 더 많이 나타난다.

잠을 자는 것은 단순히 휴식을 위해 필요한 게 아니다. 자는 동안 뇌파가 수시로 변하면서 에너지 생성, 기억력 강하 등 중요한 일들이 이루어진다. 이 과정이 순조롭게 진행되어야만 신체적, 정신적으로 건강하게 지낼 수 있다. 자는 동안 우리 몸속에서 일어나는 변화 및 수면의 역할을 살펴보면, 수면은 뇌파의 변화에 따라 크게 비렘(non-REM) 수면과 렘(REM) 수면으로 나뉜다. 비렘은 수면의 길이에 따라 1~3단계로 구분된다.

비렘 1단계(잠들기 위한 과정): 깬 것과 잠든 것의 중간 상태로 잠자리에 든 후 처음 10분 정도가 1단계이다. 높은 곳에서 떨어지거나 불빛이 번쩍이는 느낌이 들어 깨는 것은 주로 이때 일어나는 일이다. 1단계가 차지하는 시간이 길어지면 같은 시간을 잤어도 '푹잤다'는 느낌이 덜 든다.

비렘 2단계(단순 기억 저장): 얕은 잠으로 하루 동안 받아들인 단편적인 정보들을 기억하기

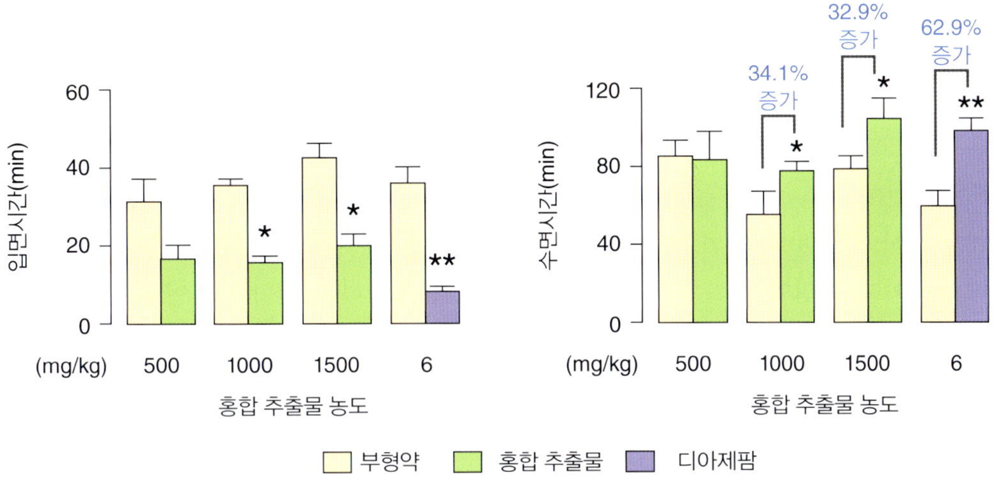

그림 37-1. 동물 모델에서 홍합추출물의 수면 유도 효과.

위해 꼭 필요하다. 전체 수면시간의 45~50%를 차지한다.

비렘 3단계(피로 회복): 피로 회복을 위해 반드시 필요하다. 느린 뇌파(서파, slow wave) 가 나와서 깊은 잠을 자는 단계로 전체 수면 시간의 13~23%다. 이때 근육이 서서히 이완되며, 고갈된 에너지가 다시 생성되고 세포 재생에 필요한 성장 호르몬이 분비된다. 외부 자극 때문에 잠에서 계속 깨어 1~2단계만 반복하면 아무리 많이 자도 피로가 풀리지 않는다. 한번 잠들고 난 후에는 오랫동안 깨지 않고 푹 자야 하는 이유이다.

렘(기억의 통합): 나이 들면 왜 오래 못잘까? 노화로 인한 신체적 변화가 다양하다. 나이가 들면 잠도 변한다. 초저녁잠이 많고 새벽잠이 적어진다. 잠이 오는 시간대가 앞당겨지는 것은 잠이 오는 시점을 조정하는 생체 시계의 주기가 짧아지기 때문이다. 한편 잠 오는 시간이 당겨졌더라도 길게 잘 수 있다면 새벽에 깨어서 다시 잠들기 힘든 어려움을 겪는 일이 없을 것이다. 그런데 노인은 잠을 길게 자지 못한다.

그 이유로 첫째, 비렘 수면과 렘수면은 90분을 주기로 반복되지만 나이가 들면서 비렘 수면이 줄고 렘수면이 늘어난다. 즉, 깊은 잠이 줄어들기 때문이다. 소아 청소년기에는 성장 호르몬이 분비되는 깊은 잠인 서파 수면의 비율이 높다, 얕은 잠을 자고 수시로 깨어서 몸을 뒤척인다. 그러다가 완전히 깨게 된다. 둘째, 노인은 낮잠이 많다. 5세 미만의 소아는 하루 두 번 잠을 자다가 성인이 되면 밤에만 길게 잠을 잔다. 그러다 55세 이후가 되면 낮에도 졸음을 자주 느끼고 낮잠을 자기 때문에 밤에 깊은 잠을 자기 힘들다.

수면은 뇌가 조절한다. 뇌 속에는 잠을 오게 하고 깨게 하는 일을 담당하는 수면 중추가 있다. 나이가 들면서 이 수면 중추를 구성하는 세포들이 파괴된다. 그래서 잠을 오게 하는 신호를 강하고 지속적으로 만들어 내지 못한다. 또 노화는 수면 유도 호르몬인 멜라토닌(melatonin) 분비를 감소시킨다. 노인의 멜라토닌은 소아의 5분의 1도 안 될 정도로 적다.

셋째, 나이가 들면 여러 가지 신체적, 정신적 질환이 늘어난다. 불면증의 가장 흔한 원인이 통증이다. 노인에게서는 관절염과 같은 통증을 동반하는 만성 질환이 많다. 또 고혈압, 당뇨 등으로 여러 가지 약물을 복용하는데 이들 약물(혈압약, 항우울제 등)이 불면증을 유발하기도 한다. 수면 중에 호흡이 멈추면서 얕은 잠을 자게 하는 수면 무호흡증과 자기 전에 하지 불편감으로 잠들기 힘든 하지 불안 증후군 등도 나이가 들면서 늘어나는 질환이다.

한편, 노인이 되면서 생기는 정서적 변화로 인한 우울감, 불안감과 같은 정신적인 문제도 수면 장애의 종요한 원인이다. 노인의 수면 장애는 노화에 따른 생리적 변화에 의한 것도 있고 내과적 질환 그리고 수면 질환에 의한 것도 있으므로 지속되면 전문적인 도움을 받아야 한다. 불면증을 방치하면 만성 피로, 건망증 등을 겪을 수 있으므로 정상적인 수면을 돕는 생활 습관을 실천해야 한다. 가장 이상적인 수면 시간은 7시간 30분이다.

필자는 수면 진정용 소재 개발을 위하여 국내에서 많이 소비되고 있는 패류인 동죽, 개조개, 가리비, 고둥, 바지락, 키조개, 백합, 꼬막, 가무락, 홍합 등 10종을 선정하여 이들의 수면 진정 유도효과를 비교해 보았다. 10종의 후보 소재를 체중 kg당 1,000mg을 마우스에 경구 투여한 후 수면 진정 유도 효과를 측정 해본 결과, 홍합 추출물에서 잠이 들기 시작하는 입면 시간(sleep latency)을 줄이는 반면, 숙면인 수면 시간(sleep duration)은 증가되어 가장 좋은 수면 진정 유도 효과가 있는 것을 확인할 수 있었다.

또한 수면 유도 실험의 일종인 펜토바르비탈(pentobarbital: 진정 및 수면제로 사용) 실험을 통해 시중에 판매되고 있는 수면제 디아제팜(diazepam)과 홍합 추출물의 수면 효과 증진을 비교한 결과, 홍합 추출물의 농도가 증가할수록 잠이 들기 시작하는 입면 시간이 감소하였고, 수면 시간은 홍합 추출물 kg당 1000mg에서 34% 증가하였다(그림 37-1). 이러한 결과를 통해 홍합 추출물이 디아제팜과 유사한 수면 유도 효과가 있음을 확인할 수 있었다.

동물 실험을 통하여 얻은 결과를 토대로 수행한 인체적용 수면 다원 검사(poly sonography) 결과에서도 홍합 추출물을 이용했을 때 숙면의 척도인 3단계 수면 시간 증가와 잠이 든 후 뇌파가 각성된 시간을 합친 값인 WASO(wake after sleep onset)가 향상되어 수면 효과를 증진시킴을 확인하였다(표 37-1).

표 37-1. 피험자들의 수면 다원 검사.

	위약		홍합 추출물	
	복용 전	복용 후	복용 전	복용 후
수면 3단계	2.3±4.5	1.4±2.8	2.4±3.5	4.7±3.6
잠이 든 후에 뇌파가 각성된 시간을 합친 값 (WASO)	103.3±59.6	61.8±34.8	65.6±79.7	67.0±94.4

국내 패류 중 홍합은 생산량이 높고 단가가 저렴하여 식품으로 자주 애용하고 있으며, 국민 식생활과 밀접한 관련이 많을 뿐만 아니라 관절염이나 수면증진 효과도 밝혀져 새로운 기능성 식품으로 가치가 있다고 여겨진다.

38 기능성 화장품 소재로서의 해양 생물

우리나라에는 한방을 중심으로 여러 가지 전승요법, 민간요법이 존재하였지만 그 대부분은 육상 식물성분을 주로 이용하였으며 해양으로부터 유래된 성분의 이용은 매우 적었다. 전승요법으로 이용되고 있는 소재를 많이 취급하는 화장품 원료에 있어서도 마찬가지이다.

한편, 유럽에서는 해조, 해수, 바다진흙 등 해양에서 얻은 성분을 이용한 전통적 해양요법이 있으며, 이는 탈라소테라피(thalassotherapy)라고 일컬어지고 있다.

최근에는 탈라소테라피가 우리나라에도 소개되어 여성을 중심으로 해양성분에 대한 관심이 높아지고 있다. 게다가 광우병(bovine spongiform encephalopathy, BSE) 문제를 계기로 육상 포유류에서 얻어지는 콜라겐 같은 원료를 기피하는 경향이 있어 그 대체원료로 해양 생물의 성분에 대한 관심이 높아지고 있다.

화장품이란 사람의 신체를 청결하게 하고 아름답게 하며 매력을 높이고 용안을 변화시키기 위해 또는 모발을 부드럽게 유지하기 위해 신체에 도포, 산포 그 외에 이들과 유사한 방법으로 사용되는 것을 목적으로 하는 물질로서 인체에 대한 작용이 완화된 것을 말한다. 즉 화장품은 온화한 작용이 있어 장기적으로 계속 사용하여 피부나 모발의 상태를 개선하는 것이 목적이며 의약품과 같이 강한 효과가 있는 것은 아니다. 이와 같은 온화한 효과 외에 소재가 화장품에 잘 어울려야 하며 이미지가 좋아야 하는 점 등이 화장품 원료로 매력적인 요소이고 중요한 포인트가 된다. 게다가 화장품은 직접 피부에 도포시키는 것이므로 피부에 대한 안전성이 양호해야 한다.

해조류를 중심으로 한 해양 생물 성분은 화장품의 효과와 연관성 측면에서 상기한 조건을 만족시키므로 화장품용 소재로 우수하다고 생각된다.

현재 해양 유래 성분을 화장품 소재로서 활용되고 있는 것을 표 38-1에 나타내었다.

천연물 추출 또는 바이오공정을 통해 얻은 피부 친화적 생체분자를 함유하여 피부노화 방지, 미백 등의 기능성을 강조시킨 화장품을 기능성 바이오 화장품이라고 할 수 있으며, 미용위주의 화학 화장품과 달리 기능성이 추가되어 화장품(cosmetic)과 의약품(pharmaceuticals)의 합성어로 약품화장품(cosmeceuticals)으로도 불린다.

화장품의 7대 기능으로 피부보습, 항산화, 자외선 보호, 주름개선, 미백, 여드름 방지, 발모 및 방향효과를 들 수 있으며 최근에는 먹는 화장품(nutricosmetics)이 등장하면서 식

표 38-1. 해양 유래 화장품 원료.

명칭	원료	명칭	원료
알긴산 칼륨	갈조류	한천분말	우뭇가사리
알긴산 나트륨	갈조류	탈황규소산 알루미늄	바다진흙
알긴산 칼슘	갈조류	키틴	대게 및 붉은 대게(홍게)
알긴산프로필렌글리콜	갈조류	키토산	갑각류
알긴산황산나트륨	갈조류	생선비늘	갈치
오징어 먹물	오징어	클로렐라 엑기스	클로렐라
옆무니 바다뱀 지질	옆무니 바다뱀	숙시닐키토산	갑각류
해수 건조물	해수	스쿠알렌	상어
해조 추출물(엑기스)	갈조류, 홍조류, 녹조류	스쿠와란	심해상어류
가수분해 엑기스	오징어	수용성 콜라겐액	어류
굴엑기스	굴	칸카이얼린 파우더	진주조개
카르기난	홍조류	진주분말	조개
카르복실메틸키틴액	게류	히드록시에틸키토산액	갑각류
건조 클로렐라	클로렐라	히드록시플로필키토산액	갑각류

품과의 경계를 무너뜨리고 있는 실정이다. 이는 생명과학의 유전자 조작 및 바이오 공정기술의 발전, 천연 유용물질 자원 탐색 기술의 진보 등으로 바이오 화장품이 제약 및 식품 영역까지 확장세에 있다는 의미이다.

일본에서의 과거 10년간 화장품 특허 건수를 통해 해조, 해수 건조물 등 "바다"라고 하는 단어를 가진 화장품 성분이 청구항목에 포함되는 수를 조사한 결과, 2000년대부터 해양성분을 화장품으로 활용하려는 시도가 급격한 증가 추세에 있다. 이때부터 포유류와 조류(birds)에서 유래하는 원료를 기피하는 경향이 높아지기 시작하여 새로운 소재원으로의 해양성분이 주목받기 시작했다. 화장품 소재로 사용되는 종류는 해조류가 가장 많고 해수건조물(해염)과 바다진흙(sea mud)도 사용되고 있다.

그리고 해양 생물 원료별 효과와 작용에 대한 것을 표 38-2에 나타내었다. 해조에서 추출된 다당류는 지속적으로 밝혀지고 있는 기능성으로 인해 그 응용 분야가 넓으며, 한천, 알긴산, 카라기난, 키틴, 키토산 등이 그러하다.

표 38-2. 공개 특허로 본 해양 성분의 효과.

해조	스킨케어 화장품[보습, 피부틈방지, 히아루론산 생산촉진, 콜라겐 생산촉진, 섬유아세포 촉진효과, 엘라스틴 가수분해효소 저해, 항산화 등]
해수, 해염	입욕제(피부보습, 피부틈방지 개선 등) 스킨케어 화장품(미백효과, 피부보습, 피부틈방지)
바다진흙	세정제 팩제(보습효과, 피부 노폐물 제거효과 등) 스킨케어 화장품(보습효과, 미백효과 등) 헤어케어 화장품(매끈매끈한 사용감, 보습성)

그 중 알긴산(alginic acid)은 다시마, 미역, 모자반, 톳 등의 갈조류에서 점성을 나타내는 성분이다. 이 물질들은 현재 화장품에서 천연 증점제로 사용되고 있으며, 갈락토오스(galactose)와 무수갈락토오스(anhydrogalactose)로 구성된 산성 다당류인 카라기난(carrageenan)은 화장품의 안정제나 분산제로 사용되고 있다.

자외선 차단제: 우리가 살고 있는 지구는 태양계에 속해 있고, 지구에 살고 있는 인간은 태양광선의 영향 속에 있다고 할 수 있다. 태양이 없으면 지구상의 모든 생명체는 살아갈 수 없다. 따라서 태양광선은 인류의 생존에 없어서는 안 되는 중요한 인자(요인)이나 인간에게 많은 해를 가하는 것도 사실이다.

최근 들어 산업의 발달과 함께 환경오염이 심각해지면서 대기 중 오존층이 파괴됨에 따라 지표까지 도달하는 자외선량이 급속히 증가하고 있다. 태양광선의 유해성은 자외선에 의한 영향으로 설명될 수 있는 것이다.

오늘날 경제, 문화 수준이 향상됨에 따라 레저, 스포츠 활동이 많아지고 자외선 지수가 극히 높은 적도 부근 등을 여행하는 횟수가 늘어나는 등 자외선에 노출될 수 있는 기회가 많아짐에 따라 자외선이 인체에 미치는 영향에 대한 관심과 더불어 자외선을 차단하여 우리 몸(피부)을 보호하는 데 관심이 매우 높아지고 있다.

태양광선은 감마선, 엑스선, 자외선, 가시광선, 적외선, 라디오파 등으로 구성되어 있으며 이는 파장에 따라 각각 구별한다. 가시광선은 눈으로 볼 수 있는 광선으로 색깔을 띠고 있다. 비가 갠 다음 7가지 색깔의 무지개를 볼 수 있는데, 이것은 물방울 입자에 가시광선이 산란하여 우리 눈에 보이는 현상이다. 자외선을 가시광선의 자색보다 짧은 광선이란 의미에서 약어로 UV(ultra violet)라 하며, 파장이 긴 자외선 UV A(320~400nm), 파장이 중간인 자외선 UV B(280~320nm), 파장이 짧은 자외선 UV C(200~280nm)로 나뉜다.

UV A는 긴파장의 광선으로 에너지는 약하지만 유리를 통과하며 피부의 진피망 상층까지 침투하여 표피에 있는 엷은 색의 멜라닌 색소를 진한색의 멜라닌 색소로 변화시켜 흑화시키며 콜라겐과 엘라스틴을 변형시켜 탄력을 감소시킴으로써 피부 노화를 유발하고 광과민성 피부병의 발병에도 관여한다. 또한 UV A는 UV B와 달리 대부분이 안개나 창문유리를 통과하며 구름 낀 흐린 날에도 대부분이 지상에 도달하는 특징을 가지고 있다.

자외선이 피부에 도달하는 경우 UV B의 대부분이 표피에서 흡수되는 데 비해 UV A는 진피 깊숙이 침입하므로 장시간 노출 시 피부의 탄력이 소실되는 원인이 될 수 있다. UV B는 짧은 파장의 고에너지 광선으로 단시간에 표피와 진피 상부에 침투하여 피부 홍반, 일광화상(sunburn: 피부를 빨갛게 그을리는 현상), 화끈거림, 물집, 발진을 일으키며, 그로부터 수일 후에 멜라닌색소를 증가시켜 피부에 색소침착(suntan)을 일으킨다.

해조류로부터 자외선 차단제 개발

제주대 전유진 교수팀은 해조류 추출물에서 분리한 디에콜(dieckol)이 자외선 차단 효과가 우수한 것으로 나타나 동물 실험 및 임상검사를 통해 자외선 차단 효과를 확인한 바 있다.

사진 38-1의 (A)에서는 혈액의 림프구세포에 자외선을 처리하였더니 세포가 손상을 받아서 정상적인 구형형태의 세포에서 세포의 꼬리모양이 길게 나타나는 것을 볼 수 있다. 여기에 감태의 폴리페놀 추출물 중의 하나인 디에콜을 함께 처리해서 자외선을 조사하였더니 세포가 약간의 손상만을 입게 되어 디에콜(diekol)이 세포에 조사한 자외선을 차단한다는 사실을 알 수 있게 되었다. 또한 쥐를 대상으로 동물실험을 실시한 결과 사진 38-1의 (B)와 같이 해조에서 추출한 디에콜을 도포한 부위(물질도포)에서는 비도포군과 비교해서 자외선 조사에 의해 홍반이나 부종이 나타나지 않아 감태 추출물의 우수한 자외선 차단 기능을 입증하였다.

실제로 자외선 차단 시제품을 만들어 화장품 적용농도의 100~1,000배 농도가 될 수 있는 0.5~1%에서 인체 피부 일차 자극 실험을 수행한 결과, 최소 자극 범주에서 자극을

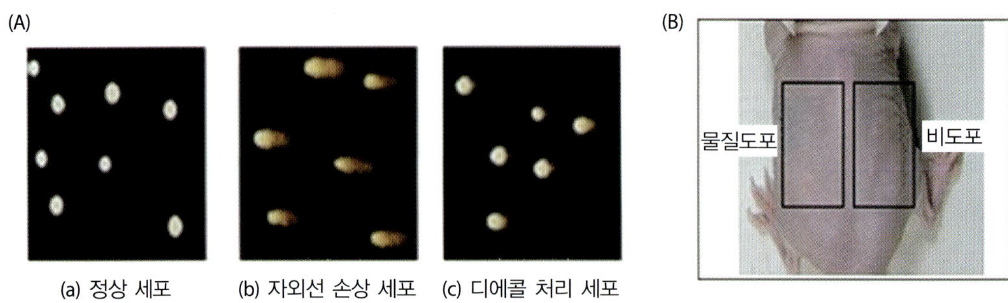

사진 38-1. 혈액 림프구 세포에서 자외선 처리에 의한 디에콜의 세포보호 효과(A)와 쥐를대상으로 하는 동물모델에서 디에콜의 자외선 차단 효과(B).

나타내었다. 다른 따가움, 가려움 같은 주관적 자극감도 수반하지 않았다. 이는 피부 적용 시 피부 자극을 나타내지 않는 아주 안전한 소재로서 사용할 수 있다는 것을 의미한다. 제품에 적용하였을 때에는 더욱 낮은 최소자극 이하의 자극을 나타낼 것으로 보여 효과가 좋고 피부에 안전한 차단제로서 활용가치가 클 것으로 보인다.

기존의 자외선 차단제는 화학적으로 합성한 것이며 자외선만을 차단하기 위해서 제조되어 일부 부작용을 호소하는 경우도 있으나 해조류에서 추출한 디에콜 자외선 차단제는 피부 친환경인 것과 동시에 미백과 피부의 항노화까지 다양한 기능을 한 번에 느낄 수 있는 신개념의 자외선 차단제로서 기능성 화장품 산업의 발전과 기존 기능성 화장품들과 차별화된 경쟁력 강화를 도모할 것으로 전망된다.

주름개선제: 주름은 일반적으로 잔주름과 큰주름으로 분류되는데, 잔주름은 표피성 주름이라고도 하며 표피의 건조에 의해 생기는 것이다. 따라서 이 주름은 보습, 장벽(barrier) 개선과 보다 깊은 관계가 있고, 눈가, 입주위, 얼굴에 나타나는 큰 주름은 표피기질(matrix) 및 기저막의 양적·질적 변화에 의한 것이다.

주된 진피세포막 기질은 콜라겐(교원섬유), 엘라스틴(강력섬유), 글리코사민글리칸(glycosaminoglycan, GAG)이다.

광에 노출된 피부에서는 진피기질의 대부분을 차지하는 콜라겐이 현저하게 감소하고 그 섬유다발이 흐트러지는 것으로 보고되어 있다. 이 점에서 진피콜라겐 양을 증가시키는 것이 주름개선 또는 방어에 유용하다고 생각된다. 콜라겐은 진피 섬유아세포(fibroblast: 섬유상 결합조직의 중요한 성분이 되는 세포)에 의해 생산되지만 치사량 이하의 저에너지량의 자외선(UVB) 조사에 의해 섬유아세포의 콜라겐 합성이 크게 저하되는 것으로 알려져 있다.

한편, 콜라겐을 분해하는 효소로서 섬유아세포 유래의 기질 금속단백질분해효소-1(matrix metalloproteinase-1, MMP-1)과 호중구(neutrophil: 혈중 백혈구의 60~70%를 차지하는 과립 백혈구의 일종) 유래의 세린계 단백질분해효소가 있다.

섬유아세포를 자외선에 노출시키면 MMP-1의 합성이 항진하여 염증부위에서는 호중구 유래의 콜라겐분해효소가 증가한다. 이와 같이 항진하는 콜라겐분해효소의 작용을 저하시키는 것도 진피콜라겐의 감소를 억제하기 위한 유효한 방법이 될 수 있다.

주름의 원인이 되는 조직변화는 자외선에 의한 산화 스트레스에 기인하는 것으로 알려져 있다. 사람의 진피 섬유아세포에 자외선(UVB)을 조사하면 콜라겐 합성이 현저히 저하된다. 크산틴(xanthine)-크산틴 산화효소(xanthine oxidase)에 의해 생성된 활성 산소종(O^{2-}, H_2O_2, ·OH)이 자외선과 마찬가지로 콜라겐 합성을 억제한다.

사람 섬유아세포에 자외선(UVB)을 조사하면 엘라스틴 합성이 항진하여 축적된다. 그러나 침착된 엘라스틴은 가교 변성되어 있어 분해효소에 저항하여 탄력 섬유로서의 정상적인 작용을 하지 못한다.

다음은 진피 기질 분해계에서 자외선 및 활성산소의 작용에 대하여 알아본다.

섬유아세포에 자외선(UVA)을 조사하면 주름형성에 관여하는 MMP-1의 유전자(mRNA)의 발현이 나타난다.

생체는 활성 산소종을 소거하기 위해 과산화물불균화효소(SOD), 카탈라아제(catalase)와 같은 항산화인자를 생산하지만 이들 생산량은 가령과 더불어 감소하게 된다. 이와 같이 진피기질 성분의 합성분해계의 변화에 의해 피부는 유연성을 잃고 주름이 형성된다.

모자반으로부터 주름개선제 개발

진피의 구성성분인 콜라겐과 엘라스틴 섬유는 자외선에 의해 분해되어 피부의 주름생성이나 탄력저하의 원인이 될 수 있다.

괭생이 모자반으로부터 분리된 물질에 자외선(UVA)을 조사하여 콜라겐 및 엘라스틴의 분해억제 효과를 검토한 결과, 그림 38-1에 나타난 바와 같이 대조군(control group: 실험 관찰을 평가하는 기준)은 자외선(UVA)으로 조사한 그룹으로 녹색형광을 띠는 콜라겐의 존

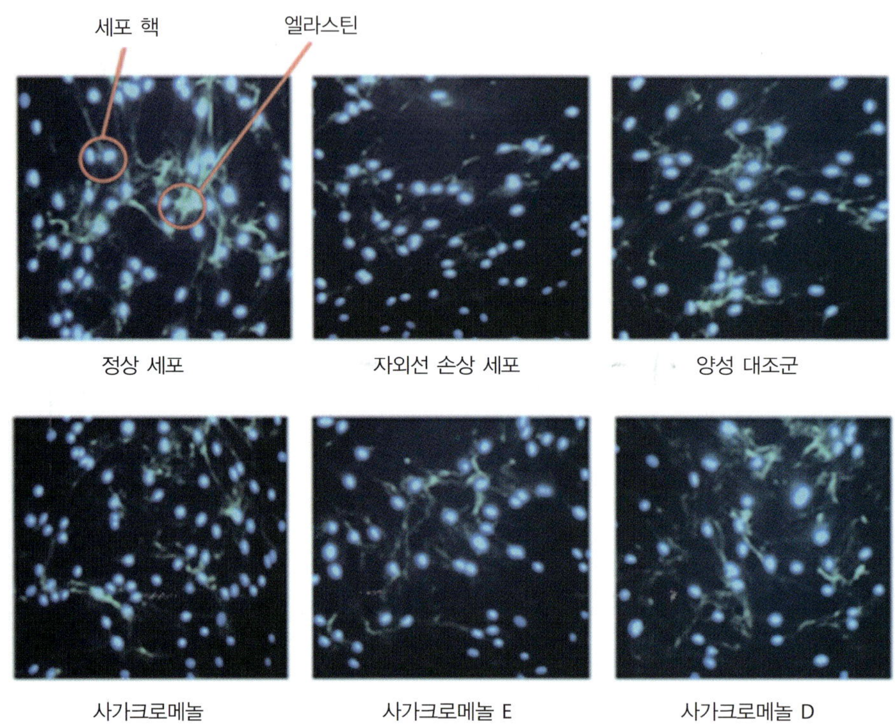

그림 38-1. 괭생이 모자반에서 분리된 사가크로메놀 화합물의 엘라스틴 분해 억제 효과.

재가 관찰이 어려웠으나 모자반 추출물로 처리한 경우는 콜라겐 및 엘라스틴의 자외선 손상을 저해하는 것을 확인하였다.

미이용 해양 생물 자원인 괭생이 모자반의 추출물은 천연물로서 피부에 부작용 없이 안전하고 자외선 차단효과뿐만 아니라 주름개선 효과도 있어 복합기능성 화장품 소재로서의 활용이 기대된다.

미백 화장품: 최근 들어 평균수명이 길어짐에 따라 안티에이징(anti-aging) 관련 상품 시장이 점점 확대되고 있는 추세인데, 화장품도 예외는 아니다. 미백 화장품은얼굴을 아름답게 유지하는 화장품으로서 인기가 높다. 이들 미백 화장품은 기미, 주근깨 등의 색소 침착, 자외선에 노출되면 피부의 색을 검게 하는 원인이 되는 멜라닌 생산이나 축적하는 메커니즘을 확인하는 연구를 통해 개발되고 있다.

화장품에서 미백이란 얼굴의 색을 특별히 희게 보이는 효과를 가리키는 것이 아니라 각 개인의 얼굴 본래의 색을 유지시키는 것을 말한다.

미백 화장품은 미백 효과를 나타내는 화장품이다. 햇빛에 타서 검게 되거나 노화 등에 의해 발생되는 기미나 주근깨 등의 색소 침착 발생을 방지하거나 발생된 것을 없애버려 피부 본래의 상태로 되돌리는 것이다. 따라서 미백 화장품에 배합된 미백제의 개발에는 색소침착의 발생기전을 이해할 필요가 있다. 이 발생기전에 기인한 미백평가 시험을 수립해야 유용한 신규 미백제의 개발이 가능하다.

피부는 햇빛을 받으면 왜 검게 변하는 것일까? 여름철에 피부색을 검게 만드는 주범은 자외선이다. 자외선이 피부 기저층(표피 중의 가장 안쪽 부분, 바깥부터 각질층 → 과립층 → 유극층 → 기저층)을 자극하면 티로신(tyrosine)이라는 아미노산이 산화된다. 산화된 티로신은 멜라닌 색소를 만들어내는 멜라닌세포의 연료로 쓰인다. 연료가 많아지기 때문에 멜라닌 색소도 많이 생성된다.

멜라닌 색소는 피부, 털, 눈 등에 존재하는 멜라닌 색소가 자외선이나 호르몬의 영향을 받아 만들어내는 색소다. 흑갈색을 띠며 멜라닌 색소의 양이 많을수록 피부색이 검다. 인종별로 피부색이 다른 이유는 멜라닌 세포의 크기와 멜라닌세포에서 만들어내는 멜라닌색소의 양이 다르기 때문이다.

기저층에 있던 멜라닌 색소는 시간이 지날수록 점점 각질층 쪽으로 올라온다. 각질층으로 완전히 올라오기까지는 시간이 좀 걸린다. 그래서 처음 햇빛에 노출되었을 때보다 시간이 어느 정도 지났을 때 피부가 더 검게 보이는 것이다.

멜라닌 색소는 인체에 무해하다. 오히려 암, 주름 등을 유발하는 자외선이 진피층까지 깊게 침투하는 것을 막는 역할을 한다. 그렇다고 햇빛을 지속적으로 받는 게 좋은 것은 아니다. 멜라닌 색소가 자외선을 차단하는 데에는 한계가 있어서 일정시간이 지나면 피부암이나 기미, 주름 같은 문제를 겪을 수 있기 때문이다.

한번 짙어진 피부색이 원래대로 돌아오려면 자외선 자극을 받지 않은 기저층 세포가 각질층까지 새로 올라와야 한다. 하지만 지속적으로 강한 자외선을 받으면 멜라닌 색소가 피부 표피층 전체에 퍼져서 피부색이 반영구적으로 짙어질 수 있다.

해조류로부터 미백 화장품 개발

필자는 20여 종의 해조류 추출물로부터 피부미백 소개 개발 연구를 해왔다. 그 중 멜라닌 생성 억제효과 측정에서 감태추출물은 알부틴(Arbutin)의 효과에 비해 상당히 높았다.

활성 성분을 확인한 결과, 감태추출물에 들어 있는 7-플로로엑콜(7-phloroeckol)이 멜라닌 생성을 억제하는 강력한 물질임을 확인하였다(그림 38-2).

또한 피부미백에 중요한 효소인 티로이나아제(tyrosinase)에 대한 활성을 여러 해조 추출물을 평가 해본 결과감태추출물이 1ml당 100μg에서 약 50%의 티로시나제 저해 활성을 보이므로, 알부틴의 약 40%보다 높았다(그림 38-3).

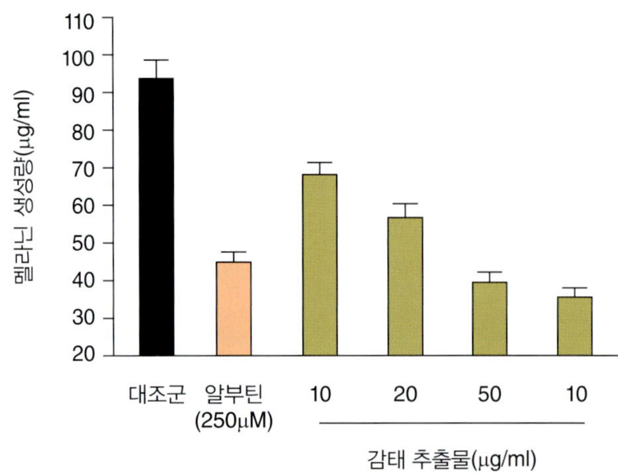

그림 38-2. 감태추출물의 멜라닌 생성 억제 효과.

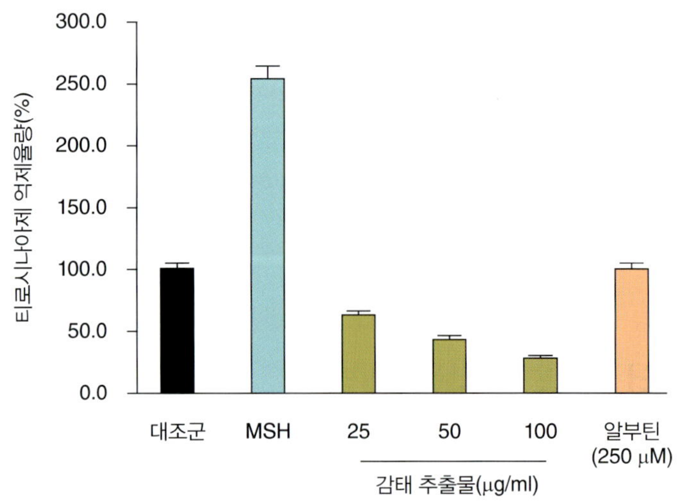

그림 38-3. 감태추출물의 티로시나아제 생성 억제 효과.

따라서 감태추출물이 티로시나아제 활성 및 멜라닌 생합성을 억제시켜 미백활성을 보이므로 미백소재로써 활용할 수 있을 것이다.

피지조절 화장품: 피부표면의 모공을 통해 하루 평균 1~2g의 피지를 분비하여 배출하는 피지샘(sebaceous gland: 피부표면의 모공을 통해 하루 평균 1~2g을 분비 배출하는 피부의 진피샘과 모낭에 연결되어 이는 모든 지방샘)은 복수의 호르몬에 의해 기능이 지배되고 있지만 그 중에서도 가장 기능의 항진에 관여하는 것은 남성호르몬인 안드로겐이며 대표적인 것은 고환에서 분비되는 테스토스테론이다.

이 안드로겐은 정소나 난소에서 생산되어 혈액을 통해 표적조직에 도달한다. 표적조직에서 안드로겐의 작용 발현에는 5알파-환원효소(5α-reductase)가 필요하다. 이 효소에 의해 안드로겐이 보다 활성형의 남성호르몬인 디히드로테스토스테론(dihydrotestosterone, DHT)으로 변환된다. 이 DHT나 테스토스테론은 피지샘 세포 내에 존재하는 안드로겐 수용체에 결합하여 그것을 활성화한다. 이 활성화된 수용체는 전사증폭자(enhancer)로서 작용하여 유전자로부터 효소합성을 촉진함으로써 피지샘 세포의 분열을 촉진시켜 최종적으로 피지분비를 증가시킨다.

염생 식물인 함초 추출물로부터 피지 억제 화장품 개발

피지는 모공 속에 분비되는 피부노폐물로 과다한 피지 분비는 여드름 및 피부염증을 일으키는 원인이 될 수 있다.

최근 천연소재를 이용한 화장품에 대한 소비자들의 호응이 높아짐에 따라 해양 생물 유래의 기능성 소재개발에 관심이 높아지고 있다.

필자는 채집한 함초를 세척하여 염분을 제거하고 인체에 무해한 발효주정으로 추출한 함초 추출물에서 기능성 성분을 분리하였다. 세포를 리놀레산(linoleic acid)으로 처리하여 중성지방 생성을 유도시킨 후 함초 추출물이 지방생성 억제에 어느 정도 효능이 있는지를 확인한 결과, 그림 38-4에 나타난 바와 같이 함초 추출물이 피지 세포 내에서 농도가 높을수록 중성지방의 생성을 억제하는 것을 확인하였다.

또한 사람의 피지세포에 리놀레산과 함초 추출물을 24시간 동안 동시에 처리한 후 세포 내 지방변화를 관찰한 결과, 함초 추출물이 피지세포 내의 지방축적을 억제하는 것으로 나타났다(그림 38-4).

스테롤 조절 원소결합단백질-1(sterol regulatory element binding protein-1, SREBP-1)과 항산화 기능을 촉진하는 단백질-베타(CCAAT/enhancer-binding protein beta, C/EBPβ)는 지질의 축적에 관여한다. 이들 인자 모두 지방합성에 관련된 인자로써 발현이 감소되면 지방합성이 저해되는 것으로 알려져 있다.

함초 추출물을 이용하여 이들 인자의 발현량을 실험을 통해 확인해 본 결과, 모두 농도 의존적으로 감소하는 것으로 나타났으며 특히 고농도(100μg/ml)에서 발현량이 현저히 감소한 것을 확인하였다(그림 38-5).

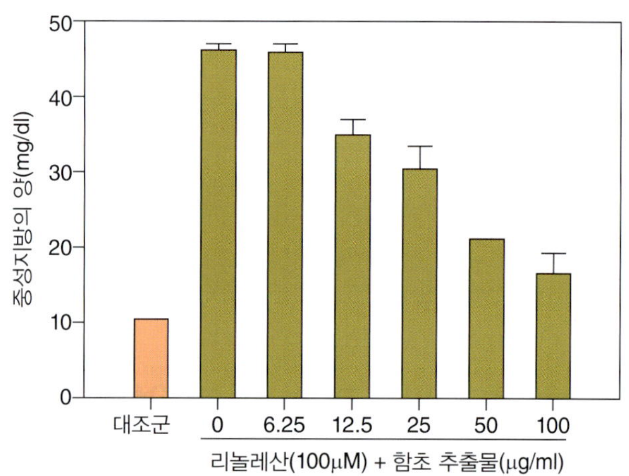

그림 38-4. 리놀레산과 함초 추출물의 중성지방 생성 억제 효과.

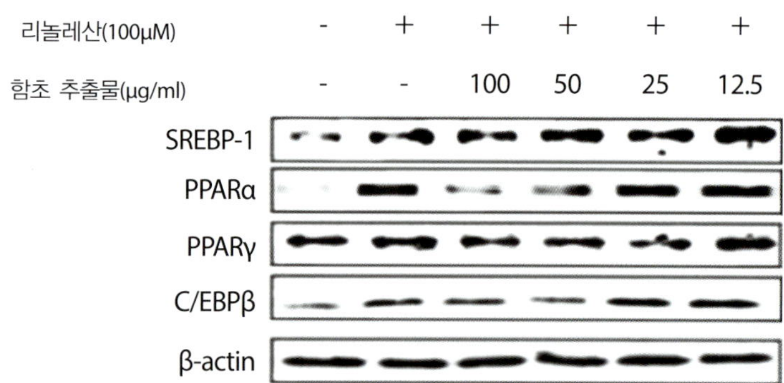

그림 38-5. 함초 추출물의 세포 내 지방생성 관련 인자에 대한 감소 효과.

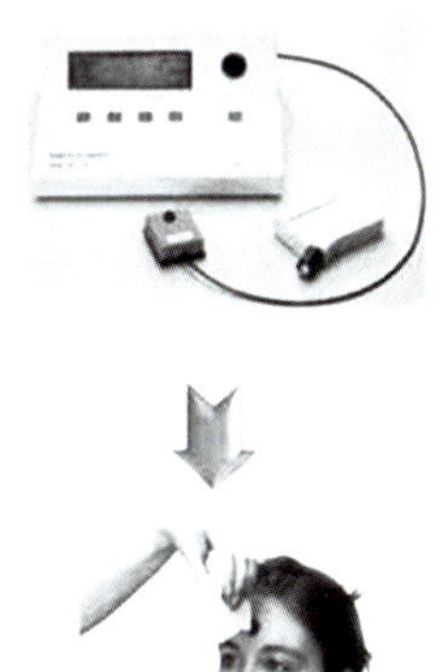

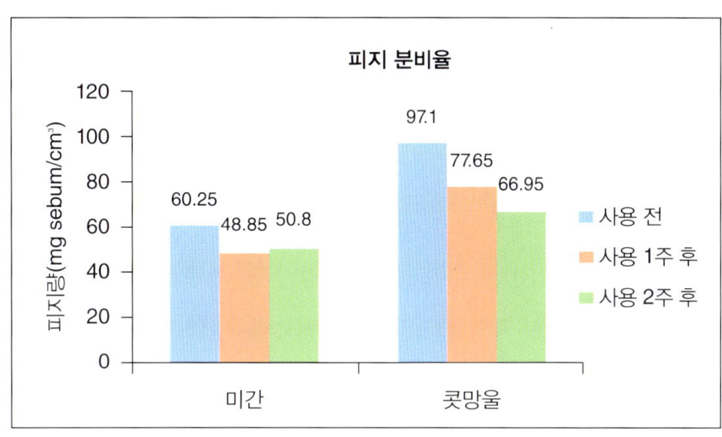

그림 38-6. 함초 추출물의 피지 분비 억제 효과(임상시험 결과).

이것은 함초 추출물이 이들 인자의 발현을 억제하여 결과적으로 피지세포내의 지방생성을 억제하는 것으로 생각된다.

임상검사를 통해 함초 추출물의 피지개선 효능평가에서 피지분비가 가장 활발한 미간과 콧망울의 유분을 측정한 결과, 시료사용 1주 및 2주 후에 두 부위 모두 사용 전에 비해 피부표면의 유분이 감소되는 것을 확인하였다(그림 38-6).

39 생선껍질 콜라겐의 고도 활용 기술

언젠가 온갖 언론 매체에서 광우병(mad cow)의 공포로 떠들썩한 때가 있었다. 이로 말미암아 국내의 소 값이 폭락한 적이 있다. 원래 광우병이란 소의 뇌가 스펀지처럼 구멍이 나면서 작아지고 뇌신경 시스템에 이상 증세를 가져오는 병을 말한다(그림 39-1). 한마디로 광우병에 걸린 소는 골이 빈 소라 할 수 있다. 식용으로 기르는 소의 사료에 양의 내장, 뼈 같은 동물 성분을 섞어 준 것이 광우병의 원인이었다고 한다.

이 병을 일으키는 매개체는 프리온(prion)이라는 단백질로 밝혀졌다. 문제는 광우병에 걸린 쇠고기를 먹은 사람도 뇌신경 장애를 일으킬 수 있다는 사실이다. 실제, 유럽에서는 이미 22년 전부터 이 사실이 알려졌으며, 수만 마리의 소가 도살 폐기되었다. 그런데 더욱 문제가 되는 것은 소 껍질에서 추출한 콜라겐 단백질은 화장품, 생체 이식용 소재, 인공혈관, 인공장기, 소프트 콘택트렌즈 및 지혈제 등 의료용 재료로서 매우 다양하게 이용되고 있는데 이들 제품들이 광우병으로 인하여 거의 판매되지 않는 반면, 이와는 대조적으로 프랑스에서는 생선 껍질에서 추출한 콜라겐으로 만든 제품들이 날개 돋친 듯 판매되어 시설 확장을 서두르고 있는 실정이다.

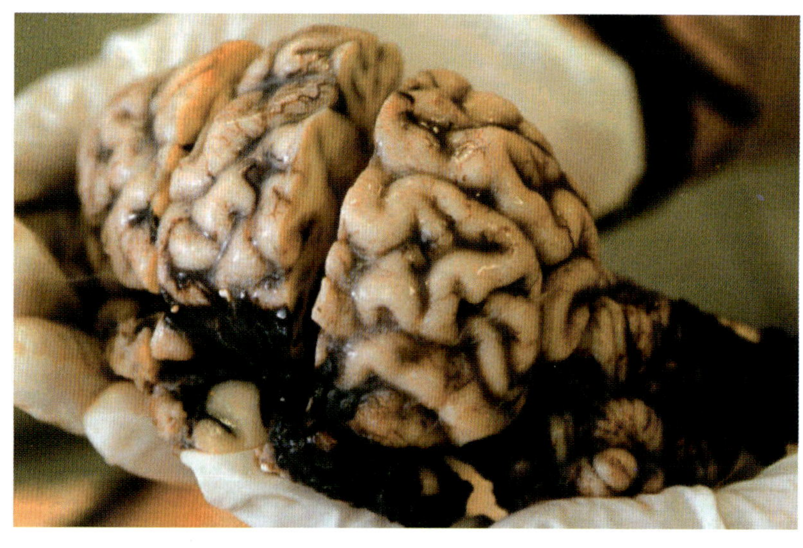

그림 39-1. 광우병에 걸려 죽은 소의 뇌.

원래 생선 껍질은 몸의 표면을 둘러싸서 체형을 유지시키고 유해 미생물로부터 자기 몸을 보호하는 역할을 한다.

일반적으로 수산 가공 공장에서 원료어를 처리할 때 어육을 채취한 다음 부산물로 얻어지는 어체의 머리부, 껍질, 내장, 뼈등의 남은 찌꺼기가 어체의 절반 이상을 차지한다. 그런데 이런 찌꺼기의 대부분은 동물 사료인 어분 원료로 이용되고 있고 또 일부는 폐기되어 환경오염을 야기시키고 있다.

우리나라 수산물의 총생산량(2015년)은 3백34만 톤이고 여기에 수입량을 합친 총량은 3백 70만 톤이다. 이중 가공원료로 이용된 것은 총공급량의 82.4%이다. 생선 껍질량은 어종에 따라 차이가 있지만, 어체 중량에 대하여 7~12%이므로 우리나라 수산 가공 공장에서 연간 수십만 톤의 생선 껍질이 부산물로 얻어지고 있다.

일반적으로 생선 껍질 내장, 뼈 등과 더불어 동물 사료인 어분 원료로 이용되고 있으나, 어분 제조 과정 중 건조 공정에서 콜라겐이 점도가 낮은 어교(fish glue)로 젤라틴화되어 문제를 일으킨다. 생선 껍질의 주요 단백질은 콜라겐과 엘라스틴이다. 그 조성은 콜라겐이 약 90%, 엘라스틴이 1.5%, 기타 당단백질이 소량 함유되어 있다.

콜라겐의 특성

콜라겐의 분자구조, 성질 및 용해성

콜라겐은 동물의 결합조직의 주요 단백질이며 조직이나 장기를 지탱하게 하고 몸의 표면을 둘러싸고 있어 체형을 유지시키는 역할을 한다. 포유동물에서는 콜라겐이 그 체단백질의 약 30% 이상을 차지하고 있고, 그 진피 조직에는 건조중량의 90% 이상이 콜라겐 단백질이다.

생선의 경우 콜라겐은 생선 껍질 주성분이며 근육에서는 결합조직의 교원섬유를 이루고 있다. 콜라겐은 결합조직의 주요 성분이기 때문에 근육의 기계적 강도, 가열 조리 식품의 보수력과 겔형성에 영향을 미친다.

어체 중 콜라겐이 가장 많이 분포되어 있는 부위는 생선 껍질, 지느러미, 뼈 등이다. 이들 부위는 대부분 식용화 되지 않고 있지만, 일부는 지갑이나 가방 등 정교한 제품을 만드는데 이용된다. 또 신선한 생선의 외관과 생선 껍질 상태는 관능적으로 품질을 검사 할 때나 소비자가 생선을 고를 때 신선도의 척도가 되기도 한다.

콜라겐에는 유전적으로 다른 여러 가지 분자종이 존재하며 소위 콜라겐과(family: 생물분류 '종속과 목강문계' 중의 하나)를 형성하고 있다. 각각의 분자종은 발견된 순서로 I형에서 X형으로 분류된다. 콜라겐과에서 가장 중요한 분자종은 전체 콜라겐 양의 85~90%를 차지하는 섬유성 콜라겐이며, 이를 I형이라 부른다. 이 I형 콜라겐은 진피나 경골의 주성분일 뿐만 아니라 체내의 모든 기관에 널리 분포하여 예로부터 가죽이나 젤라틴 원료로서 이용되어 왔다. 분자형은 길이 280nm, 직경 1.5nm 정도의 가늘고 긴 형상이며, 분자량이 약 10만의 알파(α) 사슬이라는 소단위체(subunit)가 세 가닥 사슬 나선 구조(콜라겐 나선 구조)를 형성하고 있다.

천연 콜라겐 섬유는 콜라겐 분자가 약 1/4 간격으로 규칙 바르게 병행한 것이며, 전자현미경으로 보면 특징적인 67nm 횡문 주기 구조로 되어 있다(그림 39-2).

또 섬유성 콜라겐은 I형 이외에 II형 III형 및 V형으로 분류되지만, 이들은 모두 양적으로 적은 분자종이다.

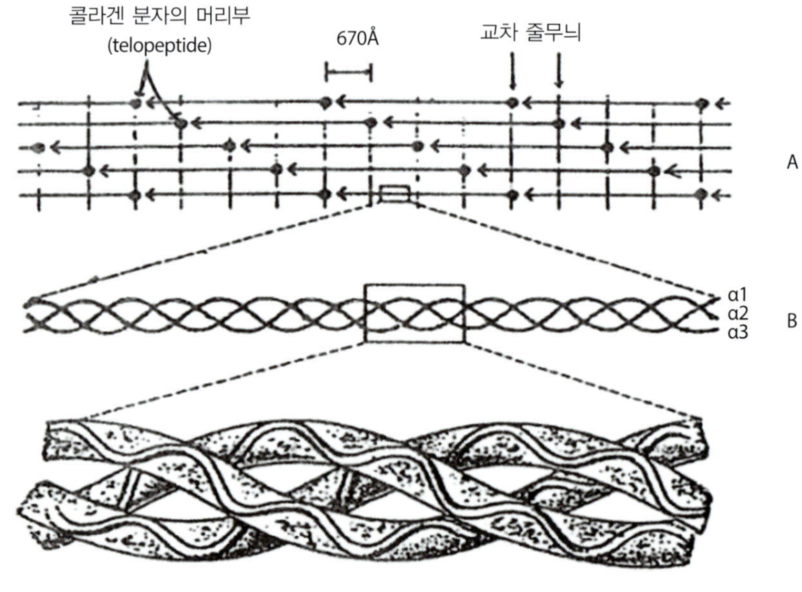

그림 39-2. 콜라겐의 구조 및 배열상태.

세포에 의해 생합성된 콜라겐 분자는 그림 39-2와 같이 규칙적으로 집합하여 섬유를 형성하지만 시간이 지남에 따라 콜라겐 분자간에 교차 결합(cross linkage: 선상 고분자를 3차원적인 망상구조의 분자로 만드는 결합)이 형성되어 섬유를 견고한 불용성 콜라겐으로 변화된다. 따라서 동물이 어리면 교차 결합이 연결되지 않는 콜라겐 분자가 존재한다. 예를 들어 송아지의 가죽을 묽은 산으로 추출하면 콜라겐 분자가 추출되어 나오나, 성장한 소껍질에서는 거의 추출되지 않는다. 불용성 콜라겐에서 콜라겐 분자를 추출하는 데는 pH 3에서 펩신을 작용시키면 좋다. 펩신은 섬유 중에서 교차 결합에 관여하고 있는 머리부 펩티드(telopeptide)를 절단하여 불용성 콜라겐을 아텔로콜라겐(attelocollagen: 강력한 항원성이 있는 분자 말단에 존재하는 펩티드를 효소로 처리해서 제거한 교원질)으로 가용화시킨다. 이와 같이 동물의 연령에 따라 콜라겐 섬유의 열수축이 일어나 젤라틴으로 추출되기는 어렵다. 또 콜라겐 섬유를 사용하여 만든 막과 같은 성형품은 콜라겐 섬유의 물성에 의해 크게 영향을 받는다.

콜라겐 섬유의 성질은 콜라겐이 존재하고 있는 조직에 따라 다르다. 예를 들어 피부와 아킬레스건(achilles tendon)에서 얻어진 섬유의 성질이 서로 다르며 건(tendon: 골격근을 뼈에 부착시키는 섬유조직)의 콜라겐은 예사성(spinnability: 재료를 용해하여 연속적으로 실을 뽑을 수 있는 성능)이 있는 균일한 섬유 분산물로 되어 단단한 막을 만드는 데 적합하다.

콜라겐 분자는 pH 4.5 이하의 묽은 산에 녹아 점조한 용액으로 되고 콜라겐 농도가 2%로 되면 유동성도 잃게 된다. 이 산성 콜라겐 용액을 바람으로 건조하면 투명한 막이 얻어지지만 콜라겐 섬유에서는 투명한 막이 얻어지지 않는다. 콜라겐 산성용액을 중성 pH로 중화시키면 콜라겐 분자는 섬유를 형성하여 침전된다. 이 섬유는 67nm의 주기를 갖는 천연형 콜라겐 섬유이며 이 섬유 형성 조직은 콜라겐의 정제, 가공 성형 등에 이용된다.

생선 콜라겐의 용해도는 포유동물의 콜라겐의 용해도와 달리 연령에 따라 현저하게 달라진다. 어린 대구(체장 45cm)의 근격막에서 중성염이나 구연산에 용해된 콜라겐 추출률은 늙은 대구(체장 100cm)의 그것보다 약간 높지만 그 차이는 척추동물에 대하여 보고된 것 보다 훨씬 낮았다. 그 이유는 생선은 성적 성숙기 중에 결합조직이 조밀화되고 집약 사양(intensive feeding)의 계절이 지나면 여위어져서 근육의 고갈이 일어나기 때문이다. 또 대구의 근격막 콜라겐의 분자간 교차 결합은 계절적 변화에 따라 차이가 있다.

콜라겐의 열변성

콜라겐 분자의 산성용액을 가열하면 37℃ 부근에서 점성이 급속히 감소되어 콜라겐 특유의 선광성(optical rotation: 통과하는 직선 편광의 평관면을 회전시키는 성질)이 저하되며 콜라겐 분자의 세 가닥 나선이 풀어져서 그림 39-3과 같이 전혀 다른 형태로 변화된다.

이때 콜라겐 분자 내의 교차 결합이 존재하지 않는 경우는 세 가닥의 알파(α) 사슬이 생기고, 두 가닥의 알파(α) 사슬 간에 교차 결합이 있는 분자에서는 한 가닥의 알파(α) 사슬과 한 가닥의 베타(β) 사슬이 생기며, 세 가닥의 알파(α) 사슬이 서로 교차 결합으로 연결된 경우는 한 가닥의 감마(γ) 사슬이 생긴다. 실제 콜라겐 분자는 이와 같은 분자 내 교차 결합의 혼합물이기 때문에 젤라틴이라 하며, 콜라겐 나선이 꼬여 있어 폴리펩티드 사슬(polypeptide chain)이 가수분해를 받지 않는다. 통상의 공업적 방법으로 만든 젤라틴은 폴리펩티드 사슬이 가수분해를 받은 것이다.

콜라겐 용액은 냉각하여도 겔화되지 않지만 젤라틴 용액은 냉각하면 겔화되어 굳어진다. 이것은 냉각에 따라 엉켜진 젤라틴 사슬이 콜라겐 나선을 부분적으로 회복하여 이 나선 구조 부분이 다른 젤라틴 사슬과 연결되어 용액 전체가 무한 망상구조(infinite network)를 만들어서 겔이 된다. 이 젤라틴 겔을 가온하면 콜라겐 용액의 변성 온도 37℃보다 낮은 온도에서 융해된다. 한편, 불용성 콜라겐 섬유를 장시간 동안 물속에서 가열한다든지 산으로 팽윤시킨 후 가열하게 되면 폴리펩티드 사슬이 절단되어 젤라틴으로 추출된다.

공업적으로 젤라틴을 추출하는 경우는 원료인 불용성 콜라겐을 포화수산화칼슘 용액에 1~2일간 침지하면 불순물의 제거와 동시에 폴리펩티드 사슬이 적당히 가수분해되어 젤라틴의 추출이 쉽게 진행된다.

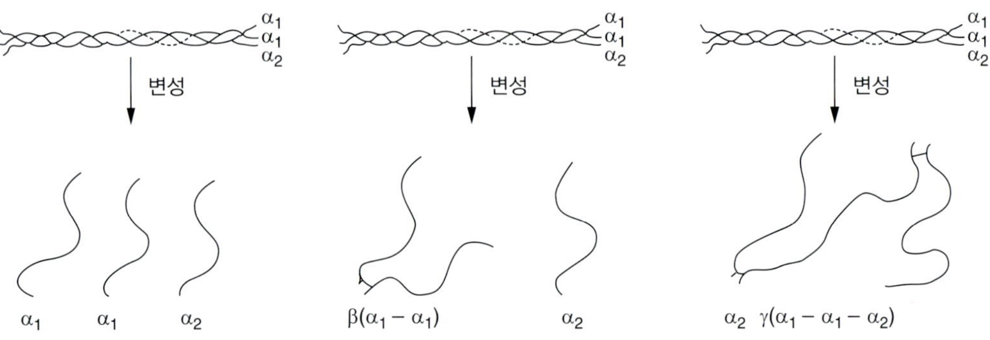

그림 39-3. 콜라겐 분자의 변성.

콜라겐은 콜라겐가수분해효소(collagenase)이외의 단백질가수분해효소에 의해서는 가수분해되지 않아 저분자 펩티드나 아미노산을 생성하지 않는다.

그러나 분자의 말단에 존재하는 머리부 펩티드는 분해되기 때문에 불용성 콜라겐의 가용화에 펩신이 자주 이용되고 있다. 그렇지만 콜라겐 나선이 풀려 젤라틴으로 되면 단백질가수분해 효소에 의해 쉽게 가수분해된다.

젤라틴은 어느 농도에서나 가열한 후 냉각하면 견고한 겔이 만들어지기 때문에 식품의 점결제, 이수(syneresis: 겔로부터 액체의 자연스러운 배제현상) 방지제, 탄력 증강제 등으로 이용된다.

콜라겐의 이용

소시지 케이싱으로서의 응용

콜라겐은 섬유소(cellulose)와 자주 대비되어 취급되어 왔다. 생체 중에서의 역할을 고려하면 섬유소는 식물의 지지 물질이고, 콜라겐은 동물의 지지 물질이며 양자가 유사한 역할을 나타낸다.

한편 섬유소는 일찍부터 가용화 재생에 의해 셀로판막으로 만들어 소시지 케이싱 혹은 투석막으로써 이용되어 왔지만 콜라겐을 막으로 응용한 것은 섬유소에 비하면 훨씬 뒤늦게 시작되었다. 콜라겐의 생화학적 성질이 해명되어 그 공업적 취급 기술이 진보됨에 따라 소시지 케이싱에의 응용이 가능하게 되었다. 셀로판막과는 달리 콜라겐 케이싱은 가식성(eatable)인 것이 특정이다

예로부터 햄, 소시지는 양의 창자, 돼지의 창자에 육을 채운 것이었지만 이들 천연장(natural intestine)은 식품 위생면과 품질의 불균일한 결점이 있어 일본이나 구미에서는 오래전부터 이들 대신에 가식성 케이싱으로 각광을 받고 있는 것이 콜라겐 케이싱이다. 콜라겐 케이싱은 천연장의 결점을 거의 완전히 보충할 수 있지만 식감이 약간 떨어지는 경향이 있다

소시지 케이싱의 콜라겐 원료는 주로 우피의 불용성 콜라겐이 이용되고 있다. 그 이유는 피혁 제조 시에 생기는 부산물인 겉껍질이 대량으로 얻어져 가격이 싸기 때문이다. 현재 세계 4대 제조 회사 중 하나인 내피 콜라겐 공업(일본)은 우피 불용성 콜라겐 80%와 가용화 콜라겐 20%를 혼합한 막제조용 원액을 사용하고 있지만, 다른 제조 회사인 푸렌덴블러그(Frenndenblerg, 독일), 데브로(Devro, 미국), 티팩(Teapack, 미국) 등은 우피 불용성 콜라겐만을 사용하고 있다.

콜라겐막 제조법의 주된 공정은 원료 → 석회 침지(수일~1개월) → 수세, 산에 침지 → 해직(불용성 콜라겐 섬유를 균질화한 후 압출하여 막제조용 원료로 한다. 이때 가용화 콜라겐이나 펄프 등을 필요에 따라 혼합한다) → 압출성형 → 무두질(성형한 막을 고정하면서 동시에 소시지 제조 시에 충분히 견디는 물성을 얻기 위해 행한다) → 수세 가소화(가소제로서 글리세린을 사용한다) → 건조(튜브 상태를 유지하면서 건조한 후 고급 지방 산류를 도포하는 경우도 있다) → 주름 접기(10m 정도의 케이싱을 20cm 정도로 주름을 만든다) → 숙성(건조 가열하여 막 강도를 숙성시켜 보존시 변화가 없도록 한다) → 수분 조절(일정 습도하에서 막의 습도를 조절한다) → 포장(제품)의 순서로 한다.

콜라겐 케이싱과 천연장을 비교하면 우열은 반반이다. 천연장은 소시지의 충전 공정 이전에 전처리 시간이 걸리고, 소시지 제조의 합리화라는 관점에서는 생각할 수 없지만 콜라겐 케이싱은 바로 육을 충전할 수 있는 기성품(ready made)이며, 크기를 자유로 택할 수 있고 균일한 제품을 얻을 수 있다.

천연장은 얇고 신축성이 있어 소시지의 양끝의 비틀림이 적고 깨끗하게 마무리를 할 수 있지만 콜라겐 케이싱은 비틀림이 적어 끝마무리를 좋게 할 수 없다. 천연장이 갖는 이 같은 부드러움(탄력성)을 어느 정도 콜라겐 케이싱에 부여할 수 있는가가 앞으로 중요한과제가 될 것이다.

식품 품질 향상제로서의 응용

콜라겐이 소시지 케이싱 또는 젤라틴으로 식품에 이용되고 있는 것은 잘 알려져 있지만 햄, 소시지 및 연제품에 품질 향상제로서 콜라겐이 이용되고 있는 것은 그다지 알려져 있지 않다. 이 목적으로 사용되는 콜라겐은 가열 변성된 젤라틴 또는 젤라틴에 미가용 변성 콜라겐이 혼합된 상태로 하여 사용되며, 여과 건조를 거쳐 만들어진 젤라틴에 비하면 조제 젤라틴이며 다량의 수분을 함유한 겔상으로 출하되는 것이 많다.

젤라틴은 물을 완전히 함유하고 있는 상태에서 냉각에 의해 굳어지기 때문에 햄, 소시지, 수산 연제품 등의 보수성, 탄력성을 부여하는 데 적합하다. 특히, 전분이 함유된 연제품에서 보존 중 노화(retrogradation: 호화전분을 실온에 방치하면 차차 굳어지는 현상)가 일어나 경화되어 수분의 유리가 일어나기 쉽지만, 이 같은 노화 방지에 변성 콜라겐(조제 젤라틴)이 효과가 있다. 첨가 목적에 따라서는 육고기를 씹는 것 같은 맛을 낼 경우에는 가열 변화된 콜라겐 섬유가 상당한 비율로 잔존하고 있는 조제 젤라틴을 첨가하는 것이 좋다.

이 불용성 변성 콜라겐의 분산 상태나 잔존 비율이 첨가제로서의 우열을 결정한다. 또 조제 젤라틴이 첨가된 식품은 반드시 조리되기 때문에 조리에 의해 쉽게 열화되지 않는 것도 중요한 성질이다. 이와 같은 식품 가공용 콜라겐의 시장은 일본에서 상당히 성장하고 있으며, 장차 식품의 가공도가 높은 점을 고려하면 이 영역에의 콜라겐의 응용은 상당히 높을 것으로 예상된다. 식품 가공에 콜라겐을 효율적으로 이용하는 연구도 앞으로 더욱 이루어져야 할 것이다.

의료용 고분자 재료로서의 이용

오늘날 고분자 화학과 의학의 진보는 많은 인공장기들이 만들어져 사람의 생명을 구하고 있다. 예를 들면, 인공신장, 인공혈관, 인공심폐 등 거의 모든 장기의 인공물이 실용화되고 있고 또는 적극적으로 연구되고 있다. 그러나 이러한 인공장기의 재료는 대부분 합성고분자가 이용되고 있고, 기능적으로는 생체의 교묘한 생명의 존중과는 거리가 먼 단순한 물리적인 인공장기에 지나지 않았다. 예를 들면, 인공신장은 신부전증 환자의 혈액 중에 축적된 노폐물인 요소와 크레아티닌(creatinine)을 셀로판막을 통하여 단지 투석(dialysis: 반투막을 사이에 두고 용질분자가 확산하는 현상)이라는 물리적 수단에 의해 제거시킬 뿐 생명을 구하는 데 많은 부작용도 나타내어 기능적으로나 형태적으로 생체신장의 근처에도 미치지 못했다.

인공장기 학자들은 인공장기의 기능을 될 수 있는 한 생체의 것에 가깝게 그리고 신체에 장착할 수 있도록 하기 위해 노력하고 있다. 인공장기는 생체의 것과 아주 가깝게 한다는 의미에서 생체고분자를 재료로 이용하는 방법이 고려되고 있다.

콜라겐의 효소 처리

미야타(Miyata) 등은 효소 처리된 콜라겐이 인공장기 재료로서 특징적인 성질을 갖고 있다는 사실을 밝혔다.

콜라겐 분자의 말단 부분에는 전체 중량의 3~4%에 해당하는 머리부 펩티드라 하는 부분이 있고, 이 부분은 콜라겐 나선에 꼬여 있지 않으며 아미노산 조성도 나선 부분과 상당히 다르다. 콜라겐의 나선 부분을 분해 절단하는 효소로서 세균이나 동물에서 추출된 콜라겐가수분해효소(collagenase)가 알려져 있지만 펩신, 트립신, 미생물이 생산하는 단백질가수분해효소 등 소위 일반 단백질가수분해효소는 콜라겐 분자의 나선 부분에는 작용하지 못하고 머리부 펩티드만을 분해 절단한다.

효소 처리를 받아 머리부 펩티드가 없는 콜라겐은 원래의 콜라겐과는 다른 성질을 나타내게 된다. 콜라겐 분자는 산성에서 용해되지만 pH가 중성의 생리적 조건으로 되면 섬유가 재생되어 침전 또는 백탁(뿌옇게 되고, 흐릿해지는 현상)을 일으킨다. 여기서 재생된 콜라겐 섬유 중의 분자 배열 양상은 생체 중에 존재하는 천연섬유와 같다. 머리부 펩티드가 없는 콜라겐 분자는 섬유 재생의 속도가 상당히 느려 섬유 재생은 어렵게 된다.

또 다른 단백질과 비교하면 콜라겐은 본래 항원성(antigenicity)이 낮은 단백질이지만 효소 처리를 하지 않은 콜라겐 분자를 반복하여 토끼에 주사하면 콜라겐에 대한 항체가 생성되어 보체 결합(complement fixation: 항원이 그것과 대응하는 특이항체와 합한 경우, 면역학적 세포융해뿐만 아니라 다른 생물학적 기능의 작동 물질인 보체가 있으면 그 결합체에 들어가서 불활성화 되거나 고정되는 것)을 나타내게 된다. 그렇지만 효소 처리를 한 콜라겐 분자를 항원으로 하여 이미 얻어진 항콜라겐 혈청과의 사이에 보체 결합 반응을 시키면 효소 처리 시간이 길게 됨에 따라 반응은 일어나지 않게 된다. 말하자면 머리부 펩티드는 콜라겐의 면역 활성에 중요한 역할을 나타내고 이것을 제거하면 면역 활성이 저하되는 것이다. 이 면역학적인 성질 변화는 동물에서 얻은 콜라겐을 효소 처리함으로써 인공장기 재료로서 보다 유용한 성질로 개량할 수 있다.

분자로서 용해될 수 있는 가용성 콜라겐은 어린 동물에만 존재하지만 그 양은 상당히 적다. 예를 들면, 생후 2개월 정도의 송아지 가죽 껍질의 경우 기껏해야 1% 정도가 가용성 콜라겐이며 나머지는 전부 불용성 콜라겐이다. 콜라겐이 섬유아세포(fibroblast: 섬유성 결합조직의 중요한 성분이 되는 세포)로 생합성된 직후는 분자를 형성하는 세 가닥의 폴리펩티드 사슬 간에는 교차 결합이 형성되지 않지만 생합성되면서 시간이 경과됨에 따라 머리부 펩티드 부분에서 분자 내의 교차 결합이 생성된다.

세 가닥의 폴리펩티드 사슬의 분자량은 각각 10만이기 때문에 분자내 교차 결합이 형성된 분자를 변성시켜 젤라틴으로 하면 두 가닥의 폴리펩티드 사슬 간에 교차 결합이 생긴 경우는 분자량 10만의 사슬(α 사슬)과 분자량 70만의 사슬(β 사슬)이 생기며, 세 가닥의 사슬 간에 교차 결합이 생기면 분자량 30만의 사슬(γ 사슬)이 생긴다. 단백질가수분해효소는 머리부 펩티드만을 절단 분해하기 때문에 분자내 교차 결합이 생긴 분자에서도 효소의 작용에 의해 교차 결합은 제거되어 세 가닥이 각각의 단일 사슬로 된다.

분자가 성숙되면 이 같은 교차 결합은 머리부 펩티드를 개입시켜 인접 분자와의 분자간에도 들어가 산에 용해되지 않는 불용성 콜라겐으로 변화된다.

콜라겐 불용화 원인은 분자와 분자 사이를 연결시키는 머리부 펩티드가 분자 간에 교차 결합을 형성하기 때문이며 불용성 콜라겐에 단백질가수분해효소를 작용시키면 머리부 펩티드만이 분해되어 콜라겐 분자는 서로 흩어지게 되어 용해되게 된다.

실제 불용성 콜라겐은 산성에서 활성을 갖는 단백질분해효소인 펩신의 작용으로 머리부 펩티드가 없는 콜라겐으로서 용해된다. 같은 불용성 콜라겐에서도 송아지의 것이 성장한 소의 그것보다 쉽게 용해된다. 이것은 연령과 더불어 콜라겐 분자에 연결된 머리부분인 머리부 펩티드 부분에 보다 빈틈없이 분자간 교차 결합이 생성되어 효소의 작용을 받기 어렵기 때문이다.

이와 같이 불용성 콜라겐이 머리부 펩티드가 없는 콜라겐으로서 용출된 후는 필름이라든가 실과 같은 여러 가지 모양으로 조형을 할 수 있기 때문에 종래 응용되었던 가죽이나 젤라틴 이외의 새로운 용도 개발을 고려할 수 있게 되었다.

콜라겐에 대한 자외선의 작용

콜라겐을 재료로 하는 인공장기를 생체에 응용할 경우, 콜라겐을 목적에 맞는 형상으로 하고, 목적에 적합한 성질로 변형할 필요가 있다. 예를 들면 인공 신장용 콜라겐 투석막의 경우, 막 콜라겐 분자 간에 교차 결합을 도입하여 막강도를 향상시킬 필요가 있다. 또 눈의 인공 수정체로서 콜라겐을 응용할 경우 생체의 수정체와 똑같은 겔 성질을 부여하여야 하며, 더구나 생리적인 조건에 맞는 투명한 콜라겐 겔을 만들어야 한다. 이 경우에도 콜라겐 분자 간에 교차 결합을 도입할 필요가 있다. 교차결합제로서의 화학 시약은 생체에 존재하지 않기때문에 자외선 및 감마선 조사 등의 물리적 수단에 의한 교차 결합법이 사용될 수 있다. 이 같은 목적에 따라 미야타(Miyada) 등은 콜라겐 분자와 효소 처리된 콜라겐 분자를 사용하여 자외선 작용을 조사한 바 있다.

질소 기류 중에서 콜라겐 용액에 자외선을 조사하면 점성이 급격히 상승하여 결국은 겔을 생성한다. 또한 자외선 조사를 계속하면 겔은 융해하여 콜라겐 분자는 분해된다. 공기 중에서의 조사에서는 초기에 점성은 약간 증대하지만 질소 중에서 조사한 것만큼 크지 않고, 곧 점성은 저하하여 콜라겐 분자의 분해가 질소 중의 경우보다 빠르게 일어난다.

질소 속에서 조사를 하면 콜라겐의 분해는 거의 일어나지 않고 분자 간 다리 결합을 유효하게 도입할 수 있다. 프로테아제(protease)로 처리한 콜라겐 분자는 1분자당 함유된 티로신(tyrosine) 12개 중 5개, 페닐알라닌(phenylalanine) 34개 중 4개가 제거된다. 제거된 머리부 펩티드의 아미노산 잔기수는 1분자당 66개였기 때문에 머리부 펩티드 중에서는 티로신이나 페닐알라닌이 농축되어 존재하고 있는 것으로 나타났다(콜라겐 1분자 중의 아미노산 잔기수는 약 3,200임). 자외선을 흡수하는 티로신이나 페닐알라닌 잔기가 농축되어 존재하는 머리부 펩티드는 다른 부분보다 자외선에 의한 광화학 반응을 일으키기 쉽다. 사실 머리부 펩티드가 없는 콜라겐은 자외선의 작용을 머리부 펩티드가 있는 것보다 받기 어렵고 또 머리부 펩티드가 있는 콜라겐은 조사 초기에 머리부 펩티드가 파괴되어 β 사슬이 감소되고 α 사슬은 증가한다.

자외선 조사는 콜라겐의 면역 활성도 저하시킨다. 항콜라겐 혈청에 대한 보체 결합 반응에서 항원 콜라겐을 자외선 조사하면 보체 결합능은 자외선 조사와 더불어 감소하고, 혈액 반응 초기에는 혈소판의 응집이 일어난다. 콜라겐 분자를 혈소판이 함유된 혈장(plasm)과 혼합하면 혈소판의 응집을 일으킨다. 그러나 지외선 조사된 콜라겐 분자는 혈소판 응집반응을 일으키지 않는다.

이와 같이 자외선 조사는 콜라겐 분자간에 교차 결합을 도입시킴과 동시에 인공장기 재료로서 콜라겐을 보다 유리한 성질로 변화시킬 수 있다는 의미에서 유용한 수단이라 생각된다.

안구에의 이용

인공장기 재료로서 콜라겐은 합성 고분자에 비해 다음과 같은 많은 특징을 갖고 있다. 첫째, 단백질이기 때문에 주위의 생체 조직과의 친화가 좋고, 세포의 생장 발판으로서 최적이다. 둘째, 생체에 매립된 후 분해 흡수되기 때문에 재생 가능한 조직의 일시적인 대사물로써 적합한 재료이고 분해 속도는 매립된 조직에 따라 다르다. 예를 들면 피하나 근육 내에서는 비교적 빠르지만 각막 내 이식에서는 3년 이상이나 잔존한다. 또 분해 속도는 콜라겐에 도입된 교차 결합의 정도가 크게 되면 느려진다. 셋째, 조직의 수복을 촉진하는 작용이 있다는 것이 인정되었다.

반면에 일반적으로 콜라겐은 합성 고분자의 경우보다 각종 형상으로 조형하는 것이 어렵다는 결점이 있다. 예를 들면 합성 고분자가 일반적으로 갖고 있는 열가소성(thermoplastic: 가열하면 연화, 즉 가소성이 되는 고형물의 성질)과 같은 성질을 이용하여 조형을 할 수 없고, 물이 가장 좋은 용매이지만 점성이 상당히 높기 때문에 10% 이상의 고농도 용액으로 할 수 없어, 조형시에 응고제를 사용해야 한다. 더구나 전체 조작 과정을 통하여 농도를 콜라겐의 변성 온도(35℃) 이하로 계속 유지해야 한다. 메타 아크릴산(glyceryl methacrylate)이라는 합성 고분자가 개발되어 화제가 되고 있지만, 이 고분자막을 토끼의 각막 내에 이식하면, 물투과나 대사 생성물의 투과가 충분히 되지 않고, 각막으로 배출되어 버린다. 이것에 비해 콜라겐막은 숙주 각막과 마찬가지의 투과성을 나타낸다고 한다. 또 투과성이 상당히 좋은 성질로부터 콘택트렌즈의 재료로서도 흥미를 끌고 있다.

투석막으로서의 이용

신장의 기능을 잃게 되면 요독증에 걸려 죽음을 대비하는 일이 적지 않다. 이와 같은 신부전증 환자는 다른 사람의 건강한 신장을 이식받던가 인공신장으로 혈액에 축적된 노폐물인 요소나 크레아티닌(creatinine) 등을 제거하면 정상적인 생활도 가능하다.

신장이식이 성공하면 혈액 투석 등의 번잡한 일이 없어 이상적이지만 현재 상태로는 거부 반응 문제나 신장 제공자를 구하기 어려운 점 등 문제가 많아 인공신장의 중요성이 강조되고 있다. 인공신장에 의해 혈액 투석을 받고 있는 환자는 주 2회 정도 투석을 위해 병원에 통원 치료를 해야 한다. 더구나 치료비가 많이 들기 때문에 치료비가 없어 죽음을 맞게 되는 경우가 많다. 현재는 투석막으로서 섬유소계의 막이 사용되고 있지만 장치를 소형화하여 비용을 싸게 하고, 환자의 신체에 장착할 수 있는 소형의 장치를 만들기 위해 많은 연구자들이 노력하고 있다.

인공신장이 투석이라는 수단으로 사용되는 한 투석막의 투과성이 중요하고 우수한 막의 개발이 요망되고 있다. 미야타(Miyata) 등은 콜라겐 투석막을 만들어 투과성을 조사한 후 환자에게 응용을 시도하였다. 이들은 콜라겐 투과막의 원료로 효소 처리 콜라겐과 불용성 콜라겐 섬유의 혼합물을 사용하였다. 우피의 진피층만을 취해 균질화하여 정제한 후 묽은 산에 분산시키고, 여기에 효소로 용해시킨 콜라겐을 혼합한 후 노즐을 통해 응고욕탕 중으로 압출하여 튜브상으로 조형한 다음, 응고 후 막을 중화, 수세, 건조하여 막에 교차 결합을 도입시키기 위해 자외선 조사를 하여 제조하였다.

현재 시판되고 있는 비스킹 36/32(Visking 36/32) 막은 미국 비스킹사가 제조한 섬유소 투석막이며, 쿠프로판(Cuprophane)은 서독 벰버그(Bemberg) 사가 만든 섬유소막인데, 이들은 혈액투석막으로 실용화된 것 중에서 가장 우수한 것으로 인정되었다. 신부전증 환자의 혈액에서 수분을 제거한다는 의미에서 혈액투석막의 투과성이 중요하다. 자외선 조사에 의해 콜라겐막의 투과성은 저하되지만 섬유소계의 막보다 투과성이 우수하다고 알려져 있다.

혈액 중에 농축된 노폐물의 요소, 페놀, 요산 및 크레아티닌을 용질로 하여 각각의 투과성을 콜라겐막과 쿠프로판막을 비교해 보면 표 39-1과 같다. 표 39-1에서 알 수 있는 바와 같이 용질의 분자량이 크게 되면 투과성은 낮게 된다. 또 어떤 용질의 경우도 콜라겐막 쪽이 쿠프로판막보다 투과성이 높고 요산 제거의 경우, 20~30% 정도 투과성이 좋은 것으로 나타났다.

표 39-1. 콜라겐막 및 쿠프로판막의 투과성.

	분자량	콜라겐, UV-15 (cm/sec)	콜라겐, UV-30 (cm/sec)	쿠프로판막 (cm/sec)
요소	60	5.41×10^{-4}	5.72×10^{-4}	4.57×10^{-4}
페놀	94	4.42×10^{-4}	4.63×10^{-4}	3.35×10^{-4}
크레아티닌	113	3.37×10^{-4}	2.97×10^{-4}	2.70×10^{-4}
요산	168	2.37×10^{-4}	2.20×10^{-4}	2.15×10^{-4}
습윤막 두께		48μ	45μ	40μ

1) 건조막에 자외선을 15분 및 30분간 조사한 것

혈액은 혈관 이외의 물질에 접촉되면 응고된다. 인공신장의 경우는 동맥에서 투석기로 혈액을 유도하기 때문에 혈액 응고 문제가 생기는데, 혈액 응고를 막기 위해 혈액에 헤파린(heparin: 혈액응고를 저해하며 황산기를 많이 가지고 있는 뮤코다당류의 일종)을 가해야 하는 귀찮은 문제가 있으므로, 만일 투석막 자체가 비혈액 응고성이면 이상적이 될 수 있다.

장래에 휴대할 수 있는 인공신장 개발을 위해서도 비혈액 응고성 막은 불가결한 것이다. 그런데 콜라겐막은 산성 영역에서 막면적 1cm^{2}당 최고 0.7유닛(unit: 측정의 기준이 되는 양)의 헤파린과 결합하는 능력을 갖고 있는 것으로 알려져 있다. 이 결합은 콜라겐의 아미노기 등의 정전하와 헤파린의 황산기(SO^{3-})와의 정전기적 결합이다.

이상 기술한 콜라겐막을 인공신장의 막으로서 환자에 응용한 결과, 투과성도 우수하고 유해한 반응도 없어 혈액투석막으로써 사용이 가능할 것이다. 앞으로의 문제는 막 강도를 더욱 개량하여 환자에 장기 투석의 경험을 축적할 필요가 있다.

노화 방지제로 활용

우리 인체의 노화에 대한 여러 가지 이론 중에서 가장 유력한 이론 중 하나는 1968년 하만(Harman)에 의해 주장된 자유 라디칼(free radical) 이론이다. 즉, 생체가 외부로부터 방사선이나 자외선을 받거나 중금속 및 유기용매의 흡입, 항생제 등의 합성 의약품의 남용, 과도한 물리적, 정신적 스트레스 등을 받게 되면 생체 내에서 생화학적 반응에 의하여 자유 라디칼이 생성되고 이 자유 라디칼에 의하여 세포나 조직이 구조적, 기계적 손상을 받게 되거나 또 과산화지질 등의 생성 때문에 노화를 촉진한다는 것이다.

항산화제란 이러한 자유 라디칼에 의한 세포나 조직의 산화를 방지하고 과산화지질에 의한 인체의 폐해를 막는 물질이다. 우리 인체 내에는 이러한 자유 라디칼에 대한 방어 기작으로 토코페롤이 존재하여 생성된 자유 라디칼을 저지하여 과산화지질의 생성을 억제하고 있다.

저자는 가자미 껍질, 명태 껍질, 소껍질로 부터 젤라틴을 추출하여 이를 효소로 가수분해시켜 가수분해물의 생리활성 효과를 검토한 결과, 분자량 1,000~1,500달톤(Da) 정도의 올리고 펩티드가 높은 항산화성을 나타내었으며, 특히 소껍질 등의 육상 동물 젤라틴

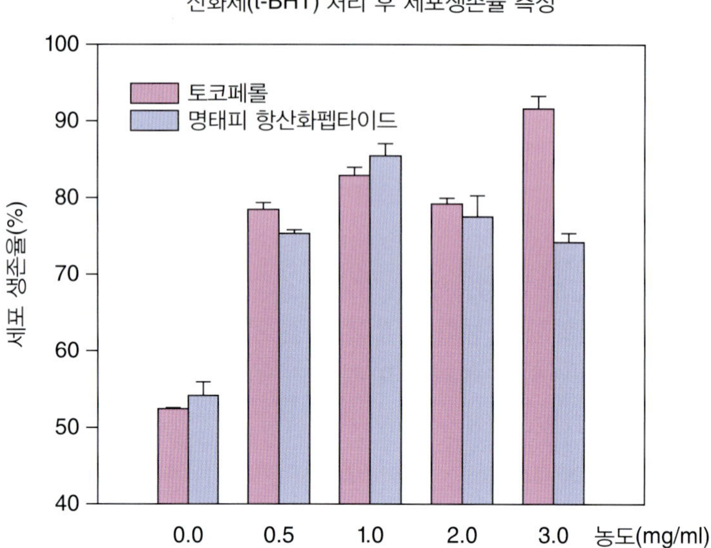

그림 39-4. 간세포 배양실험을 통한 항산화 활성 결과.

가수분해물보다 수산 동물의 젤라틴 가수분해물이 더 높은 항산화효과를 나타냈고 이들은 잘 알려진 천연 항산화제인 토코페롤보다 약 10% 정도 더 높은 항산화 효과를 나타내었다. 시판 항산화제와 병용 사용시의 상승효과도 우수하였다.

또한 세포에서의 항산화 효과를 알아보고자 생산된 펩티드 중에서 항산화력이 뛰어난 펩티드를 분리, 정제하여 이를 쥐의 간상세포에 첨가하여 과산화물에 대한 방어 작용을 검토한 결과, 과산화물의 독성에 대해 펩티드 첨가구가 대조구에 비해 높은 생존율을 나타냈다(그림 39-4).

혈압 강하제로 활용

고혈압은 발병과 혈압의 유지에 많은 인자가 관여하기 때문에 지금까지의 수많은 연구에도 불구하고 아직 그 기전이 완전하게 밝혀져 있지는 않지만 인체에서 혈압을 조절하는 기구인 레닌-앤지오텐신 시스템(renin-angiotensin system)과 칼리크레인-키닌 시스템(kallikrein-kinin system)의 항상성이 유지되지 않을 때 혈압 조절에 문제가 생기는 것으로 알려져 있다.

혈압 조절에 관여하는 대표적인 인자인 앤지오텐신 전환 효소(angiotensin converting enzyme, ACE)는 앤지오텐신 I을 분해시켜 혈관 수축 작용으로 인해 고혈압의 원인이 되는 앤지오텐신 II로 전환시키는 역할을 하고 또한 혈관 이완 작용을 갖는 브라디키닌(bradykinin)을 불활성화시켜 혈압을 상승시키는 역할을 한다(그림 39-5).

따라서 고혈압의 원인 중의 하나인 ACE의 활성을 저해하는 저해제의 탐색과 응용에 대한 연구가 주로 생리 활성 펩티드에 대해 진행되고 있다. 최근에는 동·식물 단백질을 각종 효소를 이용하여 가수 분해시킨 올리고펩티드를 분리·정제하여 생리 활성의 검토에

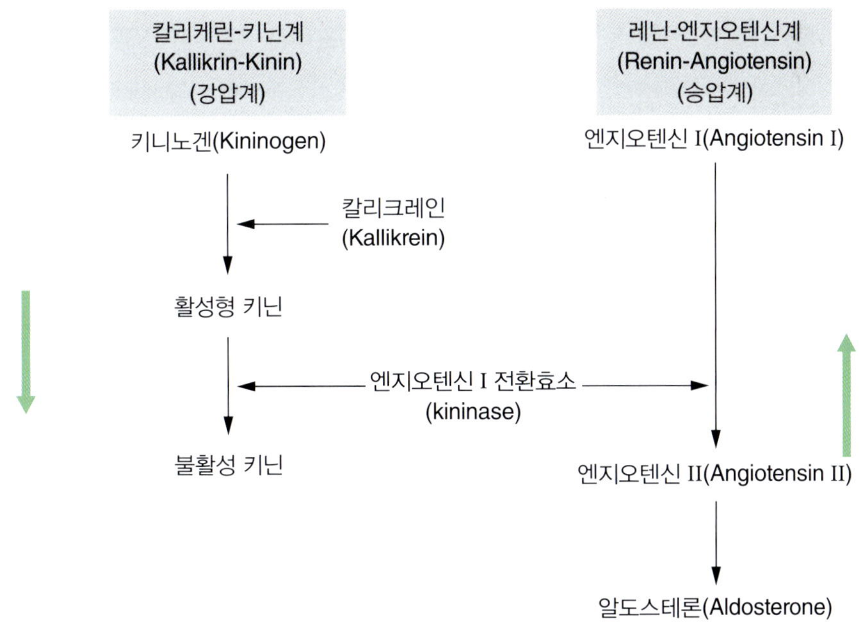

그림 39-5. 혈압의 조절 기구.

관한 연구가 활발히 진행되고 있다. 이와 같이 생체 조절 기능 물질로서 펩티드 관련 연구는 이들을 주로 의약품 소재로써 이용하려는 시도이다.

저자의 연구실에서는 체내에서 고혈압을 유발시키는 인자로서 혈압 조절에 관여하는 앤지오텐신 전환 효소를 저해하여 혈압을 낮추는 물질을 수산 동물 젤라틴 및 육상 동물 젤라틴 가수 분해물에서 분리하였고 그중에서 펩티드 서열이 글리신-프롤린-루이신인 경우가 수산 동물 젤라틴 가수 분해물과 육상 동물 젤라틴 가수 분해물에서 동일하게 가장 높은 항고혈압 활성을 나타내었으며, 또한 분리된 펩티드를 선천성 고혈압 쥐에 투여하여 혈압 강하 효과를 검토한 결과 혈압을 저하시키는 것으로 확인되었다(그림 39-6에서처럼, 수축기 혈압이 투여 2시간 후 30mmHg 이상 강하하였고 시판되고 있는 고혈압 약인 캡토프릴(captopril)과 유사한 혈압 억제효과가 나타났다).

수산 폐기물로만 여겨졌던 생선 껍질 추출한 젤라틴의 가수 분해물에서는 이외에도 다양한 생리 활성을 나타낼 것으로 생각되며 이에 관한 연구가 계속적으로 이루어져 새로운 기능성 소재로의 개발 가능성이 제시되고 있다.

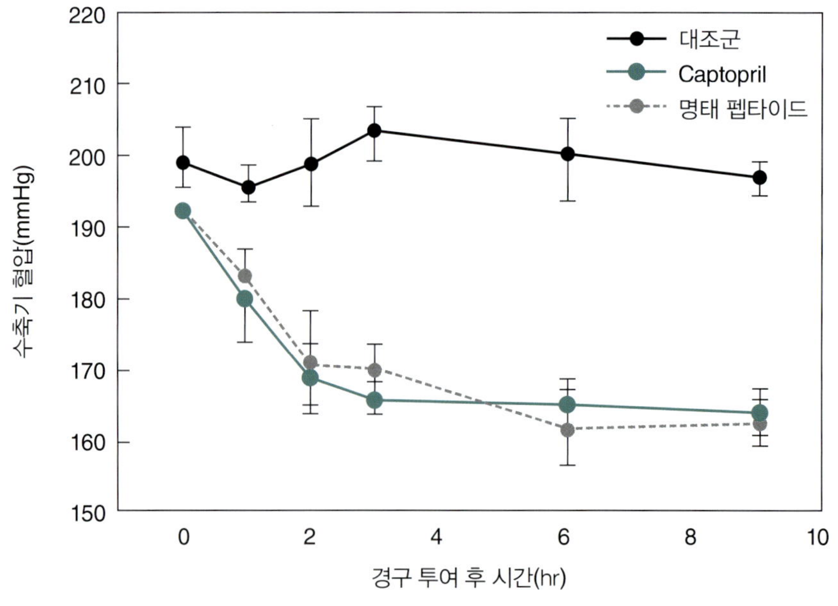

그림 39-6. 명태껍질 젤라틴 가수분해펩티드의 고혈압 억제 효과.

40 해양 의약품 소재 개발

중국의 고서인「중화본초」에 의하면 해양 생물 중 180여 종이 한약 재료로 활용되었으나 한약재의 육상 재배 기술 발전으로 인하여 현재는 10여 종 정도밖에 활용되지 않고 있다. 현재까지 해양 생물을 이용한 상업적 의약품으로 FDA에 의해 승인된 것은 항암, 진통, 고혈압, 바이러스 질환 등의 치료제로 활용되는 10여 종에 불과하며 항암 및 치매 치료를 위한 12종이 임상 I, II, III 단계가 진행 중에 있다.

미국에서 1960년대부터 바다로부터의 의약품 개발을 위한 연구가 시작되어 최근 상품화된 대표적인 의약품으로는 유방암, 난소암에 효과가 있는 디뎀민 B(Didemnin B), 백혈병에 효과가 있는 아라-C(Ara-C)와 같은 항암제 8종, 항생제로는 이스타미신(Istamycin), 아플라스모니신(Aplasmonysin) 등과 같은 항생제 6종이 있다. 그 외 마노알리드(Manoalide)와 같은 소염제도 있으며, 농약으로 시토키닌스(Cytokinins)와 같은 제초제 외 2종의 살충제가 해양 미생물과 동식물로부터 개발되었다. 1969년에 카리브해 우렁쉥이(*Ecteinascidia turbinata*)에서 분리된 트러백티딘(Trabactedin)은 2007년에야 비로서 항암(Sarcoma) 치료제로서 FDA 승인을 받았다(표 40-1, 표 40-2).

표 40-1. FAD 승인 해양 생물 유래의 의약품.

임상 단계	물질명	상품명	유래성분	물질군	표적분자	국명	대상질병
FDA 승인	Cytarabiln(Ara-A)	Cytoasr-U	해면	Nucleoside	DNA polymerase	미국	암
	Vidarabine(Ara-A)	Vita-A	해면	Nucleoside	DNA polymerase	미국	바이러스 질환
	Ziconotide	Prialt	청자고둥	Peptide	N형, 칼슘 채널	미국	통증
	Trabectedin	Yondelis	군체 우렁쉥이	Alkaloid	DNA	스페인	암
	ω-지방산 에틸레스테르	Lovaza	어류	지방산	트리글리세리드 중합효소	미국	과트리글리세리드 혈증
	Eribulin mesylate	Halaverm	해면	Macrolide	미소관	미국	암

표 40-2. 임상 중인 해양 생물 유래의 의약품.

임상 단계	물질명	상품명	유래성분	물질군	표적분자	국명	대상질병
3상	Brentudimab	-	연체동물류	항체펩티드 복합체	CD30, 미소관	미국	암
	Plittidepsin	Plittidepsin	군체 우렁쉥이	Depipeptide	Racl, JNK	스페인	암
2상	DMXBA(GTS-21)	-	곤벌레	Alkaloid	니코틴성 아세칠콜린 수용체	미국	치매
	Plinabulin(NPI-2358)	-	진균	Diketopiperazine	세포막 유통성	스페인	암
	Elisidepsin	Invalec	연체동물류	Alkaloid	DNA	스페인	암
	CDX-011	-	연체동물류	항체펩티드 복합체	NMB, 미소관	미국	암
	Zene2174	-	청자고둥	Peptide	norepinephrine	호주	통증
1상	Marizomib	-	방성균	β-lactone-γ-lac-tone	2DS proteasome	미국	암
	PM01183 (travectidin analog)	-	군체 우렁쉥이	Alkaloid	DNA	스페인	암
	SGN-75	-	연체동물류	항체펩티드 복합체	ASG-5, 미소관	미국	암
	Hemlasterline(E7974)	-	해면	Peptide	미소관	미국	암
	Bryostain 1	-	이끼벌레	Macrolide	PKC	미국	암
	Pseudopterosin	-	부채산호	Daterpene	Elcosanoid	미국	창상

이와 같이 해양 생물로부터 의약품을 개발하려는 노력은 미국에서 열성적으로 이루어졌지만 의약품 개발 성공률이 저조했던 이유는 약리작용을 나타내는 생리활성물질이 극미량이며 독성이 매우 강하고 구조가 복잡하여 합성이 어렵기 때문이었다. 그러나 해양 생물에는 생리활성물질은 극미량으로 존재하지만 단백질, 지질, 당질, 각종 효소 등 잠재적 활성 물질이 다량으로 존재하고 있다. 잠재적 생리활성물질 그 자체는 생리 기능을 나타내지 않지만 생물 전환 기술을 통해 생리활성물질로 전환이 가능하며 의약품이나 기능성 식품 소재로 활용될 수 있다.

항암 물질

해양 생물로부터 생리활성물질 개발에 있어서 가장 활발한 분야 중의 하나가 항암제 개발 분야이다. 해양 생물로부터 항암제 개발 연구는 미국 국립암연구소(National Cancer Institute, NIC)에서 주도하여 산학연 협동 연구에 의하여 진행되고 있다. 미국 국립암연구소에서 다양한 해면동물에 대해 항암 효과를 검색한 결과를 보면 해면류(Porifera), 멍게류(Tunicates), 경골류(Osteichthyes), 빗해파리류(Ctenophora) 등에서 빈도 높게 항암활성이 나타나고 있다.

미국 국립암연구소에서는 백혈병, 폐암, 결장암, 중추 신경계암, 흑색종, 난소암, 신장암, 전립선암, 유방암 등의 60여 가지의 인체 암세포를 이용한 시험관 검색 방법을 구축해 놓고 있다. 1차적으로 특정 시효에 대해 60여 가지의 인체 암세포에 대한 검색을 실시하여 특정 암세포에 대한 선택적인 활성이 발견되면 이 인체 암세포를 쥐(athymic mouse)에 이식하여 동물 실험을 실시하게 된다. 이 시스템을 이용하면 논리적이고 효율적으로 항암 효과 검색을 실시할 수 있다. 그러나 이러한 시스템이 이상적이긴 하지만 유지비용이 엄청나기 때문에 일반 연구소에서는 채택하기 힘든 방법이다.

그래서 개발된 것이 좀 더 간단한 검색 방법들인데 성게알 분석법(sea urchin egg assay)이 그 중 하나이다. 갓 수정한 성게알은 신속하게 세포분열 과정을 거치게 되는데 이 세포분열 과정에서 검색 시료가 미치는 영향을 관찰함으로써 항암 효과의 지표로 삼는다. 이 방법은 세포분열 억제 물질을 추적하는 데 유용할 뿐 아니라 항암 후보물질의 작용 기전을 연구하는 데에도 유용하게 사용할 수 있다. 또한 결과를 신속하게 볼 수 있고 특별한 장비나 기술이 필요 없다는 장점이 있다. 이 방법을 이용한 예비 검색에서 일차적으로 선별한 물질에 대하여 추후 생체 이용 검색을 실시하면 많은 시간과 노력을 절약할 수 있다.

화학요법제는 암세포의 각종 대사 경로에 개입하여 주로 DNA와 직접 작용하여 DNA의 복제, 전사, 번역 과정을 차단하거나, 핵산 전구체의 합성을 방해하고 세포분열을 저해함으로써 항암 활성, 즉 암세포에 대한 세포독성을 나타내는 약제를 총칭한다.

화학요법제로는 핵산 알킬화제(alkylating agent), 대사길항제(metabolic antagonist), 항생제, 식물 유래의 알칼로이드(alkaloid: 세포성장과 함께 액포 내에 축적하는 식물계에 분포하며 질소를 함유한 염기성화합물) 같은 천연물 및 호르몬제 등이 있다. 또한 문헌 조사 결과에 따르면 해양 생물로부터 분리된 항암 천연물로는 디뎀닌 B(didemnin B), 돌라스타틴(dolastatin), 시아노사프라신 B(cyanosafracin B) 등이 보고되어 있다.

항바이러스 · 항균 물질

바이러스성 질환은 일반적으로 백신에 의해 예방할 수 있는 경우가 많은데 후천성 면역 결핍증(AIDS)을 비롯한 몇몇 바이러스성 질환은 백신에 의한 퇴치가 쉽지 않다고 한다. 현재 바이러스성 질환 치료제의 필요성은 점점 증대되고 있으나 항바이러스제로 개발된 것은 그리 많지 않으며 그나마도 주로 뉴클레오시드(nucleoside)류에 한정되고 있다.

지중해의 해면동물인 *Dysidea* sp.로부터 분리된 세스퀴테르펜 히드로퀴논(sesquiterpene hydroquinone)은 상당한 항바이러스 효과가 있으며 아바론(avarone)과 아바롤(avarol)은 사람의 면역결핍 바이러스-I 역전사효소(HIV-I reverse transcriptase)를 저해하는 기능이 있어 AIDS 치료에 응용될 가능성이 있다(그림 40-1).

한편 지중해산 해양 동물류인 해면(*Eunicella cavolini*)으로부터 분리된 뉴클레오시드 9-β-D-아라미노실 아데닌(Ara A)은 DNA를 가지고 있는 바이러스에 대해 강한 항균 활성을 나타내어 항바이러스 약으로써 이용되고 있다. 또한 군체 멍게류인 *Eudistoma olivaceum*에서 분리된 오이디스토민(eudistomin)은 단순성 포진 바이러스(HSV-I)에 대한 항바이러스 효과뿐만 아니라 항균 효과도 나타내는 것으로 밝혀졌다.

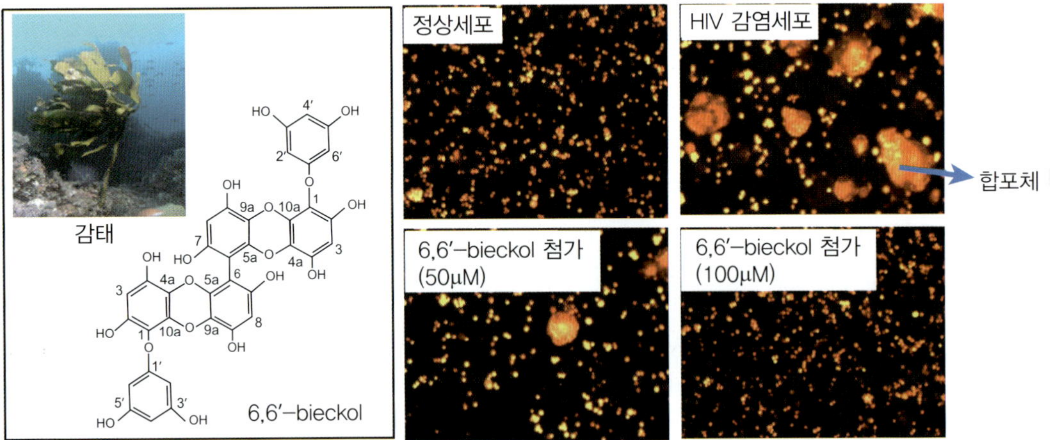

그림 40-1. 감태로부터 분리된 6,6′-비에콜의 HIV 감염 세포내 합포체 형성 저해 효과.

카리브해의 해면동물인 *Ptilocaulis spiculifer*와 홍해의 해면동물인 *Hemimycale* sp.로부터 분리한 프틸로미카린(ptilomycalin) A는 단순 포진 바이러스(Hepres Simplex Virus, HSV)에 대해 생육 저지 효과뿐만 아니라 항암, 항진균 효과도 있다.

멍게류인 *Lissoclinum patella*에서 분리된 파텔라졸라 B(patellazole B)는 HSV에 대한 강력한 항바이러스 효과를 나타내었으며, 남조류인 *Lyngbya lagerheimii*와 *Phornidium tenue*에서 분리된 당지질은 HIV-I에 대해 생육 저지 효과가 보고되었다.

갈조류인 다시마(*Laminaria japonica*)의 대사산물인 푸코이딘(fucoidin)을 비롯한 해조류의 황산 다당류(sulfated polysaccharide)는 단순 포진 바이러스(hepres simplex virus, HSV), 사람 면역결핍 바이러스(human immunodeficiency virus, HIV)를 비롯한 여러 바이러스를 저해하는 것으로 알려졌다.

특히, HIV에 감염된 세포는 세포막의 융합이 일어나면서 합포체(syncytium)를 형성하여 다핵성의 거대세포가 형성되는데, 최근에 저자의 연구실에서 갈조류 감태(*Ecklonia cava*)로부터 분리된 6,6-비에콜(6,6′-bieckol)이 HIV 감염 세포 내의 합포체 형성을 현저히 억제시키는 것을 밝혀냄에 따라 후천성 면역결핍 질환의 치료에 응용될 것으로 보인다(그림 40-1).

지중해 살지나아 섬 하수 처리장의 배출구 부근에서 발견된 해양 미생물로부터 수종의 항생물질이 분리되었다. 그 중 강력한 항균력을 나타내며 페니실린 내성균에 유효한 세팔로스포린 C(cephalosporin C)의 발견을 계기로 여러 종류의 합성 세팔로스포린류가 개발되어 오늘날 세균 감염 질환의 치료제로써 널리 사용되고 있다.

또한 식용 해삼인 *Stichopus japonicus*의 사포닌 혼합물이 무좀균에 대해 현저한 발육 저지 작용을 나타내는 것으로 알려져 그 주성분인 홀로톡신 A(holotoxin A)는 무좀약으로 사용되고 있다.

약리 활성 물질

해인초로 잘 알려진 홍조류인 *Digenea simplex*는 구충약으로 전승되어 왔다. 그 유효 성분은 아미노산의 일종인 카인산(L-α-kainic acid)이며, 체내 기생충(회충, 편충, 조충)의 탈

수소효소(dehydrogenase) 활성 억제에 의한 조직의 호흡을 차단함으로써 기생충을 마비시키는 구충제로서 산토닌과 병용하여 사용되었다.

바다낚시의 먹이로 이용되는 환형 동물인 갯지렁이의 사체(carcass)에 파리들이 앉으면 죽는 사실에 근거하여 독의 본체인 네라이스톡신(nereistoxin)이 분리되었다. 이것은 파리 이외에 다수의 유해충류에 살균 작용을 나타내었을 뿐만 아니라 포유동물에 대한 급성 독성이 비교적 낮아 많은 종류의 관련 화합물이 합성되었으며 그 중에서 온혈동물에 무독하며 생체 내에서나 자연 상태에서 분해되고 특히 유기인제(organophsphorus pesticides)나 염소제(chlorinated pesticides)에 저항성을 가진 곤충에 유효한 카르탭(cartap, 상품명 Padan)이 개발되어 농업용 살충제로 널리 이용되고 있다.

항염증 물질

해양 천연물 중에서 강력한 항염증이나 진통 작용을 나타내는 물질들이 염증 반응에서의 아라키돈산(arachidonic acid) 대사 및 칼슘이온(Ca^{+}) 이동에 대한 연구에 많은 공헌을 한 바 있다.

염증 반응은 궁극적으로 세포 내외 칼슘이온의 방출과 이동에 의해 일어나게 된다. 칼슘 이온의 이동 기작은 작용물질(agonist)이 수용체에 결합하면서 시작된다. 수용체는 구아닌-뉴클레오티드-결합 단백질(G-protein)을 매개로 하여 신호를 전달하여 인산 지방질가수분해효소(예, PLA_2, PLC)를 활성화시킨다. 지방질 가수분해효소는 세포막의 인지질을 가수분해하여 2차 신호 전달물질 [예, 이노시톨 삼인산(inositol triphosphate, IP_3) 및 아라키돈산(arachidonic acid)」을 생성한다. 이노시톨 삼인산이 조면 소포체(rough endoplasmic reticulum)에 있는 수용체와 결합하게 되면 세포 내 칼슘이온이 유리된다. 세포 외의 칼슘이온 방출은 아라키돈산의 유리에 의해 좌우되는 것으로 밝혀졌다.

아라키돈산은 사이클로옥시지네이스 경로(cyclooxygenase pathway)를 거쳐 프로스타글란딘(prostaglandins), 프로스타사이클린(prostacyclin) 또는 트롬복세인(thromboxane)으로 대사된다. 또 다른 경로로는 지방질 산화효소 경로(lipoxygenase pathway)를 통하여 테트라에노인산(tetraenoic acid), 류코드리엔(leukotriene), 리폭신(lipoxin) 등으로 대사된다. 이들 아라키돈산 대사 물질들이 칼슘 채널에 있는 수용체에 결합하게 되면 세포 외의 칼슘이온의 이동이 일어난다.

현재까지 염증 반응에 작용하는 것으로 알려진 많은 약물들이 인지질 대사나 칼슘이온 이동을 조절함으로써 항염증 효과를 나타낸다. 그러므로 인산 지방질 가수분해효소나 칼슘이온 이동을 저해하는 물질을 탐색하여 찾아내면 소염진통제 개발에 이용할 수 있다.

해양 천연물 중에서 강력한 항염증과 진통 작용을 나타내는 물질이 발견되고 있다. 해면동물인 *Luffariella variabilis*로부터 분리된 세스터테르페노이드 마노알리드(sesterterpenoid manoalide)는 강력한 항염증 효과를 나타내며, 카리브해의 gorgonian *Pseudopterogorgia bipinata*와 *P. elisabethae*로부터 분리된 디테르펜 리비시드(diterpene ribiside)인 슈도테로신(pseudoterosine)류는 강력한 항염증, 진통 효과를 나타내는 것으로 밝혀졌다.

연구용 시약

예로부터 동·식물의 독은 신경생리학 분야에서 연구용 시약으로써 광범위하게 사용되어 왔다. 1960년대 중반 복어독이 세포막에 존재하는 나트륨이온을 선택적으로 통과시키는 단백질로 된 막을 특이하게 저해시켜 나트륨이온의 세포 내 유입을 억제한다는 것이 밝혀지면서 신경 전달 기능 등 여러 가지 연구에 사용되어 왔다. 그 결과 신경 생리학 분야의 지식에 많은 발전을 가져왔다.

이러한 특이적인 시약의 발견은 학문의 발전에 크게 기여했고, 특히 근래 생명과학 분야의 연구가 분자 수준까지 진행됨에 따라 연구용 시약으로서의 중요성은 한층 높아졌다. 특히 특정 수용체가 관여하는 생명현상에 관한 지식이 많이 축적되어, 자연히 이러한 특이적인 시약의 수요도 급증하게 되었다.

대표적인 예로 단백질 탈인산화효소 1 및 2A형의 특이적인 저해제인 오가다산(okadaic acid)과 칼리큘린 A(calyculin A)의 발견을 들 수 있다. 이 화합물은 해면으로부터 세포 독으로 처음 분리되었고 그 작용 기작이 효소 저해에 의한 것으로 밝혀져, 단백질의 인산화와 탈인산화에 관여하는 생화학 현상의 해석에 널리 이용되고 있다,

그 결과 세포 내 정보 전달, 근수축, 암화 등에 관한 지식이 대단히 발전되었다. 또한 수년 전에 연구용 시약인 카이닌산(Kainic acid)이 세계적으로 부족하여 캐나다에 있는 기업이 그 생산을 증가시킴으로써 연구용 시약의 산업적 중요성이 대두되었다.

제4부

신재생 해양 에너지 생산

| 주요 내용 |

41. 해양바이오 매스 |
42. 해조류로부터 에탄올 생산 |
43. 해조류로부터 메탄 생산 |
44.미세조류로부터 바이오디젤 생산 |
45. 바이오 수소 생산 |
46. 천연 해양 에너지 |

[41] 해양 바이오매스

바이오매스(biomass)란 정해진 공간 내에 존재하는 동물, 식물, 미생물 등의 유기체 모두를 물량으로 환산한 양을 말하며, 우리나라의 생태학 분야에서는「생물 현존량」또는「생물량」이라 한다. 화학 연료나 핵에너지와 병행하면서 태양에너지를 이용할 수밖에 없는 오늘날의 응용과학 분야에서 바이오매스라는 말은 본래의 생태학적 용어를 넘어서 사용되고 있다. 즉 생물이 태양에너지를 축적하는 기능을 이용하여 유용 물질이나 연료를 얻으려는 개념의 구체적 대상으로서 바이오매스는 위치하고 있다.

최근에는 미래의 에너지원으로 원자력, 태양에너지, 바이오매스 등이 고려되고 있다. 특히 무궁무진한 태양에너지 그리고 그 태양에너지의 축적물인 바이오매스를 새로운 에너지 자원 물질로서 이용하는 것에 기대를 하고 있다.

지구 전체의 바이오매스의 총량은 1.0 X 10^{12}톤(탄소로 환산) 이상으로 추정되며, 이는 연간 에너지 소비량의 100배, 석유 매장량의 5배에 해당된다. 또한 바이오매스 총량의 1/10은 태양에너지를 이용한 광합성에 의해 매년 재생산이 되고 있다. 이 무한한 부존 자원인 바이오매스는 아직까지 거의 이용되지 않고 있어 앞으로 높은 효율로 에너지를 생산하는 것이 가능해진다면 21세기의 주요한 에너지 생산 시스템이 될 수 있을 것이다. 특히 해조류, 미세조류, 해양 미생물 등의 해양 바이오매스를 이용한 에너지 생산은 미래의 에너지 자원으로 사용하기에는 충분하다.

우리나라는 예로부터 식용으로서 해조류를 중요시하였고 미역, 다시마, 김을 비롯해 많은 종류의 해조류가 우리나라의 식문화에 정착되어 왔다. 해조류의 용도는 식용 외에 가축의 사료, 작물의 비료, 의약품, 화장품, 식품첨가물, 공업 원료 등 매우 다양하다. 최근에는 석유, 석탄과 같은 화학에너지 자원이 고갈되고 급격한 인구 증가로 인해 예상되는 에너지 위기에 대비하여 지구 표면의 2/3를 차지하는 해양에 내리쬐는 태양에너지를 효율적으로 이용하려는 방안이 대두되고 있는데, 해조류는 이를 위한 해양 바이오매스 자원으로 크게 주목을 받고 있다.

우리나라는 삼면이 바다로 둘러싸여 있어 비교적 해조 자원이 풍부하지만, 국토가 작고 자원이 적어 1970년대 오일쇼크 이래로 대체에너지 개발에 노력을 기울여 왔다. 하지만 기대할 만한 성과를 거두지 못하고 있는 실정이다.

우리나라에서 식용으로 이용하는 해조류는 크게 대략 15종이다. 세계적으로는 200종이 넘는다고 한다. 식용 해조류는 김, 미역, 다시마, 파래, 바닷말 등을 들 수 있는데, 2010년 수산 연감에 따르면 천연 및 양식 산 모두 합친 전체 해조의 생산량은 약 10,000톤이다. 또 식용이나 해양 바이오매스 자원으로 사용이 가능한 유용 해조류로는 남조류 2종, 녹조류 35종, 갈조류 106종, 홍조류 254종 모두 397종인데, 이들을 해양 바이오매스 자원으로서 활용하기 위한 생산량을 향상시키는 방법으로는 증·양식 기술의 개량과 육종 기술의 개발에 의한 우량품 종의 확보 등이 있으며, 이러한 배경 속에서 비교적 불충분했던 응용 해조류학 분야의 진흥을 꾀하기 위해 해조류 바이오테크놀로지에 관한 연구가 미국, 유럽과 일본을 중심으로 급격히 발전해 왔다.

미세조류는 수중에 서식하는 단세포생물이기 때문에 밭이나 토양이 필요하지 않고 기본적으로 물과 빛만 있으면 광합성을 하여 대기 중의 이산화탄소로부터 연료(탄화수소)를 생산하여 축적할 수 있다. 면역적으로 안정한 상태에서의 생산 에너지 효율은 지상 식물의 약 10배 정도로 알려져 있고 또 지상 식물과 달리 365일 수확할 수 있어 재배·수확이 간편하여 자동화에 적합한 이점도 있다. 미세조류는 차세대의 바이오 연료의 최후의 수단(방법)으로써 세계적으로 주목을 받고 있다.

그림 41-1. 일본 후쿠시마 원전 사고(2011년).

42 해조류로부터 에탄올 생산

화학 연료인 석유는 매장량이 한정적이고 연소시켰을 때 발생하는 이산화탄소가 지구 온난화의 주범으로 알려지면서 석유로부터 벗어나 대체에너지를 개발하고자 하는 관심이 고조되고 있다.

대체에너지 주역으로서 간주 되었던 원자력 발전이 일본에서 발생한 대지진과 해일에 의한 후쿠시마 원자력 발전소의 폭발 사고로 아주 심각한 사태가 초래됨에 따라 앞으로 원자력 발전소 건설은 물론 기존 원자력 발전소 운전에도 변화나 재검토가 요구되고 있는 실정이다(그림 42-1).

우리 국민에게 전력 부족에 대비해서 더욱 에너지 전력을 아끼는 생활 습관이 요구되는 한편, 태양광, 수력, 풍력 등의 자연 에너지를 더욱 더 활용하고 바이오매스로부터 생산되는 바이오 에탄올과 같은 재생 가능한 에너지 이용을 높이기 위한 효율적인 생산 기술 개발이 요구되고 있다.

그림 42-1. 강원도 대관령의 풍력발전소.

지금까지 에탄올 생산 자원으로서 대두, 옥수수, 사탕수수, 사탕무 등과 같은 식량 자원 이외에 목재, 건축, 낙엽, 보리질, 멧질 등이 활용 대상이었다.

현재 브라질, 미국, 유럽 등에서 옥수수, 대두, 사탕수수 등 재배 작물이 바이오 연료용으로 이용되자 관련 곡물 가격이 급등하면서 세계 식량 부족 사태를 초래하는 문제를 야기시켰다.

따라서 최근에는 비식용 바이오매스로서 잡초, 볏짚, 폐재목 등의 리그노셀룰로오스(ligno cellulose)계 바이오매스와 해조류가 있다. 이 중 리그노셀룰로오스계 바이오매스는 셀룰로오스를 리그닌이 둘러싸고 있어 추출이 어렵기 때문에 먼저 리그닌을 제거해야 하며, 난분해성 셀룰로오스의 당화(saccharification)가 어렵고, 사용하는 약품 처리 등이 장애가 되어 생산 기술의 발전이 되지 않고 있다.

해조류는 일부가 식품으로서 이용되고 있지만 바다에서 대량 생산되고 있어 에탄올 원료로서 무궁무진한 바이오매스의 원료라고 할 수 있다. 여기서 말하는 해조류는 녹조류, 갈조류, 홍조류에 속하는 대형 해조이며, 연안 지역에 분포하고 있지만, 전 세계적으로 바다에서 생산되고 있어 그 생산량은 열대우림 지대 생산량을 능가한다. 에탄올 생산을 위해 육상 바이오매스를 재배하는 것과 비교하면 해조류 바이오매스는 자연 발생적으로 생육하며 생육 장소가 광대한 바다이기 때문에 식용 농작물의 경지나 물과 경쟁이 되지 않고 농약 투여에 의한 환경부하가 없는 것도 큰 장점이 되고 있다.

에탄올 원료로서 해조의 성분에 주목하면 셀룰로오스계 다당류, 전분계 다당이나 고분자 황산화다당, 우론산 중합물인 알긴산, 만니톨과 같은 당알코올 등 여러 당질이 대량 함유되어 있다. 그러나 해조는 육상 바이오매스에서 볼 수 있는 셀룰로오스계 다당의 추출을 방해하는 리그닌을 함유하지 않거나 함유한다 해도 아주 소량이기 때문에 에탄올 발효의 원료로 이용하기 쉬운 바이오매스라고 할 수 있다.

녹조, 갈조, 홍조의 자원량에 대해서는 녹조류는 담수의 영향이 있는 바닷물과 민물이 합쳐지는 곳이나 그의 하구에 한정되기 때문에 자원량은 3종 중에서 가장 적다. 홍조류는 종류는 많지만 소형종이 대부분을 차지하고 있고 한천이나 카라진난(carrageenan) 등의 점질 다당은 식품이나 일용품의 증점제(thickening agent)로서의 수요가 많지만 에탄올 생산 원료로서의 이용은 기대되지 않는다. 그런 점에서 갈조류는 참다시마, 미역, 모자반, 자이언트캘프 등 대형종이 많고 3종의 해조류 중에서 가장 생산량도 많아 에탄올 원료로서 기대된다. 다만 푸코이단(fucoidan), 알긴산, 라미나란(laminaran), 셀룰로오스계 다당류 외 만니톨(mannitol)과 같은 당알코올도 다량 함유되어 당질 조성이 복잡하기 때문에 통째로 이용하는 데 큰 장애가 되고 있다.

그리고 해조류는 육상 바이오매스보다 조직이 부드럽고, 수분함량이 높기 때문에 바다에서 건지면 부패가 진행되어 악취를 내기 쉬워 이에 대한 대책도 필요하다.

해조로부터 에탄올 생산 공정

해양 바이오매스로부터 에탄올 생산 공정은 해조류의 건조, 분쇄, 분말화, 액화, 당화 등의 전처리를 거쳐서 에탄올 발효 및 정제(농축, 분리) 순서로 진행된다.

액화

해조 성분을 취한 후 효소 처리나 미생물 발효를 쉽게 하기 위해서는 액화가 필요하다. 해조 액화의 방법에는 ① 건조 분말로부터 당질 성분을 추출하는 방법과 ② 생해조에 효소를 작용시켜 세포벽이나 세포간 충전 다당류를 분해시키는 방법 ③ 생해조를 고온 고압 조건하에서 액화하는 방법 등이 있다.

당화

당화에는 산가수분해, 고온 고압 분해, 효소 분해 등이 있다. 예로서 산가수분해는 3% 황산으로 120℃에서 60분간 처리로 가능하다. 대부분의 다당은 산분해로 단당까지 분해되지만 단당의 과분해가 일어나 단당의 수율이 떨어질 수도 있다. 너무 지나친 분해는 얻어지는 단당의 회수율을 저하시켜서 결과적으로 에탄올 회수율의 저하로 이어진다. 또 가수분해한 후 사용한 황산을 제거해야 한다. 황산을 제거할 수 있는 쉬운 방법은 알칼리로 중화시킬 수 있지만 염이 생성되어 그 후 에탄올 발효 때 발효에 관여하는 효모와 같은 미생물의 생육이나 발효에 영향을 미칠 수 있다.

다른 방법으로 분해액을 이온교환수지로 처리하여 단당과 황산을 분리하는 방법이다. 황산은 회수하여 재이용할 수 있지만 장치에 황산에 의한 부식을 방지할 수 있는 시설을 갖추어야 하므로 설비에 대한 투자가 커진다.

해조를 여러 압력과 온도로 처리하면 해조 조직이나 성분이 변화하여 다당의 추출이 쉬워져 당화나 분해를 하게 된다. 목재와 같은 육상 바이오매스를 초임계 조건(374℃ 이상, 22MPa 이상)이나 아임계조건(초임계 부근)에 두면 구성성분이 용출되어 분해된다(그림 42-2).

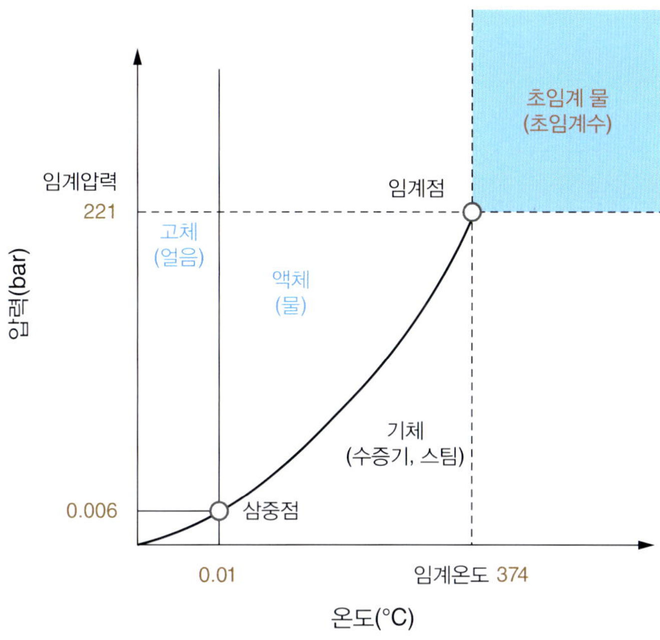

그림 42-2. 물질의 상평형(phase equilibrium) 변화도.

(대부분의 물질은 어는점(녹는점)과 기화점(응축점)이 존재하듯이 삼중점(triple point: 성분계의 상평형 그림에서 기체상, 액체상, 고체상이 평형되어 있는 점)도 존재하고 임계점도 존재한다. 임계점은 그 물질의 특성이며, 물질마다 다른 임계점을 가지고 있다. 임계점은 임계온도와 임계압력을 동시에 만족하는 조건을 말하며, 물의 임계점은 임계온도는 374℃, 임계압력은 221bar(218.3atm)이다. 임계온도는 물질의 온도가 너무 높아서 아무리 압력을 가해도 액화되지 않는 온도를 말하며, 임계압력은 물질의 압력이 너무 높아 아무리 온도를 올려도 기체가 되지 않는 압력을 말한다.)

해조를 초임계나 아임계 조건에 맞추어 놓고 고압 처리(예, 500~1000MPa, 60~80℃, 30분)하면 해조는 액화와 당화가 동시에 진행된다. 이 방법에서는 초고압에 견딜 수 있는 압력 용기가 필요하기 때문에 다량의 해조를 처리하는 것은 어렵다.

효소에 의한 당화는 해조 성분인 당의 구성성분과 결합 양식에 따라 사용하는 효소의 종류가 다르다. 해조 다당에는 여러 가지 구성당이 함유되어 있어 여러 가지 구성 단당과 결합 양식으로 되어 있다.

에탄올 발효

복잡한 구성성분을 저분자화한 다음 생성된 단당으로부터 에탄올로의 변환을 발효라 한다. 에탄올 발효의 주원료인 당질은 갈조류에서는 글루코오스와 만니톨이며, 녹조류와 홍조류에서는 글루코오스(glucose), 갈락토오스(galactose) 및 크실로오스(xylose) 등이다.

에탄올 발효는 효모나 세균 등의 미생물이 그 역할을 한다. 이때 가장 좋은 방법은 단일 미생물이 모든 구성성분을 이용해서 에탄올로 변환시키는 것이다. 그러나 발효에 관여하는 미생물에 갖추어진 효소의 특성상 그것을 기대하는 것은 곤란하다. 그러나 유전자 개량에 의해 더 광범위한 기질 특이성을 갖는 효모를 만들어 낼 수 있어 앞으로 기대된다.

글루코오스는 여러 미생물에 의해 에탄올로 전환된다. 홍조류에 많이 함유되어 있는 갈락토오스도 글루코오스-6-인산으로 변환된 후 에탄올이 생성된다. 우리나라 전통주에 사용되는 「누룩」이라는 누룩곰팡이에 함유된 여러 미생물이 참다시마에 함유되어 있는 알긴산을 분해하는 동시에 에탄올을 생성하는 것이 확인되었다.

다케다 등은 유전자 조작을 한 스핑고모나스(*Sphingomonas*) 속 세균을 사용해서 갈조류에 다량 함유되어 있는 알긴산으로부터 에탄올을 생산하는 것을 처음으로 성공시켰다. 이로 말미암아 갈조류에 함유된 주요한 당질이 모두 에탄올 발효로 전환되므로 자원량이 가장 많은 해조 바이오매스로부터 에탄올 제조가 크게 진전되었다.

앞으로의 과제

바이오 에탄올 생산에 있어서 글루코오스 1분자로부터 생산되는 에탄올은 2분자로 한정되어 있기 때문에 제조 공정은 전체를 통해 에너지 소비가 적은 효율적인 에탄올의 발효가 이루어져야 한다. 구체적으로 보면 에탄올 발효에 적합한 당질이 많이 함유된 해조류를 탐색 및 개발하여 이들 유용 해조류의 양식과 수확 방법이 확립되어야 한다. 또한 당질 회수율이 우수한 액화·당화법의 개발, 효율적인 발효 미생물의 탐색과 배양 방법, 에너지 투입이 적은 에탄올의 정제 방법 등이 확립되어야 한다.

무엇보다도 원료인 해조를 확보하는 것이 중요하므로 유망한 해조류의 대규모 양식이 필요하다. 원래 식품으로 이용되는 해조류 양식 방법으로는 비용이 많이 들기 때문에 비용을 절감할 수 있는 새로운 양식법 개발이 이루어져야 한다. 아울러 해조를 수확할 수 있는 방법도 해역의 특성이나 양식 시설 구조 등을 근거로 한 수확 전용선의 개발도 필요하다.

해조를 사용하는 에탄올 발효에서 생성되는 에탄올의 농도는 비교적 저농도이므로 저농도의 알코올 용액을 분리·농축해야 한다. 종래의 증류법에 막분리법을 가하여 저농도 알코올의 분리 농축을 할 수 있는 새로운 분리법이 개발되어야 한다.

이러한 여러 문제점이 해결된다면 해조로부터 에탄올이 생산되어 재생이 가능한 에너지로 활용될 것으로 기대된다.

[43] 해조류로부터 메탄 생산

해양 바이오매스를 에너지로서 사용한다는 아이디어는 1968년에 미국 윌콕스(Howard Wilcox)에 의해 처음으로 고안되었다. 그 후 1990년까지 정부 기관, 대학, 그리고 민간 기업이 협동해서 해양 바이오매스 에너지 프로그램을 시행했다. 프로그램에서는 재배종으로서 자이언트 캘프(*Macrocystis pyrifera*) 이용이 제안되었다. 자이언트 캘프는 갈조류의 한 종이며 성장이 빠르고 길이는 43m에 이른다(그림 43-1).

이 프로그램에서 제안된 해조 바이오매스 변환 공정을 그림 43-2에 나타냈다. 캘프는 전 처리 후 압착된 탈수 케이크(cake)와 착즙액으로 분리된다. 탈수 케이크가 메탄발효에 의해 에너지로 회수되지만 일부는 고부가가치 소재로서 알긴산이 추출된다. 혐기적 분해에서는 탈수 케이크에 가해 미생물 증식에 필요한 무기영양원의 보충과 바이오 가스량을 증가시키기 위해 가축 분뇨 등 유기 폐기물의 동시 분해(codigestion)도 고려되었다. 혐기 분해 후에 발효 잔사는 사료 첨가물로서 이용하거나 배합토(compost)로 처리해서 비료로서 이용, 일부는 가수분해해서 다시 메탄발효를 한다.

그림 43-1. 자이언트 캘프.

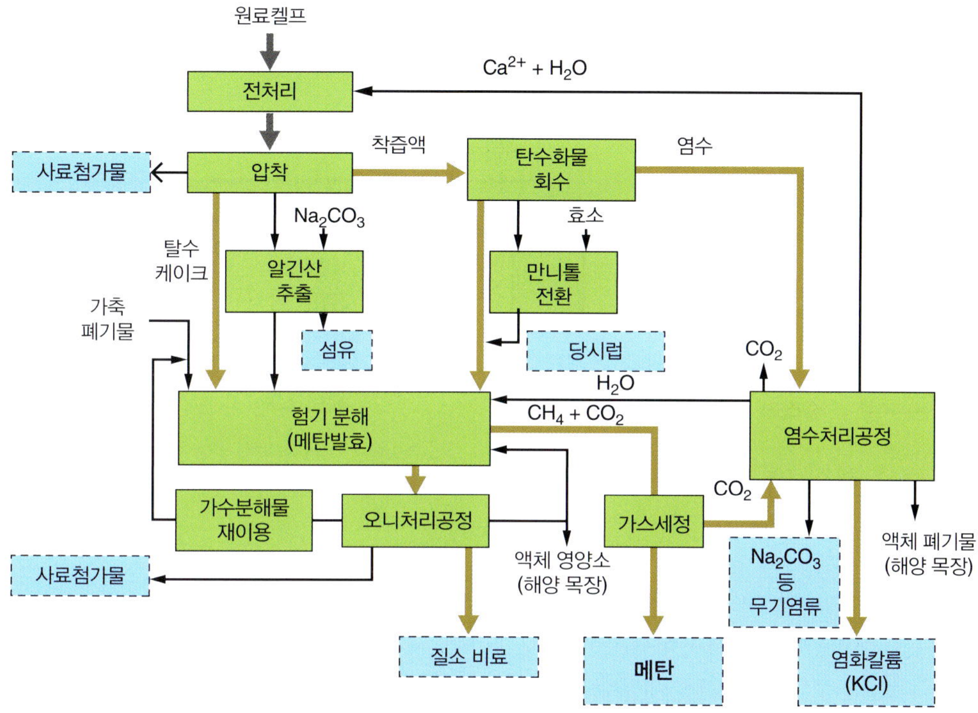

그림 43-2. 미국에서 해조에서 에너지 및 화학제품 생산 공정의 개요.

한편, 착즙액은 수용성 당류와 염류를 분리시킨다. 당류로서는 만니톨이 많이 함유되어 있어 메탄발효해서 에너지로 회수하는 것도 가능하지만 효소를 이용하여 변환시키면 더 부가가치가 높은 당시럽 등으로 이용할 수 있다. 그 이외에도 푸코이단, 클로로필, 폴리페놀, 비타민류, 카로틴류 등도 유용 산물로서 기대된다. 나머지 염수(brine)에는 조체에 농축된 무기 염료를 함유하고 있다. 예를 들면 건조 다시마 100g에는 5.3g, 건조 미역에도 5.2g 함유되어 있으며 염수로부터의 칼륨 회수가 공정에서는 상정(estimation)되어 있다.

또 해조는 세포벽의 고분자 다당 중에 카르보닐기(carbonyl, >C=O)나 황산기(sulfonyl, R–S(=O)$_2$–R') 등의 이온성 기를 다량 함유하고 있어 이들은 중금속을 흡착하기 때문에 희소금속(rare metals) 등의 중금속 회수도 가능하다. 이렇게 해조의 이용 공정은 조체로부터 고부가가치 물질의 추출·이용법과 추출 잔사로부터의 메탄 발효에 의한 에너지 회수로 크게 나누어져 있다.

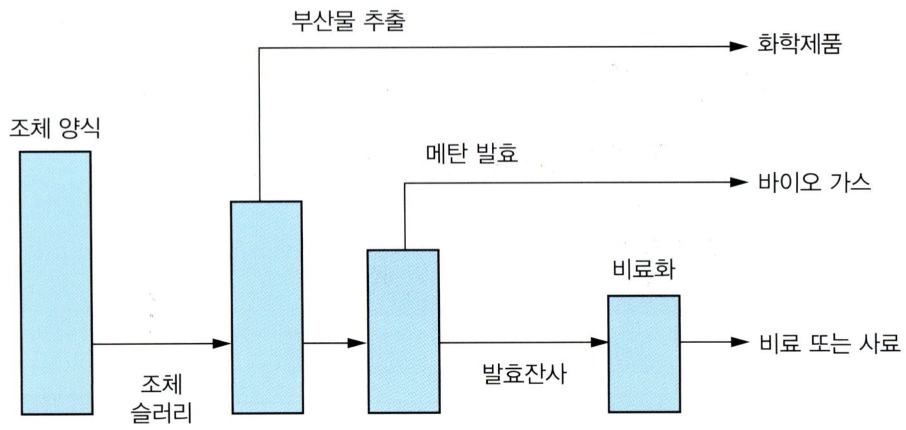

그림 43-3. 해조로부터 에너지 및 화학제품 생산 공정 개요.

한편, 일본에서 해조 바이오매스로부터의 에너지 생산에 관한 상세한 검토가 실행된 개요를 그림 43-3에 나타냈다. 재배종으로서는 일본 연안 주변의 가장 큰 해조류 중의 하나인 참다시마(*Laminaria japonica*)가 제안되었다. 우선 육상 수조에서 다시마 모종을 대량 배양하고 이것을 바다에서 재배할 수 있는 시스템으로 운반해서 다시마를 재배한다(조체 양식). 성장한 다시마를 수확해서 고부가가치의 유용 물질을 회수한 후 메탄발효에 의해 연료가스를 제조하는 것이고 메탄 발효법을 에너지 회수의 중심 기술로서 사용한다는 점은 미국에서 시도한 과제와 똑같다.

해조의 메탄 발효 과정

오래전부터 메탄 발효 과정은 계속 연구되었기 때문에 해조도 역시 여러 가지 미생물을 활용하여 유기물을 최종적으로 메탄과 탄산가스로 변환시키는 것으로 알려져 있다. 메탄 생성 과정은 보통 가수분해, 유기산 생성, 메탄 생성 과정으로 나눌 수 있다. 가수분해, 유기산 생성 과정은 3단계로 더 나눌 수 있다(그림 43-4).

폐수 중의 유기물, 특히 섬유, 단백질, 지질, 전분 등의 고분자 물질을 우선 가수분해한 다음 미생물에 의해 저분자화되고 알코올류, 저급 지방산 등이 생성된다.

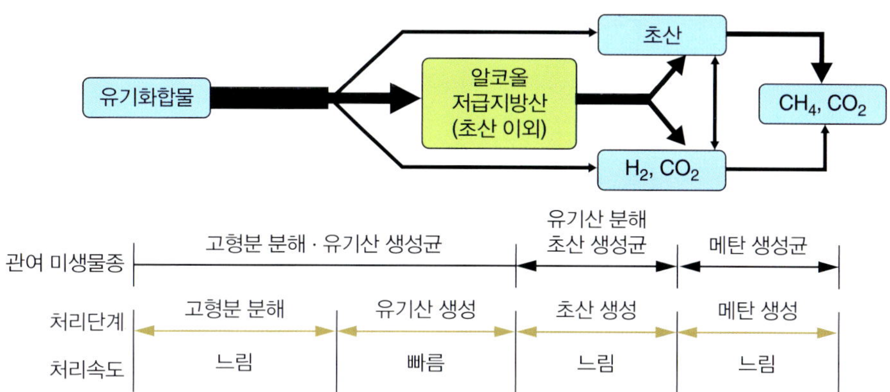

그림 43-4. 메탄 발효 과정의 개요.

대사산물의 종류와 비율은 미생물총 및 발효기질에 따라 크게 다르다. 예를 들면, 조섬유(crude fiber: 식품의 일반분석에서 시료를 뜨거운 황산 용액에 넣었을 때 용해되지 않는 유기성분)에 함유되어 있는 섬유소의 가수분해산물인 글루코오스는 혐기조건에서 저급 지방산과 함께 에탄올이 생산된다.

갈조류의 주요 성분인 알긴산으로부터 혐기조건에서 에탄올 생산은 기대할 수 없다. 이것은 알긴산 단량체인 β-D-만누론산(mannuronic acid)과 그 C-5 에피머(epimer: 하나의 부제탄소원자 주위의 입체배치가 서로 다른 입체 이성질체. 예, D-글루코오스와 D-만노오스)인 α-L-글루론산이 산성당이라서 에탄올 생성에 필요한 환원력이 부족하기 때문이다. 알긴산으로부터 혐기조건에서 생산되는 주요 생산물은 초산이다.

갈조류의 주요 성분인 만니톨($C_6H_{14}O_6$)은 에탄올 생산의 좋은 기질이 될 수 있다. 다만 에탄올 생산에 보통 사용되는 효모는 만니톨을 분해시키지 않기 때문에 유전자 조작기술을 사용하지 않으면 에탄올 생산에는 효모가 아닌 다른 균을 사용해서 만니톨을 분해시킬 수 있다. 당류 이외에 갈조류에 많이 함유된 조단백질도 에탄올을 만드는 데 환원도가 부족하기 때문에 보통 혐기성 미생물에 의해 주로 저급지방산으로 변환된다. 이렇게 혐기성 미생물에 의한 갈조류의 가수분해, 유기산 생성 과정에서 알코올은 많이 생산되지 않고 저급 지방산이 생성된다.

유기산 생성 과정에서는 생성된 프로피온산(propionic acid)이나 부티르산(butyric acid)과 같은 저급 지방산은 수소를 생성시키는 초산균에 의해 초산 및 수소와 탄산가스로 분해된다. 메탄 생성균이 이용할 수 있는 유기물은 아주 한정되어 있고, 인공적인 메탄 발효에서 메탄을 생성할 수 있는 기질은 초산과 수소이다. 이때 메탄 생성균에 따라 알코올이나 저급지방산으로부터 수소와 탄산가스를 만드는 것과 메탄과 탄산가스를 만드는 것으로 나뉜다.

해조의 메탄 발효 수율

해조는 쉽게 가수분해될 수 있는 당류를 함유하고 있고, 지상식물과 비교해서 리그닌 함량이 낮다. 예를 들면 옥수수의 리그닌 함량은 건조중량에 대해서 15.1%인 데 비해 갈파래의 리그닌 함량은 2.7%에 불과하다. 그렇기 때문에 해조는 간단한 분쇄처리로 발효시킬 수 있다.

여러 해조류의 초목류 및 식품잔사에서의 메탄 수율을 표 43-1에 나타냈다. 켈프류(*Macrocystis*)와 꼬시래기류(*Gracilaria*)의 경우는 양식조건에 의존하지만 휘발성 고형분(volatile solid, VS)의 80% 이상이 분해되어 고형분 kg당 0.40m^{3}까지 메탄 수율이 나오는 것으로 밝혀졌다. 식품잔사와 비교하면 메탄 수율은 약간 낮다.

표 43-1. 해조류부터 메탄 발효 수율.

조류	휘발성 고형분 분해 후(%)	메탄 수율(m^3/kg)
다시마류(Laminaria)	46~60	0.23~0.30
꼬시래기류(Gracilaria)	50~85	0.28~0.40
	18~39	0.05~0.19
자이언켈프(Macrocystis)	34~80	0.14~0.40
갈파래류(Ulva)	62	0.31
	41~56	0.14~0.23
모자반류(Sargassum)	-	0.12~0.20
	20~40	0.08~0.14
포플라(Poplar)	-	0.08~0.14
식품 폐기물(Food water)	-	0.54

예를 들면, 꼬시래기류(*Gracilaria*)와 같은 경우 성분조성에서 계산할 수 있는 이론적 메탄 생성 수율이 $0.46m^3$이며, 얻어진 결과는 이론적 수율에 가깝고 거의 이상적인 메탄 생성발효가 이루어졌다. 기타 해조에서 메탄 수율은 켈프류와 꼬시래기류보다 낮은 것으로 보고 되어 있지만 이것은 휘발성 고형분의 분해율이 낮기 때문에 앞으로 분쇄 방법이나 가수분해처리와 같은 전처리법이 확립되면 메탄수율이 향상될 것이다.

해조의 메탄 발효 장치

메탄 발효 공정의 핵심인 바이오가스 플랜트의 설계는 유기 폐기물 및 미생물군(flora)의 점도나 침강성 등 물리적 특성에 따라 어느 정도는 결정된다. 메탄 발효법에서는 종래, 연속적으로 공급되는 배수와 메탄 생성균군을 충분히 혼합하기 위해 교반기를 사용하여 기계 혼합(Continuous Stirred Tank Reactor, CSTR)이나 가스 또는 배양액 내부순환에 의한 완전한 혼합형 반응조가 사용된다(그림 43-5 b).

이들 방식은 구조의 보수 관리 및 유지가 간단하고 고형물도 동시에 처리할 수 있기 때문에 하수잉여 오니(sludge: 오탁물질이 침전되어 생긴 진흙상태의 물질)나 가축 분뇨처리에 현재도 많이 사용되고 있고, 해조 바이오매스의 혐기적 분해조로도 당연히 사용할 수 있다. 앞에서도 말했듯이 해조로부터 높은 수율로 메탄을 얻기 위해서는 오니 체류시간을 길게 할 필요가 있다. 완전 혼합형 발효조에서 오니 체류시간을 길게 하기 위해서는 수리학적 체류시간도 같은 체류시간이기 때문에 대형 발효조가 필요하게 되므로, 해양 생물에서 에너지를 회수할 경우에는 적용이 어렵다. 그래서 오니 체류시간만을 길게 할 수 있는 반응조로 교반하지 않은 수직으로 흐르는 반응조(Non-Mixed Vertical Flow Reactor, NMVFR)가 고안되었다(그림 43-5 c).

이 반응조는 고형물이 함유된 해조분쇄물을 반응조 아래 부분으로 보낸다. 침강성이 높은 고형물은 반응조 내에서 농축되어 삼출수(seeping water)만이 반응조 상부에서 제거됨으로 수리학적 체류시간보다 긴 오니 체류시간을 실현하였다. 이 반응조를 사용함으로 완전 혼합형 반응조와 비교해서 같은 오니 부하에 더 높은 메탄수율과 배양의 안전성이 얻어졌다.

메탄 발효는 가수분해, 유기산 생성 과정과 메탄 생성 과정으로 크게 나눌 수 있고, 각각 전혀 다른 미생물군이 반응에 관여한다.

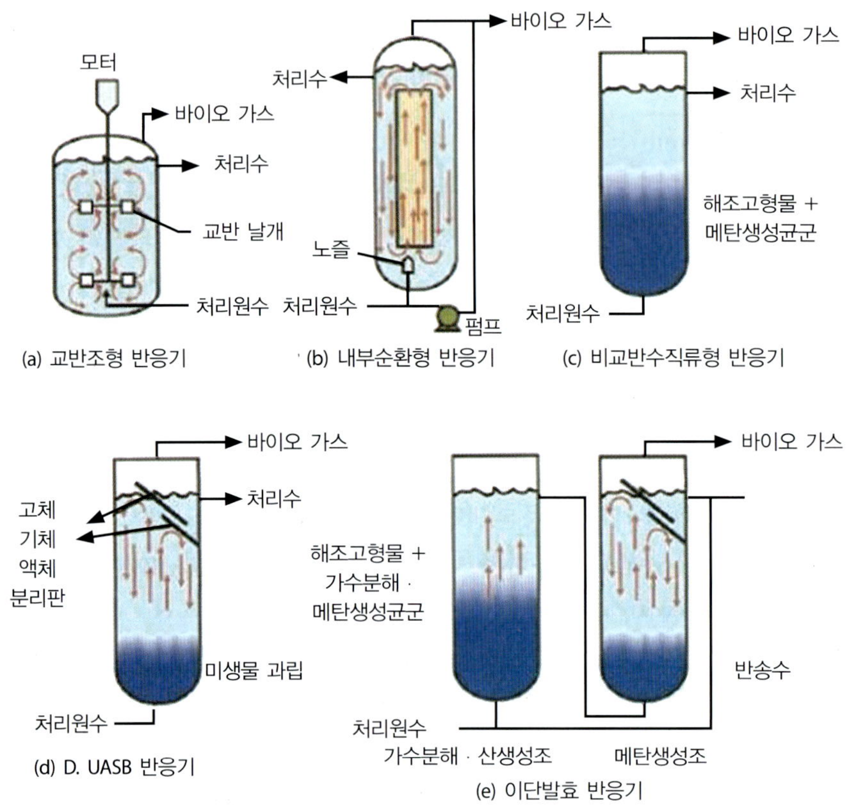

그림 43-5. 여러 가지 해조의 혐기적인 분해 반응조.

해조의 혐기분해에 있어서 부하속도를 올리면 완전혼합형과 교반하지 않은 수직으로 흐르는 형, 두 쪽 모두에서 저급지방산의 현저한 축적을 보였다. 이것은 고부하조건에서는 가수분해, 유기산 생성속도가 메탄 생성속도보다도 높기 때문이고 그대로 조작을 계속하면 pH가 산성화되어 최종적으로는 메탄 발효가 정지된다. 그러나 유기산 생성 과정과 메탄 생성 과정이 전혀 다른 미생물에 의해 행해지기 때문에 산 생성만을 고속으로 하는 발효조를 산 생성조로서 활용하여 고농도 저급지방산을 함유하는 수용액에서 메탄 발효하는 발효조를 연결한 2단계 시스템이 개발되었다.

조류 메탄 발효의 문제점

해조의 혐기적 분해에는 번거로운 문제가 남아 있다. 그것은 조체 중에 고농도의 황산 이온, 염(NaCl) 그리고 중금속을 함유하고 있다는 것이다. 이 중에서 특히 문제가 되는 것은 중금속이다.

해조는 세포벽의 고분자 다당 중에 카르보닐기나 황산기 같은 이온성 기를 다량 함유하고 있어서 이들이 중금속을 흡착한다. 그렇기 때문에 해수의 이동이 적은 내만에서 자란 해조에서는 카드뮴 등의 중금속이 고농도로 축적되어 있어, 스웨덴에서는 해조를 유독 폐기물로 분류하고 있다. 그렇기 때문에 혐기적으로 분해한 후 잔사를 생물 비료로서 사용하는 것은 제한적이다.

그러나 혐기적 분해법은 중금속 제거에도 도움이 될 수 있다. 앞에서 기술했듯이 해조의 혐기적 분해에는 2단계 공정을 적용하는 것이 좋다. 이단계 공정에서는 제1반응조에서 고형 유기물이 가수분해된 후 미생물의 혐기적 발효로 인해 주로 유기산이 생성된다. 이어서 생성된 유기산은 상향류 혐기성 오니블랭킷(UASB)법 등으로 고속 메탄 발효를 한다.

UASB법은 메탄발효에 관여하는 미생물이 저절로 모여서 미생물 과립을 형성하는 것을 이용해서 반응조 내에 균체를 고밀도로 유지함으로써 종래의 메탄 발효법과 비교해 비약적으로 높은 처리 속도를 달성하고 있다. 그래서 메탄 생성조로 고속 메탄 발효조를 연결하면 유기물 부하를 올려도 생성된 유기산이 고농도로 집적되어 메탄 발효균에 의해 신속하게 메탄화되기 때문에 고속처리가 기대된다.

해조 추출물에 함유되어 있는 중금속 이온은 가수분해시 pH가 낮은 조건에서 유리되기 때문에 이때 흡착제를 사용해서 제거하는 것이 가능하다.

[44] 미세조류로부터 바이오디젤 생산

미세조류로부터 연료를 얻어내려는 연구는 1970년대 2차례의 석유파동을 겪으면서 활발해졌다. 미국의 국립 재생에너지 연구소(NREL)는 미세조류로부터 바이오디젤을 생산하려는 해양 생물 중 프로그램(ASP)을 1978년부터 1996년까지 18년간 수행한 바 있다. 그러나 석유 가격이 안정되고 미세조류를 대량 배양할 때 우수한 종의 유지와 관리가 어렵고, 새로운 종의 개량 기술이 난관에 부딪히면서 연구개발이 지속되지 못하였다. 그러나 최근 수년간 식량문제, 환경문제, 에너지 문제가 전 세계에서 발생하면서 원유가가 급등함으로써 비교적 대량 배양이 쉬운 미세조류로부터 바이오디젤의 생산이 주목을 받고 있다.

지금까지 바이오 연료는 주로 옥수수, 사탕수수, 콩, 유채, 팜(palm) 등으로부터 에탄올과 바이오디젤을 생산하였으나 이를 자원의 활용하는 데는 한계가 있고, 식량으로 활용되는 곡물을 에너지 원료로 전환에 따르는 윤리적 문제가 발생되었다. 그러나 미세조류는 곡물과 경쟁하지 않고 유휴 경작지를 이용하여 바이오디젤을 생산할 수 있으며, 유전공학을 이용한 종의 개량이 식물에 비해 비교적 쉽고, 경작지의 단위면적당 바이오디젤 생산이 대두의 10배 이상에 달하는 장점이 있다.

미세조류는 식물과 마찬가지로 광합성에 의해 이산화탄소, 물, 태양에너지를 이용하여 유기물을 합성하지만 식물에 비해 증식속도가 빠르고 유전자조작에 의한 기능 향상이 쉽고, 다양한 종류의 유용한 물질을 생산할 수 있으며, 기존의 식용작물이 아니라는 점에서 재생 에너지원으로도 장점을 갖고 있다.

실제로 미세조류의 경작지에서 단위면적당 바이오디젤 생산(오일 함량이 30%인 경우)은 헤타르당 약 58,700리터로 대두의 446리터에 비해 130배에 달한다. 이와 같은 이유로 과학 학술지 네이처(Nature)는 "원유의 검은 금"에 비유하여 미세조류로부터 만든 바이오디젤을 녹색 금(Green Gold)으로 소개했다. 즉, 미세조류의 대량 배양에 의해 이산화탄소를 소비하여 다량의 바이오매스(biomass)를 생산하고 이것을 바이오 연료로 전환할 수 있다. 따라서 미세조류의 대량 배양은 대기 중 이산화탄소를 흡수함으로써 지구 온난화의 방지 효과와 동시에 생산된 미세조류의 바이오매스로부터 바이오디젤을 생산할 수 있는 녹색 기술이다.

또한 이산화탄소의 생물학적 전환 및 처리는 자연계 물질순환의 기본원리인 광합성을 이용하는 환경 친화적 방법이며, 상온, 상압에서 이루어지기 때문에 공정이 단순하고, 생산된 바이오매스를 유용물질로 활용하는 장점이 있다.

환경 스트레스에 의한 지질 축적

대부분의 미세조류는 질소, 인, 칼륨과 같은 무기영양소가 있으면 빛을 받아 이산화탄소를 탄소원으로 하여 광합성을 함으로써 생육하는 독립영양생물이다.

생육 환경이 최적 조건에서 크게 변화하면 세포가 스트레스를 받아서 지질을 유적(기름방울)으로 축적하는 미세조류가 존재한다. 특히 질소가 결핍된 조건하에서는 재빨리 기름(oil)을 축적하기 때문에 미세조류의 종 선별 방법으로서 유용하다.

질소 결핍 이외에도 빛의 양, 온도, 이산화탄소 농도와 같은 물리적 요인, pH, 영양소, 독소 등의 변화에 의한 화학적 요인, 증식, 공생, 박테리아 등에 의한 생물적 요인들이 환경 스트레스가 될 수 있다.

지금까지 알려져 있는 미세조류가 축적하는 지질은 식용이나 바이오디젤 원료로서 이용되고 있는 고등식물 종자에 함유되어 있는 지질과 마찬가지로 주성분이 중성 지질이다. 중성 지질에 존재하는 지방산 탄소 사슬 길이나 불포화도는 미세조류 종이나 생육환경에 따라 변화한다. 중성 지질의 생산효율을 높임으로써 바이오연료의 생산비를 줄일 수 있다.

고농도 오일을 축적한 미세조류의 개발

야자유, 대두유, 채종유와 같은 식물유에서 생산할 수 있는 바이오디젤 연료 성분은 식물유의 주성분인 중성 지질을 메탄올과 알칼리 존재 하에서 반응시켜 얻어지는 지방산 메틸에스테르(fatty acid methylester)이다. 미세조류가 만드는 오일은 식물에서 얻어진 오일과 같다. 이 점에서 미세조류에서 얻어진 중성지질에서도 기본적으로 바이오디젤 연료가 제조될 수 있다.

많은 종의 미세조류가 중성 지질을 축적할 수 있고 여러 미세조류에서 건조 조체당 50%이상 축적하는 것으로 알려져 있다. 따라서 해양 미세조류 중에서 가장 효율적으로 중성 지질을 축적할 수 있는 특징을 가진 해양 미세조류를 발견해야 한다.

일본의 마추모토(Matsumoto) 등이 유분을 높게 축적할 수 있는 해양 미세조류를 발견하여 연구한 내용을 소개한다. 이들에 의해 만여 종이 넘는 해양 생물에서 중성 지질을 함유한 오일을 생산하는 미세조류가 검색되었는데, 해양 미세조류(*Navicula* sp. JPCC. DA0580)는 1주일 만에 생육이 정상에 도달하여 오일 축적량은 건조된 조체당 40~60%에 도달했다. 또한 오일 축적량에 대해서는 배양중기부터 후기에 걸쳐서 일어났다(그림 44-1).

보통 미세조류에 오일을 축적시키는 데는 일단 생육시킨 다음 영양염인 질소 성분을 제거한 배지에서 배양을 하는 2단계 배양이 필요했지만 이 미세조류(DA0580주)는 "생육시키면서" 오일을 축적시킬 수 있다. 이것은 다른 미세조류가 필요로 하는 기아상태가 필요하지 않기 때문에 배양기간이 단축되고 또한 동등한 양 이상으로 오일생산을 달성할 수 있어 종래의 미세조류에 비해 배양비용을 절감할 수 있는 우수한 특징을 갖고 있다.

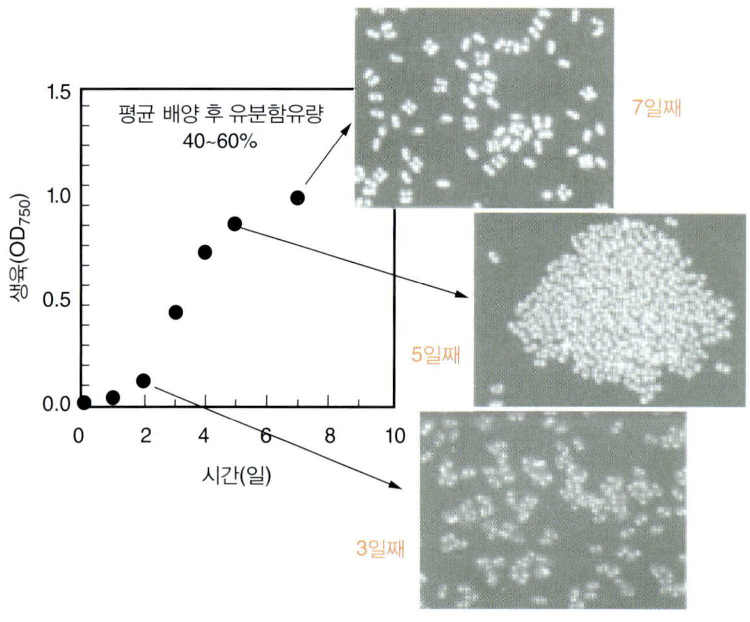

그림 44-1. 미세조류(*Navicula* sp. JPCC DA 0580주)의 생육과 오일 축적(나일레드 염색). 백색 부위가 기름방울.

표 44-1. 미세조류(*Navicula* sp. JPCC DA 0580주)의 추출유의 지방산 조성.

	바이오디젤 연료에 적합					EU 규격 : 12% 미만			합계
	$C_{14:0}$	$C_{16:0}$	$C_{16:1}$	$C_{18:0}$	$C_{18:1}$	$C_{18:2}$	$C_{18:3}$	$C_{20:5}$	
Navicula sp. JPCC DA 0580*	3.1	38.6	51.6	0.0	2.4	0.0	n.d.	4.3	100
Chlorella sp.	0.0	26	2.0	6.0	32	18	16	0.0	100

* 사용한 조류의 조건

배양기간: 7일, 광조건: 6000룩스, 통기량: 1.0 vvm, 배지량: 500ml, 오일 함유량: 47 wt %, 중성지질 함유량: 32.9 wt %.

미세조류(DA0580주)가 생산하는 오일이 바이오디젤 연료로 적합하지 않다면 의미가 없다. 표 44-1에서와 같이 대상주인 클로렐라와 비교해도 미세조류(DA0580주)가 생산하는 오일 성분은 특이한 것을 알 수 있다.

클로렐라는 넓은 범위의 지방산 조성을 갖고 있고, 미세조류(DA0580주)의 오일성분은 규조류에서 일반적으로 존재하는 EPA(C_{18}지방산)가 함유되지 않았지만 C_{16}지방산($C_{16:0}$:팔미트산, $C_{16:1}$:팔미톨레산)이 전체 90%를 차지하였다. 이번에 사용한 1주간의 배양한 건조조체에서 47%의 오일이 얻어져 이 오일이 함유된 중성지질 총량은 32.9%에 달해 추출 오일 중 80%를 차지하였다.

지방산 조성은 배양조건에 따라 크게 변화하는 것으로 알려져 있지만 미세조류(PA0580주)의 오일 성분은 배양조건을 변화시켜(예를 들면, 온도) 각 지방산 비율은 변화하지만 C_{16}–C_{26}의 지방산 탄화수소와 스쿠알렌이 각각 0.8%, 0.3% 정도 함유되어 있다. 바이오디젤 연료로 전용할 경우 열화원인이 되는 긴 사슬의 불포화 지방산이 대단히 적고 게다가 팔미톨레산 메틸에스테르(palmitoleic acid methylester)는 저융점(0.5℃)이어서 낮은 온도에서의 고체화가 일어나기 어렵다. 따라서 미세조류(DA0580주)의 오일은 상당히 연료 특성이 우수하여 바이오디젤 연료로 이용될 가능성이 높다.

현재의 기술로 미세조류 같은 해양 바이오매스로부터 에너지를 생산하는 비용은 석유와 같은 화석 에너지의 생산비용과는 경쟁이 되지 않을 정도로 높다. 에너지 생산 시스템을 개량하고 가격을 어느 정도 합리화한다고 해도 원유 가격에 비해 생산 가격이 현저히 높을 것은 사실이다. 하지만 중동, 중남미, 유럽, 미국 등의 원유 국가와는 달리 에너지 자급률이 낮은 우리나라에서는 언제가 화석연료의 고갈로 인한 에너지 부족 등의 문제가 대두될 가능성이 매우 크기 때문에 안전보장 측면에서 볼 때 해양 바이오매스로부터의 에너지 생산 기술개발은 반드시 이루어져야 할 것이다.

45 바이오 수소 생산

화석연료의 사용은 대기오염을 진행시킬 뿐만 아니라 배출된 이산화탄소의 축적으로 인한 지구의 온난화가 현재 가장 큰 문제가 되고 있어 대기오염을 일으키지 않는 새로운 에너지 물질의 개발이 시급히 요구되고 있는 실정이다.

미래학자인 제러미 리트컨은 2002년 저서 "수소경제"에서 수소가 화석연료를 대체하고, 인류의 전통적 사회구조를 뒤흔들 것이라고 전망했다. 글로벌 컨설팅 업체인 "맥킨지"는 2050년이 되면 수소산업 분야에서 연간 2조 5,000억 달러의 부가가치가 창출되고 세계적으로 3,000만 개가 넘는 일자리가 생길 것으로 내다봤다.

수소가 미래에너지원으로 주목받는 이유는 무한하고 친환경적이기 때문이다. 수소는 우주 질량의 75%를 차지하고 있다. 수소로 전기를 만드는 과정에서 만들어지는 것은 물밖에 없다. 이산화탄소등의 유해물질은 전혀 배출되지 않는다.

2017년 1월 스위스 다보스 포럼에서 출발한 수소위원회는 2050년 수소가 전체에너지 소비의 약 20%를 차지하면 이산화탄소 배출량이 현재보다 연간 60억 톤이 감축될 것으로 예상했다. 또 2050년에는 수소가 원자재, 동력원, 발전용 등 다양한 산업과정에서 사용될 것으로 예측했다.

수소는 물을 전기분해하는 외에도 산업단지에서 발생하는 부생수소를 활용하거나 수증기의 성질을 바꾸는 방법, 갈탄에서 채취하는 방법, 도시가스나 LPG의 성질을 바꿔 수소를 생산하는 방법 등 총 21가지 방법을 통해 얻을 수 있다. 국내 산업단지 등에서 나오는 부생수소(약 10만 톤)만으로도 연간 50만 대의 수소차를 굴릴 수 있다.

일본, 독일, 미국 및 중국 등 세계 각국은 수소사회 주도권을 쥐기 위해 나서고 있다. 수소를 잡아야 미래에너지 패권을 차지할 수 있을 것으로 보고 있기 때문이다.

일본은 수소사회 주도권을 잡기 위해 질주하고 있다. 2014년 국가 에너지 기본계획에서 수소사회 추진을 명시했다. 궁극적으로 수소연료전지와 수소차를 확대해 이산화탄소 배출이 없는 사회를 목표로 한다. 일본은 정부와 민간이 힘을 합쳐 다양한 실증실험을 진행하고 있다. 또한 수소화 인프라 확충에도 열을 올리고 있다.

유럽도 국가별로 수소버스, 수소기차, 수소선박 등 실증사업을 추진하고 있다. 독일은 2009년부터 10년 단위의 장기프로그램인 "수소 연료 전지 기술적인 국가 프로그램"을 시행하였다. 영국도 정부 주도로 수소 모빌리티 사업을 진행하고 있다.

미국도 켈리포니아주를 중심으로 자국내 수소생산과 운반, 저장 등 인프라에 대한 계획을 수립해 수행하고 있다.

기후변화 협약에 따라 2030년까지 탄소 배출량을 지금보다 60~65% 줄여야 하는 중국은 배기가스 제로인 수소산업의 환경과 미래 먹거리를 동시에 잡을 수 있다고 보고 있다.

중국은 전기차 구매 보조금은 축소하면서 수소차 구매보조금은 유지하는 정책을 추진하고 있다. 각종 인센티브를 주며 수소인프라 확충에 주력하고 있다.

이와 같이 해외는 정부가 수소사회에 대한 방향을 제시하고 민간업체가 나서서 인프라 확대 등을 추진해 자생력을 만들어가고 있다.

우리나라도 미래 수소사회를 위한 구체적인 투자와 구축계획이 없다면 시간이 흐를수록 선진국과의 수소인프라 격차는 더 멀어질 것이다. 머지않아 수소가 석유의 자리를 대체하면 산업전반이 바뀐다. 지금 준비하지 않으면 한국 산업 전체 경쟁력을 잃을 수 있다.

우리나라는 삼면이 바다로 수소를 얻을 수 있는 곳이 풍부하다. 수소를 활용하면 화석연료 문제점을 동시에 해결하면서 에너지 자립도를 높일 수 있다.

태양광, 풍력 등 친환경 에너지 비중을 높이려면 수소의 활용이 필수적이다. 날씨에 따라 전력생산량이 들쭉날쭉한 친환경 에너지를 안정적으로 활용하기 위해서는 낮시간에 많이 생산되는 잉여 전력으로 물을 전기분해해 수소를 만들어 놓으면 장기간 대용량으로 에너지원을 보관할 수 있다. 배터리는 충전 이후 방전이 시작되지만 수소는 손실이 없다.

수소는 단위 중량당 발열 에너지가 석유의 3배나 높아 우수한 연료원이 될 수 있는 동시에 연소에 의한 대기오염의 염려가 없어 전력으로서의 변환이나 액체 및 고체 연료로서 이용이 가능하므로 미래의 중심 연료로서 주목을 받고 있다. 그러나 수소는 지구상에서 단일 물질로는 생산되지 않기 때문에 다른 에너지원을 사용하여 인공적으로 만들어야 한다.

수소의 생산 방법으로는 물의 전기분해, 열분해 등 물리 · 화학적 방법이 검토되고 있지만 어느 방법이나 수소 제조에 많은 에너지를 필요로 한다. 따라서 수소 제조의 에너지원으로는 태양에너지를 이용하는 것이 유리하며, 태양에너지를 효율적으로 이용할 수 있는 광합성 세균을 이용한 바이오 공정에 의해 수소 생산이 가장 유력한 제조 방법으로 부각되고 있다.

또한 광합성 세균의 수소 생산은 생산 시스템이 아주 간단하며, 생성된 기체를 수소와 탄산가스로 분리하는 것이 쉽고, 또 재생 가능한 바이오매스나 폐기물을 원료로 하여 이용할 수 있는 등 많은 장점을 가지고 있다. 광합성 세균에 의한 효율적인 수소 생산

시스템이 확립되면 미래의 주요 에너지 생산 시스템이 될 것으로 기대된다.

광합성 세균은 일반적으로 혐기적 조건에서 빛조사(photo-irradiation)에 의해 살아가는 원핵생물로, 토양이나 수권(hydrosphere)에 널리 존재하며 태양에너지와 적당한 전자공여체(electron donor)를 이용하여 광합성과 질소고정(nitrogen fixation: 대기 중의 가스 상태의 질소가 암모니아나 질산염 같은 화합물로 변화되는 과정)을 하고 있다. 광합성을 하기 위해 색소체(plastid: 식물세포에 고유한 엽록체와 그와 유연한 세포소기관 2중막으로 싸여 있고 고유의 DNA와 그의 복제. 전사, 번역계가 있는 반자율적인 세포소기관)와 세균 엽록소를 갖고 있고, 보조 색소로서 카로티노이드를 갖는 것이 많다. 광합성 세균에 의한 광합성은 광화학 반응 중심이 하나밖에 없어 식물과 크게 다르며 광합성에 의한 물분해는 이루어지지 않는 특징이 있다. 전자공여체로는 물 대신에 유기물(주로 유기산) 또는 황화합물을 이용한다.

광합성 세균이 빛조사를 받으면 수소를 생성하는 능력이 있다는 사실은 1949년에 발견되었다. 그 이후, 수소 생성 메커니즘, 관련 효소 및 수소 생산 등에 관한 많은 연구가 이루어졌다.

광합성 세균이 수소를 생산하는 조건은 혐기적, 빛조사, 질소원을 가지고 있어야 한다. 빛조사 시의 광도는 5,000~20,000룩스(용기 표면)의 강한 빛을 사용한다. 이때 발생되는 기체는 90% 이상이 수소이고, 나머지는 탄산가스이다.

미이용 해양자원과 해양 바이오매스를 이용한 광합성 세균으로 가장 높은 효율의 수소를 생성시키기 위해서는 해양에서 생육된 바이오매스를 그대로 해수 중에서 광합성 세균에 의해 수소로 변환시키는 것이 바람직하다. 담수성 광합성 세균의 경우 해수 중에서 생육하거나 수소 생성을 할 수 없다. 해양성 광합성 세균에는 종래의 담수성 세균에 비해 수소 생성능이 상당히 높은 것으로 알려져 있고 앞으로 보다 광범위한 탐색이 이루어진다면 보다 높은 수소를 생성할 수 있는 우수한 해양 세균의 발견이 가능할 것이다.

광합성 세균(photosynthetic bacteria)에 의한 해양 바이오매스로부터 수소 생산은 아직 실용화에 이르지 못하고 있으나 장래 에너지 수급이나 환경문제를 고려할 때 이러한 시스템에 대한 기대는 매우 높으므로 머지않아 실용화 기술개발이 이루어질 것이다. 무엇보다도 광합성 세균에 의한 수소 생산의 실용화를 위한 최대 관점은 수소 생산 광합성 세균의 수소 생성능을 높이는 데 있다.

앞으로 새로운 고성능 광합성 세균의 탐색과 대사 제어 등이 이루어지고 분자 육종 기술과 세포 공학적 기술과 같은 해양 바이오테크놀로지 분야의 연구 진척에 따라 보다 높은 수소생성능을 갖는 광합성 세균이 개발된다면 해양 바이오매스로부터 수소 생산 시스템의 실용화가 이루어질 것으로 기대된다.

해조 바이오매스로부터 수소 생산성

다시마 수확 시기의 성분은 수분 79%, 회분 4%, 단백질 1%, 섬유소 1%, 알긴산 7%, 만니톨 8%이며, 이중 유기 성분 17% 중 박테리아가 수소 발생에 이용하는 성분은 주성분인 만니톨이다.

만니톨은 포도당보다 수소가 2원자 많고 화학량론적으로는 포도당보다 1몰의 수소를 더 발생할 수 있어서 수소 발효의 기질로 적당하다. 아직 발견되어 있지 않지만 만니톨에서 초산만을 대사적으로 생성할 수 있는 박테리아가 발견되면 수소 수율은 아래와 같이 몰당 5몰로 되어 포도당보다 우수한 기질이 된다.

- 포도당 1몰에서 발생하는 이론적 최대 수소량

$$C_6H_{12}O_6 + H_2O \rightarrow 2CH_3COOH + 2CO_2 + 4H_2$$

- 만니톨 1몰에서 발생하는 이론적 최대 수소량

$$C_6H_{14}O_6 + H_2O \rightarrow 2CH_3COOH + 2CO_2 + 5H_2$$

이렇게 해조에 함유되어 있는 당질은 사탕수수에 함유되어 있는 설탕(sucrose)보다 이론적으로 최대 수소 수율이 클 뿐더러 생산성도 크다. 사탕수수는 육상 바이오매스 중에서 가장 생산성이 높은 식물의 하나이며, 헥타르당 생산성(수확량)은 브라질에서 약 70~100톤이다.

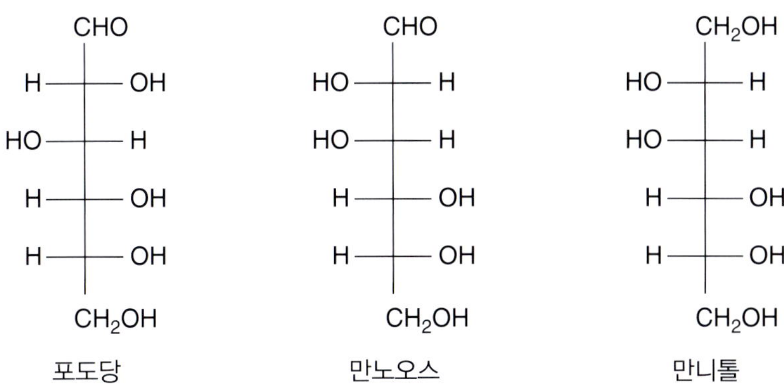

그림 45-1. 포도당, 만노오스, 만니톨의 구조.

한편, 라우스다시마 생산성은 145톤이 된다. 수분함량이 각각 약 30%과 20%라서 고형분 중량으로 비교하면 30톤과 29톤이 되어 거의 같고 다시마는 사탕수수와 마찬가지로 생산성이 아주 높은 해조다. 그리고 사탕수수는 밭에서 1년간의 재배가 필요하지만 재배 다시마나 미역은 종묘에서 해면 배양으로 옮길 때까지는 육상 시설에서 지내기 때문에 해면에서는 불과 6~7개월로 재배기간은 짧다.

또 사탕수수는 1년에 한 번밖에 수확을 못 하지만 해조는 1년에 2번 수확이 가능해져 해조에서 얻어지는 발효기질의 연간 수확량은 사탕수수보다 훨씬 많아진다. 이렇게 다시마(해조)는 아주 생산성이 높은 해양 바이오매스이다.

표 45-1은 다시마와 사탕수수의 비교를 아래와 같이 여러 가정을 근거로 계산한 것이다.

① 다시마의 수확량은 다시마만을 재배했을 때와 수확 시기가 다른 2종류의 해조를 재배했을 때의 수확 가능량을 사용

② 사탕수수의 데이터는 일본과 브라질의 평균적인 수확량을 사용

③ 당질량은 다시마의 만니톨 함유율을 8%, 사탕수수의 자당(sucrose) 함유율을 14%로 해서 계산

④ 수소 생산량은 다시마에 대해서는 박테리아의 수소 수율은 만니톨 몰당 2.5몰을 사용하여 계산

⑤ 사탕수수에 대해서는 설탕의 수율은 자당(sucrose) 몰당 5몰을 사용하여 계산

표 45-1. 다시마와 사탕수수의 재배에 의한 당기질에서 생산 가능한 수소량과 연료전지 발전에 의한 전력량. (연료전지의 효율은 1.7kWh/Nm^{3}로 계산)

	다시마		사탕수수		단위
	일모작	이모작	일 본	브라질	
수확량	14,500	25,000	7,000	10,000	[ton/y km^2]
당질량	1,160	2,000	980	1,400	[ton/y km^2]
수소 생산량	356,923	615,385	320,936	458,480	[Nm^3/y km^2]
연간 발전량	606,769	1,046,154	545,591	779,415	[kWh/y km^2]
1일 발전량	1,662	2,866	1,495	2,135	[kWh/d km^2]

⑥ 발전량은 연료전지의 발전 효율을 48%, 즉 1m^3(표준상태)의 수소에서 1.7kWh 발전이 가능하다고 가정

상기한 가정에 의거하면 1km^2 해역에서 해조를 재배하면 하루에 2.866kWh의 전력을 얻을 수 있고 약 280세대 전력을 마련할 수 있게 된다. 가솔린 가격이 내륙보다 높은 섬 또는 해변 지역에서는 몇 배의 면적의 재배로 전체 전력을 마련할 수 있고 우리나라 국토의 4배가 넘는 배타적 경제수역을 가지기 때문에 경제성을 확보할 수 있어 해조 바이오매스의 재배에 의한 수소에너지 생산으로 에너지 자급을 시도할 필요가 있다.

해조 주성분에서 발효 수소의 발생량

다시마는 수확기에는 만니톨과 알긴산을 각각 습중량의 약 8%와 7% 축적하여 고형분의 71%를 차지한다. 지금까지 엔테로박터 애로진스(*Enterobacter aerogenes*)가 주성분인 만니톨에서 수소를 발생하는 박테리아로서 알려져 있고 그 수율은 만니톨 몰당 수소(H_2)가 1.6몰로 반드시 큰 것은 아니다. 그래서 해조 바이오매스를 원료로 한 수소 생산을 목표로 하기 위해 수소 수율이 더 높은 박테리아를 탐색한 결과 수율이 만니톨 몰당 수소(H_2)가 2.5몰, 배양 시간당 수소(H_2) 1.1L를 발생하는 신규 박테리아가 발견되었다.

수율과 수소 발생 속도 모두 *E. aerogenes*보다 훨씬 우수하고 특히 수소 발생 속도는 HN001주(바이오매스 중의 당류, 전분으로부터 고속으로 수소를 발생하는 새로운 발효균)에 따라 가는 속도다. 또 해조의 다른 주성분의 하나인 알긴산에서 수소를 발생하는 박테리아 탐색도 동시에 이루어져 알긴산 몰당 수소(H_2) 0.7몰을 발생하는 다른 신규 박테리아도 발견되었다. 이들 박테리아를 사용하면 아래 계산과 같이 1톤의 다시마로부터 약 31Nm^{3}의 수소가 생산된다.

만니톨에서 수소 생산량

= (습다시마 중 만니톨의 몰수) x (수소 수율)

= (1,000kg/톤–캘프(wet kelp) x 8.0% ÷ 0.182kg/몰) x (2.5몰–H_2/몰)

= 1,099몰–H_2/톤–캘프

= 24.6Nm^3–H_2/톤–캘프

알긴산에서 수소 생산량

$= (1,000kg/톤–캡프 \times 7.0\% \div 0.176kg/몰) \times (0.7몰–H_2/몰)$

$= 278몰–H_2/톤–캡프$

$= 6.2Nm^3–H_2/톤–캡프$

다시마에서 수소 생산량

= (만니톨에서 수소 생산량) + (알긴산에서 수소 생산량)

$= 24.6Nm^3–H_2/톤–캡프 + 6.2Nm^3–H_2/톤–캡프$

$= 30.8Nm^3–H_2/톤–캡프$

다시마에서 전력 생산량

$= 30.8Nm^3–H_2/톤–캡프 \times 1.7kWh/m^3–H_2$

$= 52.4kWh/톤–캡프$

이것은 전력으로서 52킬로와트시(kwh, 연료전지 발전 효율을 48%, 1.7kWh/m^3–H_2임) 자동차 원료인 가솔린이면 31L에 해당하는 에너지량이다.

이 능력은 다시마나 미역의 폐기 부분, 갈파래와 같은 표착 해조 등의 원료가 무료인 해조를 사용하면 전력 가격이 킬로와트시(kwh)당 약 273원 정도의 경제성을 가지게 할 수 있다. 그러나 재배 해조에 의한 대규모 에너지 생산에서는 원료비용을 조합해야 하기 때문에 더 높은 수율을 가지는 신규 박테리아를 탐색할 필요가 있다.

46 천연 해양 에너지

조력, 파력, 해류, 해수 온도차와 같은 형태로 해양에 존재하는 해양 에너지는 주로 발전 에너지 자원으로 주목을 받고 있다. 그러나 비교적 가용 자원이 지구상 특정 지역에 편중되어 있기 때문에 몇몇 해양 선진국을 중심으로 기술개발이 활발하게 추진되고 있다.

조력 발전

먼저 조력에 대해서 알아보면 바다의 조수 간만은 거대하고 지속적으로 일어나는 자연 현상이다. 에너지를 생산하기 위한 조수 간만의 차를 이용하는 것은 오랜 역사를 가지고 있다. 중세 시대 영국과 프랑스에서는 옥수수를 경작하기 위해 강에서 소형 조력 물레방아를 사용하였다. 나중에 조력을 더 큰 규모로 이용해 전력을 만들어내는 아이디어

그림 46-1. 조력 발전소 전경.

가 제시 되었는데, 이는 적당한 강 하구에 작은 댐에 가까운 커다란 둑을 건설하고 이를 터빈에 장착하는 것이었다. 최근에는 독립된 터빈을 조류 속에 직접 넣는 것이 관심을 끌고 있다.

조력은 태양이 바다에 미치는 인력의 상호작용에 의해 발생한다. 조력을 사용하는 시설을 하루 2회 발생하는 조수 간만에 의존하여 강 하구 및 하류에서 발생하는 밀물과 썰물뿐만 아니라 때로는 강에서 바다로 향하는 조류의 흐름도에도 적용된다. 우선 조수의 힘에 대해서 알아보자.

썰물과 밀물의 수위차를 조차라고 한다. 10m의 조차를 이용하면 1년간에 석탄 380억 톤의 에너지에 해당하는 3,000kW의 발전이 가능하며, 끊임없이 출렁거리는 파도의 상하 운동은 현대의 기술로도 해상 조명용 발전이 가능한 수준에 와 있다. 지구상의 해수 온도를 1℃ 상승시키려면 해양 에너지 전부로도 2년 이상이 걸리며, 해수가 매초 1cm라는 속도로 움직인다고 하면, 그 운동에너지는 1년에 1×10^{17}킬로와트(석탄 76조 톤의 에너지에 해당)라는 쉽게 상상하기조차 어려운 숫자로 표현된다.

현재의 과학기술은 해류의 속도가 8노트(knot)인 해역에서 $1m^3$의 면적에 대해 32kW의 발전이 가능하다. 이것은 2,000년 무렵에 미국에서 사용한 에너지와 맞먹는 양이다.

조력발전이란 밀물과 썰물이 발생하는 하구나 만을 방조제로 막아, 바닷물을 가두고, 수차발전기를 설치하여, 조수가 해안으로 밀려올 때, 댐 위쪽에 있는 저장소에 가두어두는 것이다. 그리고 조수가 떨어졌을 때 댐 위쪽의 물들이 일반적인 수력 발전소에서처럼 방류된다. 이러한 원리로 해양 에너지에 의한 발전 방식 중에서 가장 먼저 개발되었다.

조력발전이 잘 작동하도록 하기 위해서는 조수 간만의 차가 커야 한다. 적어도 487.68cm 정도의 조수차가 요구된다. 지구상에서 이러한 조수의 변화가 발생하는 지역은 매우 제한되어 있다. 만의 차가 큰 곳은 황해, 영국해협, 아이리시해의 연안에 있다. 예를 들면 인천에서는 8.1m, 리버풀 8.1m, 앤트워프 4.9m, 프랑스의 랑스강 하구에서는 13.5m나 되어 대규모의 발전을 하고 있다.

우리나라에서도 이미 2011년 8월부터 254메가와트급 시화호 조력발전소가 가동 중에 있다. 그러나 연료비가 들지 않음에도 불구하고, 투자비가 매우 많이 들며, 건설 기간과 수익 회수 기간이 길어 개발이 활발히 진행되지 않고 있는 실정이다.

파력 발전

해양의 파도(ocean wave)에서 에너지를 추출하는 가능성은 수세기 동안 사람들의 흥미를 끌었다. 그러나 200년에 걸쳐서 개념이 확립되었지만 겨우 20세기 말에서야 실현 가능한 시스템이 나타났다. 최근 파력 발전기는 환경적인 단점이 거의 없고 일부 시스템은 에너지 제공에 상당히 공헌할 것이라는 전망이 유력해지고 있다. 실제로 파도가 왕성한 지역과 외딴 섬처럼 재래식 에너지 자원이 비싼 지역에서 일부 시스템은 이미 경쟁력이 있다. 2030년까지 수많은 상업적인 시스템이 전 세계적으로 운영될 것이며 노하우가 쌓일수록 얻어지는 데 필요한 비용은 감소할 것으로 예상된다.

물 위에 바람이 불면 파도가 일어난다. 한편 바다 밑의 지진이나 산사태 또는 화산 분출 때문에 훨씬 더 세찬 파도가 일어나기도 한다. 바람이 일으킨 파도가 폭풍 지역을 벗어나서 큰 물결을 이루어, 먼 거리를 지난 다음에 깊고 낮으면서 높낮이가 고른 물결로 변하여, 깊이가 얕은 곳에 다다른다. 그러면 파도의 물마루가 수면에서 치솟아 올랐다가 부서지고, 거품을 인 하얀 파도가 바닷가로 밀려온다.

바람은 원래 해양 에너지에서 기인하기 때문에 하얀 파도에 저장된 에너지는 태양에너지의 다소 고밀도 형태라고 생각할 수 있다. 제곱미터(m^2)당 평균 100와트의 정도의 태양에너지 수준은 결국 파봉선(crest length) 단위 길이(m)당 100킬로와트의 출력을 가진 파도로 변형될 수 있다.

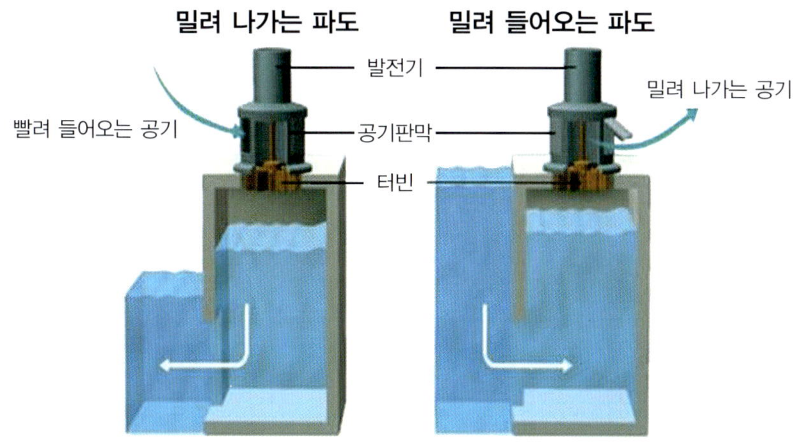

그림 46-2. 파력 발전기.

파도에서는 모든 물분자들이 수직 원운동을 한다. 그때에 수면에서 원의 지름은 파도의 높이와 같다. 파도가 높게 일수록 그 원의 지름도 따라서 커진다.

파도가 일려면 센바람이 넓은 수면 위로 여러 시간 동안 계속 불어야 한다. 예를 들면 높이가 18m인 파도가 일려면 너비가 약 800m되는 넓은 수면 위로 시속 60노트(knot)의 바람이 24시간 불어야 한다.

겉으로 보기에는 질서가 있는 물결이, 가파르고 거센 파도로 바뀌는 현상은 파도의 원운동에 대한 바다 밑바닥의 저항 때문인 것으로 밝혀졌다.

파도는 해안에 부딪히면서 넓은 수면 위로 여러 시간 동안 부는 바람에서 받아 모은 모든 에너지를 한꺼번에 쏟아 놓는다. 때로는 거친 파도가 엄청난 피해를 주기도 한다. 네덜란드에서는 파도가 무게 20톤이나 나가는 콘크리트 덩어리를 3m 위로 들어 올려 위험 수위 표지판보다 1.5m쯤 더 높은 방파제 위에다 올려놓은 적도 있었다.

파도 에너지를 개발하는 데에 가장 중요한 것은 바람을 통해 태양에서 바다로 전달된 액체 상태의 해양 에너지를 쓰기에 편리한 에너지 형태로 바꾸는 방법을 찾는 것이다. 이때 편리한 에너지 형태라 함은 전기에너지를 말한다. 따라서 파도가 거칠게 부서져 그 파도 에너지가 다 흩어져 버리기 전에 미리 그것을 전기에너지로 바꿔야 한다.

그림 46-3. 파력 발전소 전경.

파력 발전은 파도 자체에 존재하는 운동에너지를 전기에너지로 전환하는 것으로, 운동에너지는 터빈을 구동하는 데 이용된다. 또 다른 방식의 파력 발전은 파도의 위아래 움직임을 이용하여 실린더의 피스톤을 위아래로 움직이며 구동시키는 방식이다. 이때 피스톤은 발전기를 회전시킨다. 전 세계에서 약 50여 종이 고안되었다.

해면에서 바람에 의해 생기는 파도를 이용하는 파도 에너지는 파도의 높이와 그 속도에 관계된다. 즉, 파도 에너지는 파도 높이의 제곱에 비례한다. 파도 에너지의 개발을 위한 입지로는 지구상에서 위도 40~60의 바람이 지속적으로 불어오는 해안선을 가장 적합한 장소로 보고 있다.

폭풍 속의 파도력은 거대하여 미터당 파도력은 1메가와트(MW)까지 도달한다. 그러나 북대서양에서의 연평균 파도력 밀도는 이의 10분의 1내지 20분의 1 이하이며, 1기가와트(GW) 의 발전을 하려면 수십 km에 달하는 파도 에너지를 모두 전기에너지로 변환시켜야 한다.

악조건의 해양 환경에서 파력 발전소 운영의 기술적 문제와 변환 효율성을 고려할 때 실제로는 파력 발전은 어려운 일이다. 그러나 파력 발전은 현재의 기술 수준으로는 초기 제작비가 많이 들어, 발전 단가가 화석연료로 운영하는 재래식 발전보다 2배 이상이고, 용량 계수(capacity coefficient)는 파도 기후의 변동성 때문에 훨씬 낮을 것이다. 따라서 만약 운영비용이 재래식 발전소보다 상당히 아래로 낮춘 경우에만 파력 에너지 단가는 가격경쟁에서 이길 수 있을 것이다.

하지만 장기적으로 볼 때 파력 발전이 무공해 청정에너지이고, 한번 설치해 두면 거의 영구적으로 사용할 수 있다. 또한 방파제를 겸한 복합 기능 발전 시스템은 도서 지방에 전기를 공급할 수 있기 때문에 상용화를 위한 연구가 활발하게 진행 중에 있다.

해양 온도차 발전

열대 해역에서 해면의 해수 온도는 20℃ 이상이지만 해면으로부터 수백 미터 이하의 심해에서는 4℃에서 거의 변하지 않는다. 표층수와 심층수의 온도차를 이용하여 발전하는 기술이 해양온도차 발전이다. 이런 표층 경사도 수와 심층수의 열경사도를 이용하는 시설은 효율이 5% 넘지 못하겠지만 그 에너지의 잠재량은 어마어마하다. 이를테면 하루 동안 멕시코 만류가 플로리다주의 바닷가를 지나감으로써 생기는 열경사도 에너지를 모두 합한 양은 미국 전체에서 쓰는 평균 전기에너지 양의 일만 곱절쯤이 된다.

이런 표층수와 심층수의 온도차로부터 프레온, 암모니아와 같은 저온 비등매체(저비점매체)를 이용하여 발전하는 기술로 표층의 온수로 저온 비등매체를 증발시킨 후, 심층의 냉각수로 응축시켜 그 압력차로 터빈을 돌려 발전하는 방식을 해양 온도차 발전(Ocean Thermal Energy Conversion, OTEC)이라 부른다. 즉, 고온의 열원에서 저온의 열원으로 열이 흘러 들어가 터빈을 구동시켜 전력을 생산하는 방식이다.

재생이 불가능한 화석연료를 사용하여, 수백도의 온도 차이를 발생시켜 플랜트를 가동하는 기존의 발전소의 방식과는 달리, 해양 온도차 발전소는 20℃ 내외의 온도차를 이용하여 플랜트를 가동하는 방법으로 기존 화석연료를 전혀 소비하지 않는다는 장점이 있다. 또한 실제로 태양에너지를 이용하는 여러 가지 계획 중에서 24시간 내내 출력을 낼 수 있는 것은 해양 열동력을 이용하는 OTEC밖에 없다. OTEC 발전소는 무한한 해양에너지를 사용하기 때문에, 별도의 에너지 저장 시스템이 필요 없으므로 그 시스템이

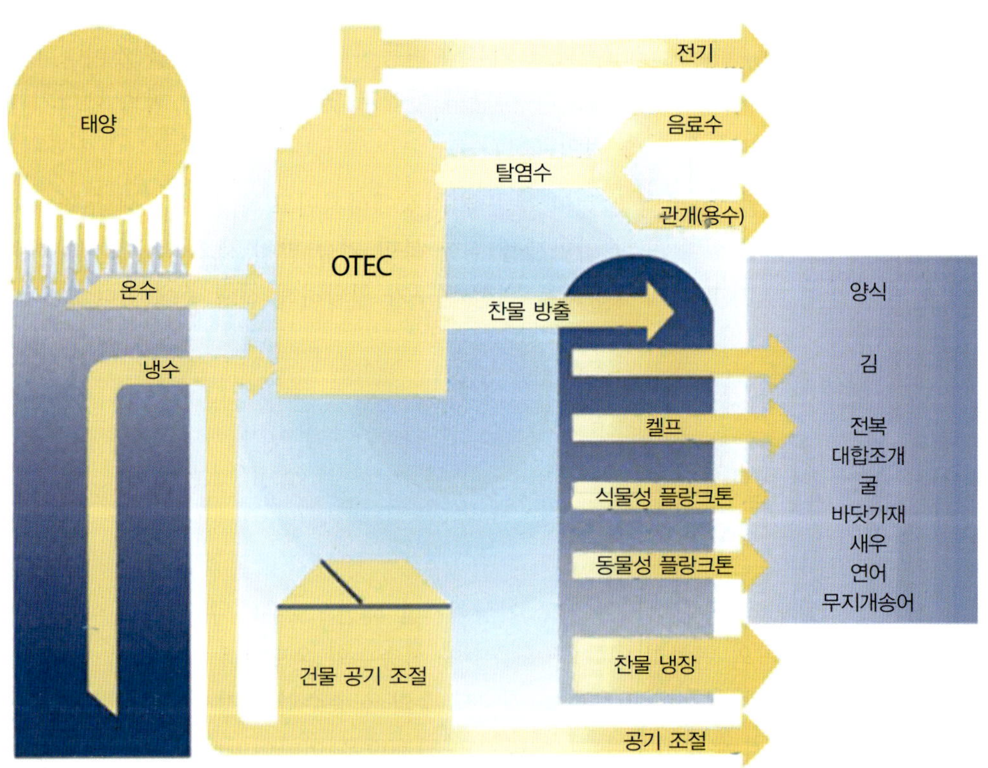

그림 46-4. OTEC 시스템의 다양한 효과.

매우 간단해진다. 그림 46-4에서는 OTEC 시스템으로부터 얻을 수 있는 여러 가지 효과들을 표시하였다.

OTEC 발전에서 필요로 하는 것은 단지 심해수와 표면수의 온도차로서 국내의 바다 환경에 얼마든지 적용할 수 있다. 또한 궁극적으로 100메가와트(MW)급의 플랜트를 설치하기 위해서는 조선 기술이 뒷받침되어야 하는데, 국내의 조선 기술은 이미 세계적인 수준이므로 문제가 되지 않는다. 따라서 발전소를 탑재한 선박을 건조하여 전 세계에 수출하게 되면 그로 인한 부가가치가 크게 증대될 것이다.

해류 발전

16세기로부터 만류의 존재가 알려진 이후에 미국에서 유럽으로 이동할 때는그 만류를 탔고, 거꾸로 유럽에서 미국 대륙으로 향할 때는 남쪽에 가까운 항로를 택해서 서쪽 방향의 해류를 이용해 왔다.

이와 같이 해류의 흐름을 이용하면 영국과 미국 사이에서는 10일, 영국에서 호주 사이에서는 30일간 항해 일수를 절약할 수 있다. 이와 같이 바다에는 해수가 끊임없이 순환하고 있다.

바닷속 해류가 프로펠러식 터빈을 지날 때의 회전력을 이용하여 발전하는 방식이 해류 발전이다. 발전기 제작에 엄청난 비용이 소요됨에도 불구하고, 발전비용이 원자력발전보다 훨씬 저렴하여 화력 발전비의 절반 가격 정도로 경제성이 좋은 방법으로 알려져 있다.

유지비가 적게 들고 거의 영구적으로 발전이 가능하나, 해류의 관측이 용이하지 않고, 시설 및 항시적인 운용이 있어 비현실적이라 실용화에는 아직 미치지 못하고 있다.

참고 문헌

Artan, M., Li, Y., Karadeniz, F., Lee, S. H., Kim, M. M., & Kim, S. K. (2008). Anti–HIV–1 activity of phloroglucinol derivative, 6, 6'–bieckol, from *Ecklonia cava. Bioorganic and Medicinal Chemistry*, 16, 7921–7926.

Bak, S. S., Sung, Y. K., & Kim, S. K. (2014). 7 - Phloroeckol promotes hair growth on human follicles *in vitro. Naunyn–Schmiedeberg's Archives of Pharmacology*, 387, 789–793.

Bak, S., Ahn, B., Kim, J., Shin, S., Kim, J., Kim, M., Sung, Y., & Kim, S. (2013). *Ecklonia cava promotes hair growth. Clinical and Experimental Dermatology*, 38, 904–910.

Baweja, P., S. Kumar, D. Sahod, and I. Levine(2016), Biology of Seaweed, In: Fleurence, J. & I. evine (Eds). Seaweed in Health and Disease Prevention, Academic Press, Oxford, UK, pp. 41–94

Byun, H.G., & Kim, S.K. (2001). Purification and characterization of angiotensin I converting enzyme (ACE) inhibitory peptides from Alaska pollack (*Theragra chalcogramma*) skin. *Process Biochemistry*, 36, 1155–1162.

Byun, H.G., & Kim, S.K. (2002). Structure and activity of angiotensin I converting enzyme inhibitory peptides derived from Alaskan pollack skin. *BMB Reports*, 35, 239–243.

Cha, S. H., Ko, S. C., Kim, D., & Jeon, Y. J. (2011). Screening of marine algae for potential tyrosinase inhibitor: Those inhibitors reduced tyrosinase activity and melanin synthesis in zebrafish. *The Journal of dermatology*, 38, 354–363.

Chao, C. H., Wen, Z, H., Wu, Y, C., Yeh, H. C., & Sheu, J. H. (2008). Cytotoxic and antiinflammatory cembranoids from the soft coral a *Lobophytumcrassum. Journal of Natural Products,* 71, 1819–1824

Chisti, Y. (2007). Biodiesel from microalgae, *Biotechnology Advances*, 25, 294–306

Fu, C.,Hu, Y., Xie, F., Guo, H., Ashforth, E. J., Polyak, S. W., Zhu, B., & Zhang, L. (2011). Molecular cloning and characterization of a new cold–active esterase from a deepsea metagenomic library. *Applied Microbiology and Biotechnology*, 90, 961–970

Horn, S., Aasen, I., & Østgaard, K. (2000). Ethanol production from seaweed extract. *Journal of Industrial Microbiology & Biotechnology*, 25, 249–254

Huang, R., Rajapakse, N., and Kim, S. K. (2006). Structural factors affecting radical scavenging activity of chitooligosaccharides (COS) and its derivatives. Carbohydrate Polymers, 63, 122–129.

Hwang, D. S., Choi, Y. S., Cha, H, J.,(2013). Mussel–Derived Adhesive Biomaterials. In: Kim, S. K.(Ed). *Marine Biomaterials*, Boca Raton, FL, CRC Press, pp. 289–310

Jeon, Y. J., Byun, H. G., & Kim, S. K. (1999). Improvement of functional properties of cod frame protein hydrolysates using ultrafiltration membranes. *Process Biochemistry*, 35, 471 - 478.

Jeon, Y. J., & Kim, S. K. (2000b). Production of chitooligosaccharides using an ultrafiltration membrane reactor and their antibacterial activity. *Carbohydrate Polymers*, 41, 133–141.

Jeon, Y. J., & Kim, S. K. (2002). Antitumor activity of chitosan oligosaccharides produced in ultrafiltration membrane reactor system. *Journal of Microbiology and Biotechnology*, 12, 503–507.

Jung, W. K., Lee, B. J., & Kim, S. K. (2006). Fish–bone peptide increases calcium solubility and bioavailability in ovariectomised rats. British *Journal of Nutrition*, 95, 124–128.

Karadeniz, F., Mustafa, Z. K., Kong, C. S., & Kim, S. K. (2011). In vitro anti–HIV–1 activity of the aqueous extract of *Asterina pectinifera*. *Current HIV Research*, 9, 95–102.

Kim, M. M., Van Ta, Q., Mendis, E., Rajapakse, N., Jung, W. K., Byun, H. G., Jeon, Y. J., & Kim, S. K. (2006). Phlorotannins in *Ecklonia cava* extract inhibit matrix metalloproteinase activity. *Life Sciences*, 79, 1436–1443.

Kim, S. K., & Bak, S. S. (2011). Hair biology and care product ingredients from marine organisms. In: Kim, S. K. (Ed.), *Marine Cosmeceuticals*, BocaRaton, FL. CRC Press, pp.201–210.

Kim, S. K., & Je, J. Y. (2010). Continuous production of chitooligosaccharides by enzymatic hydrolysis. In: Kim, S.–K. (Ed.). *Chitin, Chitosan, Oligosaccharides and Their Derivatives*, Boca Raton, FL, CRC Press, 47–51.

Kim, S. K., & Mendis, E. (2006). Bioactive compounds from marine processing byproducts - A review. *Food Research International*, 39, 383–393.

Kim, S. K., & Pangestuti, R. (2011). Biological properties of cosmeceuticals derived from marine algae. In: KIm, S. K. (Ed.). *Marine Cosmeceuticals, BocaRaton*, FL, CRC Press, 191–200.

Kim, S. K., & Rajapakse, N. (2005). Enzymatic production and biological activities of chitosan oligosaccharides (COS): A review. *Carbohydrate Polymers*, 62, 357–368.

Kim, S. K., & Venkatesan, J. (2015). Introduction to marine biotechnology. In: Kim, S. K.(Ed).

Springer Handbook of Marine Biotechnology, Berlin, Heidelberg, Springer Berlin Heidelberg, pp. 1–10

Lehtomäki, A., Björnsson, L. (2006). Two–stage anaerobic digestion of energy crops : methane production, nitrogen mineralisation and heavy metal mobilisation. *Environmental Technology*, 27, 209–218

Li, Y. X., Wijesekara, I., Li, Y., & Kim, S. K. (2011). Phlorotannins as bioactive agents from brown algae. *Process Biochemistry*, 46, 2219–2224.

Maekawa, T. (2010). On the processing of biofuel oil from *microalgae. Bioindustry*, 27, 45–54

Manivasagan, P., Venkatesan, J., & Kim, S. K. (2015). Marine algae: An important source of bioenergy production. In: Kim, S. K. (Ed.), *Marine Bioenergy*, Boca Raton, FL. CRC Press, pp. 45–70.

Marx, J. C., Collins, T., D'Amico, S., Feller, G., & Gerday, C. (2007). Cold–adapted enzymes from marine Antarctic microorganisms. *Marine Biotechnology*, 9, 293–304

Matsumoto, M., Yokouchi, H., Suzuki, N., Ohata, H.,& Matsunaga, T.(2003). Saccharification of marine microalgae using marine bacteria for ethanol production, *Applied Biochemistry and Biotechnology*, 105, 247–254

Matsunaga, T., Matsumoto, M., Matsumoto, Y., Sugiyama, H., Sato, R., Tanaka, T.(2009). Characterization of marine microalga, *Scenedesmus* sp. strain JPCCGA0024 toward biofuel production, *Biotechnology Letter*, 31, 1367

Mayer, A. M. S., Rodríguez, A. D., Berlinck ,R , G., & Fusetani, N.(2011), Marine pharmacology in 2007 - 8: Marine compounds with antibacterial, anticoagulant, antifungal, anti–inflammatory, antimalarial, antiprotozoal, antituberculosis, and antiviral activities; affecting the immune and nervous system, and other miscellaneous mechanisms of *action, Comparative Biochemistry and Physiology Part C : Toxicology and Pharmacology*, 153, 191–222

Nakashima, Y., & Nishio, N. (2011). Methane fermentation technology from seaweed. In: Notoya. S. (Ed.), Seaweed Biofuel, CMC, Tokyo, Japan. pp. 160–169.

Nkemka, V. N., & Murto, M. (2010). Evaluation of biogas production from seaweed in batch tests and in UASB reactors combined with the removal of heavy metals. *Journal of Environmental Management*, 91, 1573–1579.

Ohno, O., Suenaga, K., & Uemura, D. (2012). Secondary metabolites with new medicinal functions from marine organisms. In: Kim, S. K. (Ed.). *Advances in Food and Nutrition Research*, The Netherlands, Academic Press, pp. 185–193.

Pang, C., T. I. Kim, W. G. Bae, D. Kang, S. M. Kim, & K. Y. Suh, (2012). Bioinspired Reversible Interlocker Using Regularly Arrayed High Aspect–Ratio Polymer Fibers. *Advanced Materials.* 24(4). 475–481

Pang, C., G. Y. Lee, T. I. Kim, (2012). A flexible and highly sensitive strain–gauge sensor using reversible interlocking of nanofibres. *Nature Materials*. 11. 795–801

Paul, W., Deepa, R., Anikumar, T. V., & Sharma, C. (2013). Chitin and chitosan derivatives for wound–healing applicatlons.In: Kim, S. K.(Ed.). Chitinand Chitosan *Derivatives*, Boca Raton, FL, Press, CRC Press, pp. 243–257

Sato, M.(2011). High efficiency ethanol production technology from algae by continuous fermentation.n In: Notoya, S. (Ed.), Seaweed Biofue, CMC, Tokyo, Japan, pp. 129–137

Schuller–Levis, G. B., Gordon, R. E., Park, E., Pendino,K. J., and Laskin D.L.,(1995). Taurine protects rat bronchioles from acute ozone–inducedlung inflammation and hyperplasia. *Experimental Lung Research*, 21, 877–888

Senthilkumar, K., Manivasagan, P., Venkatesan, J., & Kim, S. K. (2013). Brown seaweed fucoidan: Biological activity and apoptosis, growth signaling mechanism in cancer. *International Journal of Biological Macromolecules*, 60, 366–374.

Siriwardhana, N., Kalupahana, N. S., and Moustaid–Moussa, N. (2012). Health benefits of n–3 polyunsaturated fatty acids: Eicosapentaenoic acid and docosahexaenoic acid. In Kim, S. K. (Ed.), Academic Press, Cambridge, MA. *Advances in Food andNutrition Research* 65, pp. 211–222.

Simmons, T. L., Andrianasolo, E., McPhail, K., Flatt, P., & Gerwick, W. H. (2005). Marine natural products as anticancer drugs. *Molecular Cancer Therapeutics*, 4, 333–342.

Song, N. Y. and Surh, Y. J. (2013). Health beneficial effects of docosahexaenoic acid. In Kim, S. K. (Ed.), Marine Biomaterials, CRC Press, Boca Raton, FL. pp. 413–436,

Takeyama, H., & Matsumoto, M. (2010). Industrial applications of marine microalgae and their potential for bioenergy, *Bioenergy*, 27, 6–12.

Taniguchi, N. (2000). Genetic diversity of fishes and DNA markers In: Takashita, F(Ed.) The next generation of fisheries biotechnology, Seizando–shoten publishing Co. Tokyo, Japan. pp. 43–53.

Tanisho, S. (2011). Biohydrogen production technology In: Notoya, S. (Ed.), Seaweed Biofuel, CMC, Tokyo, Japan pp. 177–189.

Thomas, N. V., & Kim, S.K. (2013). Beneficial effects of marine algal compounds in cosmeceuticals. *Marine Drugs*, 11, 146–164.

Thomas, N. V., Manivasagan, P., and Kim, S. K. (2014). Potential matrix metalloproteinase inhibitors from edible marine algae: A review. *Environmental Toxicology and Pharmacology*, 37, 1090–1100.

Vergara-Fernández, A., Vargas, G., Alarcón, N., & Velasco, A. (2008). Evaluation of marine algae as a source of biogas in a two-stage anaerobic reactor system. *Biomass and Bioenergy*, 32, 338–344.

Vo, T. S. and Kim, S. K. (2013). Fucoidans as a natural bioactive ingredient for functional foods. *Journal of Functional Foods*, 5, 16–27.

Vo, T. S., Ngo, D. H., & Kim, S. K. (2012). Marine algae as a potential pharmaceutical source for anti-allergic therapeutics. *Process Biochemistry*, 47, 386–394.

Wijesekara, I., Yoon, N. Y., & Kim, S. K. (2010). Phlorotannins from *Ecklonia cava* (Phaeophyceae): biological activities and potential health benefits. *BioFactors*, 36, 408–414.

Yeon, J. H., Lee, S. E., Choi, W. Y., Kang, D. H., Lee, H. Y., & Jung, K. H.(2011). Repeated-batch operation of surface-aerated fermentor for bioethanol production from the hydrolysate of seaweed *Sargassum sagamianum*. *Journal of Microbiology and Biotechnology*, 21, 323–331.

Zeng, R., Xiong, P., & Wen, J. (2006). Characterization and gene cloning of a cold-active cellulase from a deep-sea psychrotrophic bacterium *Pseudoalteromonas* sp. DY3. Extremophiles, 10, 79–82.

Zhang, C. and Kim, S.-K. (2009). Matrix metalloproteinase inhibitors (MMPIs) from marine natural products: The current situation and future prospects. *Marine Drugs*, 7, pp. 71–84.

今田千秋. (2009). 海洋微生物の特徵, 海の微生物の利用, 成山當 書店, pp. 25–49.

宮地重遠・加藤美砂子. (1995). サンゴの不思議, マリンバイオの未来, 裳華房, pp. 39–43.

松永是. (1989). 天然液晶素, マリンバイオ, 海洋バイオ新素材・新物質, CMC, pp. 181–185.

木船紘爾. (1994). 人工皮膚への応用, キチン・キトサンのメディカルへの応用, 技報堂出版, pp. 71–89.

伊藤慶明, 高橋正征, 深見公雄. (2006). 海洋深層水の 多面的利用, 恒星社厚生閣, pp.11–20.

권영주, 임슬예, 유승훈. (2014).세대 해양 생물 유전체사업의 경제적 타당성 분석, 한국혁신학회지, pp. 117–137.

김세권. (2001). 키틴, 키토산 및 키토산 올리고당은 어떻게 만들어지는가?, 키토산올리고당이 당신을 살린다, 태일 출판사, pp. 44-54.

김세권. (2015). 키틴, 키토산 및 키토산 올리고당의 생리기능성, 해양 생물을 이용한 헬스케어, 자유아카데미, pp. 31-68.

김세권. (2013). 해양바이오 에너지 생산, 해양생명공학, 월드사이언스, pp. 305-352.

김원정 등 옮김. (2013). 조력, 풍력, 파력, 신재생에너지, 한티미디아, pp. 231-392.

윤환수. (2013). 미래자원의 보고 해양 생물유전체, BioIn, pp. 1-10.

이응호. (1999). 어피 콜라겐의 추출 정제, 특성 및 이용방안, 수산물 이용기술, 자유아카데미, pp. 225-242.

장채익, 정영관 역. (2004). 해류 · 해양 온도차 에너지 이용, 신 · 재생 에너지 공학, 북스힐, pp. 133-136.

BT 기술동향보고서. (2008) 해양생명공학 1, 생명공학정책연구센터, pp. 1-4.